普通高等教育“十三五”规划教材

2017年中国石油和化学工业优秀出版物奖·教材奖二等奖

过程装备计算机辅助设计

刘超锋　编著

中国石化出版社

内容提要

本书对过程装备计算机辅助设计常用软件(包括 HTRI、FRNC-5 PC、Aspen Plus、Aspen Adsorption、Aspen EDR、SW6、ANSYS)进行了介绍。以完整案例的形式，详述了基于 HTRI 的管壳式换热器、管式加热炉的设计；基于FRNC-5 PC的管式加热炉设计；基于 Aspen Plus 的反应设备的工艺计算；基于 Aspen Adsorption 的吸附过程的计算；基于 Aspen EDR 的管壳式换热器设计；基于 SW6 软件的搅拌容器、浮头式换热器、固定管板式换热器的结构设计；基于 ANSYS 软件的厚壁圆筒温度场的分析、厚壁圆筒应力场的分析、塔设备裙座支撑区的应力分析和热应力分析、O 形密封环的变形分析、压力容器开孔部位的三维应力分析。在介绍操作步骤的同时，对软件使用过程中的一些细节问题进行了说明，便于读者对软件正确使用和理解，以满足过程装备设计计算的需要。

本书适合从事过程装备设计的技术人员和高等院校过程装备与控制工程、化学工程与工艺、能源科学与工程、动力工程、热能工程、机械工程等专业的师生使用。

图书在版编目(CIP)数据

过程装备计算机辅助设计 /刘超锋编著. —北京：中国石化出版社，2016. 7(2023. 1 重印)
普通高等教育“十三五”规划教材
ISBN 978-7-5114-4146-1

Ⅰ. ①过… Ⅱ. ①刘… Ⅲ. ①化工过程-化工设备-计算机辅助设计-高等学校-教材 Ⅳ. ①TQ051-39

中国版本图书馆 CIP 数据核字(2016)第 141375 号

中国石化出版社出版发行

地址:北京市东城区安定门外大街 58 号
邮编:100011 电话:(010)57512500
发行部电话:(010)57512575
http://www.sinopec-press.com
E-mail:press@sinopec.com
北京科信印刷有限公司印刷
全国各地新华书店经销

*

787×1092 毫米 16 开本 20. 75 印张 509 千字
2016 年 7 月第 1 版　2023 年 1 月第 2 次印刷
定价:46. 00 元

前 言

随着世界经济的发展，过程装备技术也在不断创新，特别是过程装备大型化、高技术参数化的发展(例如超高压容器设计等)，传统的手工设计计算方法和经验难以满足实际运行需求，需要在装备的设计计算方法上寻求突破。在过程装备领域，作为先进技术传播者的设计人员，为了使过程装备设计计算的平台由手工设计计算、使用计算器计算转移到计算机设计上，必须利用各类功能强大的软件。同时，为了满足过程装备开发的需要，有必要以案例操作的具体形式介绍相关软件在过程装备计算机辅助设计中的应用。

本书涉及到的主要软件包括 HTRI、FRNC-5 PC、Aspen、SW6、ANSYS，并基于上述软件详述了基于 HTRI 的管壳式换热器、管式加热炉的设计；基于 FRNC-5 PC 的管式加热炉设计；基于 Aspen Plus 的反应设备的工艺计算；基于 Aspen Adsorption 的吸附过程的计算；基于 Aspen EDR 的管壳式换热器设计；基于 SW6 软件的搅拌容器、浮头式换热器、固定管板式换热器的结构设计；基于 ANSYS 软件的厚壁圆筒温度场的分析、厚壁圆筒应力场的分析、塔设备裙座支撑区的应力分析和热应力分析、O 形密封环的变形分析、压力容器开孔部位的三维应力分析。

本书以实用案例编排内容，便于相关工程技术人员和高等院校过程装备与控制工程、化学工程与工艺、能源科学与工程、动力工程、热能工程、机械工程等专业的师生应用。

本书由郑州轻工业学院刘超锋编著，在编写过程中得到了郑州轻工业学院能源与动力工程学院龚毅院长、吴学红副院长、刘亚莉副院长以及戚俊清教授、许培援教授的热情鼓励和支持。鲍轩宇、邓贺、樊远皞、范怡、刘鹏辉、苏航、文鹏飞、熊云涛、周梦、靳佳霖、尹永怀、赵畅、陈莹、吴国强、孙盖南、李伟超、赵涌涛等也做了大量工作，在此一并致谢。

由于作者水平有限，难免有疏漏和不当之处，欢迎读者批评指正。

目　录

绪　论

所谓过程装备，一般是以受压容器为主体结构，再配以实现反应、传热、传质、分离等操作的设备及火焰加热炉。过程装备设计时，手工计算的计算量比较大，并且需要查阅图表，不仅计算复杂，其准确性也很不容易控制。随着过程装备大型化、高技术参数化的发展(例如超高压容器设计等)，传统的手工设计计算方法和经验难以满足实际运行需求，需要在设计计算方法上寻求突破。在世界范围内，每个工程技术领域都有适合的计算机软件可以使用，过程装备领域也是如此。目前，各设计院和工程公司均使用软件进行过程装备设计。在过程装备领域，作为先进技术传播者的设计人员，为了使过程装备设计计算的平台由计算器转移到计算机上，必须利用各类功能强大的软件。

0.1 HTRI 软件的简介

基于标准的 Windows 用户界面的 HTRI Xchanger Suite(简称 HTRI)软件采用了在全球处于领导地位的工艺热传递及换热器技术，包含了换热器及燃烧式加热炉的热传递计算及其他相关的计算软件，功能模块包括：Xist 模块(用于管壳式换热器)、Xphe 模块(用于板框式换热器)、Xace 模块(用于空冷器和省煤器)、Xjpe 模块(用于套管式换热器)、Xtlo 模块(用于管壳式换热器的管子排布)、Xvib 模块(用于单管的流致振动分析)及 Xfh 模块(用于燃烧式加热炉)。其计算方法是基于多年来 HTRI 广泛收集的工业级热传递设备的试验数据而研发的。此软件均可以严格地规定换热器的几何结构，可以充分利用 HTRI 所专有的热传递计算和压降计算的各种经验公式，从而十分精确地进行所有换热器的性能预测。HTRI 利用指数函数描述传热因子及摩擦因子与雷诺数的关联式。目前，过程工业换热设备的设计基本以 HTRI 设计方法和结果为准。在需要对换热器优化设计的领域，获得了相关企业很高的评价：使用 HTRI 软件后，管壳式换热器选型设计的工作效率得到提高，并且准确性更高。此外，对现场已经开车运行的换热器，HTRI 可以准确校核换热器的实际能力。

HTRI 软件内部含有 155 种纯组分的物性，还将含有 5600 多种纯物质物性的物性计算软件 VMGThermo 嵌入到 HTRI 中。流体的物性随着温度变化非常明显，不同温度下的气液组成以及流型都不同。HTRI 在物性计算过程中，将温度范围分成若干个温度区间，对于每一段温度区间进行积分计算，计算每个温度区间内所需的传热面积。根据计算的传热面积，对多种方案进行优化，最终给出最优的设计方案。

需要指出：HTRI 软件是根据国外标准设计的，与我国标准有一定区别。因此，应在软件中找到换热器每一项结构尺寸的对话框，按照我国标准输入数值，这样可以设计出符合我国标准的换热器。

基于 HTRI 软件的 Xist 模型，其传热系数与压降模型基于大量实验数据，是符合 TEMA 标准的计算结果最为可靠的工具之一，不仅可以进行热工水力计算，还可以进行管束流致振动计算。根据 HTRI 的计算报告，能得到：换热器所需的换热面积和设计裕量；所需的静压头；换热器运行的振动报告。HTRI. Xist 能够计算所有的管壳式换热器，作为一个完全增量法程序，Xist 模块包含了 HTRI 的预测冷凝、沸腾、单相热传递和压降的最新的逐点计算法。该方法基于广泛的壳程和管程冷凝、沸腾及单相传热试验数据。HTRI. Xist 将换热器沿着管长方向划分为若干小的单元，根据每个单元对应的温度、压力及流动形态的改变，选用相应的物性数据以及传热校正系数，并以此为根据进行整个换热器传热及流动性能的核算。HTRI 软件可以根据计算结果输出温度分布图、流型分布图、传热系数分布图。这样的好处在于：可以根据温度区间最后判断出冷凝侧流体的流型，进而选择合适的传热关联式计算传热系数，实现在不同的壳程流型区域采用不同的传热关联式进行传热系数的计算。壳程流体从进口到出口之间经历不同的流型状态，不同的流型所对应的传热关联式也不同。流路分析法的本质在于假设壳程流体沿着某些独立的流道从一个折流板空间流向下一个折流板空间，这些流道为具有模拟摩擦因子的管道，利用经典的管网分析技术来解决每个流道的流量分率，壳程流体流路被分为 5 个平行的流路，每个流路的传热有效性差异很大。通过流路分析，增加有效传热流路，从而提高换热器的传热性能。找到符合实际情况的流型分布图，可以确保换热器工程计算的精度。这是手工设计难以达到的。

HTRI 计算软件在 Tubes 树型菜单下提供了一个 FJ Curves 的输入框(图 0-1，俗称“fj 面板”)，在进行包括波纹管等在内的特型换热管管内管外传热系数与压力降的计算时，为用户提供了输入“摩擦因子 f 与传热因子 j”、“常数 a 与常数 b”两种方式，后者数据处理过程中需要进行线性回归来实现。一般地，在 HTRI 软件界面中，可改变不同的初始参数进行优化设计。在 Excel VBA 环境中，利用 HTRI 二次开发工具扩展软件计算功能，可以实现热工设备开停工况的过程模拟。与手动计算进行对比，结果一致，但速度更快，并且省去繁琐的参数调整过程。

对于塔设备，常用的再沸器主要有釜式、内置式、立式热虹吸式、卧式热虹吸式及强制循环式等形式。再沸器是利用热介质在壳侧提供热量将管侧工艺流体加热沸腾的管壳式换热器，它是自然循环的单元操作，动力来自与之相连的精馏塔塔釜液位产生的静压头和管内流体的密度差。热虹吸再沸器的壳侧热流体物性数据可从 HTRI 软件物性数据库中选取。管侧的工艺冷流体一般为混合物，可以在用户自定义模块中输入。需要注意的是再沸器换热管内各点的压力与饱和温度均不同，因此 HTRI 要求输入至少 3 组不同压力下的物性数据，且压力区间能够覆盖整个换热管长度。也可以直接在 HTRI 中输入：在“物性常数栏”输入临界压力、临界温度及平均潜热；在“气相性质栏”输入操作压力下气相密度、黏度、比热容及传热系数；在“液相性质栏”输入操作温度下液相密度、黏度、比热容及传热系数；在“VLE 数据栏”输入流体的泡点压力-温度数据。对于再沸器，也可以先用流程模拟软件 Aspen Plus 进行热量衡算，模拟后，将数据通过 Aspen Plus 软件自带的 Dos 程序界面 Aspen Plus Simulation Engine，将数据用 HTXINT 命令导入专门用于换热器工艺计算的模拟计算软件 HTRI 进行结构设计。流程模拟软件 VMGSIM 的计算结果产生的数据文件可以无缝地被 HTRI 软件读入。PRO/Ⅱ软件计算得到的物性数据可通过如图 0-2 所示的方式导入 HTRI 软件。

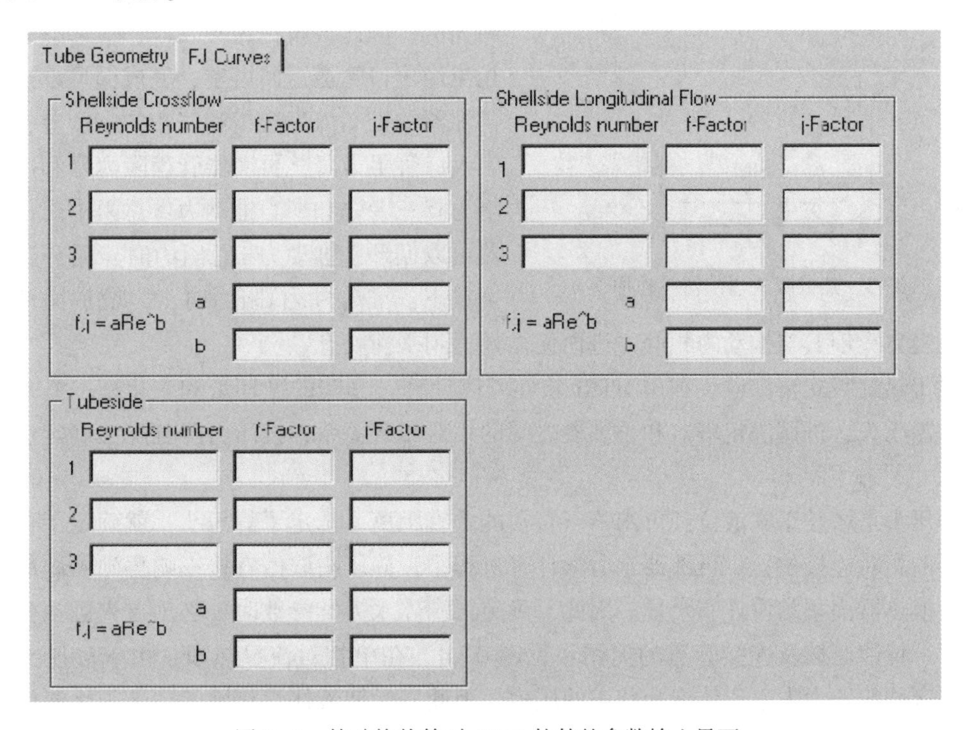

图 0-1 特殊换热管时 HTRI 软件的参数输入界面

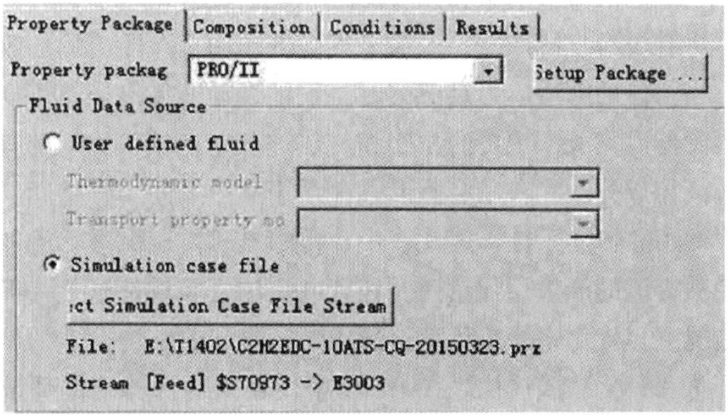

图 0-2 PRO/Ⅱ软件计算得到的物性数据导入 HTRI 软件的界面

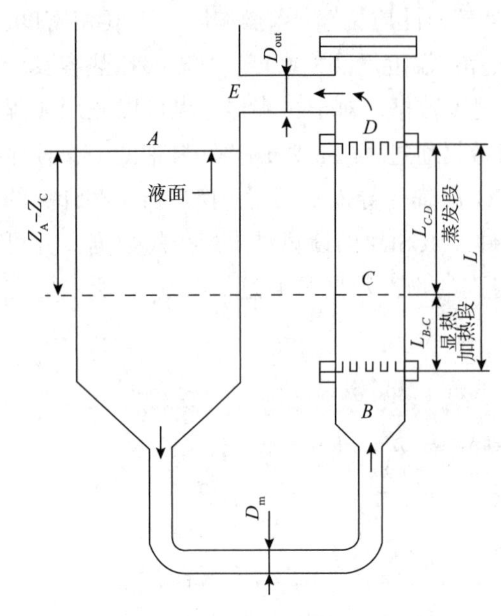

图 0-3 热虹吸式再沸器工作原理

塔设备附属的热虹吸式再沸器(Thermosiphon reboiler)的工作原理见图 0-3。塔釜的液相经入口管道进入再沸器，由于静压头的存在，换热管入口处的压力大于流体的饱和压力，液体须加热至对应压力下的饱和温度后才能汽化，因此再沸器底部换热管存在显热加热段(B-C 部分)；之后，在 C-D 部分，饱和液体被加热，部分沸腾蒸发，流体变为气液两相流，因此该段称为蒸发段；最后，气液两相流经出口管道返回塔釜，完成循环。热虹吸再沸器的推动力为液相和气相的密度差；阻力为入口管阻力降、再沸器管程阻力降和出口管阻力降三者之和。当推动力≥总阻力时，再沸器可以循环；推动力=总阻力时，循环达到平衡状态；推动力>总阻力时，应增加循环量以提高总阻力，使其与推动力相等，进而使循环达到平衡状态。

对于热虹吸式再沸器，利用 HTRI 软件可以计算：真实的循环量和汽化率；满足循环所需的静压头，进而决定塔器和再沸器之间的相对布置关系；按压力降分配法确定进出口管的尺寸。

静压头是塔釜正常液位到再沸器下管板的垂直距离。选定了静压头，就确定了再沸器和塔器的相对连接位置。再沸器水力学计算过程中，静压头取值直接影响再沸器内的汽化率以及换热器面积的设计富余量。因此，确定再沸器水力学参数时，必须首先画一张包含再沸器、精馏塔以及连接管道的简图，见图 0-4。在单相对流显热段，由于静压头的存在，该区域的压力大于流体饱和状态的压力。因此，为使液体汽化沸腾，必须将液体加热到对应压力下的饱和温度以上。在过冷沸腾段，当流体经换热管向上流动，压力逐渐降低，直到接近换热管壁温所对应的饱和蒸气压时，在换热管壁上液体开始形成气泡，气泡不断长大、破裂。尽管没有气体产生，但由于气泡的作用，该段流体的膜传热系数迅速增加。在环状流段，当气体的剪切应力足够大时，气体带动液体沿换热管向上运动，此时流体在立式热虹吸再沸器内完成了主要的相变和传热过程。在环状流上部有一段区域为雾状流，在雾状流区域液相成分散状，以液滴形式存在于气体之间，管壁间的传热主要由气体控制，这就大大降低了总传热系数，因此，设计再沸器时要避免雾状流的出现。可通过设置合理的温差避免喷雾流的产生。加热介质和管内流体之间设计温差一般取 20~50℃。在工艺介质给定的情况下，汽化率是热负荷、静压头、再沸器结构尺寸的函数。在热负荷给定的情况下，循环量和汽化率成反比。在 HTRI 中，输入再沸器的循环量和汽化率的初始值，在输入静压头和热负荷后，HTRI 程序会计算出实际的循环量和汽化率。设计时，再沸器的进出口管道尺寸和长度是必须要输入的，其管道设置如图 0-5 所示。再沸器的静压头设置界面如图 0-6 所示。对于加压精馏，再沸器管板可平行于或低于塔釜正常液位；而对于真空精馏，再沸器管板要高于塔釜正常液位，注意不要将塔釜压力和再沸器入口压力混淆。

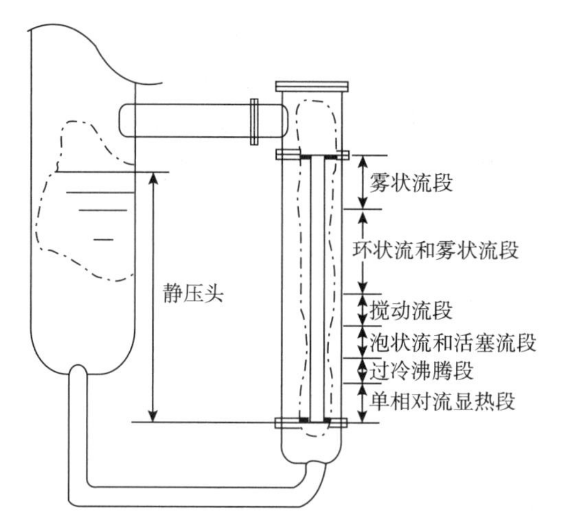

图 0-4　再沸器水力学参数计算简图

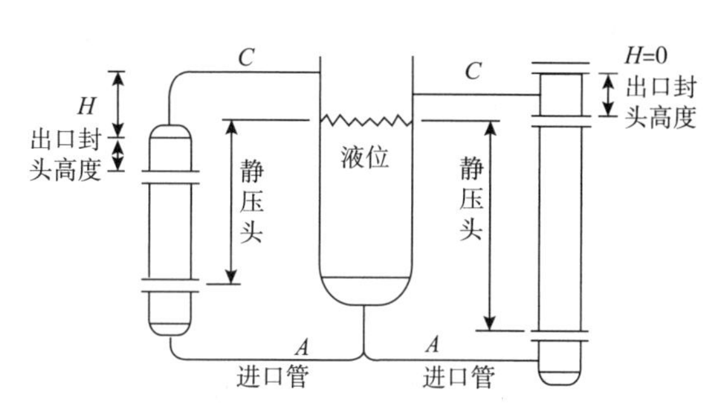

图 0-5　再沸器管道设置

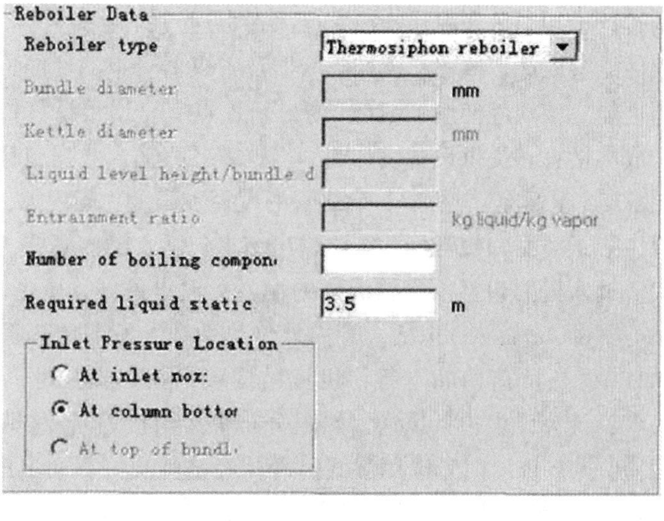

Reboiler Data
Reboiler type　Thermosiphon reboiler
Bundle diameter　mm
Kettle diameter　mm
Liquid level height/bundle d
Entrainment ratio　kg liquid/kg vapor
Number of boiling compon
Required liquid static　3.5　m
Inlet Pressure Location
At inlet noz
At column bottom
At top of bundl

图 0-6　再沸器静压头设置

HTRI. Xtlo 是管壳式换热器管子严格排布软件。

HTRI. Xvib 是对换热器管束的单管中由于物流流动导致的振动进行分析的三维有限元结构分析软件。在 Xist/Drawings/Tube layout 中，右键点击管束区域，点击 Show Xvib Velocity States，将危险区域的管束分为三种颜色———黄色、红色和橙色，分别表示将管束进口流速、壳体进口流速和管束出口流速，导入 Xvib 进行该传热管的振动分析。右键点击 Tube layout 中需要进行分析的传热管，点击 Create Xvib Case for Select Tube，将 Xist 中该传热管相关的热工数据、结构数据和流速数据导入到 Xvib 计算文件中。在 HTRI5. 0 及之前的版本中，此处只可以导入热工数据和结构数据，而各个跨距的流速数据需要用户自行去 Xist 中提取输入，非常繁琐。HTRI6.0 的这项改进，使得应用 Xvib 进行管束振动分析更为便捷。用户也可以直接打开 Xvib 模块，自行输入所需参数进行分析。Xvib 计算报告给出各阶固有频率、间隙流速与临界间隙流速的比值、最大卡门漩涡振幅及不同模态下的振幅图等。HTRI 公司认为，间隙流速与临界间隙流速的比值小于 1，可认为无流体弹性不稳定性激振问题；最大卡门漩涡振幅小于 50%的管间隙可认为无卡门漩涡激振问题，如超出以上判定准则，可根据报告所示位置进行设计方案的调整并重新计算。HTRI. Xist 分析不通过的情况，可采用 HTRI. Xvib 进行更为精确的计算，从而判断是否能通过；此外，HTRI. Xvib 还可以进行增加支撑条等其他管束支撑方案的流致振动分析。

板式换热器(Plate and Frame Exchanger)的污垢热阻，比普通的列管式换热器的污垢热阻小，主要是由于传热板凹凸不平，流体在流道中易形成紊流，流体中的固体颗粒难以沉积。其核心部件是金属板片，分为平板式、螺旋板式、板翅式和热板式四种。优点是结构紧凑，组装灵活，具有较高的传热效率，有利于维修和清洗；缺点是处理量小，操作压力和温度受密封垫片材料性能限制而不宜过高，一般工作压力在 2.5MPa 以下，工作温度在 -35~200℃。HTRI. Xphe 能够设计、核算、模拟板框式换热器，是一个完全增量式计算软件，它使用局部的物性和工艺条件分别对每个板的通道进行计算。该软件使用 HTRI 特有的基于试验研究的端口不均匀分布程序来决定流入每板通道的流量。

HTRI. Xace 软件能够设计、核算、模拟空冷器及省煤器管束的性能，它还可以模拟分机停运时的空冷器性能。该软件使用了 HTRI 的最新逐点完全增量计算技术，可用于传热设计、机械设计、成本估算和提供设备设计图。根据需要，输入数据包括：机械数据包括换热器的型号(依据 TEMA 标准)，材质，换热管的直径、长度、管程数、放置方式、管间距、管数、管壁厚、管子类型和接管尺寸等。输出结果包括：输入概要，换热器性能，机械结构和计算详表。输入概要包括：冷热流体的输入、输出条件，压降以及污垢热阻等。换热器性能(Exchanger performance)包括：管内外传热系数、所需传热系数和实际换热系数、平均温差(EMTD)、热负荷(Duty)等；机械结构包括换热器尺寸、翅片尺寸、布管图、风机尺寸、喷嘴；计算详表包括风速、热阻分布等。当接近温度(即热流体出口温度与设计空气温度之差)小于 15℃时，选用湿式空冷器经济性更好，而 HTRI 却没有相应的计算模块对湿式空冷器进行计算。此时，需要采用 HTRI FJ Curves 面板的修订系数实现 HTRI 湿式空冷器的选型计算。

套管式换热器的优点是结构简单，能耐高压；缺点是单位传热面积的金属消耗量大，管子接头多，检修和清洗不方便。HTRI. Xjpe 可以用来计算套管式换热器。

加热炉是技术含量较高的非标设备，是炼油厂不可或缺的重要设备，同时也是耗能比较多的设备。千万吨炼油装置中加热炉能耗占装置总能耗的 70%以上。加热炉性能优化是一项系统工程，不是采用了某一个设计参数优化就能全面解决的。必须实施一系列设计措施，才能使加热炉性能优化效果显著。当前，加热炉的设计有公开报道的均为手算，手算的效率较低，并且无法进行优化设计。传统管式炉燃烧计算工作量大，很多参数都是经验取值，易造成计算失误且费时费力，不利于管式炉的工艺计算。HTRI. Xfh 能够模拟火力加热炉的工作情况。该软件能够计算圆筒炉及方箱炉的辐射室的性能以及对流段的性能，它还能用 API350 对工艺加热炉的炉管壁厚进行设计，还可快速准确地进行一种或两种燃料的燃烧计算。HTRI 软件的火焰加热炉模块可以对加热炉进行设计。在炼油设计专业，加热炉专业设计人员也使用 HTRI 软件中的火焰加热炉模块用来对加热炉进行设计、校核，以提高加热炉的设计效率和设计质量。

HTRI 软件是英文版的软件。该软件的中文参考书籍不多，最近几年国内有些大型设计院所的换热器设计人员把优化设计情况整理成论文发表，但是数量也不多。HTRI 软件中的火焰加热炉模块为基础公开报道的资料(图书、论文)很少见。因此，在利用 HTRI 进行设计前，要花费精力理解 HTRI 软件的内涵，需要积累经验。

0.2　FRNC-5 PC 软件的简介

FRNC-5 PC 软件是由 PFR 公司开发的加热炉优化设计软件，采用分段的传热与压降计算方法进行换热工艺流程模拟，广泛用于加热炉的设计。FRNC-5 属于校核型软件，需要用户先给出炉子布置方案，然后对此方案进行校核，判断该方案是否合适，不合适则需根据校核结果修改方案，再次计算直至合格为止。利用直接火焰加热炉模拟计算软件 FRNC-5 进行计算，可以得到烟气流过各换热管组后的温度和阻力降，各换热管组的热负荷和最高管壁温度，各对流管组的工艺物料的温度、压力和物性等参数。如果对流段各管组的工艺物料的温度、压力和换热管组的热负荷没有满足要求，就需要根据 FRNC-5 模拟计算得出的结果重新调整换热管组的换热管的直径、长度、材质、换热管的排列形式和间距、翅片的结构尺寸，或者采用增加辅助燃烧器补热的方式，重新计算，直到对流段各管组的工艺物料的温度、压力和换热管组的热负荷都满足要求为止。此时所得到的烟气流过各换热管组后的阻力降、温度和流量、各换热管组的最高管壁温度、各换热管组的结构尺寸即是各换热管组的设计依据。

Fr5see 是查看 FRNC-5 PC 结果的工具，可以汉化结果，快速查找计算结果。加热炉专业设计使用的 FRNC-5 PC 软件是英文版软件，很少有针对该软件的中文技术交流，使用该软件而发表的中文论文、书籍等也不多。这也是利用 FRNC-5 PC 软件进行加热炉优化设计前面临的难题。

0.3　Aspen Plus 软件的简介

Aspen Plus 是 Aspen Tech 公司开发的生产装置设计、稳态模拟和优化的大型通用流程模拟系统，是标准大型流程模拟软件，应用案例数以百万计。Aspen Plus 数据库包括将近

6000 种纯组分的物性数据，包括约 900 种离子和分子溶质；水溶液中 61 种化合物的 Henry 常数参数；包括 Ridlich - Kwong Soave、Peng Robinson、Lee Kesler Plocker、BWR Lee Starling 以及 Hayden O’ Connell 状态方程的二元交互作用参数约 40000 多个，涉及 5000 种双元混合物；1727 种纯化物；2450 种无机化合物；燃烧产物中常见的 59 种组分和自由基；3314 种固体组分，主要用于固体和电解质；电解质的 900 种离子。Aspen Plus 是唯一获准与 DECHEMA 数据库接口的软件。该数据库收集了世界上最完备的气液平衡和液液平衡数据，共计 25 万多套数据。Aspen Plus 是唯一能处理带有固体、电解质、生物质和常规物料等复杂体系的流程模拟系统。

Aspen Plus 是 Aspen 工程套件(AES)的一个组件。AES 是集成的工程产品套件，有几十种产品。

Aspen EDR 是 Aspen Exchanger Design & Rating 的缩写，是目前全世界范围内广泛使用的换热器设计和校核软件，它不仅提供丰富的热力学参数，严格的计算模型以及与其他软件的无缝接口，使得工程设计快捷、准确、可靠，更重要的是亦开发了振动分析的设计，通过查看分析报告，给设计者提供了振动设计可靠的依据。该软件中的 Shell & Tube Exchanger 模块是专门用于管壳式换热器传热计算的，其提供了设计(design)、校核(rating/checing) 、模拟(simulation) 及最大污垢(maximum fouling) 四种计算模式，可进行单相流、沸腾或冷凝以及多相流的传热计算。

Aspen EDR 中的 HTFS. PLATE 组件可以对板式蒸发器进行优化设计，不同设计方案下的计算结果见图 0-7，计算结果见图 0-8，输出的结构图见图 0-9(对应的结构图含义见图 0-10)。图 0-7 中的四种设计方案，较佳的是方案 3。

举例：利用 Aspen Plus V8.4 的计算功能还可以方便的实现泵性能的计算机仿真实验。

离心泵将压力为 170kPa 的物流加压到 690kPa，进料的温度为-10℃，摩尔流率及组成如表 0-1 所示，泵的效率为 80%，电动机的效率为 100%。物性方法采用 PENG-ROB，计算泵提供给流体的功率、泵所需要的轴功率以及电动机消耗的电功率。

Optimization Path

Current selected case: 3 Select

	Passes		Channels					Plate Details					Hot Side DP		Cold Side DP	
Item	Hot side	Cold side	Hot side	Cold side	Area ratio	Risk of maldistribution	Total area	Chevron angle	Plate area	Port diameter	Horz. port distance	Vert. port distance	Plate	Port	Plate	Port
							m2	Degrees	m2	mm	mm	mm	bar	bar	bar	bar
1	1	1	20	20	5.45	No	5.9	30	.152	50	205	571.97	.00824	.00158	.00482	.00085
2	1	1	9	9	2.35	No	2.6	45	.152	50	205	571.97	.00835	.00144	.00489	.00077
3	1	1	5	5	1.03	No	1.4	60	.152	50	205	571.97	.005	.00139	.00293	.00074
4	1	1	5	5	1.34	No	1.8	60	.197	50	205	743.56	.00649	.00139	.00381	.00074
3	1	1	5	5	1.03	No	1.4	60	.152	50	205	571.97	.005	.00139	.00293	.00074

图 0-7 HTFS. PLATE 组件的优化设计计算结果

Design		Hot Side		Cold Side	
Total mass flow rate	kg/h	141		107	
Vapor mass flow rate (In/Out)	kg/h	141	120	107	107
Liquid mass flow rate	kg/h	0	21	0	0
Vapor mass quality		1	.85	1	1
Temperatures	C	20	1	-110	1.93
Pressure	bar	1.01325	1.00687	1.01325	1.00958
Heat transfer coeff. (mean)	W/(m2*K)	313.8		58.6	
Fouling resistance	m2*K/W	.00002		.00002	
Velocity (Port/Plate)	m/s	14.21 / 4.5		11.83 / 3.77	
Wall shear stress (mean)	N/m2			1.2	
Pressure drop (allow./calc.)	bar	.01 / .00638		.01 / .00367	
Residence volume	m3	.0035		.0035	
Residence time	Seconds	.13		.19	

Total heat exchanged	kW	3.3	Exchangers 1	Plates 11	
Overall coef. (dirty/clean)	W/(m2*K)	49.2 / 49.3	Passes - hot / cold	1 / 1	
Effective surface area	m2	1.4	Channels - hot / cold	5 / 5	
Effective MTD	C	51.19	Plate - length / width	631.97 / 265	mm
Actual/Reqd. area (dirty/clean)		1.03 / 1.03	Plate - pitch / thk	5.28 / .6	mm
Risk of maldistribution		No	Port diameter	50	mm
			Chevron angle	60	Degrees

图 0-8 HTFS. PLATE 组件的计算结果

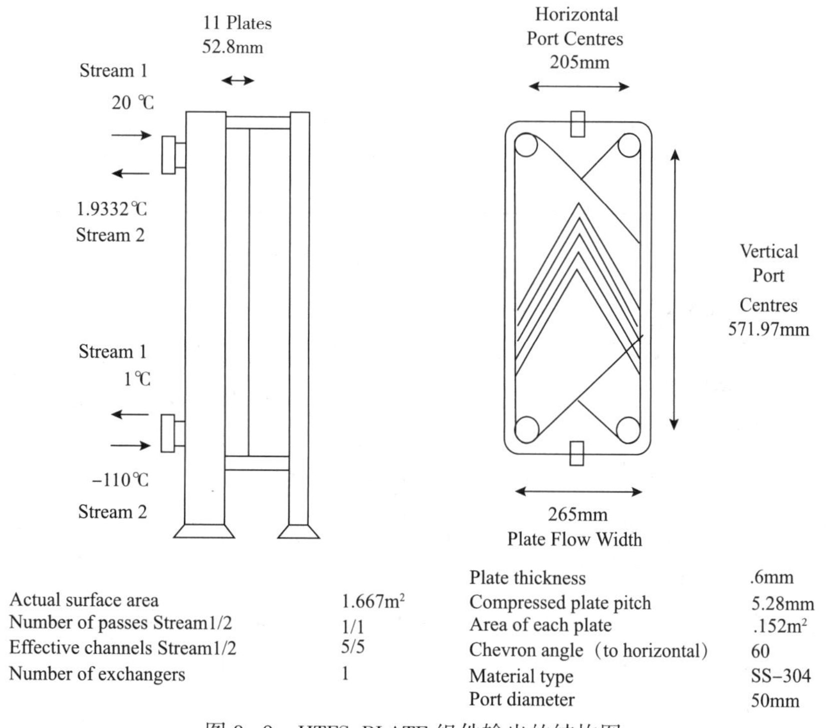

图 0-9 HTFS. PLATE 组件输出的结构图

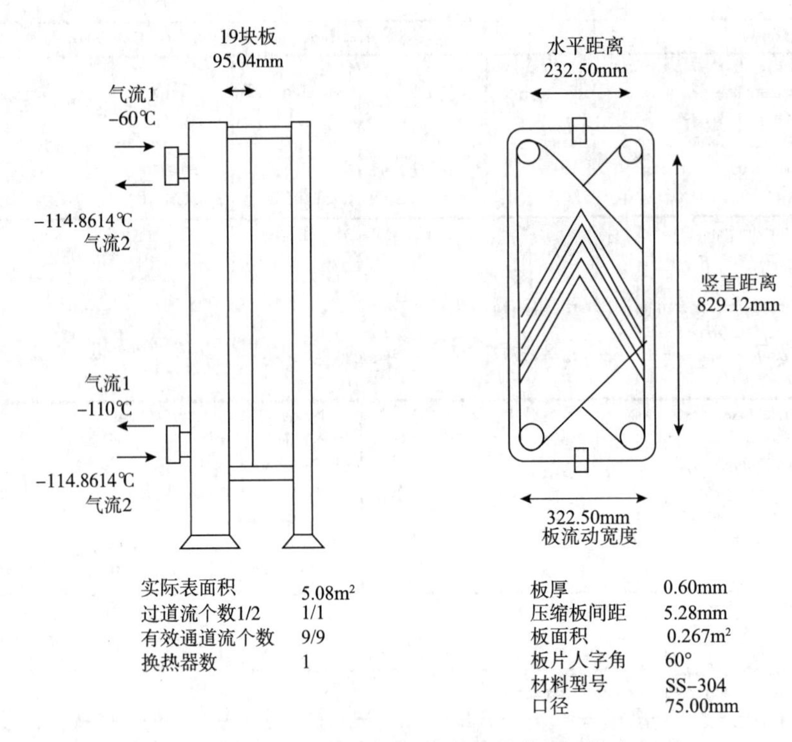

图 0-10　HTFS. PLATE 组件输出的结构图的含义

表 0-1　进料组分

组分	缩写式	摩尔流率/(kmol/h)	组分	缩写式	摩尔流率/(kmol/h)
甲烷	C1	0.05	正丁烷	NC4	8.60
乙烷	C2	0.45	异丁烷	IC4	9.00
丙烷	C3	4.55	1，3-丁二烯	DC4	9.00

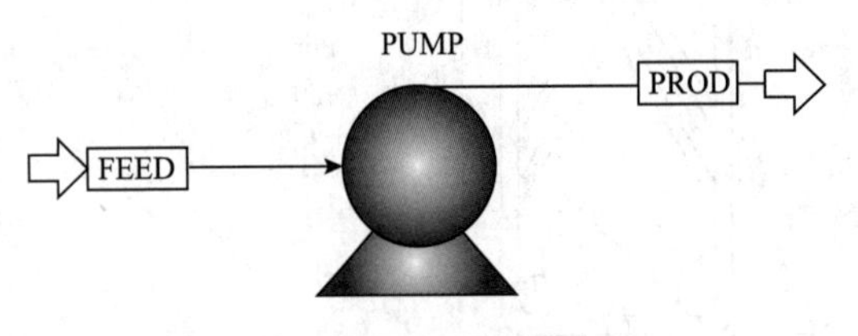

图 0-11　流程图

仿真流程如下：

启动 Aspen Plus，选择模板 General with Metric Units，将文件保存为 Pump. bkp；

建立如图 0-11 所示的流程图，其中 PUMP 采用模块库中 Pressure Changers-Pump-ICON1 模块。

点击继续按钮，出现 Flowsheet Complete 对话框，点击确定，进入 Setup-Specification-Global 页面，在名称(Title)框中输入 Pump。

点击继续按钮，进入 Components-Specifications-Selection 页面，输入组分 C1(METHA-01)、C2(ETHAN-01)、C3(PROPA-01)、NC4(N-BUT-01)、IC4(ISOBU-01)和 DC4(1：3-B-01)，如图 0-12 所示。

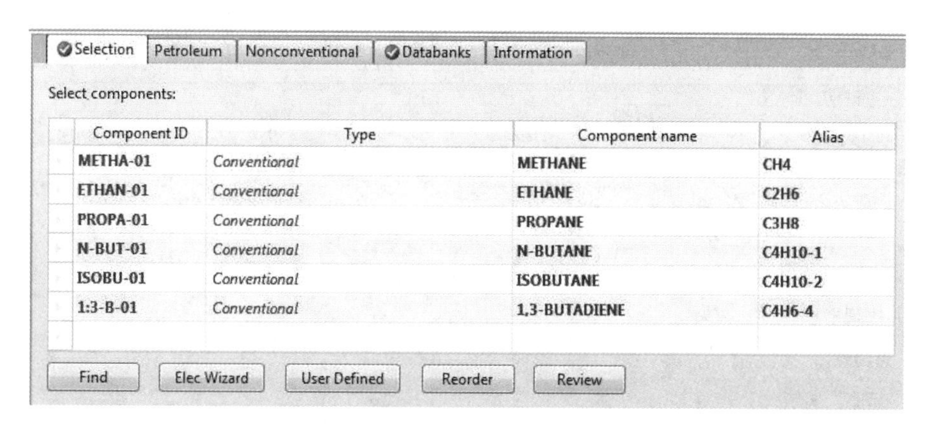

图 0-12 输入组分

点击继续按钮，进入 Properties-Specifications-Global 页面，选择物性方法 PENG-ROB，如图 0-13 所示。

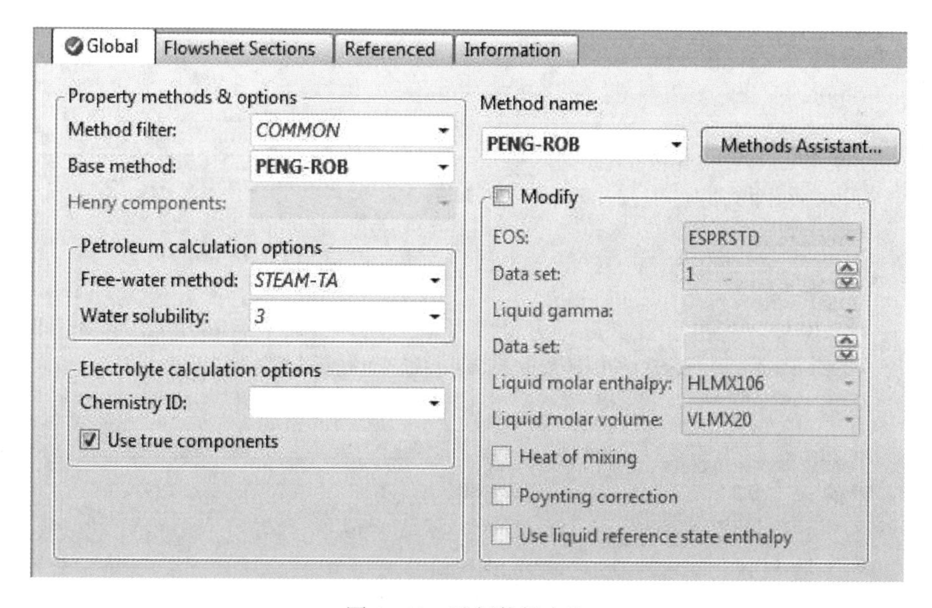

图 0-13 选择物性方法

点击继续按钮，查看方程的二元交互作用参数，采用默认值即可，不做修改。

点击继续按钮，出现 Required Properties Input Complete 对话框，点击 OK，进入 Streams-FEED-Input-Specifications 页面，输入进料(FEED)温度-10℃，压力 170kPa，以及 C1、C2、C3、NC4、IC4 和 DC4 的摩尔流率(分别为 0.05kmol/h、0.45kmol/h、4.55 kmol/h、8.60kmol/h、9.00kmol/h 和 9.00kmol/h)，如图 0-14 所示。

点击继续按钮，进入 Blocks-PUMP-Setup-Specifications 页面，输入 PUMP 模块参数。模型(Model)选择泵(Pump)，泵的出口规定(Pump outlet specification)选择出口压力(Discharge pressure)，并规定为 690kPa，在效率(Efficiencies)项中输入泵(Pump)的效率为 0.8，电动机(Driver)的效率为 1.0，如图 0-15 所示。

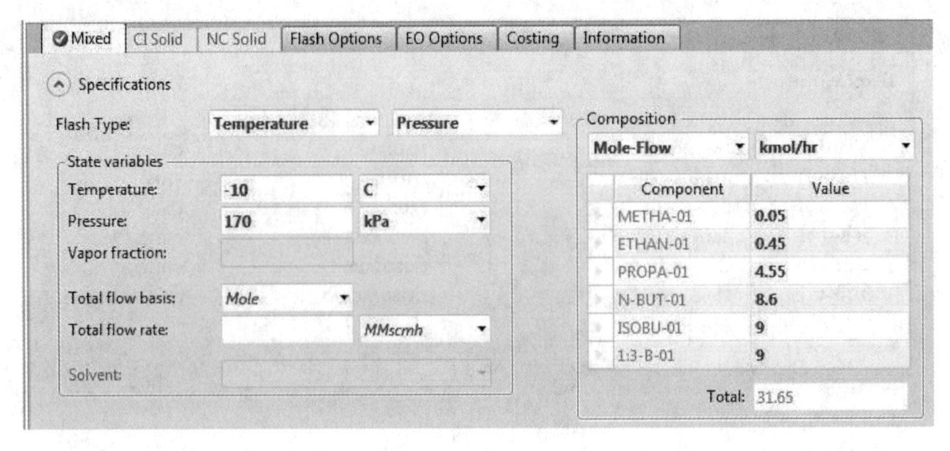

图 0-14　配置进料状态

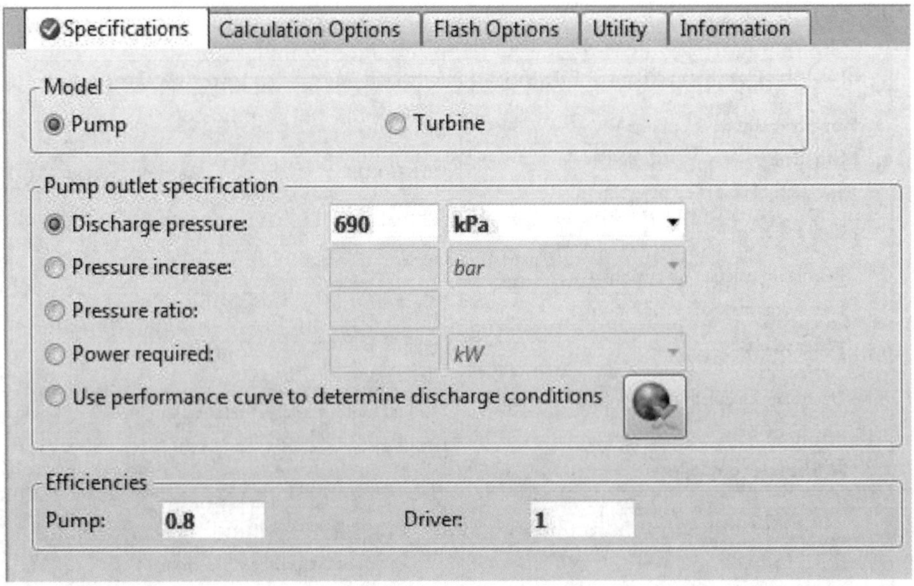

图 0-15　配置出口要求

点击继续按钮，出现 Required Input Complete 对话框，点击确定，运行模拟。

点击文件夹栏，由左侧数据浏览窗口选择 Blocks-PUMP-Results，在 summary 页面可看到泵提供给流体的功率(Fluid power)为 0.41kW，泵需要的轴功率(Brake power)为 0.51kW，以及电动机消耗的电功率(Electricity)为 0.51kW，如图 0-16 所示。

改变出口压力(483～897kPa)，以 41.4kPa 为步长，取 10 个数值。其他条件保持不变，进料压力为 170kPa，进料温度为-10℃，泵效率为 0.8，电动机效率为 1.0。通过实验，可以做出图 0-17。由图 0-17 可以看出，随着出口压力的增大，泵的功率也逐渐增大，其中，因为电动机效率为 1.0，泵的轴功率和电动机功率重合，但是比泵提供给流体的功率要高。

Summary	Balance	Performance Curve	Utility Usage	Status

Fluid power:	0.409680908	kW
Brake power:	0.512101	kW
Electricity:	0.512101	kW
Volumetric flow rate:	2.83625	cum/hr
Pressure change:	5.2	bar
NPSH available:	0.822077	meter
NPSH required:		
Head developed:	87.196	meter
Pump efficiency used:	0.8	
Net work required:	0.512101	kW
Outlet pressure:	6.9	bar

图 0-16　运算结果

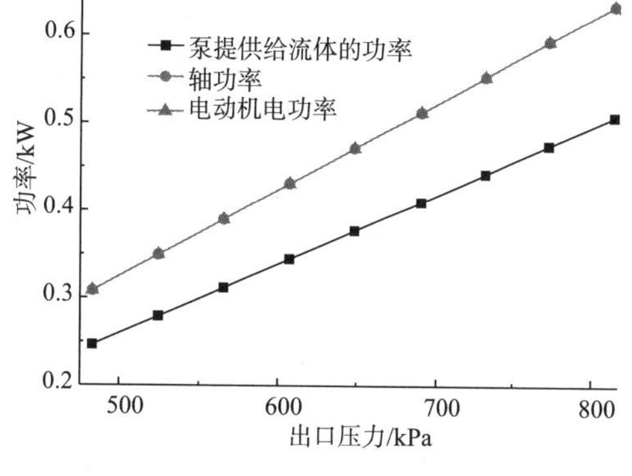

图 0-17　改变出口压力对功率的影响

0.4　SW6 软件的简介

SW6 软件包是化工设备设计技术中心站编制的化工设备强度计算软件，是设备设计人员进行设备设计、方案比较、在役设备强度评定等工作不可缺少的重要工具，也是目前大多数设计院进行容器常规设计必备的一款软件。SW6 目前版本为 SW6—2011 V3.0(中、英文版)。SW6 是以 GB 150、GB/T 151、GB 12337、NB/T 47041—2014 及 JB/T 4731 等一系列与压力容器、化工过程设备设计计算有关的国家标准、行业标准为计算模型的设计计算软件。SW6 包括 10 个设备计算程序，分别为卧式容器、塔器、固定管板换热器、浮头式换热器、填函式换热器、U 形管换热器、带夹套立式容器、球形储罐、高压容器及非圆形容器等，以及零部件计算程序和用户材料数据库管理程序。SW6 零部件计算程序可单独计算最为常用的受内、外压的圆筒和各种封头，以及开孔补强、法兰等受压元件，也可对《钢制化工容器强度计算规定》(HG/T 20582—2011)中的一些较为特殊的受压元件进行强度计算。10 个设备计算程序则几乎能对该类设备各种结构组合的受压元件进行逐个计算或整体计算。

为了便于用户对图纸和计算结果进行校核，并符合压力容器管理制度原始数据存档的要求，用户可打印输入的原始数据。SW6 计算结束后，分别以屏幕显示简要结果及直接采用 Word 表格形式形成按中、英文编排的《设计计算书》等多种方式，给出相应的计算结果，满足用户查阅简要结论或输出正式文件存档的不同需要。

SW6 以 Windows 为操作平台，不少操作借鉴了类似于 Windows 的用户界面，因而允许用户分多次输入同一台设备原始数据、在同一台设备中对不同零部件原始数据的输入次序不作限制、输入原始数据时还可借助于示意图或帮助按钮给出提示等，极大地方便用户使用。一个设备中各个零部件的计算次序，既可由用户自行决定，也可由程序来决定，十分灵活。

SW6 软件用来计算受压元件时，只需输入相关工艺条件参数就能计算出结果，使设计人员摆脱了繁琐的手工计算，极大地提高了设计效率。但是，对 SW6 计算程序中各部件的适用条件以及参数对计算结果的影响不了解，忽略一些可能会影响设备强度的细节，可能对设备产生安全隐患。

举例：

某两管程结构换热器的管壳程的设计压力不高，介质危害性不大，管板与壳体的连接采用焊接结构，管板与壳体嵌入后进行焊接。前端管箱隔板与管板也采用焊接形式。由于管板上不开隔板槽，设计者利用 SW6—2011 计算时误认为隔板槽面积输入值为 0。实际操作中，由于此台换热器换热管的布管形式为旋转三角形排列，不能利用《热交换器》(GB/T 151—2014)给出的计算公式进行隔板槽面积计算，要通过作图法得到正确的隔板槽面积，这样才能得到正确的计算结果。不论隔板与管板焊接与否，管板计算时都应计入隔板槽面积，特别是在直径较大、隔板槽面积也大的情况下，隔板槽面积越大，管板计算厚度越薄；隔板槽面积越大，平盖计算厚度越厚。利用 SW6—2011 计算时，输入隔板槽面积，得到前端管箱平盖的计算厚度；不输入隔板槽面积，得到后端管箱平盖的计算厚度，这样平盖的计算结果才合理。换热器设计计算时，对于管箱内有无隔板，平盖计算时使用的计算公式不同。设计者要正确理解标准的计算公式，合理使用 SW6—2011 软件进行计算。

0.5 ANSYS 软件的简介

ANSYS 软件是美国 ANSYS 公司研制的大型通用有限元分析(FEA)软件，是世界范围内使用人数增长最快的计算机辅助工程(CAE)软件，能与多数计算机辅助设计(CAD, computer aided design)软件实现数据的共享和交换，如 Creo、NASTRAN、Algor、I-DEAS、Auto CAD 等，是融结构、流体、电场、磁场、声场分析于一体的大型通用有限元分析软件。在核工业、石油化工、航空航天、机械制造、能源、汽车交通、国防军工、电子、土木工程、造船、轻工、日用家电等领域有着广泛的应用。

在压力容器设计工作中常规设计方法不能计算或计算通不过的结构，往往通过 ANSYS 有限元进行模拟计算，并以此作为强度计算和校核的先进方法。随着压力容器设计标准的更新和计算机技术的发展，ANSYS 有限元分析方法在压力容器的设计中得到了越来越广泛的应用。按《钢制压力容器——分析设计标准》[JB 4732—1995(2005 年确认)]采用 ANSYS 有限元程序进行压力容器应力分析的过程都是根据已知设计条件，先依据设计者经验确定压力容器的初始结构尺寸，运用标准规定的解析公式进行强度计算，计算合格后再采用 ANSYS 有限元程序建模、分析、求解和评定。若评定合格，则按此确定最终结构尺寸，如果评定不合格，则需重复上述步骤直至合格为止。

ANSYS 的所有分析都是建立在模型的基础之上的。建模分为两步，第一步先建立几何模型，第二步在几何建模的基础上，通过对其进行网格划分，生成有限元模型。为了使分析的结果准确，在 ANSYS 中建模必须使用统一的单位。例如，如果长度单位取为 mm、质量单位取为 kg，则面积单位取为 mm^2、密度单位取为 kg/mm^3，弹性模量单位则为 $kg/(mm \cdot s^2)$，能保证模型的单位制式统一。

对于形状不规则的结构，需要分段建模，然后再将各个部分合为一个整体。使用 ANSYS 系统默认的坐标系已经无法满足实际要求，需建立相对坐标系。ANSYS 系统中有 3 种坐标系：Working Plane CS(工作平面坐标系)，Global CS(全局坐标系)，Local CS(局部坐标系)。开始建模使用的坐标系为全局坐标系。局部坐标系是一种相对的坐标系，它是用户在特定位置定义特定的几何模型时，为了方便与准确而创建的局域的坐标系。建立局部坐标系后，指定要选择的坐标系。多使用局部坐标系，便于局部特征的创建。

几何实体模型是 ANSYS 程序通过汇集点、线、面、体等几何体素构建的。当创建一种体素时，ANSYS 会自动生成从属于图元的下级图元。在 ANSYS 程序中由于同一个实体只能被划分一种密度的网格，因此在实体建模时应考虑针对不同的网格密度需要建立不同的实体。

尽量利用结构的对称特性、循环对称特性，以使模型尽量简单。通过简单模型的镜象、拷贝和旋转等功能来实现复杂结构的建模工作。减少布尔操作命令的次数，使结构的几何形式尽量简单。为减少程序运算量，还可利用结构具有对称性的特点，将对称部分省略，通过构建结构的 1/4 模型进行有限元分析，这样就可以大大减少程序的运算量。

对位于应力集中区域的实体划分较密集的网格，以保证必要的计算精度，而对于非应力集中区域的实体，则可以减少网格划分数量，以减少程序运算量。在分析中可用不同的网格密度来划分实体模型，对比其求解结果，选择合适的网格密度做最终分析。在建模时为简化建模剖开的剖面、对称面施加对称约束边界条件。对称约束边界条件约束模型的自由度，使得模型不能发生垂直对称面方向的移动和对称面内的旋转。

通过 ANSYS 有限元软件建模求解，可以准确确定危险截面和最大应力节点的位置，让设计人员充分掌握应力的分布，对结构进行优化设计，从而提高设备使用的安全性能。在设备结构不连续、有较高应力强度的部位需设定典型的评定截面。利用 ANSYS 分析设计时，通过设置路径来确定典型的评定截面。对路径做应力线性化处理可以得到薄膜应力、弯曲应力和峰值应力。

第1章　基于HTRI软件的管壳式换热器设计

化工生产中重要的单元设备中，管壳式换热器市场占多于65%的份额，因此换热器的设计计算十分重要。以液氮汽化的汽化器的设计为例，说明基于HTRI软件中Xist模块的管壳式换热器的工艺设计过程。液氮侧：汽化量为11250kg/h，压力为2.0MPa。循环冷却水侧：流量为40000kg/h，压力为0.5MPa。冷侧：-196℃的液氮汽化为0℃以上。热侧：水进口温度25℃，出口为15℃。壳体和管子的温度差超过30℃，或者冷流体进口和热流体进口温度差超过110℃，此时不宜用固定管板式换热器。根据工艺要求，换热器的管壁温度和壳体壁温之间的温差较大，故选用浮头式换热器。该汽化器选定循环水走管程，液氮走壳程。

双击HTRI图标进入开始界面，如图1-1所示。

图1-1　开始界面

鼠标左键点击File，选择“New Shell and Tube Exchanger”后，出现的输入界面（主功能区），如图1-2所示。这个界面由3部分组成：在“树形栏”里可以点击需要输入的项；在“输入面板”相应的“框”里可以输入具体的数据；最下面一栏可以在Input、Report、Graph等界面间实现切换。在换热器用途栏（Exchanger service），缺省的是通用的管壳式（Generic Shell and Tube）。

换热器的设计参数一般包括：流体参数；结构参数。流体参数包括管侧及壳侧流体的流量、温度、压力、允许压力降、污垢热阻以及换热器管程及壳程的设计温度、压力等。结构参数包括：换热管外径及壁厚选用、换热管排布角度；折流板型式及缺口高度；防短路挡板及分程挡杆设置。

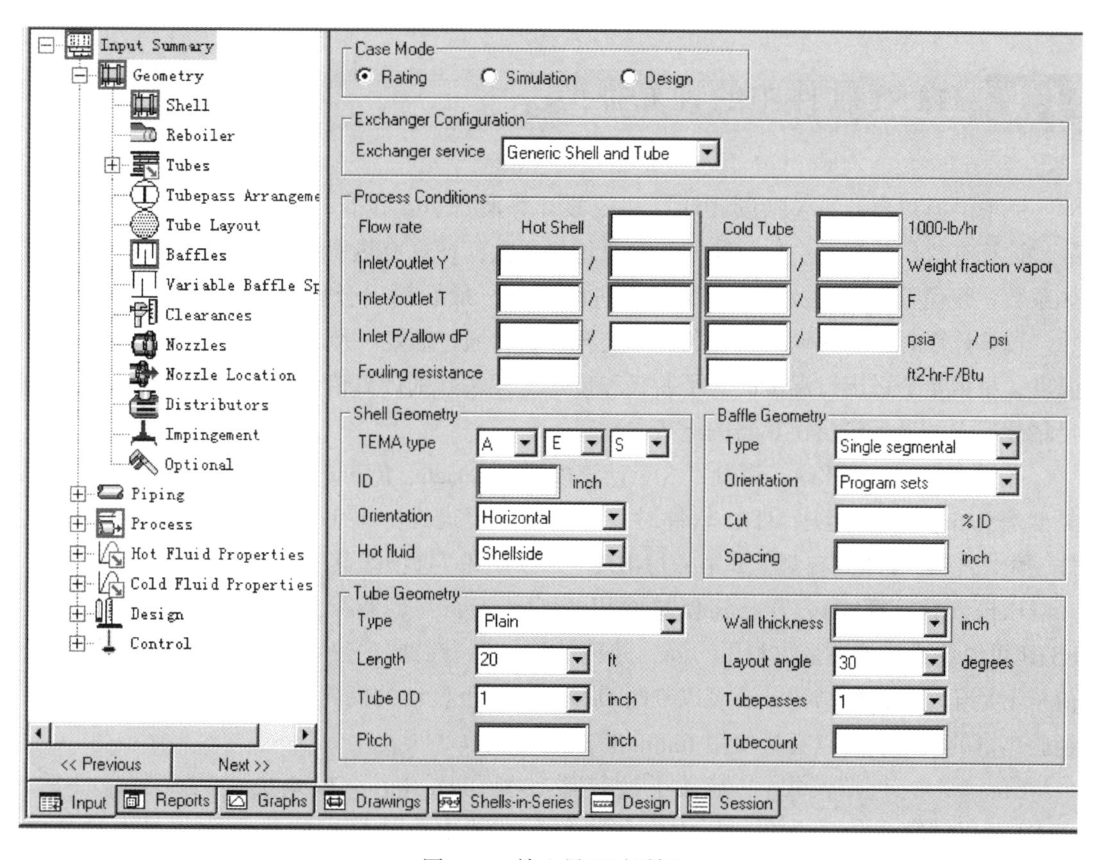

图 1-2 输入界面对话框

HTRI 软件进行管壳式换热器的选型设计时，需要输入的数据主要分为传热数据和机械数据两部分。图 1-2 为输入界面对话框，最左侧是 Input summary，其下包含Geometry、Piping、Process、Hot Fluid Properties、Cold Fluid Properties、Design 和 Control。在需要输入数值的地方都以“红框”显示，默认值及单位都已显示在此界面中。当输入的数据超出正常范围时，所输入的数据以红色表示，提示输入有误。

换热器为浮头式或者 U 形管时，则需在 Input Summary 下面的 Geometry 中，Optional 下选择相应的项目为 Yes。

在 HTRI 软件中，选定单位制是非常重要的。单击工具栏中🌡，在打开的单位设定对话框中选择 SI 国际单位制，如图 1-3 所示。

Select Data Units

Data units set na SI

OK Cancel Modify...

图 1-3 单位设置的对话框

1.1 HTRI 软件中的计算类型

一般的换热器计算包括设计计算和校核计算两部分。设计计算时，首先输入设计参数，计算有效传热温差、热负荷并初选总传热系数，计算换热器结构参数，然后分别对传热系数、管程阻力损失及壳程阻力损失进行校核，最后输出合理的换热器结构及相关参数。校核计算时，首先输入运行条件和已知参数，通过假定一侧出口温度来计算另一出口温度，根据 4 个进出口温度的热平衡式和传热方程式分别计算传热量，并进行对比直到满足精度要求，最后输出换热器的运行参数。

在 HTRI. Xist 软件内，设置了 3 个计算模式：Design、Rating、Simulating，缺省的计算类型是 Rating。实际运用 HTRI 软件时，最常用的模式是：Design、Rating。对于 HTRI 软件，由图 1-2 可知，右侧上部第一行出现“Case Mode”选项。其中：

Rating(核算模式)：若已知换热面积，则定义了换热器类型和足够的工艺条件后，HTRI 可以计算热传递系数和压力降，并把计算结果与需要的热负荷进行对比，给出热负荷是不足还是超过的结论，还可以判断 Design 模式下设计的换热器是否符合工业标准。对经验丰富的人员，可以直接使用 Rating 模式进行核算。

Simulation(模拟模式)：定义了换热器类型和比 Rating 模式更少的工艺条件后，HTRI 可以计算热传递系数、压力降和热负荷。其中，计算出的热负荷是最大操作热负荷。对现场已经开车运行的换热器可以使用 Simulation(模拟模式)来校核换热器的实际能力。

Design(设计模式)：与其他模式相比，该模式需要较少的设计条件。若已知传热量，定义了换热器的大多数的几何结构和足够的工艺条件后，HTRI 可以计算需要的热负荷，然后计算其他缺少的几何结构、热传递系数和压力降。这一模式可以确定壳体类型、壳体直径、管长、管间距、折流板间距、折流板类型、管径和管心距。在设计模式下，设计过程是交互式的，由用户来控制每一个几何参数的允许范围。Design mode 下的 run 程序，Input>Geometry>tubes 下的 tubecount 处选择 Rigorous tubecount 更保险。Rigorous method：指定严格管数计算方法，如果勾选了此项，HTRI 就会应用此方法计算，在“Design”时一定要勾选此项。Rigorous method 给出管束中每一根管的位置；Rigorous method 评估管束中处于交叉位置的管子的数量。

需要指出，由美国管式换热器制造商协会(TEMA，Tubular Exchanger Manufacturers Association)制定的世界上唯一的一套包含设计细节和推荐经验的非直接火(不是直接的火接触加热)换热器标准，是世界上使用最广泛的；HTRI 软件本身是根据 TEMA 标准来设计换热器的。换热器计算软件 HTRI 中采用设计模式计算得到的换热器结构尺寸通常都需要调整，其原因在于 HTRI 软件中默认的换热器标准为美国管式换热器制造商协会标准(TEMA)，与国内换热器的制造标准《热交换器》(GB/T 151—2014)的结构尺寸有一定区别。在 HTRI 中，可以找到 GB/T 151 关于换热器每一项结构尺寸规定的对话框，按照 GB/T 151 输入这些数值就可以设计出符合国家标准的换热器。比如布管圆到换热器壳侧内壁的间距，防冲挡板距壳侧进口的距离等都有相应的对话框来输入这些数值。

在“Design”条件下可以为空的内容是：Baffle type（折流板类型），TEMA shell style（壳类型），Tube diameter（换热管直径），Number of crosspasses（折流通道数目），Number of tubepasses（管程数），Tube length（换热管管长），Shell diameter（壳径）；管型、管长、管外径（OD，对低翅片管来说，输入光滑端的管子外径），管排列角度（Tube layout angle），管程数（Tubepasses）和管子数（Tubecount）。如果在 design-geometry 中选择 shell diameter（壳径），“MIN”输入 100，“Max”输入 1000，STEP 步长数选择 18，则运行后在“Design”条件下可以看到 18 个计算结果（每个步长 1 个结果）。对于 Design Mode，Tubes Geometry 必须输入的内容是：管间距（pitch）和管壁厚（Wall thickness）；换热管数目（Tubecount）不要输入。其他的数据有默认值或者可由 HTRI. Xist 自行计算。

尽管 HTRI 软件中默认的是 Rating（核算模式），但是一般做设计计算时先选择 Design（设计模式）以初步确定较好的方案，然后选择 Simulation 及 Rating mode，调整壳体和换热管的直径、折流板数（Crosspasses）、折流板间距（Spacing）、换热管数目（Tubecount）、折流板切口（Baffle cut）等参数细部计算及微调以符合设计要求。其中，换热管根数可参考 HTRI 计算结果（一般将计算结果乘 0.9 后取偶数根）。对于本例，先选择 Design（设计模式）。

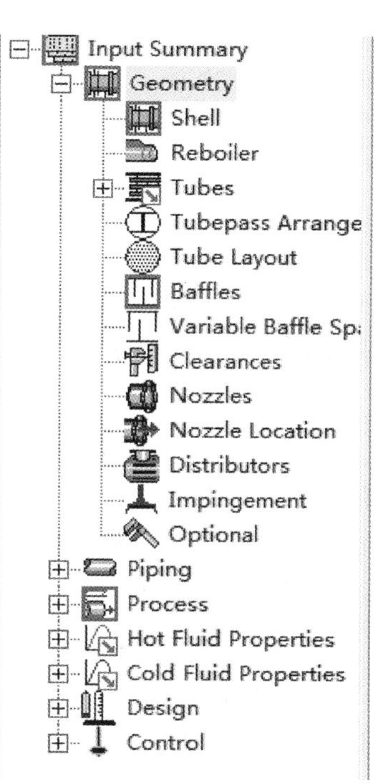

图 1-4　输入项选项

对于本例，由于热流体走管程，冷流体走壳程，在图 1-2 中的“Process Conditions”中，下面的流量“Flow rate”输入的原始默认的是“热流体走壳程，冷流体走管程”。这与本例不符，故而需先做出调整。为此，单击图 1-2 中的左侧“Geometry（几何）”前的“+”号，出现详细的输入项选项，如图 1-4 所示。选择 Shell 选项，下面有“热流体位置”的选项。根据本例，选择“热流体走管程”，如图 1-5 所示。选择好以后，回到图 1-2 中的“Input Summary”界面，会发现已改变为“Hot Tube”和“Cold Shell”，如图 1-6 所示，为新的输入界面。

Hot Fluid Location
Shellside (Outside tubes)　　Tubeside (Inside tu

图 1-5　热流体位置选项

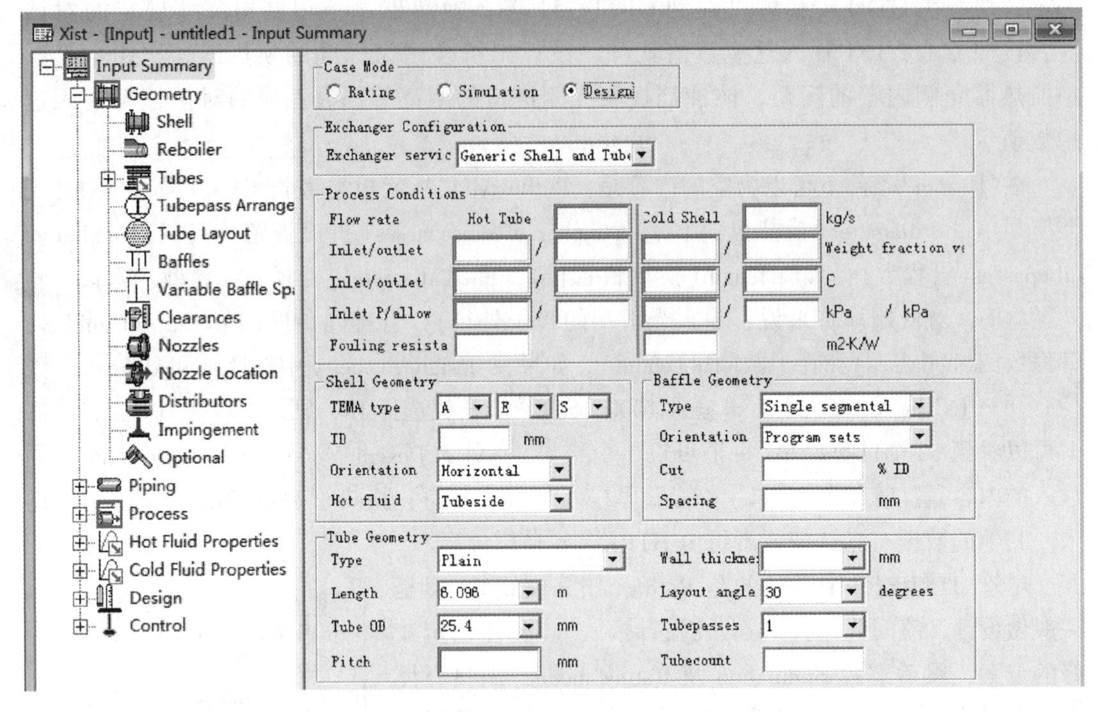

图 1-6　新的输入界面

1.2　HTRI 软件中工艺条件的定义

在图 1-6 的界面里，Process Conditions 中，还需要输入流体流量、气相质量分率、进出口温度、进出口压力和污垢热阻。如果已知两种物料的流量、温变，那么热量可以不用输入。如果输入的热量和温变数值不完全匹配，那么还会在计算结果中输出一个与输入的不相同的出口温度值。

在换热器里流动的流体包括：工艺流体即需要换热的流体；换热介质即加热剂或冷却剂(一般是氨、乙烯、丙烯、冷却水或盐水等)。冷侧、热侧流体的压降一般由甲方指定，也可以选用资料经验值。

工艺流体的流量和进、出口温度是由工艺要求所规定的。换热介质的进口温度，一般已经由热源或者冷源来定；有的设计条件中会给出出口温度，如果没有给，可自已选；流量一般不用设计者输入。

气相质量分率(即干度)用于确定换热器内有无相变，对设计结果的影响很大。对于气相质量分率，纯液相输入 0；纯气相输入 1；如果是气液混合物，则需要事先给出气相质量分数。对于湿空气冷却器，湿空气冷却过程中有可能发生液化即其中的水蒸气冷凝的现象。因此，湿空气出口的气相质量分率必须输入一个介于 0~1 的数字。

管两侧流体的污垢热阻可查相关资料。壳侧热阻层厚度＝268×壳侧污垢热阻；管侧热阻层厚度＝134×管侧污垢热阻。在 HTRI 中，如果输入“Fouling layer thermal conductivity”(即导热性和相应的热阻层厚度)，则 HTRI 软件会从中推算出对应的热阻值。

需要特别指出，在工艺条件“Process Conditions”的输入过程中，很可能出现软件计算时的单位与工艺条件给定数据的单位不统一的情况。此时，单击所填项需要换算的单位，比如“Flow rate”(流量)的单位，出现“单位换算的对话框”，单击“下拉箭头”，选中“小时 hr (hour)”，如图 1-7 所示，Convert(把单位和输入的数据同时转换)、Set Units(只转换单位，不改变输入值)、Cancel(退出对话框，不作任何转换)。此种单位转换是暂时的，如果关闭软件后再次进入时，单位又恢复到默认值。单击图 1-7 的“转换”(Convert 按钮)，就会发现输入界面输入项的单位已经换算成功，结果如图 1-8 所示。

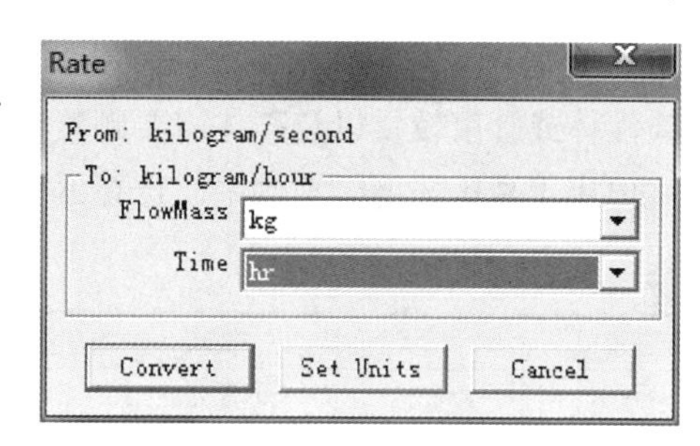

图 1-7　单位换算对话框

Flow rate	Hot Tube		Cold Shell		kg/hr

图 1-8　新的输入界面输入项单位

按照所给定的工艺参数输入后，见图 1-9。需要说明：本例中，Fouling resista(污垢热阻)取 0.00176m^2 · K/W。

Process Conditions

	Hot Tube		Cold Shell		
Flow rate		40000		11250	kg/hr
Inlet/outlet	0	0	0	1	Weight fraction va
Inlet/outlet	25	15	-196	0	C
Inlet P/allow	0.5		2		MPa / kPa
Fouling resista	0.000176		0.000176		m2-K/W

图 1-9　工艺参数的输入

1.3　壳程结构参数的定义

HTRI. Xist 根据 TEMA(列管式换热器制造商协会) 标准，按照前端管箱型式+ 壳体型式+ 后端管箱结构型式的组合方式，可以进行多种型式换热器的计算。根据标准，前端管箱类型、壳体类型和后端管箱类型，分别如表 1-1～表 1-3 所示。需要指出，对于双管程的换热器，把带有分程隔板的管箱所连接的封头称为前端管箱，另一端称为后端管箱。对于浮头式换热器，前管板是固定的，后管板是浮动的。

表 1-1 前端管箱类型

代号	型式	代号	型式	代号	型式
A	平盖管箱	C	可拆管束与管板制成一体的管箱	D	特殊高压管箱
B	封头管箱	N	与固定管板制成一体的管箱		

A 型是标准封头，用于管程流体较脏的情况；B 型用于管程流体较干净的情况，并且由于 B 型封头较简单和便宜，所以大多使用 B 型封头；C 型是可移动的壳体，用于管程危险液体或管束较重以及壳体需要频繁清洗的情况；N 型封头多用于壳程危险液体；D 型则主要用于高压环境。本例中，选择 B 型封头。

表 1-2 壳体类型

代号	型式	代号	型式
E	单程壳体	J	无隔板分流壳体
F	带纵向隔板的双程壳体	K	釜式重沸器壳体
G	分流壳体	X	穿流壳体(交叉流)
H	双分流壳体		

E 型壳体是标准形式，所以最常用。G 型和 H 型通常用于水平热虹吸式再沸器，水平热虹吸式再沸器多用于精馏塔。如果采用 E 型壳体但不能满足允许的压降，可采用 J 型和 X 型壳体。当需要多壳体和可移动式管束时，可采用 F 型壳体。而 K 型壳体只能用于再沸器。

表 1-3 后端管箱类型

代号	后端管箱型式	代号	后端管箱型式
L	固定管板，与前端管箱 A 相似的结构	S	钩圈式浮头
M	固定管板，与前端管箱 B 相似的结构	T	可抽式浮头
N	固定管板，与前端管箱 N 相似的结构	U	U 形管束
P	外填料函式浮头	W	带套环填料函式浮头

后端管箱类型一般分为 3 类：固定管板式包括 L 型、M 型、N 型，壳体挡板间隙较小；U 型管式设计简单易行但清洗困难，壳体挡板间隙较小；浮头式包括 P 型、S 型、T 型、W 型，其中最常用的是 S 型。如果温降低于 50℃，且壳程压力不高，则使用固定管板式换热器，否则使用其他类型以满足热膨胀的要求。与 S 型相比较，T 型结构简单，但是壳体较大并且管束和壳体之间间隙较大。P 型和 W 型很少使用，W 型换热器没有通道挡板，因此它们的通道数只能限定在 1~2 个。本例选择 S 型后端管箱。

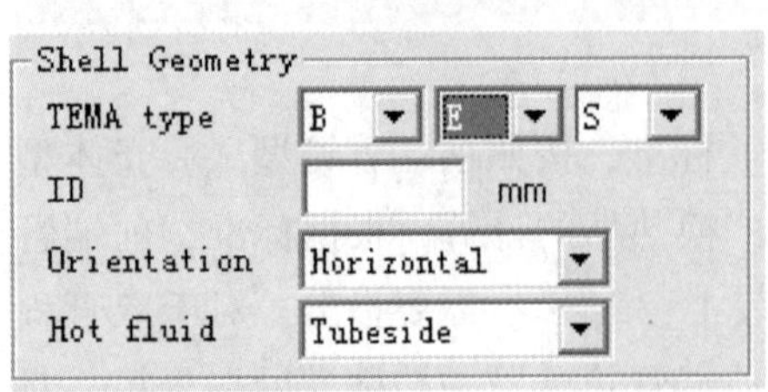

图 1-10 Shell Geometry 的填写

在 HTRI 中，TEMA type 选项按 TEMA 规则，本例选择 BES。方位“Orientation”选择水平“Horizontal”。“Hot Fluid”之前已经规定好走管程，这里不再选择。填好的“Shell Geometry”见图 1-10。在“Design”设计计算模式下不用输入“ID”值，初步设计计算结束后，留待“Rating”核算模式下进行调整。

1.4 折流板结构参数的定义

管壳式换热器设计中，折流板的目的是分隔壳程空间，使流体在壳程内流动时受到阻挡，增加湍动程度，从而提高传热系数。由于流通面积和流速周期性变化，并在折流板后端形成涡流，产生压力损失，所以选择恰当的折流板型式、折流板间距和折流板切割率将会获得经济传热系数。在不考虑阻力降的情况下，折流板间距应尽量小，以最大可能地提高换热管外的传热系数。

在 HTRI 软件中，折流板类型“Type”可以选择图 1-11～图 1-13 的 TEMA 标准型、图 1-14～图 1-16 中的非 TEMA 标准型。TEMA 标准型包括：单弓形折流板（Single-segmental）；双弓形折流板（Double-segmental）；Segmental/NTIW，即 No-tubes-in-window，NTIW（弓形缺口区，窗口区不布管）；None，即为没有折流板。实际上，还有拉杆形、螺旋板形、双螺旋板形等型式。

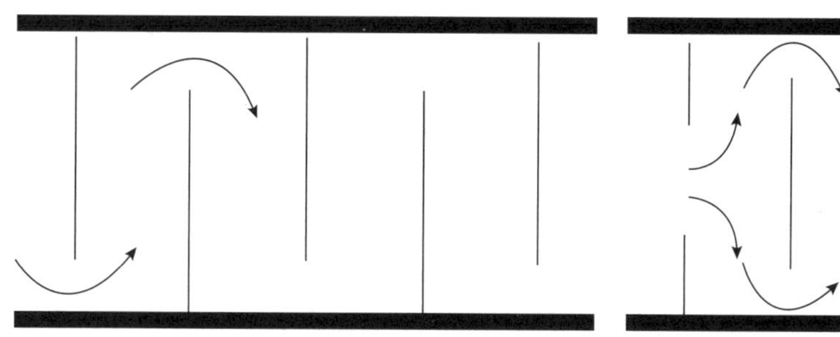

图 1-11　单弓形折流板

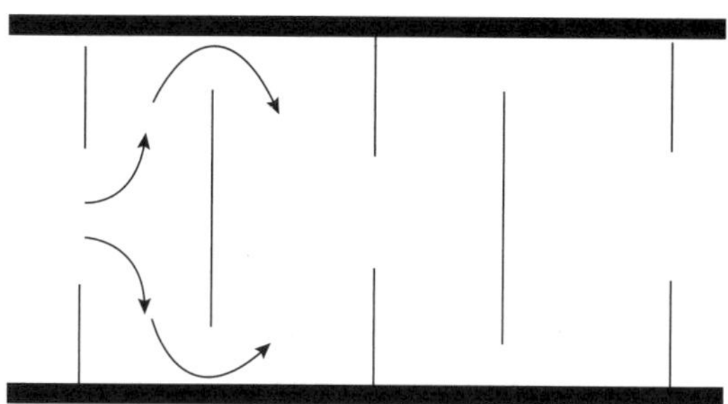

图 1-12　双弓形折流板

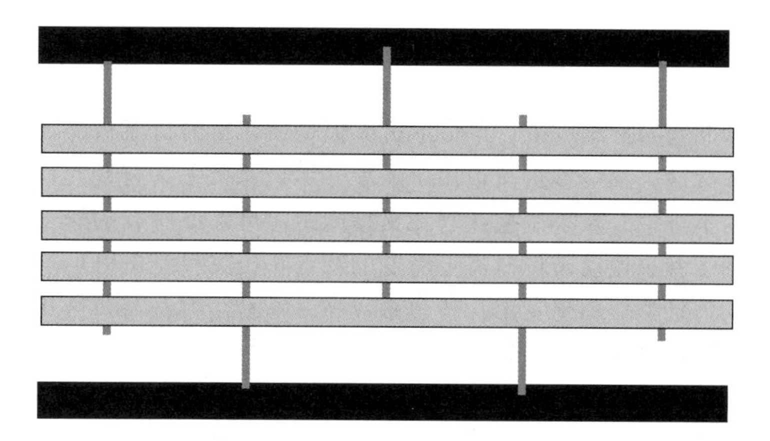

图 1-13　窗口区不布管（NTIW）

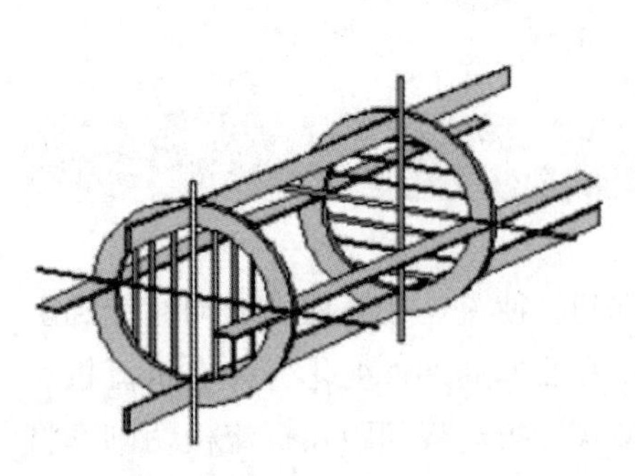

图 1-14　拉杆形折流结构(ROD baffle)

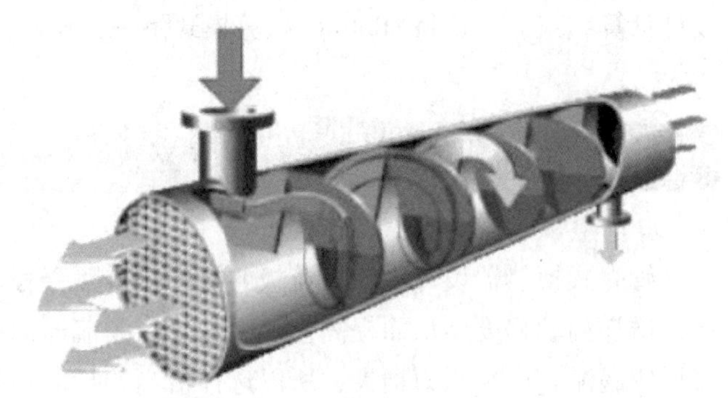

图 1-15　螺旋形折流板(Helical baffle)

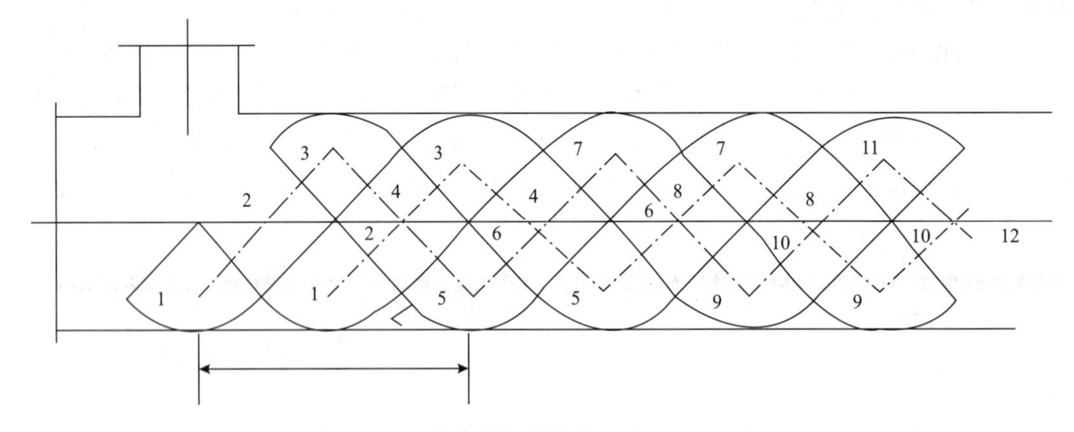

图 1-16　双螺旋形折流板(Double Helix baffle)

近年来，非 TEMA 标准型的螺旋折流板和折流杆的应用逐渐广泛。螺旋折流板换热器壳程传热系数的设计值很难得到，而 HTRI 软件计算管程传热系数是准确的。连续螺旋折流板的螺距 $B=\pi D\tan\beta$，其中 D 为壳体内径，β 为螺旋角。而考虑到工程实际制造与应用，HTRI 软件中规定，四分扇形非连续螺旋折流板的中心间距应为连续螺旋折流板螺距的 40%~60%。《热交换器》(GB/T 151—2014)也规定了螺旋折流板换热器的基本结构参数。

在 TEMA 标准型的折流板中，单弓形折流板是最常见的折流板类型，能最有效的把压降转移到热交换。双弓形折流板用于在单弓形折流板无法满足允许压降限制的情况。弓形缺口区不排管，减小了换热管无支撑间距，可保证所有的管子都得到折流板的支承，一般用于管子振动破坏时需要考虑的特点：压降只有单弓形折流板的 1/3 左右；壳程流动均匀且类似理想管束，传热系数高，不易结垢；窗口区压降很小，旁路及泄流量小；弓形缺口区不排的管子大约为 15%~25%，可采用较小的弓形缺口，提高壳程流速或适当调大壳径以便维持相同数量管子。没有折流板，一般在再沸器即 K 型的换热器及交叉流 X 型的换热器的壳体中使用。壳程传热系数由高到低的排序是单弓>单弓-NTIW>双弓>单螺旋。而对于“壳程传热系数/壳程压力降”，单位压降提供的传热系数，是一个常用的评价综合换热性能的指标，综合换热性能的排序是双弓>单螺旋>单弓-NTIW>单弓。这与壳程传热系数的排序是相反的，表明了在通常设计时，能满足压降的情况下最常选用单弓型；当低压降作为控制的参数时，常常选用双弓型。

本例中，选择 single segmental（单弓形折流板）、方位（Orientation）选择 Parallel。在 HTRI 的“Shell geometry”中“Orientation”选择 Horizontal（壳体为水平放置时），如果在“Baffle geometry”中选择 Parallel，这里所指是相对于竖直的管口中心线为参照物的，实际的折流板的切割方向为纵向切割的，即壳体中流体流动方向为左右穿插前进的。如果“Baffle geometry”中选择 Perpendicular，这里所指相对垂直于竖直的管口中心线，实际折流板的切割方向为横向切割的，即壳体中流体流动方向为上下翻滚前进的。在“Design”（设计模式）下时通常先选择 program sets，让 HTRI 软件先根据工艺条件以及管口的位置等设定折流板切割率减小，壳侧压降增加同时传热系数增大。每种型式的折流板切割率变化对压降和传热系数的影响程度不一。壳程压降变化的幅度要大于壳程传热系数变化的幅度。在压降允许范围内，通过减小切割率来增加传热系数。Cut（折流板圆缺高度占壳体内径的比例）一般为 10%～40%，常见的是 20%和 25%。本例选择 25%。

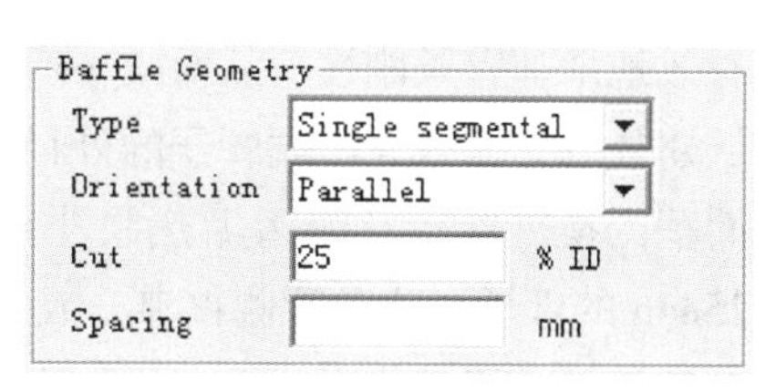

图 1-17　Baffle Geometry 选项的填写

填写完毕的 Baffle Geometry 见图 1-17。

1.5 管程结构参数的定义

管子材料（Tube material）的选择：从管子材料下拉列表中选择，或者输入管材的密度、导电性和弹性模数、最大无支持跨度。这些数据在计算热阻、振动和重量估算时要用到。当管内外流体均为腐蚀性流体时，采用双金属管。

换热管类型，有：光滑管（Plain）和低翅片管（Low-finned）等形式。管子的类型（Type）一般选择光滑管。当壳程流体的膜传热系数只有管程的 1/3 时，需要采用低翅片管来强化传热（Low-finned），这时 HTRI 需要输入翅片的几何参数。如果利用低翅片管（Low-finned）来冷凝，要记住较高的翅片密度会影响冷凝持续力，这时 HTRI 就会给出一个警告信息。通常低翅片管只适用于污垢系数不大于 0.00017m^2·K/W 的介质，且流体对翅片没有磨蚀作用。翅片的直径不应大于其基管直径，在管壳式换热器中不使用高翅片管，但在套管式和多管式套管换热器中可以使用纵向高翅片管。本例中，管子的类型“Type”选择默认的 plain（光滑管）。

换热管排列方式主要有正方形和三角形 2 种。三角形排列有利于壳程流体达到湍流且排管数较多，正方形排列则有利于壳程的清洗。在图 1-18 中，换热管常见排列形式有 30°（正三角形排列）、45°（转角正方形排列）、60°（转正三角形排列）、90°（正方形排列）。最常用的是 30°和 90°。“Layout angle”选择 30°。

换热管外径(Tube OD)、换热器直管段长度(Length)、管程数(Tubepasses)、换热管壁厚(Wall thickness)都有相关标准，必须是整数，可以先输入，再调整。

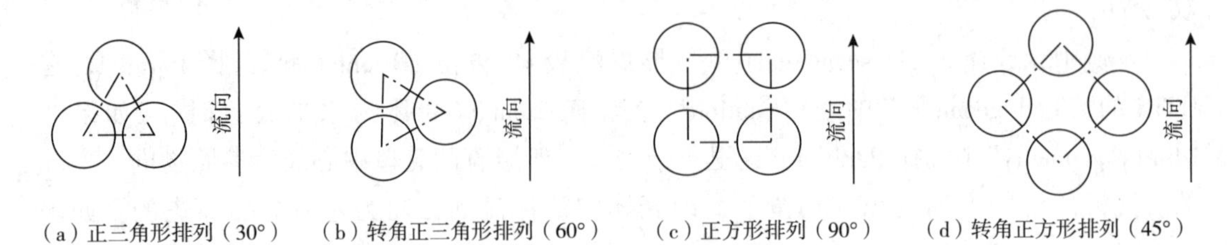

(a)正三角形排列(30°)　(b)转角正三角形排列(60°)　(c)正方形排列(90°)　(d)转角正方形排列(45°)

注：流向垂直于折流板缺口。

图1-18　换热管排列形式

换热管管径越小则换热器越紧凑，造价越低；但管径越小阻力降也越大。增大管径能有效地增加管子刚性，从而减小产生振动的可能性。Tube OD(换热管外径)的选择：对于低翅片管，输入光滑端管子的外径；19mm 的管子应用于：水走管侧的冷却器、较小传热面积的换热器、管侧污垢热阻小于 0.00041h·m^2·℃/kcal；对于易结垢的物料，采用25mm 的管子，或者管侧再沸，或者管侧污垢热阻大于等于 0.00041h·m^2·℃/kcal；对于有气液两相流的物料，要选用较大的管径，如再沸器、锅炉等多采用 32mm 的管子；对于直接火加热的，采用 76mm 的管径。

增大管间距会影响传热效果。但对于易产生振动的换热器，不仅可以防止振动，还可以降低换热器的制造成本。

对于本例，Tube OD(管径)和 Pitch(管间距)分别选择 19mm、25mm。换热管的管径和管间距的相关规定，见表1-4。

表1-4　部分换热管管径和中心距　mm

换热管外径 d	10	12	14	16	19	20	22	25	30	32	35	38	45
换热管中心距 S	13~14	16	19	22	25	26	28	32	38	40	44	48	57

适当增加换热管长度，会降低换热管固有频率。换热器直管段长度(Length)的推荐值：1.0m、1.5m、2.0m、2.5m、3.0m、4.5m、6.0m、7.5m、9.0m、12.0m。TEMA 标准管长：96in、120in、144in、196in、240in(2438mm、3048mm、3658mm、4978mm、6096mm)。对于管子无支撑跨距超过上述规定值的 0.8 倍时，应在管束间设置支持板。对U 形管来说，管长指的是管口到 U 形弯曲部分的切线之间的距离，它包括了所有管板的厚度。另外，管长 L 和壳内径 ID 的比例应适当，一般 $L/ID=4\sim6$。无相变换热时，管子长，传热系数增加，管程数少，压降低；但是过长会给制造带来麻烦，首选 3048mm 和6096mm。管长(Length)和壳体内径(ID)的比例，一般 $Length/ID=4\sim6$。这里选择 $Length$ 为 6.0m。

Tubepasses(管程数)指定换热器的管程，当换热器的换热面积较大而管子又不能很长时，为了提高流体在管内的流速，须将管子分程。管程数过多，导致管程流动阻力加大，动力能耗增大，同时多程会使平均温差下降，设计时应权衡考虑。换热管内液体流速应该为1~3m/s，气体流速应该为9~30m/s。Tubepasses(管程数)一般有1、2、3、4、6、8、10、12等8种。本例采用双管程，故管程数输入2。

换热管壁厚主要决定于管道压力以及所需的管道材质。在含有固体物料的换热管壁厚的选择时，需要考虑流动过程中固体颗粒对换热管的磨蚀，可以适当将换热管壁厚加大。增加管子的壁厚也会增加管子的刚性，从而减小产生振动的可能性。Wall thickness是必须要输入的，按下拉键可以从壁厚数据库中选择一个合适的壁厚。这里，壁厚选择2mm。

输入好的Tube Geometry见图1-19。

Tube Geometry

Type	Plain		Wall thickne:	2	mm
Length	6	m	Layout angle	30	degrees
Tube OD	19	mm	Tubepasses	2	
Pitch	25	mm	Tubecount		

图1-19　输入好的Tube Geometry

在Nozzle Location中设置管口位置。对于双管程，采用先并流后逆流的原则布置，布置结果如图1-20所示。

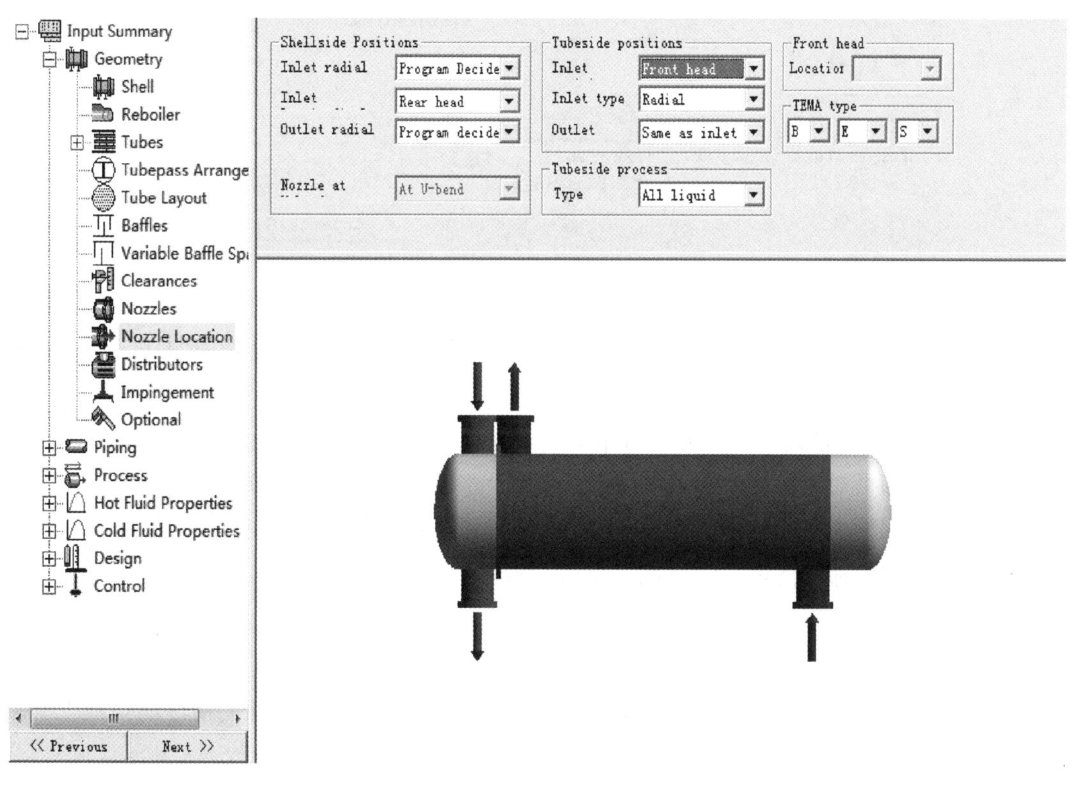

图1-20　管口位置设置图

1.6 物性参数的输入

如果 HTRI 自带的物性数据库无法满足工艺设计时，则需要利用物性计算软件 Aspen properties，根据换热物流组成选用 NRTL-HOC、WILSON、UNIQUICHOC 等物性方法计算相关的物性参数，并生成后缀名为 Cota 的物性文件，在 HTRI Property Generator 中通过 Cape Open 接口调用该文件，由此实现换热器物性数据的输入。

单击图 1-20 所表示界面的左侧的 Hot Fluid Properties 或 Cold Fluid Properties 会出现以下物性选择图 1-21 的输入界面。

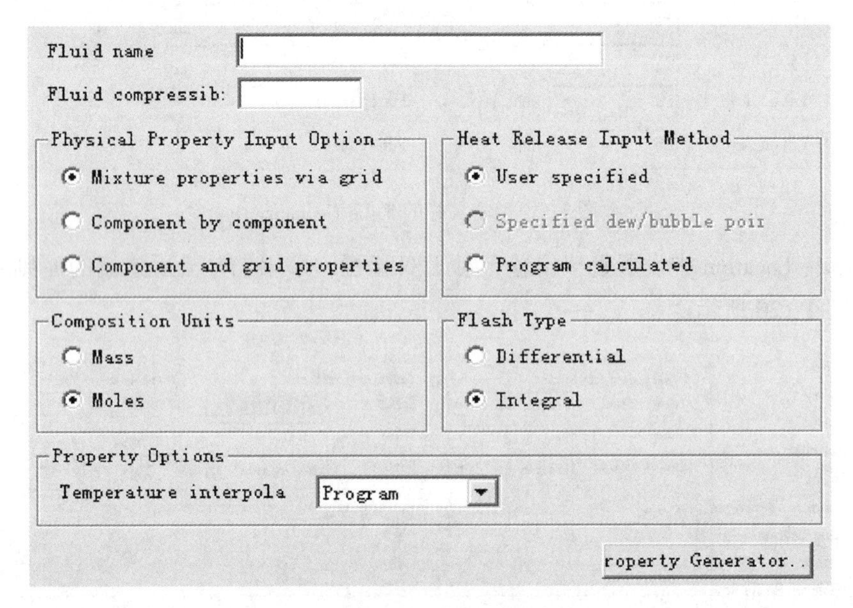

图 1-21　物性选择输入界面

对于 Hot Fluid Properties，可以在 Fluid name 输入 Water。这里特别注意物性选择界面。

在图 1-21 中，左边的 Physical Property Input Option（物性输入界面）有 3 项选择：

第一项　如果知道物性（Mixture properties via grid），则选择这一项；

第二项　如果知道组成（Component by component），则选择这一项；这种方法对于常见组分的冷凝或者沸腾而言非常有用，可以节省输入物性数据的时间。

第三项　如果知道组成，又想输入一些物性，即 Component and grid properties，则选择第三项。

在图 1-21 中，右边的“Heat Release Input Method”即对应“热量有关物性的组成”，输入相对应的焓值，也有 3 项选择：

第一项　用户自己规定（User specified）；

第二项　规定露点及泡点(Specified dew/bubble point)；

第三项　由程序来计算(Program calculated)。

在图 1-21 中，Compositon Units(成分的计量单位)默认的是 Moles(摩尔)。而右边一般也选择默认的 Integral(积分)。非 U 形管双管程管内冷凝，由于在管箱处存在相分离，推荐微分算法。为此，修改"fluid properties"中的 flash type 为 differential 即可。下方的 Temperaure interpola(温度插值)一般选择由程序自己计算。

本例中，水的组成和物性属于已知，故可以选择"Physical Property Input Option"中的第二项、"Heat Release Input Method"中的第一项。

单击图 1-20 中的"Hot Fluid Properties"加号，选择 Components 出现如图 1-22 所示组分创建界面。

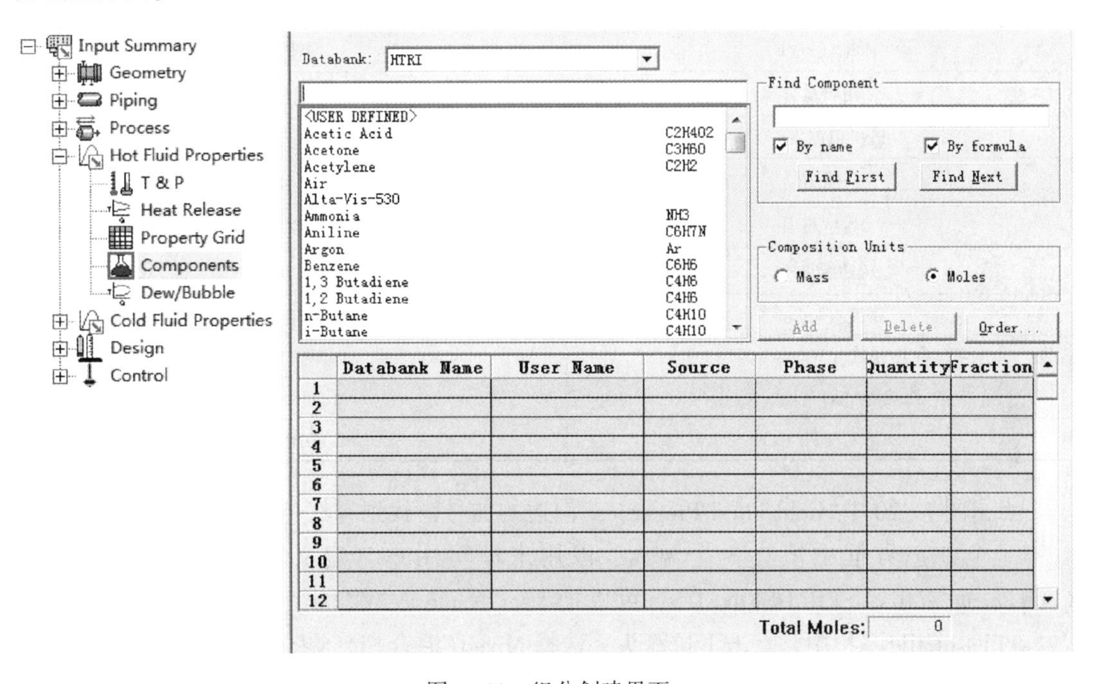

图 1-22　组分创建界面

双击图 1-22 中第 3 行的<USER DEFINED>，可以把 User Name 改成 HOT；Phase 相一栏中，点击下拉箭头，选择 Liquid(液相)。依次单击"Components"和"HOT"前面的加号，找到有红色框的地方，单击之后在里面输入数据。根据本例，以(25℃+15℃)/2=20℃为定性温度(参考温度)，查相关手册知道水在 20℃下的 Density(密度)、Viscosity(黏度)、Thermal conductivity(导热系数)、Heat capacity(比热容)，整理于表 1-5。

根据表 1-5 中的物性参数，输入后的热流体物性参数输入表见图 1-23。注意：在输入过程当中，单击右侧单位，进行单位的转换。

冷流体液氮物性参数的输入与热流体类似，对于图 1-22 中的"Cold Fluid Properties"可以在 Fluid name 输入"N2"。依然选择"Physical Property Input Option"中的第二项、"Heat Release Input Method"中的第一项。

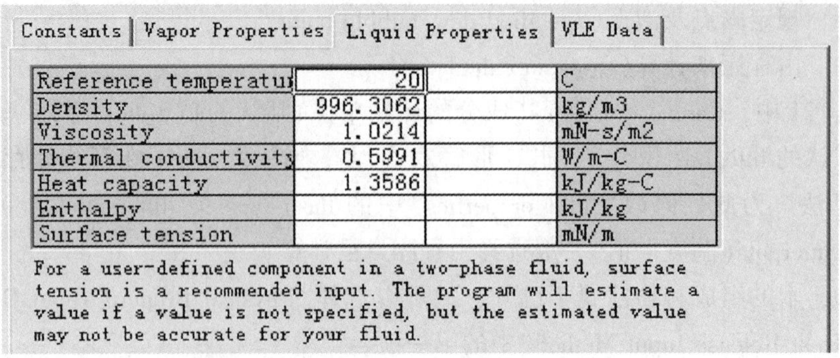

Constants | Vapor Properties | Liquid Properties | VLE Data

Reference temperatu	20		C
Density	996.3062		kg/m3
Viscosity	1.0214		mN-s/m2
Thermal conductivity	0.5991		W/m-C
Heat capacity	1.3586		kJ/kg-C
Enthalpy			kJ/kg
Surface tension			mN/m

For a user-defined component in a two-phase fluid, surface tension is a recommended input. The program will estimate a value if a value is not specified, but the estimated value may not be accurate for your fluid.

图 1-23　热流体物性参数输入表

表 1-5　热流体(水)物性参数

流量/(kg/h)	40000	
气相质量分率	0	0
进出口温度/℃	25	15
压力	0.5MPa	
污垢热阻	0.000176	
特性温度/℃	20	
密度/(kg/m^3)	996.3062311	
导热系数/[W/(m·K)]	0.599114938	
比热容/[kJ/(kg·K)]	1.35860895	
黏度/(Pa·s)	0.001021406	

点击图 1-20 中“Cold Fluid Properties”前边的加号，找到有红色方框的地方进行填写。在第一个红色方框中填写 3 个温度，以用来填写用户自定义流体冷凝曲线。选择 Components 双击<USER DEFINED>，可以把 User Name 改成“液氮”(设计者可以自己改名)；Phase(相)一栏中，点击下拉箭头，选择 Mixed(混合相)。依次单击“Components”和液氮前面的加号，找到有红色框的地方，单击之后在里面输入数据。根据本例，以(-196℃+0℃)/2=-98℃为定性温度(参考温度)，查相关资料知道氮在各温度下的 Density(密度)、Viscosity(黏度)、Thermal conductivity(导热系数)、Heat capacity(比热容)。查得相关物性参数整理后见表 1-6。

表 1-6　冷流体(氮)物性参数

流量/(kg/h)	11250	
气相质量分率	1	0
进出口温度/℃	-196	0
压力/MPa	2	
污垢热阻	0.000176	
特性温度/℃	-98	

续表

密度/(kg/m^3)	808.8471902	1.25
导热系数/[W/(m·K)]	0.13601945	0.0237
比热容/[(kJ/(kg·K)]	1.606274572	0.8152
黏度/(Pa·s)	0.000158023	0.000016562806
临界压力/kPa	3400.001	

按表 1-6 填写好的冷流体物性物性界面见图 1-24。同样需要注意单位转换。

Reference temperatu	0		C
Density	1.25		kg/m3
Viscosity	0.0166		mN-s/m2
Thermal conductivity	0.0237		W/m-C
Heat capacity	0.8152		kJ/kg-C
Enthalpy			kJ/kg

(a)

Reference temperatu	-196		C
Density	808.8472		kg/m3
Viscosity	0.158		mN-s/m2
Thermal conductivity	0.136		W/m-C
Heat capacity	1.6063		kJ/kg-C
Enthalpy			kJ/kg
Surface tension			mN/m

(b)

图 1-24 冷流体物性参数输入表

1.7 中间设计计算结果

至此所有数据均输入完毕，观察左侧栏中应该没有红色框的存在。此时就可以运行了。鼠标左键点击工具栏中运行按钮，开始运行。在下方会看到 HTRI 主功能按钮，现将主功能按钮汇总于表 1-7 。

表 1-7 HTRI 主功能按钮

Input	当打开软件时就出现，在此用来指定模拟需要的基本的输入参数
Reports	在模拟完成后显示最后的结果
Graphs	在模拟完成后创建图表和曲线图
Drawings	显示换热器的图片，可以显示模拟前和模拟后的换热器的图
Shells-in-Series	当运行一个 Shells-in-Series 模拟时自动被选中，当模拟进行时，显示一个中间条件
Design	当运行一个 Design 模拟时自动被选中，显示所有的 Design 运行结果

点击下方标签 Reports，再点击左侧栏中 Final Results 项就可以看到设计结果，部分结果见图 1-25。

HTRI **Final Results** Page 1

Xist E Ver. 5.00 2015/4/22 10:27	SI Units
XIST Standard Testset Case 6	
Shellside Boiling	
Design - Horizontal Multipass Flow TEMA BES Shell With Single-Segmental Baffles	

Process Data		Cold Shellside			Hot Tubeside	
Fluid name		N2			water	
Fluid condition			Boil. Liquid			Sens. Liquid
Total flow rate	(kg/s)		3.1250			11.1112
Weight fraction vapor, In/Out	(--)	0.000	0.090	*	0.000	0.000
Temperature, In/Out	(Deg C)	-196.00	0.00		25.00	15.00
Temperature, Average/Skin	(Deg C)	-98.0	-40.81		20.0	-36.70
Wall temperature, Min/Max	(Deg C)	-141.81	9.99		-141.02	10.10
Pressure, In/Average	(kPa)	2000.03	1996.79		500.007	497.479
Pressure drop, Total/Allowed	(kPa)	6.489			5.057	
Velocity, Mid/Max allow	(m/s)	1.02			7.988e-2	
Boiling range	(Deg C)		550.000			
Average film coef.	(W/m2-K)		442.42			204.86
Heat transfer safety factor	(--)		1.000			1.000
Fouling resistance	(m2-K/W)		0.000176			0.000176

Overall Performance Data

Overall coef., Reqd/Clean/Actual	(W/m2-K)	103.29	/	117.92	/	112.62
Heat duty, Calculated/Specified	(MegaWatts)	0.1417	/	4.3932		
Effective overall temperature difference	(Deg C)	78.4				
EMTD = (MTD) * (DELTA) * (F/G/H)	(Deg C)	82.65	*	0.9490	*	1.0000

(a)

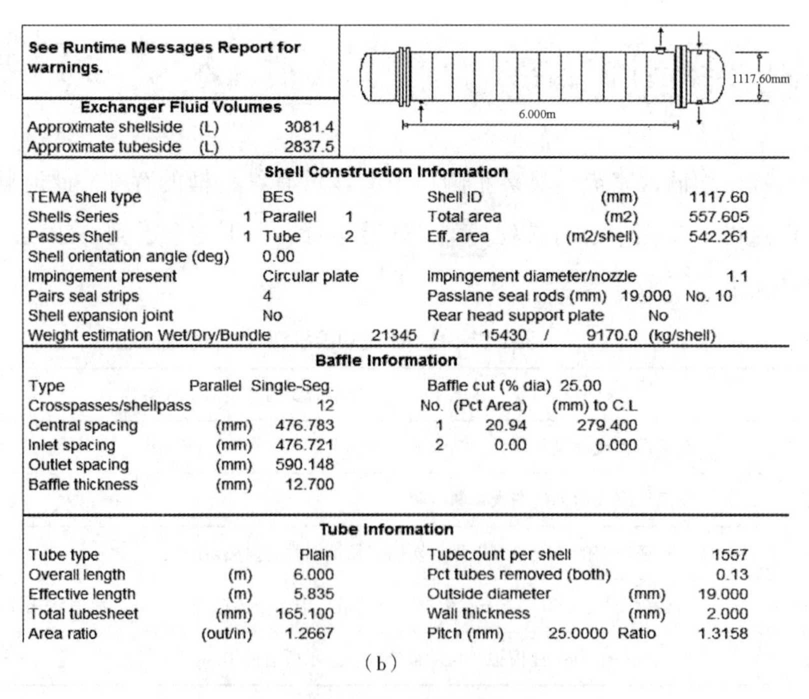
See Runtime Messages Report for warnings.

Exchanger Fluid Volumes

Approximate shellside	(L)	3081.4
Approximate tubeside	(L)	2837.5

Shell Construction Information

TEMA shell type	BES	Shell ID	(mm)	1117.60
Shells Series 1	Parallel 1	Total area	(m2)	557.605
Passes Shell 1	Tube 2	Eff. area	(m2/shell)	542.261
Shell orientation angle (deg)	0.00			
Impingement present	Circular plate	Impingement diameter/nozzle		1.1
Pairs seal strips	4	Passlane seal rods (mm)	19.000	No. 10
Shell expansion joint	No	Rear head support plate	No	
Weight estimation Wet/Dry/Bundle	21345 /	15430 /	9170.0	(kg/shell)

Baffle Information

Type	Parallel	Single-Seg.	Baffle cut (% dia)	25.00	
Crosspasses/shellpass		12	No.	(Pct Area)	(mm) to C.L
Central spacing	(mm)	476.783	1	20.94	279.400
Inlet spacing	(mm)	476.721	2	0.00	0.000
Outlet spacing	(mm)	590.148			
Baffle thickness	(mm)	12.700			

Tube Information

Tube type		Plain	Tubecount per shell		1557
Overall length	(m)	6.000	Pct tubes removed (both)		0.13
Effective length	(m)	5.835	Outside diameter	(mm)	19.000
Total tubesheet	(mm)	165.100	Wall thickness	(mm)	2.000
Area ratio	(out/in)	1.2667	Pitch (mm)	25.0000 Ratio	1.3158

(b)

图 1-25 计算结果

1.8 参数的调整

虽然设计结果已经出来，但是设计结果是HTRI自己计算的，和国家相关标准不相符，故而需要进一步调整相关参数并进行优化。调整换热器的规格，使得管程压降和壳程压降都满足允许压降，传热系数大，保证传热效率高，实际传热(Actual U)大于要求传热(Required U)，调整到合适的换热面积裕量。点击下方标签Design项，可见如图1-26所示的设计结果的总结。

Case		Over Design %	Total Area (m2)	Duty (MegaWatts)	EMTD (C)	U (W/m2-K)	Shell h (W/m2-K)	Tube h (W/m2-K)	Shell Velocity (m/s)	Tube Velocity (m/s)
Design	...	-0.96	554.753	0.1417	75.7	106.54	595.79	174.19	0.64	8.148e-2
Rating	...	9.03	557.611	0.1417	78.4	112.62	442.42	204.86	1.02	7.988e-2
Rating	...	-7.60	452.321	0.1417	78.6	117.37	467.21	213.11	1.13	9.845e-2
Rating	...	26.24	667.916	0.1417	78.3	108.99	425.80	198.20	0.93	6.692e-2
Rating	...	7.79	557.611	0.1417	79.0	110.59	415.79	204.25	0.87	7.988e-2
Rating	...	8.77	557.611	0.1417	78.8	111.87	432.91	204.54	0.90	7.988e-2

图1-26 设计结果的总结

运行结果的报告中，有一个数据需要注意，那就是压降，有些时候实际生产中要求压降不能大，但计算结果显示压降超过预期，则需要重新调整换热器的几何数据，从而达到减小压降的效果。对于蒸发工况，压降约为0.1bar，其他工况约为0.2~0.68bar。

设计余量，即富裕度(Overdesign)的内容表示出设计的换热器的能力是实际需要的百分之多少，若超过100%则表示是实际需要的一倍。此时就要返回到最前面，重新输入换热器的几何尺寸，通过改变换热器长度、直径、管程等数据，从而减小换热面积，使所选换热器更加合理。如果HTRI计算出的“Overdesign”不够或者是负值，就需要增加换热面积。Overdesign对不易结垢流体其值≤5%；对易结垢流体5%≤Overdesign≤10%。一般选Overdegsign在20%左右，然后右击鼠标，可以保存或校核rating。

根据GB/T 151—2014等标准，设计出的数据要进行圆整。一般不采用设计模式得到的设计结果，因为设计出来的换热器可能存在不太合理之处，因此必须用校核模式。由图1-26可知，设计结果中，第一项“Overdesign”设计余量项<0，故该设计不能达到工艺要求的标准，所以，接下来的优化是必要的。

鼠标选中Case(目录)下第二个，右键后选择第一项(Save Input as Rating)，即将输出结果保存为核算出现如图1-27所示的另存对话框。文件名命名为“校核BES”。点击保存按钮进行保存。接下来就是核算工作。

另存为
保存在(I): 步骤截图
没有与搜索条件匹配的项。
文件名(N):
保存(S)
保存类型(T): Xist5.00 Binary File (*.htri)
取消
Save output results

图 1-27　Case 另存对话框

1.9 软件的核算功能

双击 HTRI 图标进入开始界面，如图 1-28 所示。

图 1-28　开始界面

点击按钮，出现的对话框如图 1-29 所示，选中刚刚保存好的文件点确定打开。

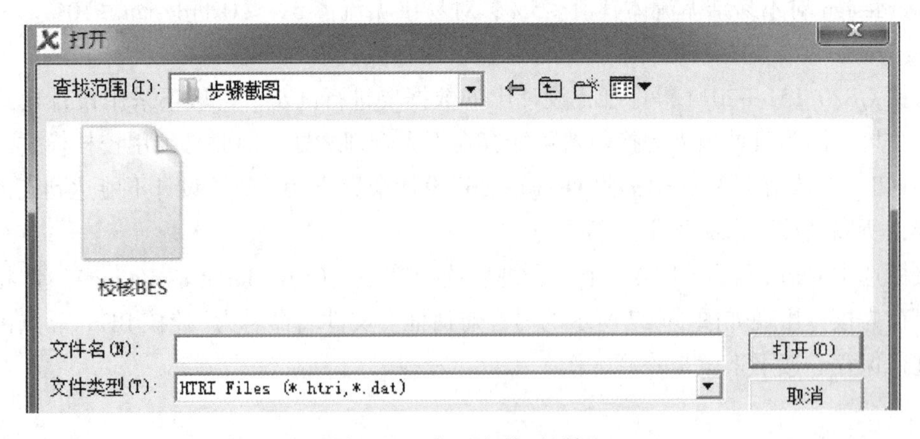

图 1-29　打开文档对话框

核算阶段，可以重新调整的设计变量：管长、管外径、壳体直径和折流板间距。

流经管束的壳侧流体被 HTRI 软件分为 5 个部分(A、B、C、E、F)，可以理解为流体(壳程) 都分别通过了哪些地方，从这些地方通过的流体占全部流体的百分数。壳侧流路分析的含义见图 1-30。在图 1-30 中，流路 A 是折流板孔和管子之间的泄漏流路；流路 B 是错流流路；流路 C 是管束外围和壳内壁之间的旁流流路；流路 E 是折流板与壳内壁之间的泄漏流路；流路 F 是管程分程隔板处的中间穿流流路。流路 B 所占有的百分比越大则越有利于换热，是希望得到的。HTRI 的计算结果中给出了各流路的流股分率(Flow fraction)的值。如果流路 E 的 Flow fraction 大于 0.15，通常加密封条，也可以采用双圆缺折流板。流路 B 所占的百分数很低时，通过加大折流板间距增加流路 B(通常考虑流路 B 大于 0.4)，增加密封条(Sealing strips)来降低流路 C、流路 F。需要指出，对于管子与折流板管孔的间隙(Tube-to-baffle)、折流板到壳体的间隙(Baffle-to-shell)、管束到壳体的间隙(Bundle-to-shell)，HTRI 软件采用的是 TEMA 标准默认间距值，与 GB 151 略有差别，但相差不大。合理的折流板间距与窗口切割率是使窗口流(Windowflow)与纵向流(Crossflow)比值在 1 附近，过大或过小都会使流体流速在壳体流动过程中突变，增加压降和不稳定性。

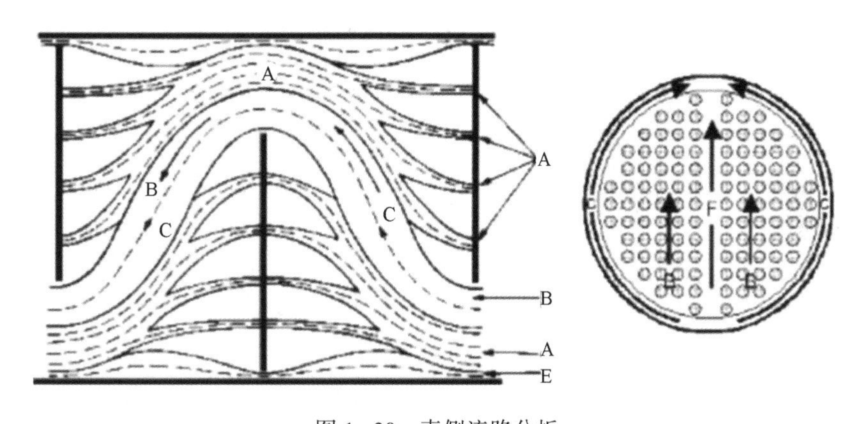

图 1-30 壳侧流路分析

打开后，会出现与设计时相似的画面。此时相关的几何尺寸已经根据计算结果填上，且 Case Mode 变成了核算 Rating。核算初始界面如图 1-31 所示。

如果 Overdesign 不够或者是负值，则此值无效，必须调整结构重新模拟计算。此时，单纯增加换热管的长度(Tube length)，管内流速不变，给热系数变化不大，相反使压降增加。相反，若不增加换热管的长度，仅仅缩小换热管外径(Tube OD)，则管内流速增加，管内湍流程度增加，给热系数明显增大，达到增加(Overdesign)的目的。总传热系数即裕量不足时，还可以适当控制管数(Tubecount)：增加管数，即用增大传热面积来弥补传热系数的不足；减少管数，即提高管侧流速以提高膜传热系数。如果壳侧进口或者出口流速过大，则增大 Height under Nozzles，见图 1-32。

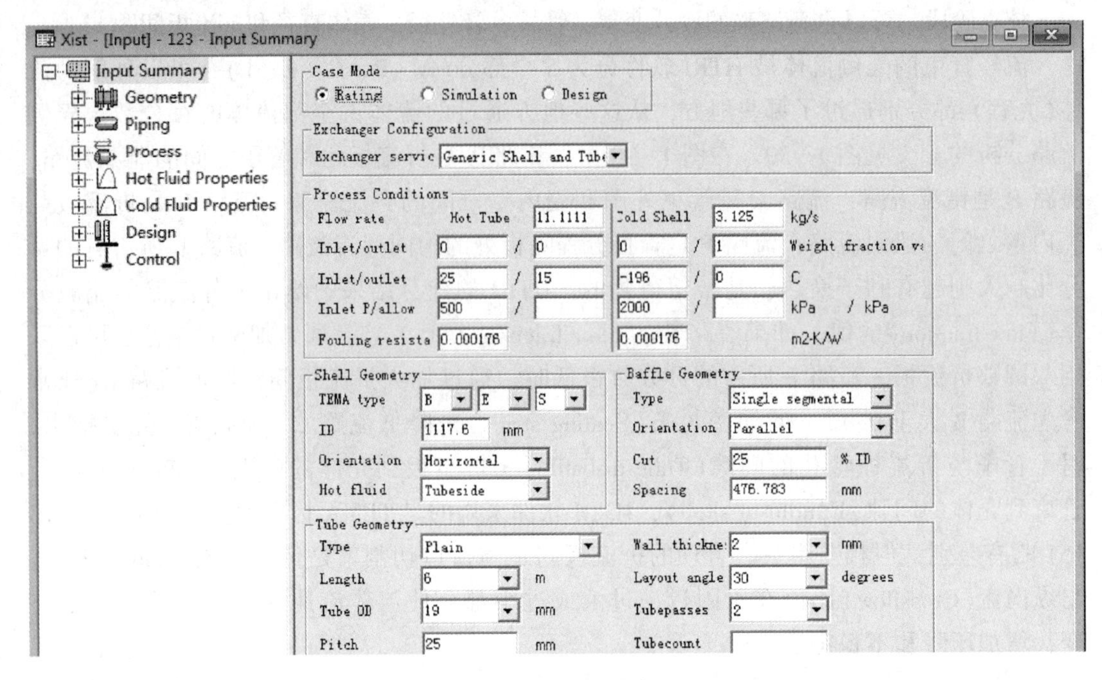

图 1-31 核算初始界面

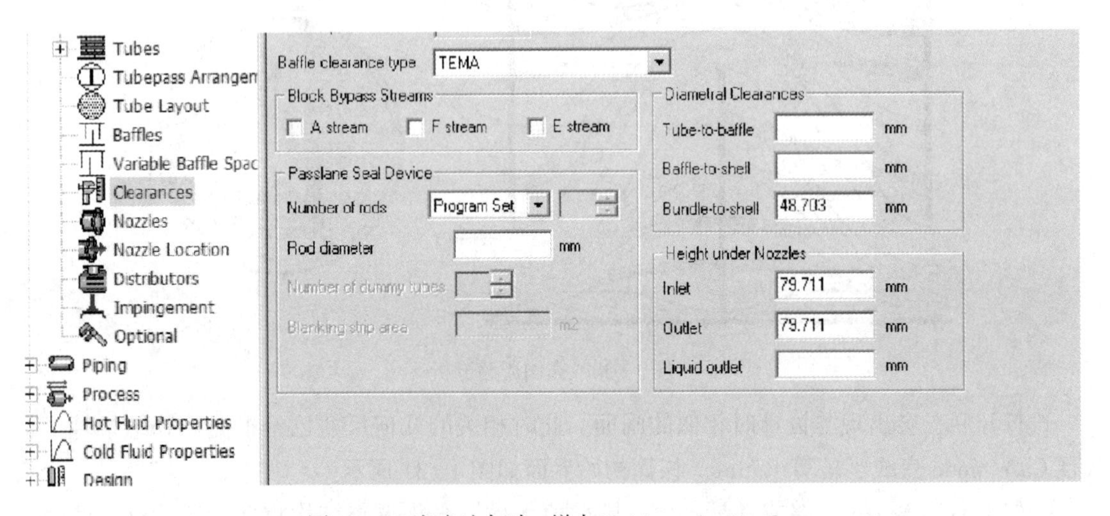

图 1-32 流速过大时，增大 Height under Nozzles

允许压降(Available Pressure Drop)：决定哪个流体放在管侧，哪个流体放在壳侧；可以充分利用压力降来进行传热；HTRI 软件也利用此值来计算管口的尺寸。一般来说，对液体，壳程压力降为 0.5~0.7kg/cm^2；管程压力降为 0.5~0.7kg/cm^2，一般为0.1kg/cm^2。换热器压力降参考值见表 1-8。解决壳侧压降大的方法有：增大壳径；选用双弓折流板；增大折流板间距；2 台换热器并联；压降若集中在管嘴，如果管嘴太小，压降也会很大。通过改变折流板间距来减小压降时，还要考虑最大无支撑跨距的问题，不能无限的加大。

表 1-8　换热器压力降参考值

操作压力 P/MPa	压力降 ΔP/MPa	操作压力 P/MPa	压力降 ΔP/MPa	操作压力 P/MPa	压力降 ΔP/MPa
0~0.1(绝压)	P/10	0.07~1.0	0.035	3.0~8.0	0.07~0.25
0~0.07(表压，下同)	P/2	1.0~3.0	0.035~0.18		

Crosspass(折流板数目)在换热器为卧式的情形下一般为奇数个，若为立式无特别要求但习惯用奇数个。对U形管来说，管子数指的是管板上的管孔数。先参考 Design mode 下计算(run)出的数值填入(将计算数值×90%后取偶数根)，然后再根据结果进行调整。

换热器的壳径越大，单位传热面积的金属耗量则越低，但注意：壳径不要大于1000inch(约25m)。"Design mode"不需填入壳的内径尺寸。在 Rating 和 Simulation 模式下，壳内径(ID)是唯一需要输入的数据。"Rating mode"时参考"Design mode"计算后的结果，填入数值并根据结果进行调整(16"以下为pipe，16"以上常以50mm为进阶单位)。浮头式换热器的壳径应大于 *DN*300。对于轧制钢板卷制的换热器壳体，以壳体内直径为公称直径，此时公称直径大于400mm，进级档是50mm；钢管制造的换热器壳体，以壳体外直径为公称直径，此时公称直径不大于400mm。对于此处，壳径取1100mm。

表 1-9　换热管直管最大无支撑跨距(部分)

换热管外径/mm	换热管材料及金属温度上限	
	碳素钢和高合金钢 400℃ 低合金钢 450℃ 镍铜合金 300℃ 镍 450℃ 镍铬铁合金 540℃	在标准允许的温度范围内： 铝和铝合金 铜和铜合金 钛和钛合金 锆和锆合金
	换热管最大无支撑跨距/mm	
10	900	750
12	1000	850
14	1100	950
16	1300	1100
19	1500	1300
25	1850	1600
30	2100	1800
32	2200	1800
35	2350	2050

注：1. 不同的换热管外径的最大无支撑跨距值，可用内插法求得；

2. 超出上述金属温度上限时，最大无支撑跨距应按该温度下的弹性模量与上表中的上限温度下弹性模量之比的四次方根成正比例地缩小。

壳径和折流挡板间距，都会影响到壳程压降。折流挡板最小间距不宜小于圆筒内径的1/5，且不小于50mm，特殊情况下也可取较小的间距。换热管直管的无支撑跨距不应大于表1-9的规定。在本例中，取折流挡板间距为470mm。壳径和折流板间距修改完毕的核算数据输入界面如图1-33所示。至此，校核数据修改完毕。

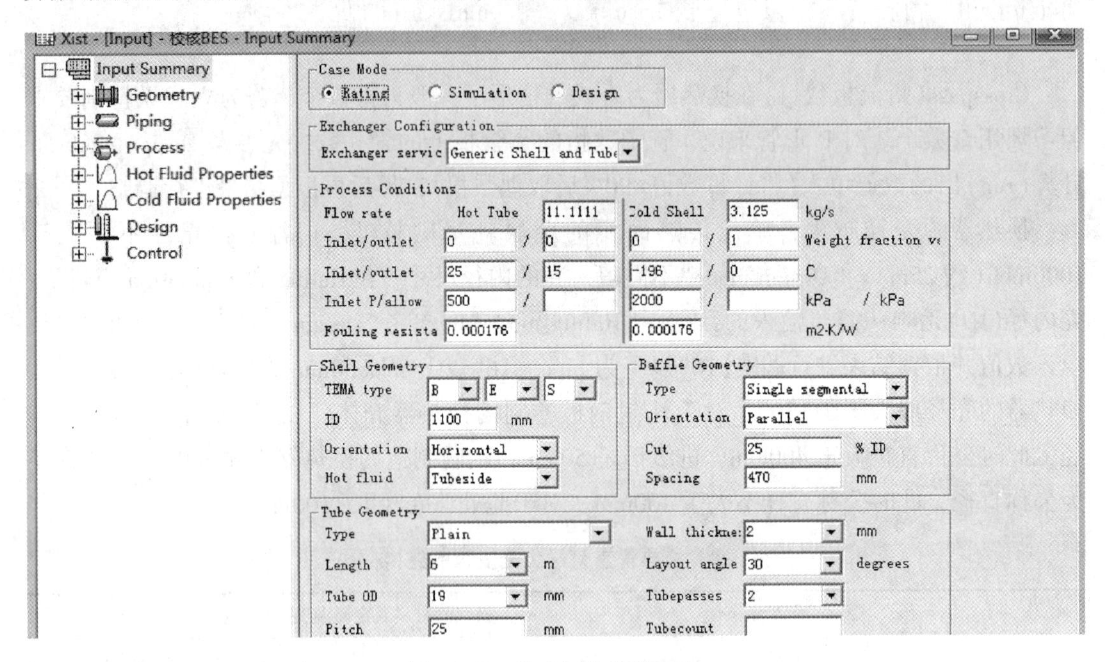

图1-33　修改好的校核界面

HTRI. Xist程序，可以对换热器中易于诱发振动的部位(换热器进口、中间和出口区域)进行传热管的固有频率和各种振动机理的激振频率以及临界流速等数据进行计算。在计算换热器时不仅要注意传热计算结果和压降计算结果，还要看振动报告是否有振动产生。若存在振动超标，则重新修改相关结构及其参数。例如：某换热器用HTRI软件计算结束后，在振动分析报(Runtime Messages)中有报警信息："Shell entrance velocity exceeds criticalvelocity, indicating aprobability of fluidelastic instability and flow-induced vibration damage. If present, fluidelastic instability can lead tolarge amplitude vibration and tube damage."壳侧进口流速标记星号，表明该流速已经超过80%的临界流速，可能存在流体弹性不稳定性振动问题。将进口折流板间距适当减少后，运行HTRI软件后报警消除。

减小振动的措施：减小无支承管跨；对于单弓形折流板，采用弓形区不布管(Segmental NTIW)的方式；增加支承板；采用双弓形折流板；增大壳径；设置管束U形弯头支承；折流缺口(Baffle cut)不要过大或过小；壳体型式由E型改为X型或J型；增加管口与管束之间的距离，添加环形分配器，为此在"Input summary"界面下选择Distributors→Annular distributor，且输入其相关的三维参数。

数据修改完毕后，鼠标左键点击工具栏中类似交通信号灯的运行按钮，重新开始运行，可以看到核算后的计算结果。

计算结果以表格形式输出给用户。报告中出现“ * ”,“ * ”在软件中是为了引起设计人员注意而标示的,通常是由严重的错误引起,表明此处数据需特别注意。

此外,在功能选项“Graphs”中,软件会绘制出传热过程中的各种参数的图谱,其中的3D效果图谱,很直观地看到换热的整个情况。在功能选项“Drawings”中,此功能选项能够绘制出换热器的剖面图与模型图,可以看到换热器内管子排布情况,直观地看到换热器的结构尺寸,包括冷物料、热物料的进出口直径都在图中均标示出来,并且有3D效果模型功能可以模拟出换热器的空间造型,以便更真实的了解到所选换热器的情况。在功能选项“Shells-in-Series”中,此功能显示一个简单换热器的图案,并将各个物性参数都标注在相应的进出口的位置处,包括整个过程的总换热量都包含,可以看到这个设备的工艺过程是否符合设计要求。

对于多管程的管壳式换热器,所设计出来的换热器能否实现“换热”作用,需要一个判定的方法。当一台设备所有参数输入完毕并进行计算后,可以查看该换热器的热交换曲线。图1-34所示为U形管换热器的热交换曲线。由图1-34可以看出,此换热器的冷热流体的2条曲线没有交点,则说明此台设备设计是合理的,换热过程可以实现。但是,如果有交点(俗称“假点”),说明换热过程在实际工作中不可能实现,即使有足够的换热裕量也是难以实现的。

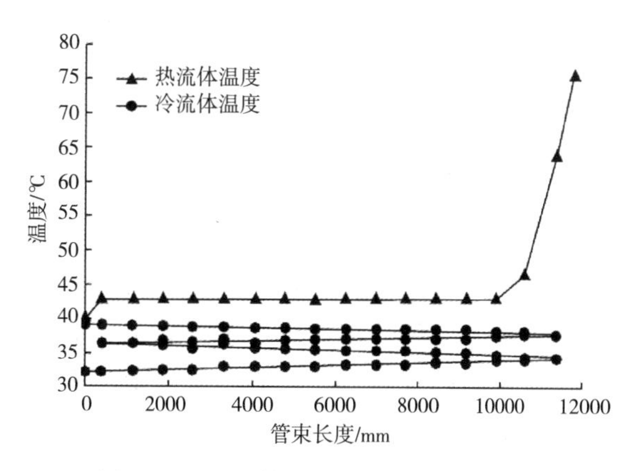

图1-34 U形管换热器的热交换曲线

第2章　基于HTRI软件的管式加热炉设计

管式加热炉通过燃烧液体或气体提供热量，生成的烟气在炉内通过辐射段、对流段和余热回收系统将热量传递给管内介质。燃烧是指在一定的温度下，燃料中所含的可燃性成分与空气中氧接触，发生伴随放光和热量的强烈氧化作用的过程，燃烧后生成的混合气体成为燃烧产物即烟气。燃烧必备的三个条件：可燃物质、空气(氧)及温度，否则将导致燃烧不良甚至不能燃烧。

在炼油行业，装置反应进料加热炉为反应器提供反应所需能量，是装置的关键设备。管式加热炉的工艺计算主要包括：热负荷计算、燃烧过程计算、辐射段计算、对流段计算、炉管压力降计算、空气预热器计算和烟囱的计算。对加热炉指标具有影响作用的因素：被加热原油的流量、空气入炉温度、过剩空气系数、炉膛高度、炉膛深度、燃烧火焰长度、燃油雾化的雾化剂中液体的质量分数、入口温度、入口压力、入口蒸汽的干度、雾化蒸汽的温度、燃料气的进入量、燃料气的温度、燃料油的进入量、燃料油的温度、雾化剂的压力、雾化剂的质量分数、周围空气的温度、周围空气的相对湿度等。

HTRI软件包含的加热炉(Fired Heater)计算模块Xfh，可进行加热炉的工艺计算。HTRI除了可以进行加热炉的燃料燃烧计算之外，还可进行辐射段计算、对流段计算及炉管壁厚的设计。通过燃烧计算和燃烧器的合理选择、布置，才能准确模拟出炉内火焰及烟气温度的分布，为辐射和对流的计算提供依据。

采用HTRI软件对加热炉传热性能优化时，必须通过传热分析首先建立加热炉区域法分析模型。加热炉区域法分析的典型模型见图2-1。在图2-1中，介质从排管上进下出；炉管由下至上依次编号1~16号；沿炉膛长度Y方向，采用镜像对称法取半个炉膛，分4个区域；沿炉膛宽度X方向，以加热炉排管为界，分1和2两个炉膛空间；空间1从炉膛边缘到排管依次分为3个区域，同理划分空间2；沿炉膛高度Z方向，分4个区域。

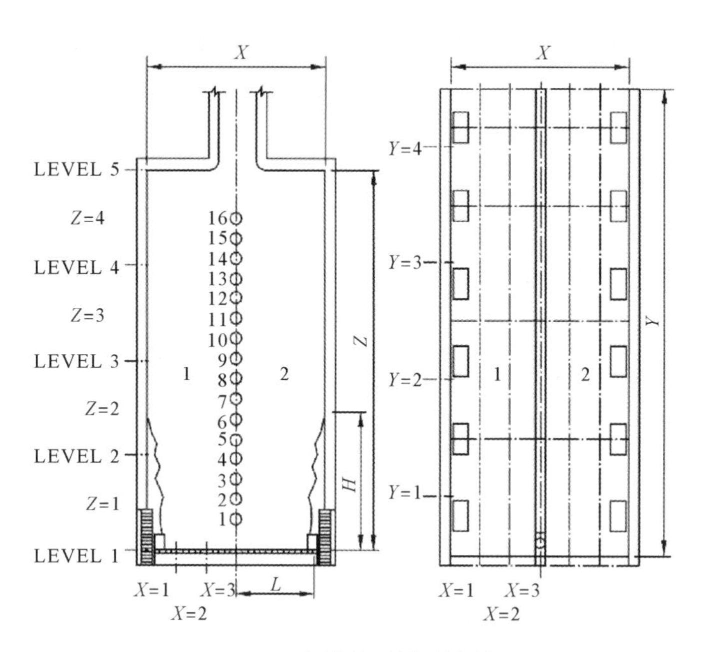

图 2-1　加热炉区域法模型

2.1 新建项目

双击 HTRI 图标，进入开始界面，如图 2-2 所示。

图 2-2　开始界面

鼠标左键点击“文件”，选择 New Fired Heater(Xfh)(即火焰加热炉设计模块)，出现输入界面对话框，如图 2-3 所示。

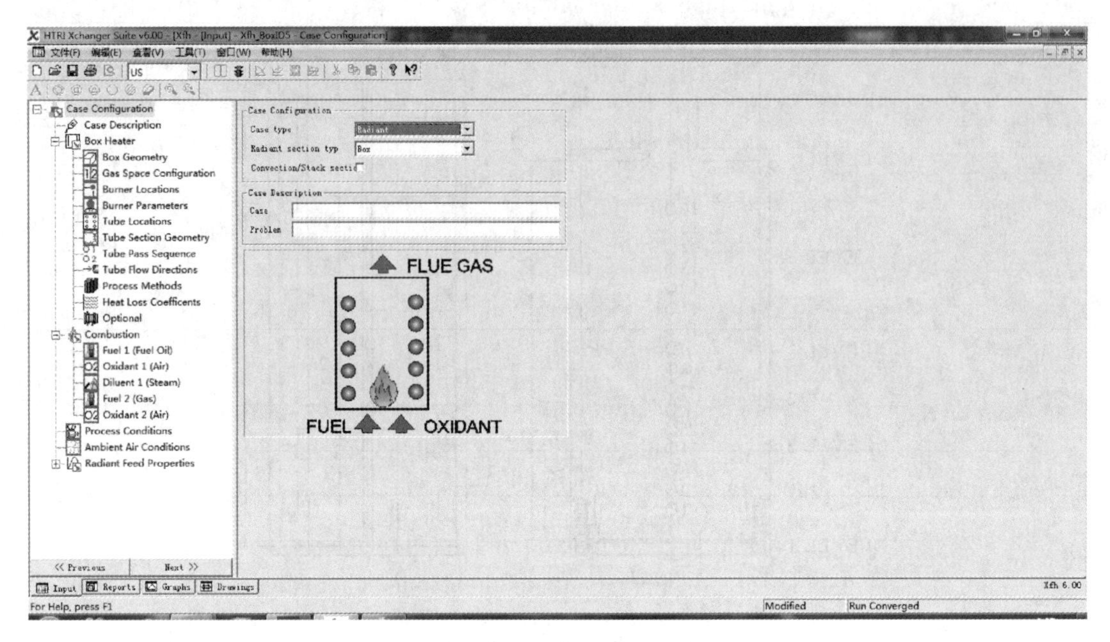

图 2-3 输入界面对话框

图 2-3 为新的加热炉的模拟输入数据界面，第一个是 Case Configuration，其下面包含 Case Description、Box Heater、Combustion、Process Conditions、Ambient Air Conditions、Radiant Feed Properties 六大部分。需要输入数值的地方都以红框显示，软件默认值及单位都已显示在窗口上。

首先选定单位制。点击图 2-3 中界面第 3 行的下拉菜单，在单位设定中选择 SI 国际单位制，如图 2-4 所示。

图 2-4 单位制的选择

2.2 项目配置

Case Configuration(即项目配置)，描述了加热炉的形状和研究类型，其中，“Radiant section type”选择 Box(方箱)，如图 2-5 所示。

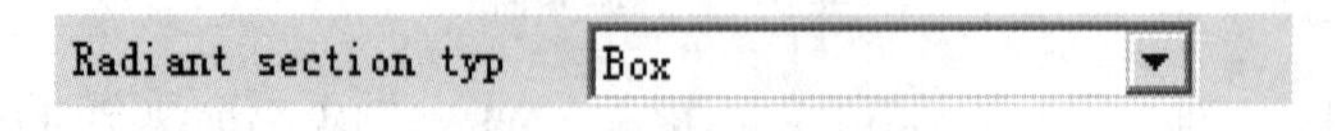

图 2-5 加热炉的类型

Box Heater(即方箱炉)，点击“Box Heater”左侧的⊞出现详细的输入项选项，如图 2-6 所示。

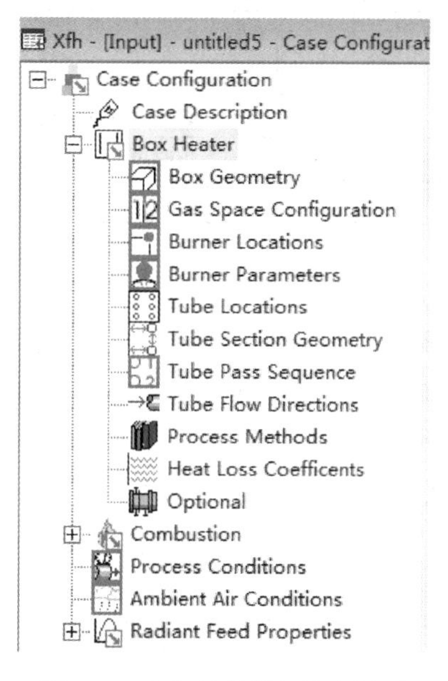

图 2-6　方箱炉的详细输入界面

点击 Box Heater，在右侧的输入界面中，选择 Select Heater Type(加热炉的类型)、Duty basis、Insulation specification，如图 2-7 所示。其中，U 形管加热炉用 U 形管排吸收系统管道的膨胀量，可以减少管道的长度和弯头数量。

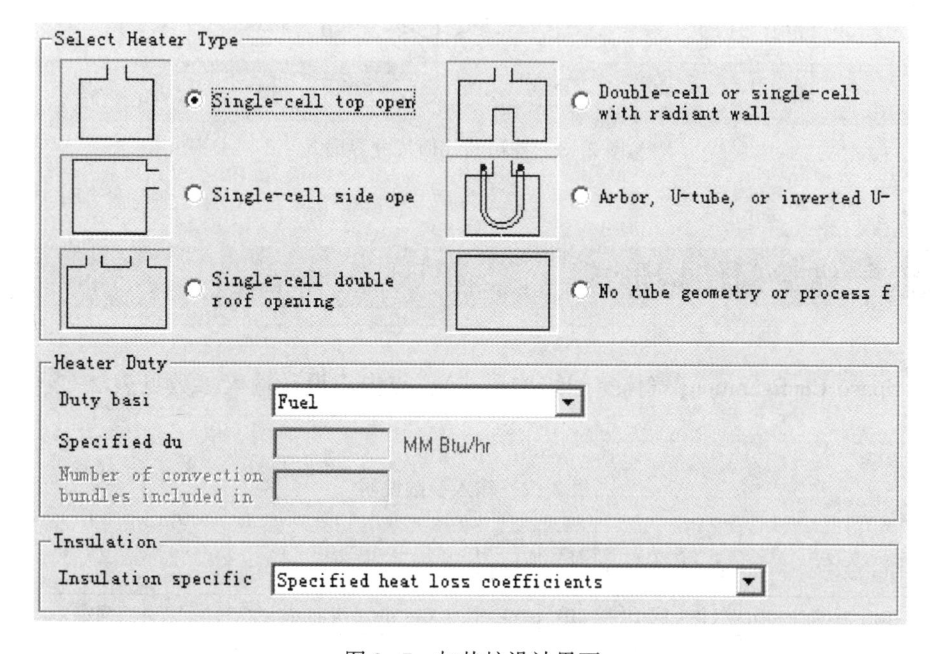

图 2-7　加热炉设计界面

Box geometry(方箱几何尺寸)，点击它，设计输入参数见表2-1。界面见图2-8。

表2-1 输入参数说明

参数序号	参数类别	英文	含义	符号	参数序号	参数类别	英文	含义	符号
1	几何尺寸：炉膛尺寸	Height	高度	H	4	炉膛顶部烟道气流道的开口尺寸	Width	宽度	A
2	几何尺寸：炉膛尺寸	Width	宽度	W	5	炉膛顶部烟道气流道的开口尺寸	Offset	偏移	B
3	几何尺寸：炉膛尺寸	Depth	深度	D					

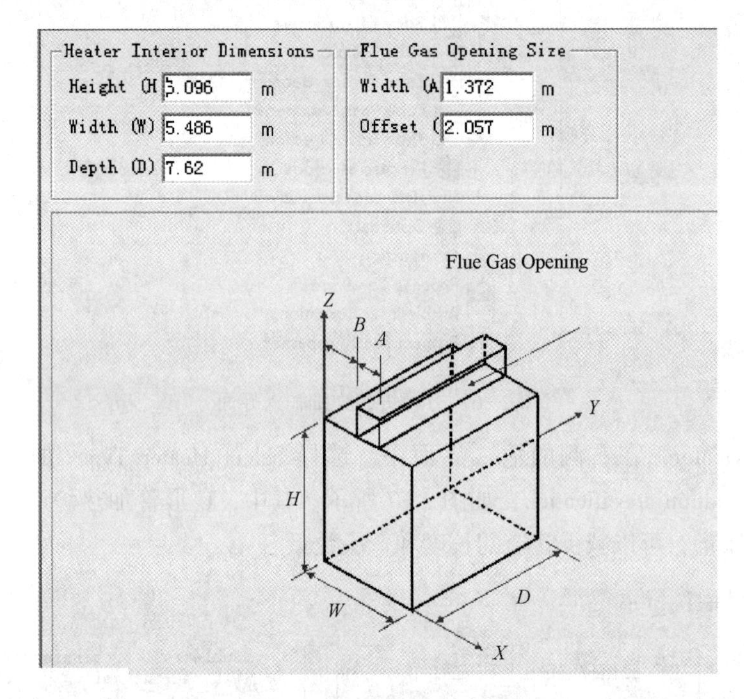

图2-8 方箱的几何尺寸界面

2.3 气体空间结构形式

Gas Space Configuration(气体空间结构形式)，点击它设计输入参数见表2-2，界面见图2-9。

表2-2 输入参数说明

参数序号	英文	含义	符号	参数序号	英文	含义	符号
1	Gas space configuration	气体空间结构	ID	4	Gas space definition	气体空间定义	
2	Width of gas space 1	气体空间宽度1	W_1	5	Required total gas space	所需的总气体空间	m
3	Width of gas space 2	气体空间宽度2	W_2	6	Current total gas space width	当前的总气体空间宽度	m

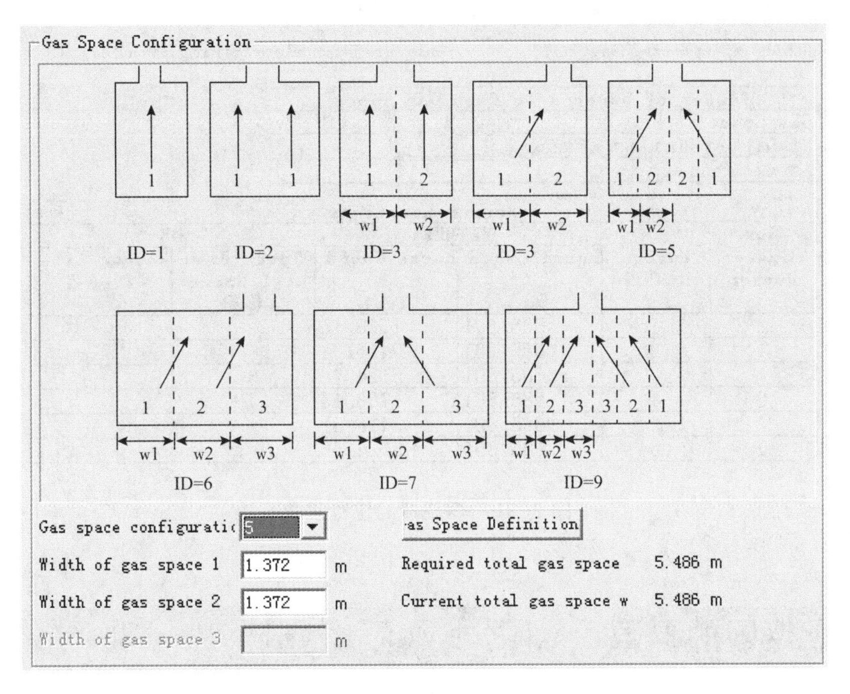

图 2-9 气体空间配置界面

2.4 燃烧器的位置参数

位于炉底的燃烧器逐渐靠近排管，随着该间距的变小，燃烧器能量释放区逐渐靠近排管吸热烟气区域的辐射交换面，局部区域辐射交换面的传热角系数增大，辐射交换面的辐射热强度与该表面和热源点间距离的平方成反比；燃烧喷射出的高温火焰和烟气将较多的能量传递至炉膛底部区域，造成炉膛底部排管吸热区域的局部高温，使该区域的喷射火焰增强，客观上，易造成局部排管的辐射热强度偏高，局部排管表面形成较高的管壁峰值温度。

Burner Locations(燃烧器的位置参数)，点击它设计输入参数，见表 2-3，界面见图 2-10。

表 2-3 输入参数说明

参数序号	英文	含义	参数序号	英文	含义
1	Burner location/firing direction	燃烧器位置/火焰方向	4	Simulated burners	模拟的燃烧器
2	Number of symmetric sect	对称截面的数量	5	Actual burners	实际的燃烧器
3	Number of burners in each gas space	每个气体空间内燃烧器的个数			

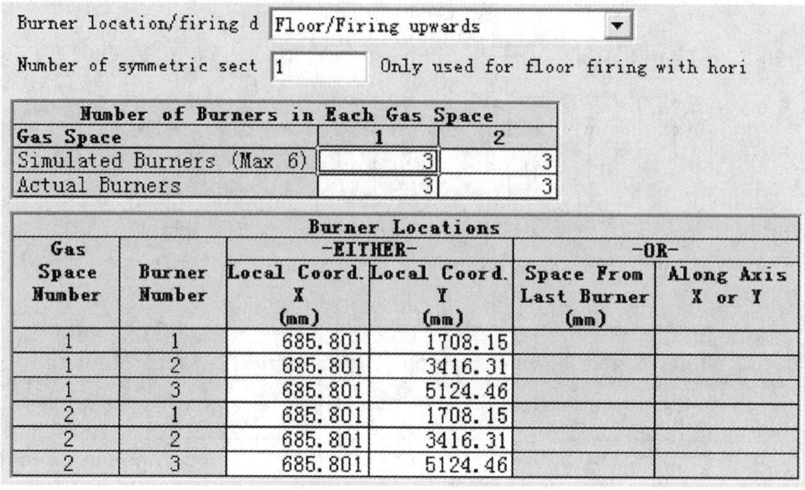

Burner location/firing d　Floor/Firing upwards

Number of symmetric sect　1　Only used for floor firing with hori

Number of Burners in Each Gas Space		
Gas Space	1	2
Simulated Burners (Max 6)	3	3
Actual Burners	3	3

Burner Locations					
		-EITHER-		-OR-	
Gas Space Number	Burner Number	Local Coord. X (mm)	Local Coord. Y (mm)	Space From Last Burner (mm)	Along Axis X or Y
1	1	685.801	1708.15		
1	2	685.801	3416.31		
1	3	685.801	5124.46		
2	1	685.801	1708.15		
2	2	685.801	3416.31		
2	3	685.801	5124.46		

图 2-10　燃烧器的位置参数

2.5　燃烧器的参数

燃烧器采用底烧布置时，燃烧器释放的主要能量集中于炉膛底部，燃烧器火焰较低时，炉膛底部区域为烟气区域温度的峰值区，与较高的炉膛底部区域的烟气存在温差。随着燃烧器火焰高度的逐渐提高，温差逐渐缩小，烟气温度场沿火焰高度方向更加均匀。通过提高助燃空气流速，增强燃料和空气在炉膛空间的混合程度，将火焰高度延伸时，较高的火焰高度将燃烧释放的更多能量带入更高的炉膛空间，炉膛底部区域会形成能量的主要释放区，烟气峰值温度也会出现在此炉膛区域。在较高的燃烧器空气流速下，炉膛温度场分布、传热均匀度明显改善，最高管壁温度降低。在合理的火焰长度范围内，火焰越长，燃烧器空气流速越高，工艺介质最高出口温度、最高管壁温度越低。

Burner Parameters(燃烧器的参数)，点击它设计输入参数，见表 2-4，界面见图 2-11。

表 2-4　输入参数说明

参数序号	英文	含义	符号	参数序号	英文	含义	符号
1	Effective Flame Length	有效的火焰长度	m	5	Entrance gas velocity	进口气流速度	m/s
2	Minimum Jet Opening	喷嘴截面积的最小值	m^2	6	Planar half jet angle	平面内喷射角度的 1/2	deg
3	Nominal Pressure Drop	额定压力降	Pa	7	Heat release weight factor/burner	放热加权因子/燃烧器	
4	Pressure Drop	压力降	Pa	8	Burner group	燃烧器组	

Individual Burner Parameters						
Gas Space Number	Burner Number	Effective Flame Length (m)	-EITHER- Minimum Jet Opening (m2)	-OR- Entrance Gas Velocity (m/s)	Planar Half Jet Angle (deg)	Heat Release Weight Factor/ Burner
1	1	2.134	0.164		34	1
1	2	2.134	0.164		34	1
1	3	2.134	0.164		34	1
2	1	2.134	0.164		34	1
2	2	2.134	0.164		34	1
2	3	2.134	0.164		34	1

Note:Xfh normalizes all heat release weighting factors (e.g., if heat release in burner 1 is twice that of burner 2, enter the weight factors as 1 and

Gas Space Burner Parameters							
Gas Space Number	Nominal Pressure Drop (Pa)	Flame Length = F * A * (Burner Duty) ** B			Pressure Drop K	Burner Group	Burner Code
		F	A (m/MegaWatts)	B			
1	74.72				4.5	Jser defined	...
2	74.72				4.5	Jser defined	...

图 2-11 燃烧器的参数界面

2.6 炉管的位置

Tube Locations(炉管的位置)，设计输入参数见表 2-5，界面见图 2-12。

表 2-5 输入参数说明

参数序号	英文	含义	参数序号	英文	含义
1	Gas Space Side ID	烟气空间标识	7	Roof	顶
2	Left Side	左面	8	Horizontal	水平线
3	Right Side	正面	9	Tube Orientation	管的方位
4	Front End	前端	10	Tube coil exists	是否存在盘管
5	Back End	后端	11	Shared tubes	共享管路
6	Floor	地面			

Gas Space Number	Gas Space Side ID	Tube Coil Exists?	Number of Tube Sections	Tube Orientation	Inside Return Bend?	Shared Tubes?
1	Front End (FE)	☐			☐	
1	Back End (BE)	☐			☐	
1	Left Side (LS)	☑	1	Horizontal	☐	
1	Right Side (RS)	☑	1	Horizontal	☐	☑
1	Floor (FL)	☐			☐	
1	Roof (RF)	☐			☐	
2	Front End (FE)	☐			☐	
2	Back End (BE)	☐			☐	
2	Left Side (LS)	☑	1	Horizontal	☐	
2	Right Side (RS)	☑	1	Horizontal	☐	☐
2	Floor (FL)	☐			☐	
2	Roof (RF)	☐			☐	

图 2-12 炉管的位置

2.7 炉管横截面的几何参数

加热炉热负荷大时，需要采用较大直径的炉管。这会增大炉膛尺寸，使炉管传热均匀度变差。因此设计时应合理确定炉管横截面的几何参数。

Tube Section Geometry(炉管横截面的几何参数)，设计输入参数见表2-6。界面见图2-13。

表2-6　输入参数说明

参数序号	英文	含义	符号	参数序号	英文	含义	符号
1	Tube Orientation	管的方位	mm	7	Maximum Tube Length	最大管长	mm
2	Tube Outside Diameter	管外直径	mm	8	Wall Size(Available)	墙尺寸(有效的)	mm
3	Tube Wall Thickness	管壁厚度	mm	9	Wall Size(Required)	墙尺寸(必须的)	mm
4	Tube Ctr-Ctr Spacing	管心距	mm	10	Tube metallurgy	冶金管	
5	Number of Tubes	管子数量	mm	11	Tube thermal conductivity	管导热系数	W/(m·℃)
6	Tube Length	管长	mm				

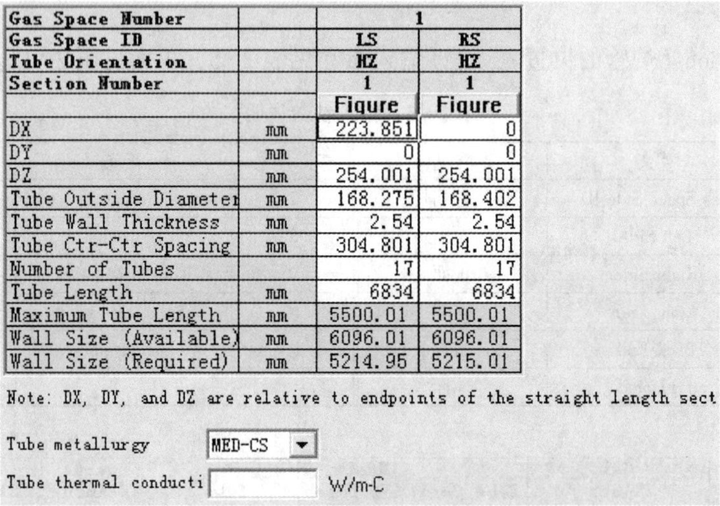

Gas Space Number		1	
Gas Space ID		LS	RS
Tube Orientation		HZ	HZ
Section Number		1	1
		Figure	Figure
DX	mm	223.851	0
DY	mm	0	0
DZ	mm	254.001	254.001
Tube Outside Diameter	mm	168.275	168.402
Tube Wall Thickness	mm	2.54	2.54
Tube Ctr-Ctr Spacing	mm	304.801	304.801
Number of Tubes		17	17
Tube Length	mm	6834	6834
Maximum Tube Length	mm	5500.01	5500.01
Wall Size (Available)	mm	6096.01	6096.01
Wall Size (Required)	mm	5214.95	5215.01

Note: DX, DY, and DZ are relative to endpoints of the straight length sect

Tube metallurgy MED-CS

Tube thermal conducti W/m-C

图2-13　炉管横截面的几何参数界面

2.8 炉管内加热介质的流动顺序

Tube Pass Sequence(炉管内加热介质的流动顺序)，设计输入参数见表2-7，界面见图2-14。

表 2-7 输入参数说明

参数序号	英文	含义	参数序号	英文	含义
1	Front view	正视图	4	Floor	底
2	Roof	顶	5	Unassign	解除指定
3	Side	侧面			

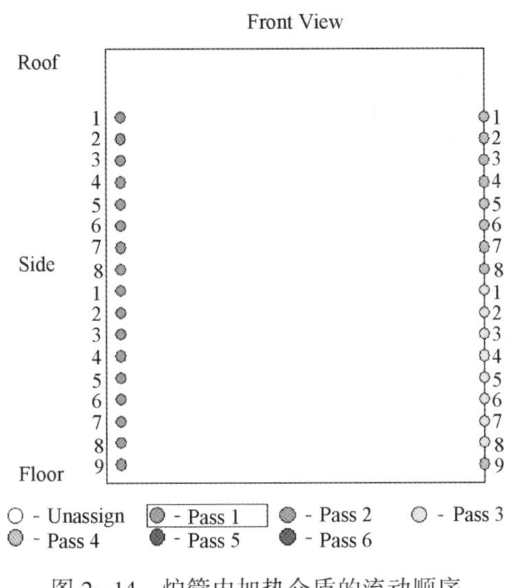

图 2-14 炉管内加热介质的流动顺序

2.9 工艺方法的选择

Process Methods(工艺方法的选择)，设计输入参数见表 2-8，界面见图 2-15。

表 2-8 方箱炉的设计参数含义

参数序号	英文	含义	符号	参数序号	英文	含义	符号
1	Heat Transfer	热传递		8	Sensible vapor coefficient	敏感系数	W/m^{2-k}
2	Heat transfer coefficient method	传热系数法		9	Boiling coefficient	沸腾系数	W/m^{2-k}
3	Pure component	纯组分		10	Process fluid coefficient multiplier	工艺流体系数	
4	Film boiling check	膜沸腾的检查		11	Pressure Drop	压力降	
5	Critical heat flux for	临界热通量	W/m^2	12	Tubeside friction factor	管侧摩擦系数	
6	Fraction of critical flux for	临界通量		13	Surface roughness	表面粗糙度	
7	Sensible liquid coefficient	液体敏感系数	$W/(m^2 \cdot K)$				

Heat Transfer

Heat transfer coefficent meth HTRI

Pure component No

Film boiling check Yes

Critical heat flux W/m2

Fraction of critical flux for 1

Sensible liquid coefficient W/m2·K

Sensible vapor coefficient W/m2·K

Boiling coefficient W/m2·K

Process fluid coefficient mul 1

Pressure Drop

Tubeside friction factor Commercial

Process fluid friction factor 1

Surface roughness mm

U bend fitting loss K coefficients

Single Two phase

图 2-15 工艺方法的选择界面

2.10 计算热损失用到的参数

Heat Loss Coefficents(计算热损失用到的参数)，设计输入参数见表 2-9，界面见图 2-16。

表 2-9 输入参数说明

参数序号	英文	含义	参数序号	英文	含义
1	Insulation Heat Loss Coefficients	热损失系数	6	Left side	左侧
2	Heat loss	热损失	7	Right side	正面
3	Insulation inside surface temperature	绝热层内部表面温度	8	Floor	底
4	Front end	前端	9	Boof	顶
5	Back end	后端			

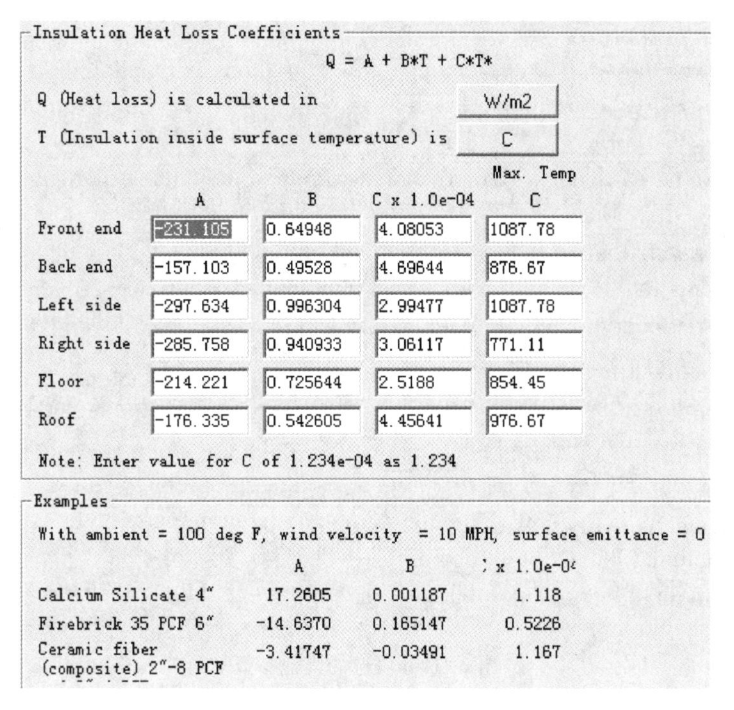

图 2-16 计算热损失用到的参数

2.11 可选的其他参数

Optional(可选的其他参数)，设计输入参数见表 2-10，界面见图 2-17。

表 2-10 输入参数说明

参数序号	英文	含义	参数序号	英文	含义
1	Pressure in heat	压力	7	Convective heat transfer	对流热传递
2	Flue gas soot extinction coefficient	烟气烟尘消光系数	8	Forced convection weighting factor	强制对流权重因子
3	Mean beam length	平均射线长度	9	Momentum width factor for gas flow	气流的动量因素
4	Surface emissivities	表面发射率	10	Initial temperature estimates	初始温度
5	Process tube	工艺管	11	Gas zones	气带
6	Refractory surface	耐火材料表面	12	refractory	耐火物质

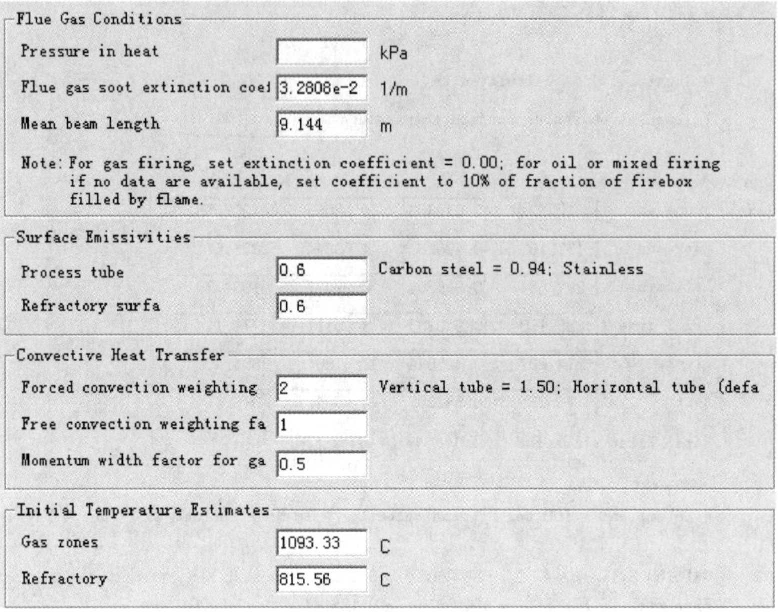

Flue Gas Conditions
Pressure in heat kPa
Flue gas soot extinction coei 3.2808e-2 1/m
Mean beam length 9.144 m
Note: For gas firing, set extinction coefficient = 0.00; for oil or mixed firing if no data are available, set coefficient to 10% of fraction of firebox filled by flame.
Surface Emissivities
Process tube 0.6 Carbon steel = 0.94; Stainless
Refractory surfa 0.6
Convective Heat Transfer
Forced convection weighting 2 Vertical tube = 1.50; Horizontal tube (defa
Free convection weighting fa 1
Momentum width factor for ga 0.5
Initial Temperature Estimates
Gas zones 1093.33 C
Refractory 815.56 C

图 2-17 可选的其他参数

2.12 燃烧的参数

燃料的燃烧计算是加热炉传热计算的基础，通过燃烧计算和燃烧器的合理选择、布置，才能准确模拟出炉内火焰及烟气温度的分布，为辐射和对流的计算提供依据。运用 HTRI 软件对加热炉进行燃烧计算时先选择 Case type 为 Combustion(燃烧)，然后确定燃料的种类、氧化剂及稀释剂，继而再详细指定燃料的组成及工艺条件，从而进行计算。HTRI 进行燃烧计算时，首先确认燃料的种类，是单一气体或液体燃料，还是两种燃料。在 Input 模块的 Combustion 中指定燃料的数量、类型、氧化剂及稀释剂，指定燃烧计算的方法，可任选其一：Generate flue gas as combusted、Flue gas temperature for specified duty 或 Duty required for specified flue gas temperature，需要输入数值的地方都以红框显示，软件默认值及单位显示在窗口上。燃料组成及工艺数据定义时，在 Input 模块的 Fuel 1 和 Fuel 2 中分别指定燃料的温度、压力、流量及组成，从界面的左方选择燃料的组分，总值必须为 100%。

空气流量定义时，无论氧化剂是预热空气还是环境空气，在 Input 模块的 Oxidant 1 和 Oxidant 2 中需分别指定空气的流量、组成及性质。一般情况下，只需指定空气系数 α 即可。

稀释剂定义时，因液体燃料的黏度较大，燃烧时需加入一定量的蒸汽，利用蒸汽的搅拌和振动作用，使液体油燃料以雾状形式喷出，方便燃烧，HTRI 中需输入蒸汽的压力和流量。

环境空气定义时，输入环境空气的温度、压力和相对湿度即可。

HTRI 可计算出以下内容：

(1)燃料的流量或低热值，燃烧用空气、蒸汽的流量；

(2)每种燃料燃烧后的总热值，比指定的燃料负荷大，因为它包括了燃料的低热值、燃料的显热、空气和蒸汽的显热；

(3)燃烧后剩余 O_2 的百分数及 NO_x 的转化量；

(4)每种燃料燃烧后的绝热火焰温度，烟气流量及混合烟气的温度和流量。

HTRI 进行燃烧计算时，应注意燃料的用量，若无已知数据，一般需用经验计算得出。炉效率决定于加热炉的排气温度，合理控制排气温度即可得到理想的热效率。计算输出的绝热火焰温度是基于简单的氧化反应，且不考虑分解的情况下，利用反应物和生成物的生成热计算得出。HTRI 可详细输出每种燃烧流体的组成、分子量、临界参数及其物理性质；并对每种燃烧流体进行元素分析，输出高低热值。HTRI 还输出了烟气在一定压力下，从 15.56℃到绝热火焰温度之间的物性参数。HTRI 详细输出了烟气在每一温度下损失的热量。若计算中要求烟气的出口温度达到某一指定值时，即可参考这些数据。随着烟气在辐射室内的上升，进行辐射传热和热损失，其温度逐渐降低，热损失逐渐增大。

Combustion(燃烧)，设计输入参数见表 2-11，界面见图 2-18。

表 2-11 输入参数说明

参数序号	英文	含义	参数序号	英文	含义
1	Fuel specification	燃料规格	5	Diluent type	稀释液类型
2	Number of fuel	燃料数目	6	Fuel oil	燃料油
3	Fuel type	可燃物类型	7	Ambient air	环境空气
4	Oxidant type	氧化剂类型	8	Steam	蒸汽

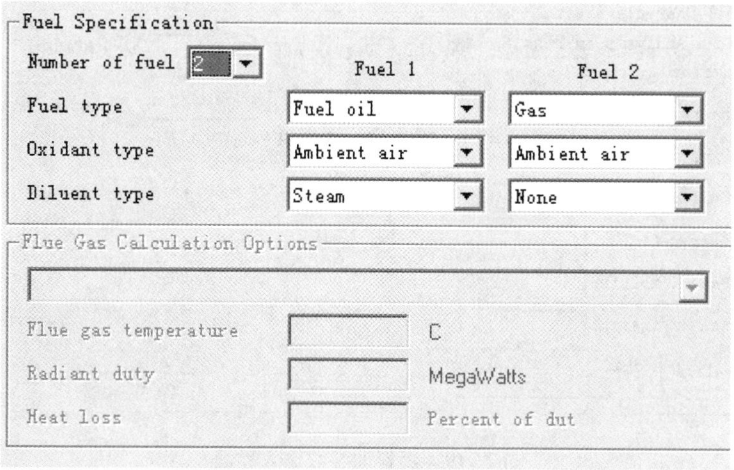

Fuel Specification

	Fuel 1	Fuel 2
Number of fuel: 2		
Fuel type	Fuel oil	Gas
Oxidant type	Ambient air	Ambient air
Diluent type	Steam	None

Flue Gas Calculation Options

Flue gas temperature C

Radiant duty MegaWatts

Heat loss Percent of dut

图 2-18 燃烧参数输入界面

2.13 燃料油的参数

燃烧生成的烟气中含有硫化物，为防止露点腐蚀，管式炉在目前和将来的一段较长时间内，不能将排烟温度降到水蒸气凝结温度以下，水蒸气的汽化潜热不能被利用，因此燃烧计算中使用燃料的低热值。

Fuel 1(Fuel Oil)(燃料油)，设计输入参数见表2-12，界面见图2-19。

表2-12　输入参数说明

参数序号	英文	含义	参数序号	英文	含义
1	Fluid conditions	流动的条件	5	Characterization factor	特征因子
2	Flow	流动	6	Higher heating value	高发热值
3	Optional values	可选项目	7	Fuel oil characterization	燃料油描述
4	Lower heating value	低发热值	8	Ultimate analysis by mass	元素分析

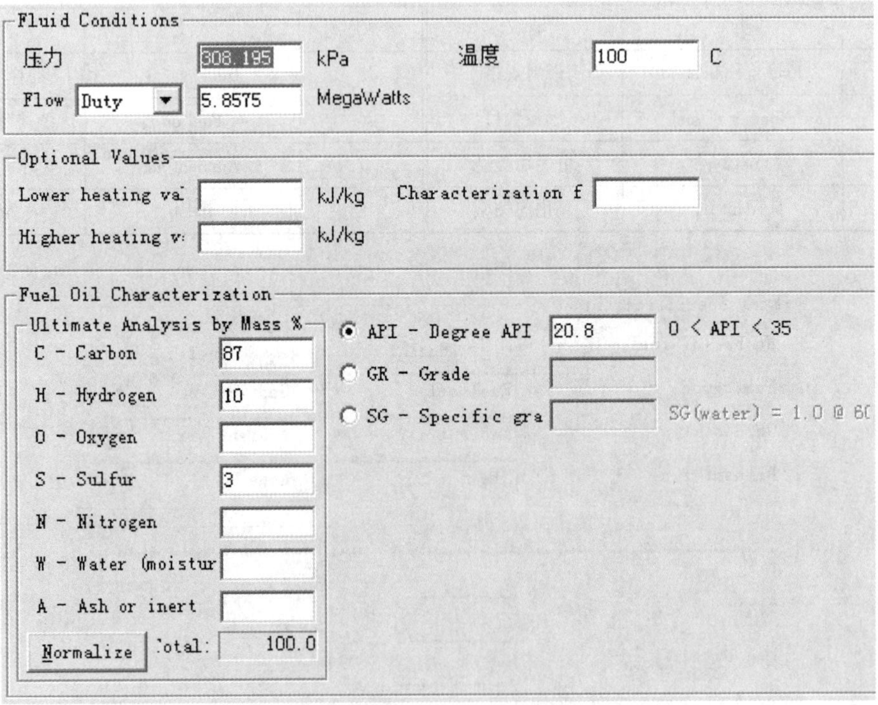

图2-19　燃料油参数输入界面

2.14 氧化剂的参数

燃料完全燃烧时按化学反应式所需的空气量为理论空气量，其数值是以干空气为基准导出的，但实际上燃烧所用空气都有一定的湿度，因此理论空气量应乘一个修正系数 α；其次燃烧过程中氧和可燃元素碰撞的几率与两者的浓度有关，为了保证完全燃烧，必须有足够的过剩氧，即过剩空气量。在合理控制炉子燃烧的条件下，α 太小会使热分布恶化，小于 1.05 时会腐蚀炉管，α 太大则会降低火焰温度，减少三原子气体浓度，降低辐射热的吸收率，使炉子效率降低，因此要合理确定空气系数。一般按以下要求确定：

(1) 自然通风燃气式燃烧器 $\alpha=1.20$；

(2) 自然通风燃油式燃烧器 $\alpha=1.25$；

(3) 强制送风燃气式燃烧器 $\alpha=1.15$；

(4) 强制送风燃油式燃烧器 $\alpha=1.20$。

O_2 Oxidant 1 (Air)(氧化剂)，设计输入参数见表 2-13，界面见图 2-20。

表 2-13 输入参数说明

参数序号	英文	含义	参数序号	英文	含义
1	Air flow	空气流量	4	Wet flue gas	湿烟道气
2	Excess air	过量空气	5	Incomplete combustion	不完全燃烧
3	Dry flue gas	干烟道气			

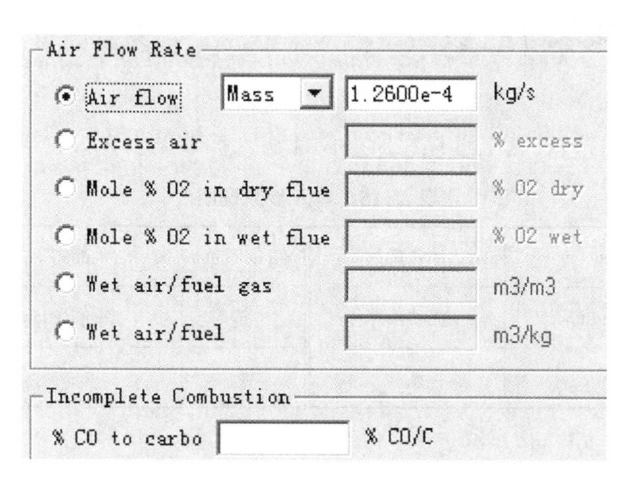

图 2-20 氧化剂参数输入界面

2.15 稀释剂(蒸汽)的参数

减压加热炉的燃料为液体燃料时，利用稀释剂使燃料雾化，以防止液体燃料燃烧器熄火，确保燃烧过程正常进行。烧油时，雾化蒸汽的质量分数可取0.5或按喷嘴要求决定，烧气时为0。

Diluent 1[稀释剂(蒸汽)]；设计输入参数见表2-14，界面见图2-21。

表2-14 输入参数说明

参数序号	英文	含义	参数序号	英文	含义
1	Diluent conditions	稀释条件	2	Weight fraction water in steam/water	蒸汽的质量分数

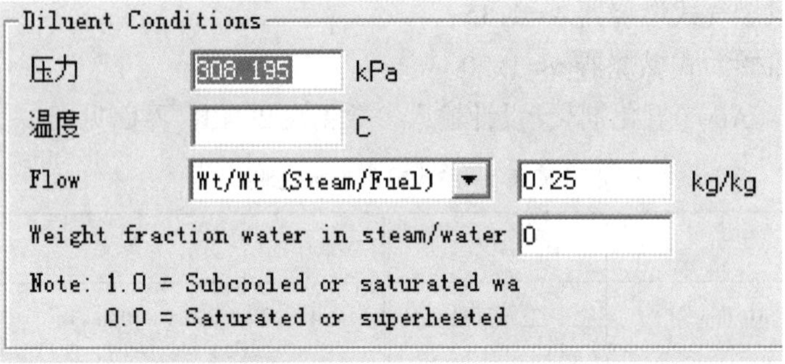

Diluent Conditions
压力 308.195 kPa
温度 C
Flow Wt/Wt (Steam/Fuel) 0.25 kg/kg
Weight fraction water in steam/water 0
Note: 1.0 = Subcooled or saturated wa
0.0 = Saturated or superheated

图2-21 稀释剂(蒸汽)参数输入界面

2.16 第二种燃料的参数

Fuel 2(第二种燃料)，这里选择瓦斯。设计输入参数见表2-15，界面见图2-22。

表2-15 输入参数说明

参数序号	英文	含义	参数序号	英文	含义
1	Fluid conditions	流动条件	3	Composition	构成
2	Flow	流量	4	Volume	体积

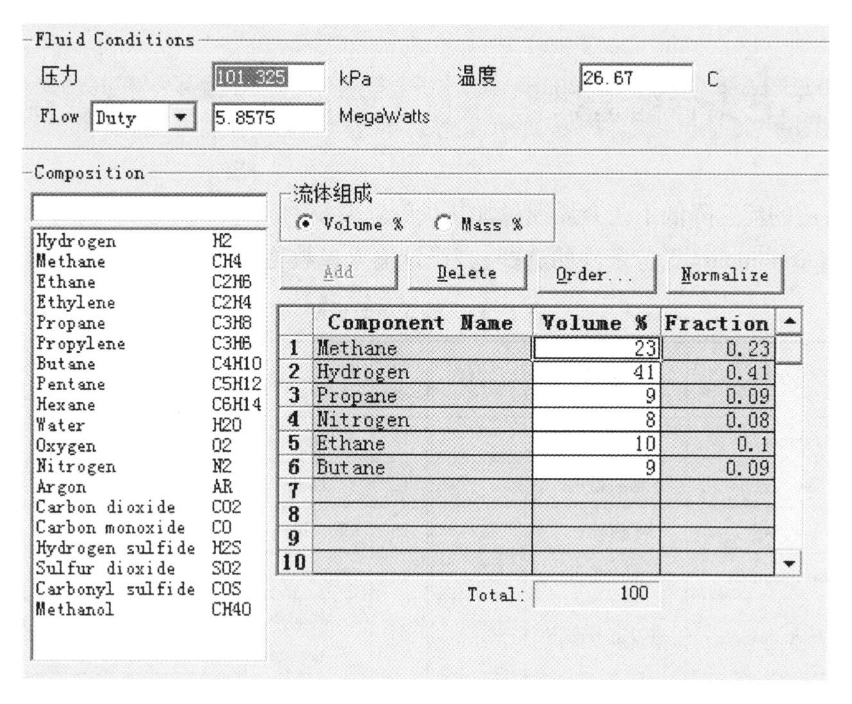

图 2-22 瓦斯参数输入界面

2.17 氧化剂-空气的参数

O_2 Oxidant 2（Air）(氧化剂-空气)，设计输入参数见表 2-16，界面见图 2-23。

表 2-16 输入参数说明

参数序号	英文	含义	参数序号	英文	含义
1	Air flow rate	空气流速	2	Excess air	过量空气

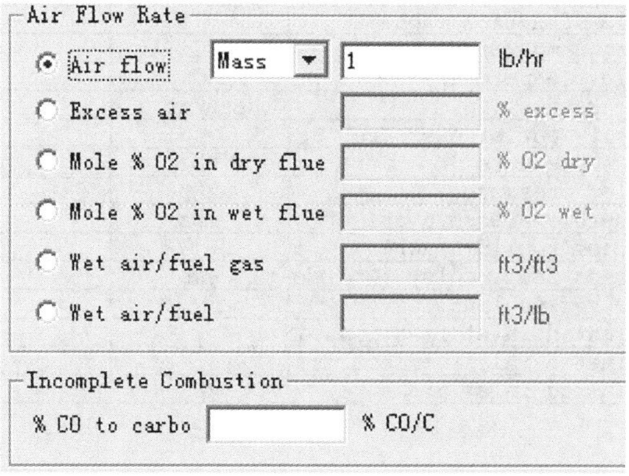

图 2-23 氧化剂-空气参数输入界面

2.18 工艺条件的选择

选择合适的流速降低工艺介质通过加热炉管路系统的压力降。

Process Conditions(工艺条件的选择)，设计输入参数见表 2-17，界面见图 2-24。

表 2-17 输入参数说明

参数序号	英文	含义	符号	参数序号	英文	含义	符号
1	Stream	工艺介质流		11	Inlet pressure	入口压力	kPa
2	Radiant section	辐射截面		12	Outlet pressure	出口压力	kPa
3	Flow rate	流速	kg/s	13	Allowable pressure drop	允许压降	kPa
4	Phase condition	相位条件		14	Process fouling factor	过程污垢系数	$m^2 \cdot K/W$
5	Inlet fraction vapor	进口部分蒸汽		15	Process fouling layer thickness	过程污垢层	mm
6	Outlet fraction vapor	出口蒸汽分数		16	Flue gas fouling factor	烟气污垢系数	$m^2 \cdot K/W$
7	Inlet temperature	入口温度	℃	17	Estimated inlet fraction vapor	估计的入口蒸汽分数	
8	Outlet temperature	出口温度	℃	18	Estimated inlet temperature	估计的入口温度	℃
9	Process duty		MW	19	Estimated inlet pressure	估计的入口压力	kPa
10	Specify outlet pressure	指定的出口压力					

Stream		Radiant Section
Stream name		3 - FireBox
Flow rate	kg/s	44.0997
Phase condition		Boiling
Inlet fraction vapor		0
Outlet fraction vapor		
Inlet temperature	C	260
Outlet temperature	C	
Process duty	MegaWatts	
Specify outlet pressure		
Inlet pressure	kPa	101.3
Outlet pressure	kPa	
Allowable pressure drop	kPa	
Process fouling factor	m2-K/W	0
Process fouling layer thickr	mm	
Flue gas fouling factor	m2-K/W	0
Estimated inlet fraction vapor		
Estimated inlet temperature	C	
Estimated inlet pressure	kPa	

图 2-24 工艺条件的选择界面

2.19 加热炉周围的空气气相参数设定

Ambient Air Conditions(加热炉周围的空气气相参数设定)，设计输入参数见表 2-18，界面见图 2-25。

表 2-18 设计输入参数

参数序号	英文	含义	符号	参数序号	英文	含义	符号
1	Ambient air conditions	环境空气条件		3	Relative humidity	相对湿度	%RH
2	Ambient air moisture	环境空气湿度		4	Dry air	干空气	kg/kg

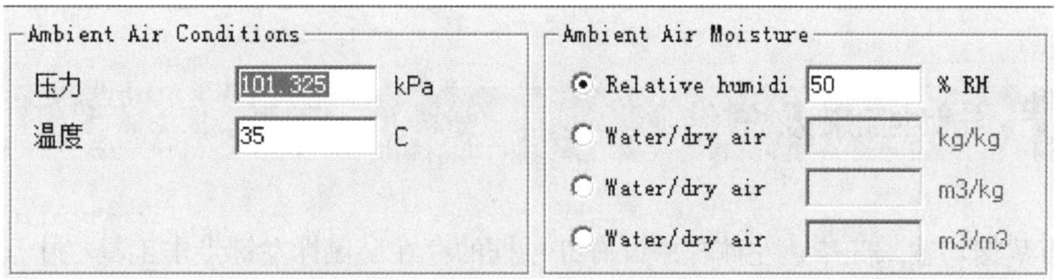

图 2-25 加热炉周围的空气气相参数设定界面

2.20 辐射进料特性的参数

Radiant Feed Properties(辐射进料特性参数)，设计输入参数见表 2-19，界面见图 2-26。

表 2-19 设计输入参数

参数序号	英文	含义	参数序号	英文	含义
1	Component by component	组分构成	6	Flash type	闪跃型
2	Heat release input method	热释放	7	Property options	属性选项
3	User specified	指定	8	Temperature interpolation	温度值
4	Specified dew/bubble point	指定的露点/泡点	9	Boiling components	沸腾的组分
5	Program calculated	程序计算			

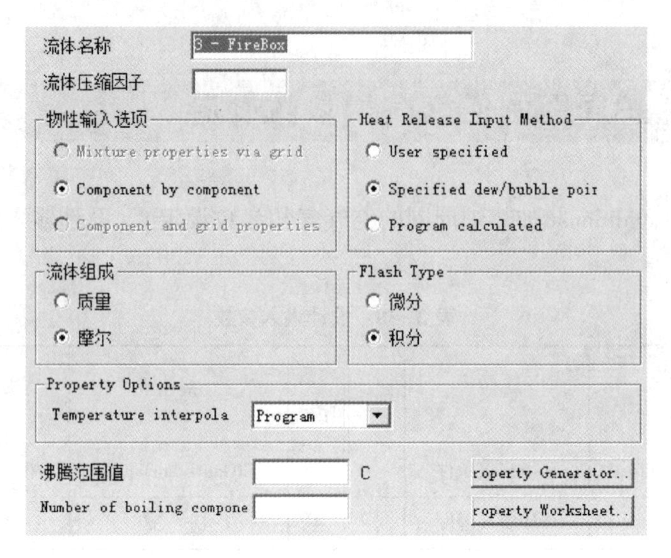

图 2-26　辐射进料特性参数输入界面

2.21 设计结果及总结

所有数据均输入完毕，左侧栏中没有红色框的存在。鼠标左键点击工具栏中运行按钮，开始运行。在 Output Summary(输出总结)选项中，如图 2-27 所示。其中，总体性能包括：热负荷、总效率、压力降、燃料消耗量等；辐射段性能包括：烟气出口温度、炉管最高壁温等。

HTRI 可计算出以下内容：

(1)燃料的流量或低热值，燃烧用空气、蒸汽的流量；

(2)每种燃料燃烧后的总热值，比指定的燃料负荷大，因为它包括了燃料的低热值、燃料的显热、空气和蒸汽的显热；

(3)燃烧后剩余 O_2 的百分数及 NO_x 的转化量；

(4)每种燃料燃烧后的绝热火焰温度，烟气流量及混合烟气的温度和流量。计算输出的绝热火焰温度是基于简单的氧化反应，且不考虑分解的情况下，利用反应物和生成物的生成热计算得出。

HTRI 可详细输出每种燃烧流体的组成、分子量、临界参数及其物理性质；并对每种燃烧流体进行元素分析，输出高低热值。HTRI 还输出了烟气在一定压力下，从 15.56℃到绝热火焰温度之间的物性参数。

HTRI 详细输出了烟气在每一温度下损失的热量。若计算中要求烟气的出口温度达到某一指定值时，即可参考这些数据。随着烟气在辐射室内的上升，进行辐射传热和热损失，其温度逐渐降低，热损失逐渐增大。

HTRI

Output Summary Page 1

Xfh Ver. 6.00 2015/5/15 11:01 SN: Vals100+ **SI Units**

Overall Performance

Heat duty	(MegaWatts)	8.8296	Excess air	(%)	2.4
Efficiency (LHV)	(%)	74.7	Pressure drop	(kPa)	0.332
Heat release (Total)	(MegaWatts)	11.8272	Fuel (LHV)	(kJ/kg)	42879.7
Heat release (LHV)	(MegaWatts)	11.7151	Gas spaces	(-)	4
Convection setting loss	(%)				
Type	(-)	Box			
		Inlet	Crossover	Outlet	
Temperature	(C)		260.00	319.62	
Pressure	(kPa)		1378.97	1378.64	
Liquid	(kg/s)		44.0997	43.0259	
Vapor	(kg/s)		0.0000	1.0740	

Radiant Section

		Total	GS1	GS2	GS3
Flue gas temperature out	(C)	619.63	669.30	594.32	
Surface	(m2)	368.670	92.144	92.191	
Average flux rate	(W/m2)	23949.9	22853.1	25046.2	
Maximum flux rate	(W/m2)	58049.8			
Duty	(MegaWatts)	8.8296	2.1058	2.3090	
Max tube metal temp.	(C)	1023.78			
Average gas temperature	(C)	750.38	738.52	762.23	
Draft @ floor	(Pa)	73.28	73.15	73.41	
Number of passes	(-)	6			

Convection Section

Flue gas temperature in	(C)	619.63	Number of fluids	(-)	0
Flue gas temperature out	(C)		Convection duty	(MegaWatts)	

图 2-27　输出总结

第3章　基于FRNC-5 PC软件的管式加热炉设计

加热炉的设计主要是燃烧过程的计算、辐射段的设计、对流室的设计、烟囱段的设计。火焰在辐射段燃烧室内燃烧，对辐射炉管进行辐射传热。产生的高温烟气顺序经过辐射段、对流室、烟囱排入大气，并对沿途经过的炉管进行对流传热。所需加热的介质顺序经过对流室扩面管、遮蔽段炉管(图3-1)、辐射段炉管，完成工艺所需的加热过程。遮蔽段炉管位于对流室的最下方，一般采用光管。在辐射段内，火焰及烟气主要以辐射的方式将热量传给辐射段炉管。烟气离开辐射段至对流室的温度约为700~1000℃，在对流室中烟气以对流、三原子气体(CO_2和H_2O)辐射和耐火砖壁辐射的方式将热量传给对流室炉管。对流室的设计计算包括管内流体阻力降、烟道气阻力降、各段管排的热量平衡及分配、管排内外的传热问题等。在没有化学反应的情况下，1台简化流程的加热炉操作模型自由度为4，其冷、热流体的出口压力和出口温度可由各自流程的流体流动阻力方程式、传热速率方程和热量衡算式求出。由于管内介质的物性参数随行程而变，且这种变化又是非线性的，为了减少由此而引起的误差，将辐射炉管分成若干个较短的小管段，从炉出口开始向入口侧逐段进行压力平衡、热平衡和相平衡的计算，直到油品的泡点(即汽化开始点)为止。这样的计算较为复杂，手工计算很难完成。事实上，加热炉设计时，每一个问题的解决都是复杂的计算过程，需要大量的工程数据和经验公式，并借助专业的计算软件。

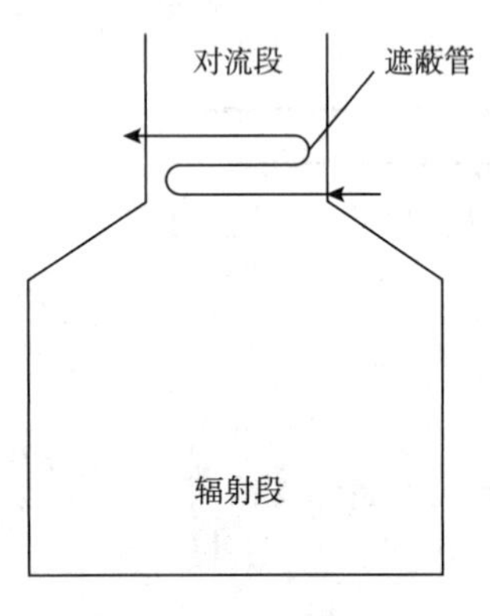

图3-1　遮蔽段炉管

加热炉设计时，换热盘管以多路并联炉管居多，不可避免会出现偏流现象，造成出口各支管的介质温度和汽化率出现偏差的情况，因此应该采取设计措施避免偏流。

在炼油厂、化工厂，直接火焰加热炉专业进行传热设计时可以选择管式加热炉工艺计算软件FRNC-5 PC。近年来，越来越多的工程公司在设计工业炉时使用此软件，V 9.1是其最新版本。此软件的计算是基于罗波-伊万斯法，通过迭代试差计算出加热炉的热负荷、热效率及结构布置、介质温度、炉管壁温等。FRNC-5 PC软件为了追求精确，在计算过程中会将模块中的每一排炉管进行如上的迭代试差计算，并将上一排的出口条件作为下一排的入口条件，直至计算结束。

FRNC-5 PC软件不仅可以用于新炉子进行多方案的比较和优化设计，也可以模拟正在服役的炉子在工艺介质、注汽(水)量和位置和燃料类型等改变时对加热炉性能的影响。

FRNC-5 PC 软件模拟时，计算方法有两种：固定燃料量；固定热负荷(吸热量)。如果固定燃料量，FRNC-5 PC 软件可以计算出热负荷、每种介质的最终状态和中间状态。如果事先知道热负荷，FRNC-5 PC 软件可以计算出所需要的供热量和燃料量，还有负荷(MW)、介质流量(kg/h)、介质入口温度(℃)、介质出口温度(℃)、计算压力降(MPa)、燃烧室温度(℃)、烟气离开对流室温度(℃)、氧含量(%)、管内介质流速(m/s)、辐射炉管表面热强度(W/m^2)、对流炉管表面热强度(W/m^2)。

在 FRNC-5 PC 软件里，燃烧室(辐射室，Firebox)、对流室、炉管(Tube)、盘管(Coil)、烟囱(Stack)、管路布置和炉管尺寸，归纳为机械数据。流量、温度、压力，归纳为工艺数据。

3.1 燃烧室的数据输入

燃烧室是加热炉热量输入部位，在 FRNC-5 PC 软件中至少应输入一个燃烧室的数据，最多可模拟 5 个不同的燃烧室。

进入 FRNC-5 PC 软件后，点击 main input。点击 fireboxes 并按鼠标右键，出现的快捷菜单如图 3-2 所示。选择 new，出现将要定义的燃烧室对话框如图 3-3 所示。Characteristics 选项卡包括：Firebox ID——燃烧室号和输入 1~2 位数字，这个数可与后面的管路系统、炉管数据、燃料的号一样；Number of parallel “identical” firebox(默认为1)——平行的燃烧室具有相同工艺介质、燃烧状态，它们就称为“相同”，此时只需要输入一组数据就行；Parallel firebox ID number——平行的燃烧室具有不同的工艺介质、燃烧状态，它们就称为“不相同”，使用者在此输入一个数，同时软件将在输入部分出现它的号。对于本例，在 Characteristics 选项卡中 Furnace section ID number 对应的文本框里输入“11”，定义为“11#燃烧室”。

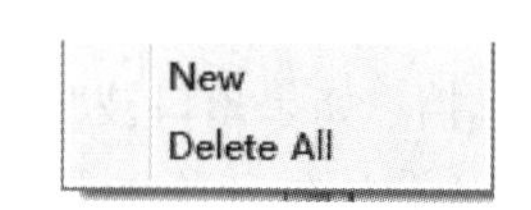

图 3-2 新建“fireboxes”

图 3-3 11#燃烧室的定义

在图 3-4 中，选择 Furnace type 选项出现将要定义的加热炉类型。加热炉型式有圆筒炉、箱式炉、屋型炉和梯台炉。本例中，选择加热炉类型为 Box。

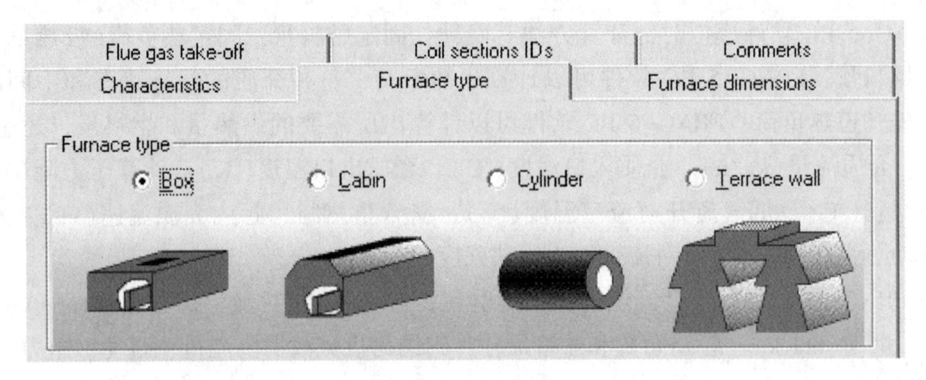

图 3-4　要设计的加热炉类型的选择

在图 3-5 中，选中“Furnace dimensions”选项出现将要定义的加热炉长宽高等结构参数。本例是“Box”炉型，定义燃烧室高度为“13.411m”，燃烧室宽度为“4.6m”，燃烧室长度为“7.62m”。需要指出：在图 3-5 中，加热炉中间有火墙“Center firewall”时，还需要输入其数据 Dimensions，包括高度、宽度；如果没有火墙，则不输入。如果不是“Box”炉型，不同炉型的尺寸说明见图 3-6。

烟气离开燃烧室的开口位置及尺寸输入是为了对燃烧室进行粗计算。选中“Flue gas take-off”定义烟气去往的位置，如图 3-7 所示。在图 3-7 中，定义烟气排放为默认的方式 Roof、Center(加热炉的顶部、中心)；如果烟气离开燃烧室时的开口形状为长方形，则在此处输入长和宽；如果开口为圆形，则在第一个里面输入圆的直径，第二个不输入。这些尺寸决定了燃烧室辐射到对流室光管的面积。“Opening is screened by radiant/shock tubes or refractory”默认为“不打对号”，表示开口处没有遮挡；“打对号”表示开口被“辐射管和光管”遮挡。如果出口被“耐火材料”遮蔽，则使热量辐射回燃烧室，此种情况也应打对号。对于对流室有光管的情况，也要打对号。对于本例，开口处的两个尺寸为 4.42m 和 1.37m；“打对号”表示开口被遮挡。

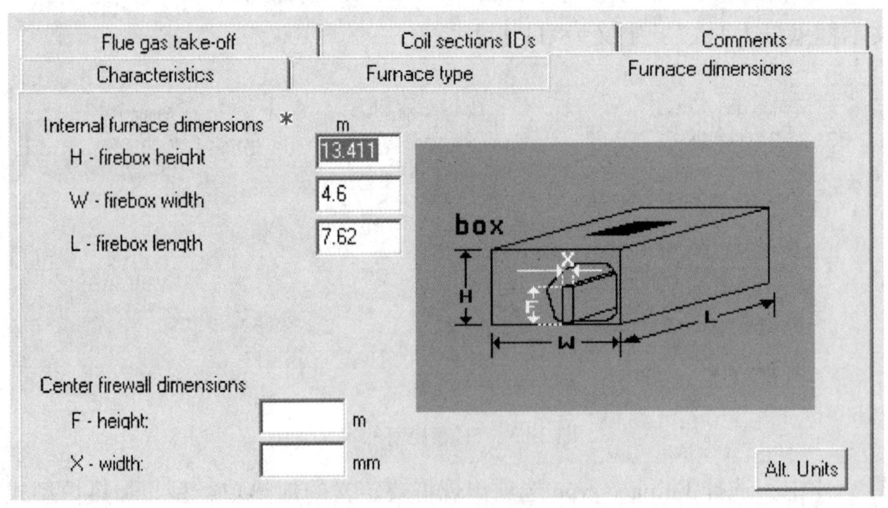

图 3-5　定义加热炉长宽高的尺寸

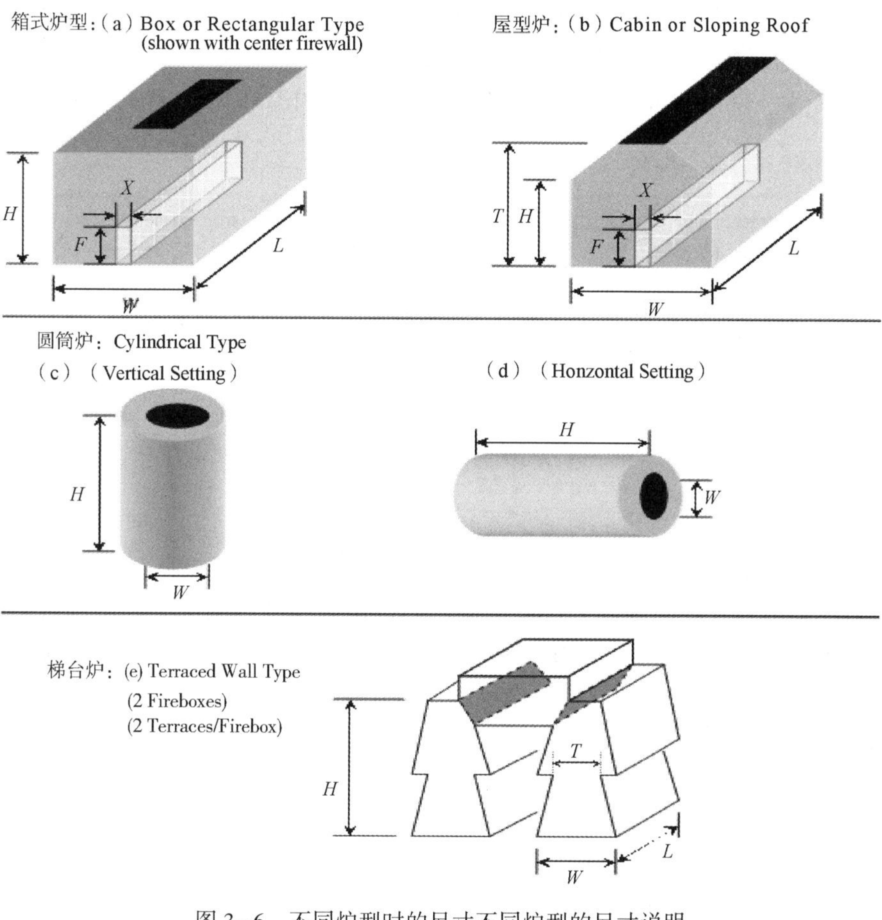

图 3-6 不同炉型时的尺寸不同炉型的尺寸说明

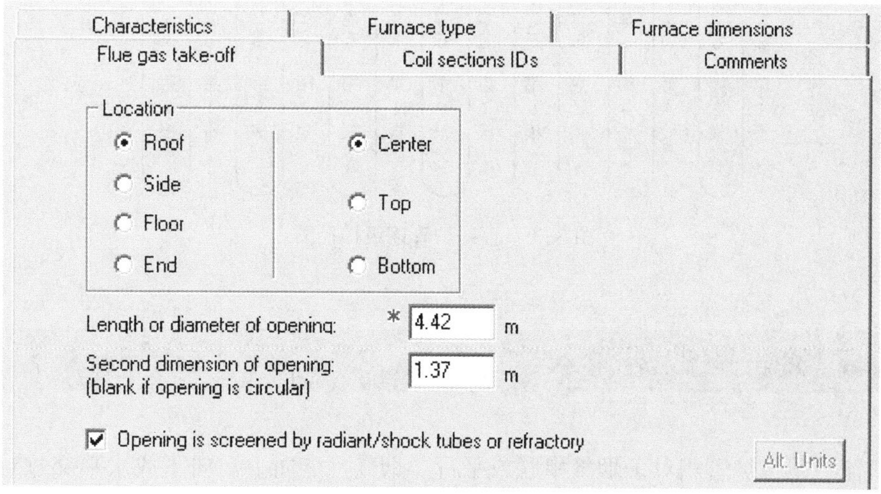

Characteristics | Furnace type | Furnace dimensions
Flue gas take-off | Coil sections IDs | Comments

Location
Roof Center
Side Top
Floor
End Bottom

Length or diameter of opening: * 4.42 m

Second dimension of opening: 1.37 m
(blank if opening is circular)

Opening is screened by radiant/shock tubes or refractory

Alt. Units

图 3-7 烟气离开燃烧室时的开口位置及开口尺寸的输入

在 FRNC-5 PC 软件中，常将具有相同炉管尺寸等参数的管束定义为一组盘管。“The ID’s of Coil Sections in Firebox”至少一组管路数据。

在图 3-8 中，选中“Coil sections IDs”用来定义盘管的编号。本例中，定义盘管的编号为“10”。

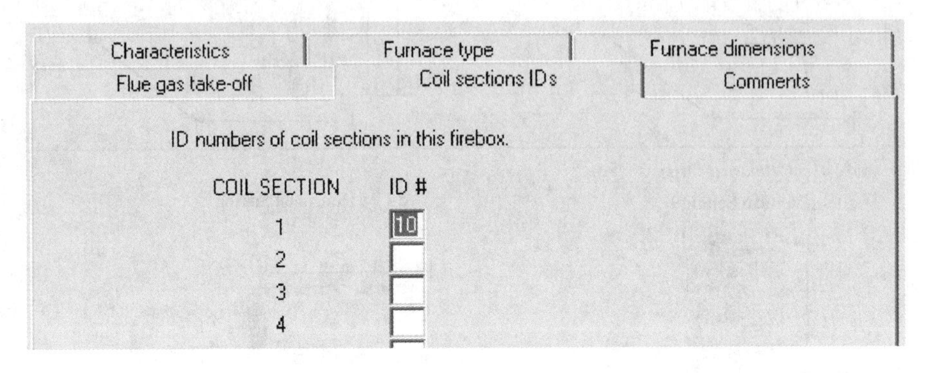

图 3-8　定义盘管的编号

减压辐射炉管设计中，设计中一般采用汽化段扩径和注汽的方法，来满足生产需要。图 3-9 是在 FRNC-5 PC 中，分别定义外径 ϕ141、ϕ168、ϕ219 和 ϕ273 的炉管为盘管 10、11、12 和 13，加热炉的辐射炉管的具体扩径点方案是：盘管由 10(含 8 根炉管)→11(含 2 根炉管)→12(含 2 根炉管)→13(含 2 根炉管)。

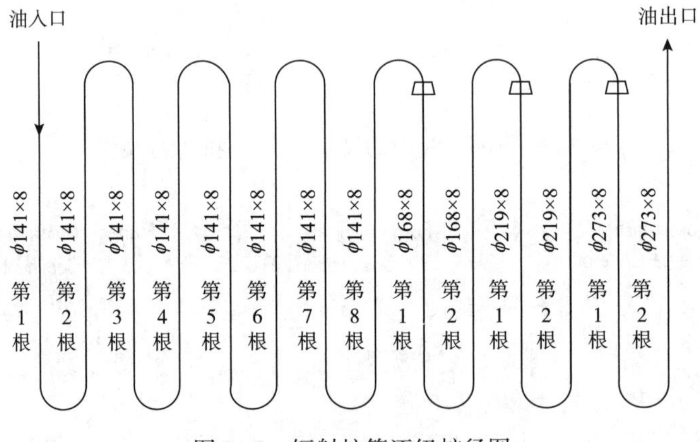

图 3-9　辐射炉管逐级扩径图

3.2 对流室的数据输入

在对流室里，炉管相对于烟气串联或平行。烟气可能向上、向下或水平穿过对流室的炉管。光管部分的辐射热量的部分来自燃烧室。对流室的其他部分的辐射热量则来自耐火墙和烟气的直接辐射得来。如果在对流室热量损失的比例较大，那么在后面的 Heat Loss 就应该输入数据。

在图3-10中，选中“Characteristics”选项用来定义常压加热炉对流室的一些特性参数。ID输入方法与前面的燃烧室相同；第二部分输入的是烟气进入和离开的加热炉部分的ID号；第三部分为流动阻力阻尼，默认为0。在图3-10中，“Furnace section ID number”即对流室燃烧室的编号定义为“22”。同时，“Combustion gas flow sequence data”即产生烟气的位置选为“11”号加热炉。

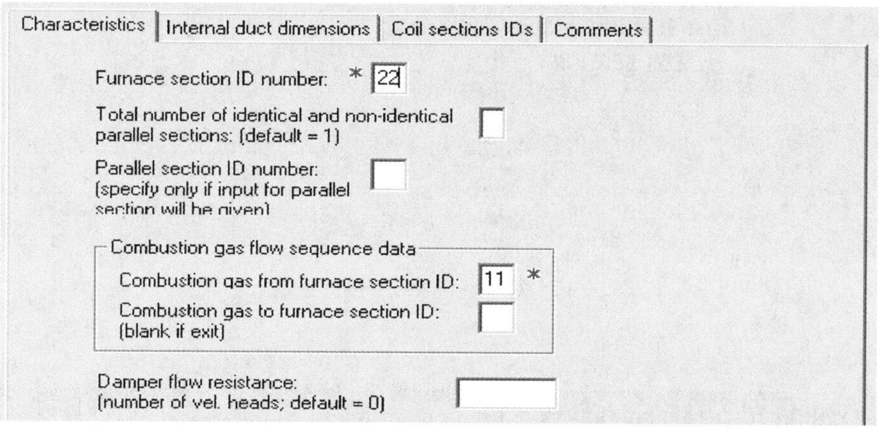

图3-10　对流室特性参数

在图3-10中，选中internal duct dimensions(内部尺寸用来定义对流室的尺寸)后，界面变为图3-11。如果对流室为长方形，那么输入它的长宽高；如果为圆柱形，那么在第一个里输入它的直径，第二个不填，在第三个里输入高度。选择上、下还是水平根据的是摩擦气流的方向，它的作用是粗略计算。摩擦、动量和重力在烟气穿过加热炉的过程中一直存在，因此气流方向对于粗略计算就有很大意义。在图3-11中，定义对流室截面尺寸为4.42m和1.37m，同时定义Height of duct(对流室燃烧室高度)为3.05m，并且在Flue gas direction through this section(烟气在对流室的走向)定义为Up。

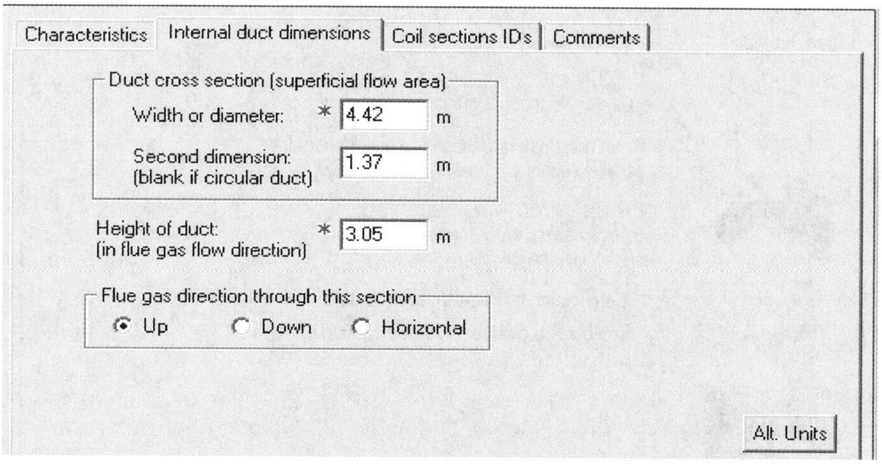

图3-11　对流室内部尺寸

对于 Coil Section、Q-Bank、or Air Preheater ID，软件支持10组数据的输入，其输入方法与燃烧室参数的输入相同。在图3-12中，选中"Coil sections IDs"选项用来定义对流室盘管的编号。本例中，对流室盘管分别定义为"20"、"30"。

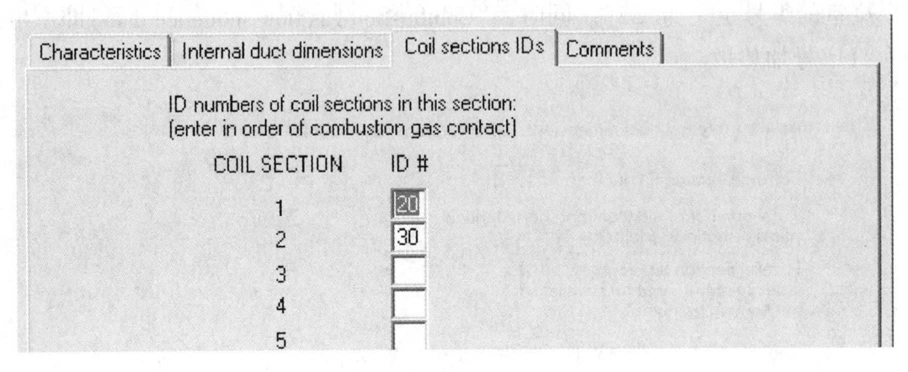

图3-12　对流室弯管编号的数据输入

3.3 烟囱段的数据输入

烟囱段是加热炉中垂直圆筒形的部分，但烟气压降会在加热炉的各个部分显现。烟囱段的热损失在粗略计算时有很大作用。烟气流动过程中的压力降影响烟囱高度或引风机电耗。

在使用FRNC-5 PC软件设计加热炉时，如果烟囱段数据没有定义，则软件将不会对输入的加热炉数据进行模拟。加热炉允许有最多两个烟囱。在图3-13中，选中Characteristics选项包含两个输入，ID输入方法与前面的相同，一个加热炉最多允许有两个平行的烟囱；第二部分输入的是烟气进入烟囱的ID号。对于本例，在Furnace section ID number(烟囱段的编号)定义为"33"，同时Combustion gas flow sequence data(产生烟气的位置)定义为"22"。

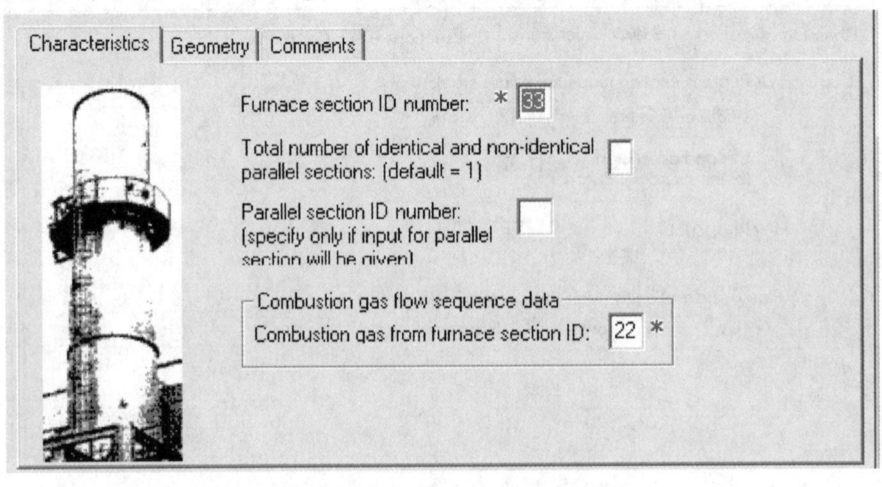

图3-13　烟囱段特性参数的数据输入

选 Geometry 用来定义烟囱的几何尺寸，见图 3-14。对于“Geometry”，为了避免不同的外径 D_I 和内径 D_E，软件输入的是几何直径 D_G，其公式如下：$D_G=(D_I \pm D_E)^{1/2}$。输入的时候注意，烟囱直径的单位为 mm，高度单位为 m。流体阻力阻尼默认为 1.5 倍速度头。对于本例，在 Inside stack diameter(烟囱内直径)定义为 1448mm，在 Stack height(烟囱高度)定义为 24.99m。

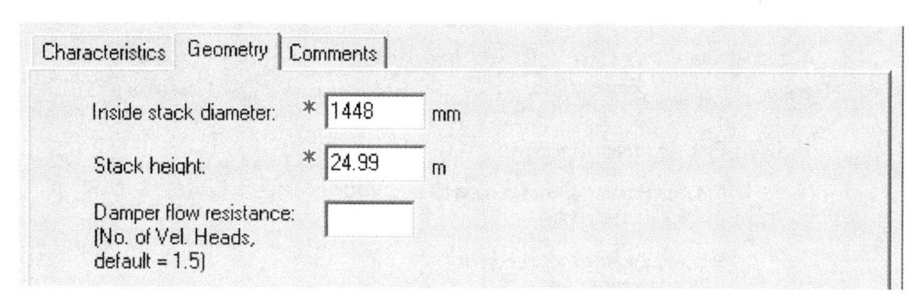

图 3-14　烟囱几何尺寸的数据输入

3.4 盘管段的数据输入

在图 3-15 中，选中“General”用来定义盘管的一般尺寸。FRNC-5 PC 软件支持最少 1 组最多 89 组的盘管数据输入，盘管是一个或多个炉管的组成，具有以下特征：具有相同的方向和直径；具有相同的工艺介质；进入盘管的介质来自于同一个入口，并且介质具有相同的温度和压力；位于加热炉的位置相同；在燃烧室炉管相对于火焰的朝向相同；工艺介质一直保持和入口一样的管程数。

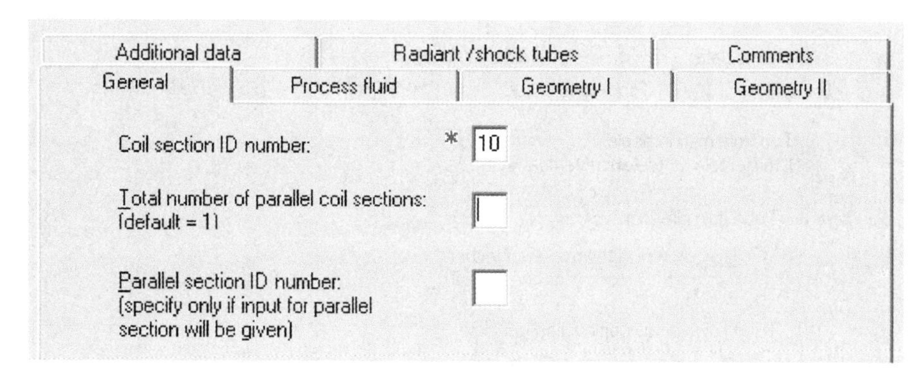

图 3-15　盘管一般尺寸的数据输入

Geometry 输入包含：管路系统 ID、平行管路系统数量和平行部分 ID，其输入方法与前面相同。Process fluid 输入包含：流入此管路系统的介质 ID 号，其号与后面要输入的“Process”号要一致。如果此管路系统的介质进来自上一管路系统，则在此处输入上一管路系统的 ID 号，不输入默认为入口。如果此管路系统的介质进入到下一管路，在此输入下一管路的 ID 号，如果空白或输入“0”，则认为此处为出口。平行进入此管路系统的介质路数。对于本例，在 Coil section ID number(盘管编号)定义为“10”。

在图 3-15 中，选中“Process fluid”选项用来定义工艺介质见图 3-16，其中 Process stream ID number(介质的编号)定义为“10”，Process stream from coil section ID(介质的来源)定义为“20”，盘管的排列方式选择“2”，选择并联方式。

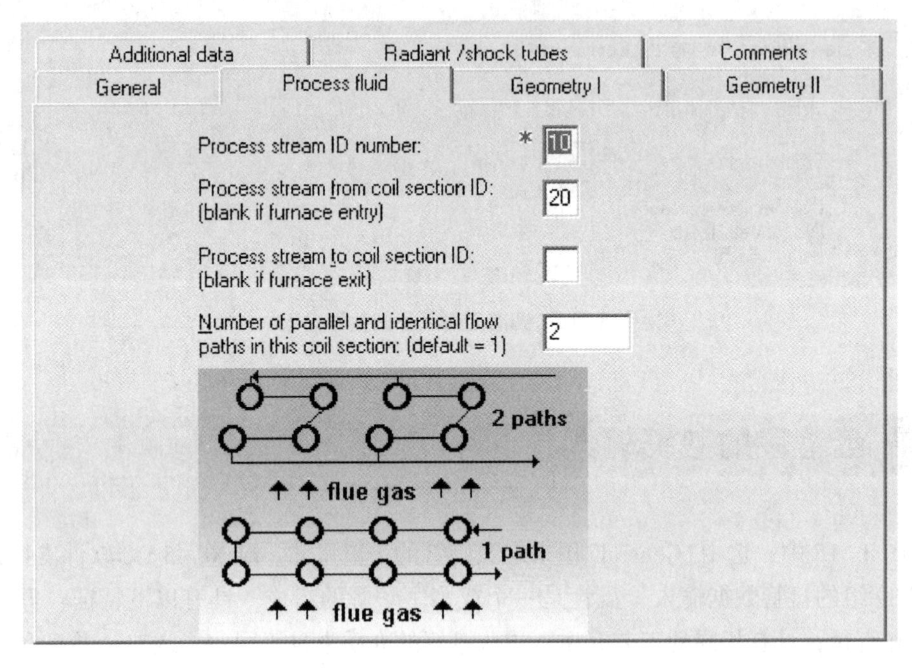

图 3-16　工艺介质条件的数据输入

选择“Geometry Ⅰ”定义盘管段的几何尺寸Ⅰ，见图 3-17。

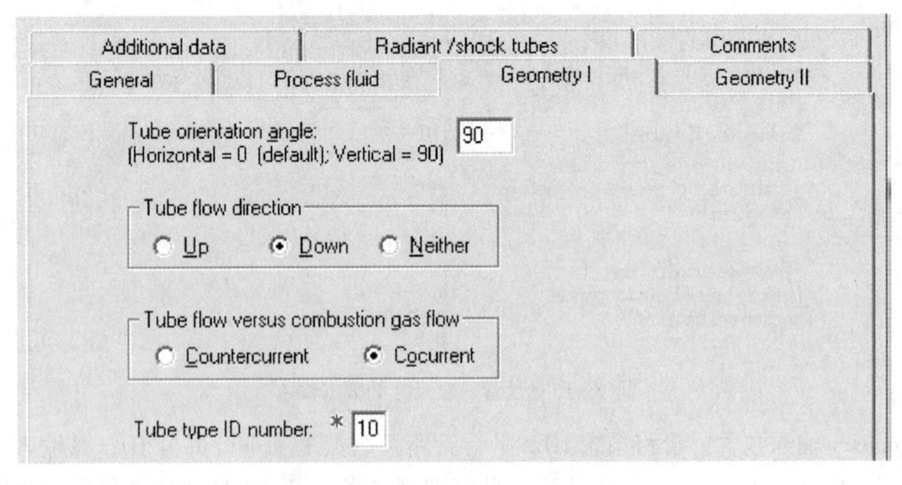

图 3-17　“Geometry Ⅰ”的数据输入

炉管方向(默认水平)，如果炉管为水平，则输入0，垂直为90。

介质流动过程中的压力降影响管路系统的动力消耗。炉管内介质的方向(向上、向下或水平)，此处输入关系到重力是如何作用到管内介质的压力降的。如果是垂直管，那应该选择上或下：选择下，则减去重力的影响；选择上，则加上重力的影响，水平管不考虑重力作用。

炉管内介质与烟气的方向关系，Cocurrent flow 表示两者方向相同，Countercurrent flow 表示两者方向相反。此处只是需要对流室炉管输入。炉管 ID 号，此处的号要与后面的 Tube 号一致。对于本例，Tube orientation angel(炉管方向)定义为“90°”，在 Tube flow direction(炉管内物料的方向)定义为“down”，在“Tube flow versus combustion gas flow”选项中选择“Cocurrent”即工艺介质流动方向和烟气流动方向相同。

在图3-18中，“Geometry Ⅱ”处包含5处输入部分。此处输入一组管路系统炉管的总根数。炉管的排数。对于燃烧室，只能输入1或2，当输入2时，软件假设物料先进入1，然后再进入2，再进入1，轮流交替，且默认1排为靠墙近的炉管；对于对流室，排数为烟气穿过的管排数。

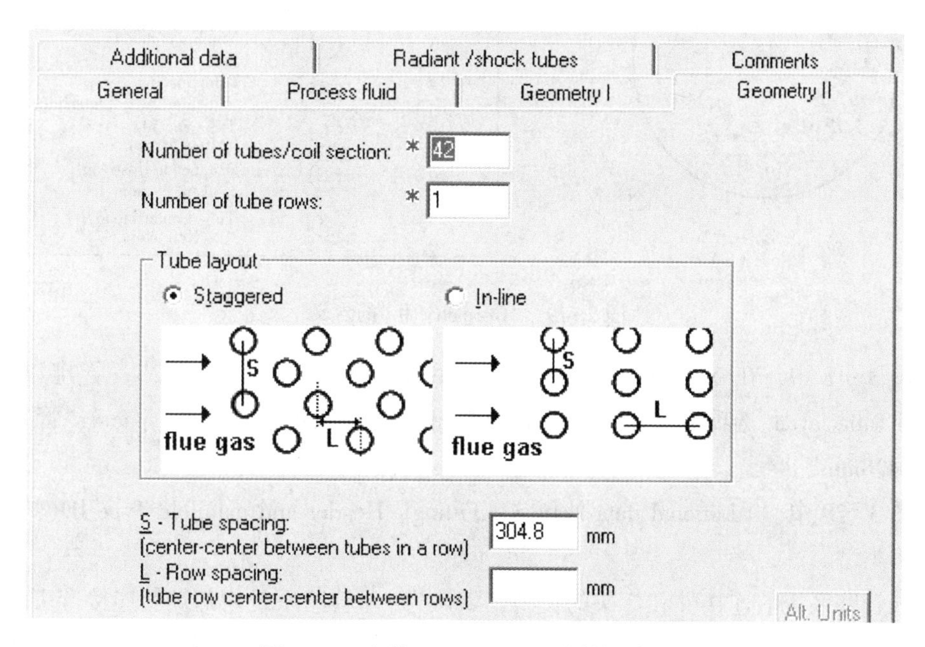

图3-18 盘管“Geometry Ⅱ”的数据输入

管子布局，选择 Staggered 是交错布局，选择 In-line 是沿线布局，如果管排只有一排炉管，那么根据与它相邻的管排的位置输入，如果燃烧室管排数为2，则软件假设它们为交错布置。

在图3-19中，S 为一排管子中相邻管子间的距离。如果这个数据没有输入，软件默认为1.5倍外径。为相邻管排简单距离，这个数据是用来确定管排高度和计算管排热损失的。

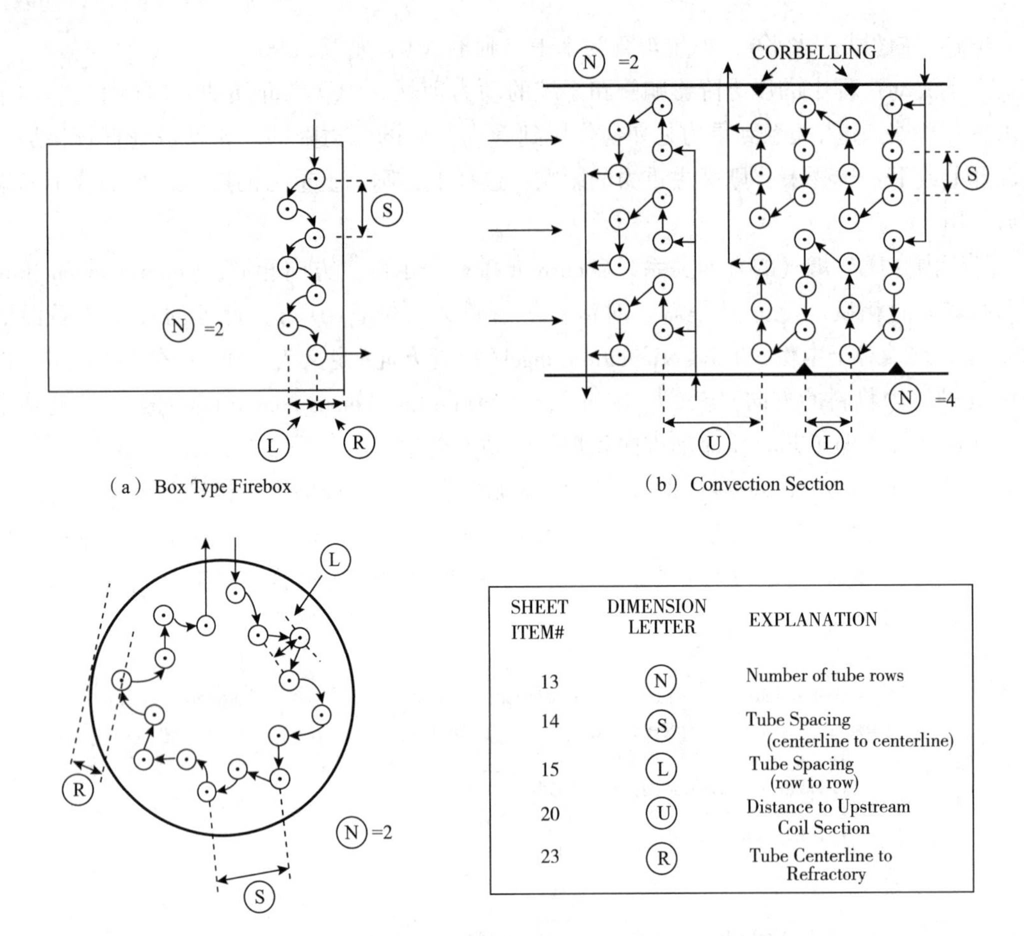

SHEET ITEM#	DIMENSION LETTER	EXPLANATION
13	N	Number of tube rows
14	S	Tube Spacing (centerline to centerline)
15	L	Tube Spacing (row to row)
20	U	Distance to Upstream Coil Section
23	R	Tube Centerline to Refractory

图 3-19 “Geometry Ⅱ”的含义

在图 3-18 中，在 Number of tubes/coil section(管段数)定义为“42”，管排数定义为“1”。在 Tube layout 选项中选择 staggered(炉管布局为正三角形)，tube spacing(管心距)定义为“304. 8mm”。

在图 3-20 中，Additional data 处包含：Fitting、Header and manifold Type ID(炉管连接件和弯头类型)。

进入管路系统的连接件和弯头的类型，默认为 1。管路系统内部炉管连接弯头的类型，默认为 1。离开管路系统的连接件和弯头的类型，默认为 1。连接件和弯头类型 ID 共有 1~5个，其主要特征见表 3-1，如果类型特殊，可在后面的 FITTING 输入部分输入。

Center to Center Distance to Adjacent Upstream Coil Section(相邻管路系统距离)这一部分的输入只适用于对流室，它的输入是用来确定管排距离对烟气热交换的影响。如果输入的距离大于 10 倍管心距，那么烟气的湍流强度就会很低，如果空白或输入数据小于 10 倍管心距，那么湍流强度很大，热交换系数取最大值。

“Non-Ideal Tube Bank”即，牛腿是连接在耐火墙上，隔一段伸出一段距离。它的作用是让烟气在对流室中有不同的流向，增加它的湍流强度。它的伸出长度有 1/2 管心距、1/2 管排距。

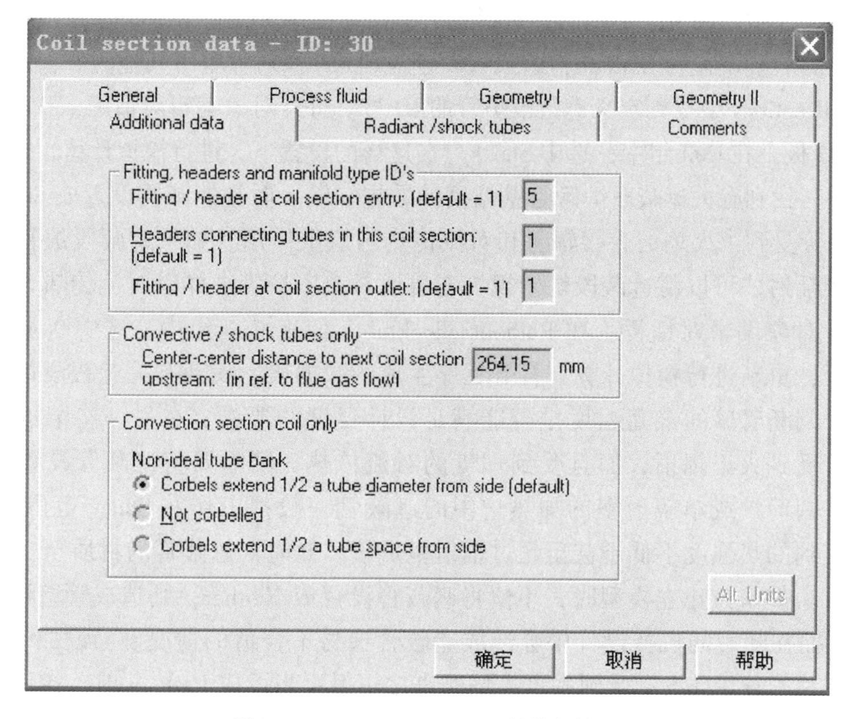

图 3-20 “Additional data”的数据输入

表 3-1 连接件类型 1~5 和 K-LOSS

ID	主要特征	LOSS	ID	主要特征	LOSS
1	U 形弯头，加热炉外	0.75	4	跳头(转油线)，加热炉外	1.0
2	U 形弯头，加热炉内	0.75	5	90°弯头，加热炉外	0.5
3	骡子耳朵，加热炉外	1.5			

在图 3-20 中，选择“Radiant/shock tubes”选项。“Radiant/shock tubes”包含 3 处输入部分。Type of Coil Section 定义炉管类型：adiant(辐射管)，位于燃烧室，它的热量来源主要来自辐射传热；Shock(光管)，位于辐射室或对流室；Neither(除了上面两种管子外的类型)，位于对流室。Location of Coil Section 定义炉管位置：此处输入只适用于燃烧室炉管，其位置：耐火墙、炉顶、炉底、中心和中间耐火墙。Tube Center to Refractory Spacing Distance(炉管中心距耐火墙的距离)，此处输入只适用于位置位于燃烧室墙、顶和底的辐射管和光管。对于本例，选中 Tube center to refractory spacing(炉管中心距耐火墙的距离)定义为 228.6mm。

需要强调的是：遮蔽管是对流室烟气入口处的几排炉管(一般为两排光管)，因其位置在辐射段与对流室的交接处，所以和辐射管一样受到燃烧室中火焰的直接辐射，同时又受到高速烟气的对流传热。遮蔽管的管壁温度，决定了炉管材质的选择，从而保证加热炉工程的安全性。在建立模型时，需要对定义的每个盘管设置属性。在图 3-21 中，在选项卡“Radiant/shock tubes”中的选项组“ Coil”中有 3 个选项。分别是 Radiant、Shock 和 Neither。

这三个不同的选项，决定了不同的受热形式。一般在使用 PFRFRNC-5 时，会简单理解为在辐射室中的炉管设置为 Radiant；遮蔽管设置为 Shock 及对流室中其他的炉管设置为 Neither。在 Coilsections 中找到定义遮蔽段炉管的 ID 号。打开对象编辑对话框，找到 Radiant/shocktubes 面板。在 Coil 组中，选中 Shock。在这样的设置下，进行模拟计算。打开程序生成的数据表，找到有关遮蔽段炉管管壁温度的数据。输入时把遮蔽管设置成 Shock。程序认为该段炉管受到了火焰的直接辐射和对流传热的双重作用。如果遮蔽段炉管并非受到火焰的直接辐射，可以将遮蔽段炉管视为与普通对流室炉管一样以对流传热为主。打开遮蔽段炉管对象编辑对话框。在 Radiant/shocktubes 面板 Coil 组中，选中 Neither。在这样的设置下，重新进行模拟计算。打开程序生成的数据表，找到有关遮蔽段炉管管壁温度的数据，判断管壁的最高温度是否能满足设计温度的要求。在另一些结构的工业炉中，遮蔽管受到火焰辐射，而且受到烟气的对流传热，则需要将遮蔽管设置成 Shock。尤其是一些圆筒炉或单辐射室的加热炉中的遮蔽管一般都工作在 Shock 范围中。Shock 型遮蔽管受到的热强度不低于甚至超过辐射室炉管。此时，遮蔽管的材质至少应与辐射炉管的一致。如果在建立模型时，不慎将遮蔽管设置成 Neither，则造成管壁计算温度偏低的现象。而在随后的机械设计中会造成遮蔽管选材不合适的情况。当设成 Neither 时，指炉管位于对流室并且没有受到来自火焰的直接辐射；当设成 Radiant 时，指炉管位于辐射室并且以接受辐射室高温烟气辐射为主；当设成 Shock 时，炉管位于对流室，既受到来自火焰的直接辐射又受到高温烟气的对流传热。在设置遮蔽管的属性时，存在两种情况，区别在于遮蔽管是否受到火焰直接辐射。对流室加热盘管盘管水平布置时，烟气则垂直流过盘管。

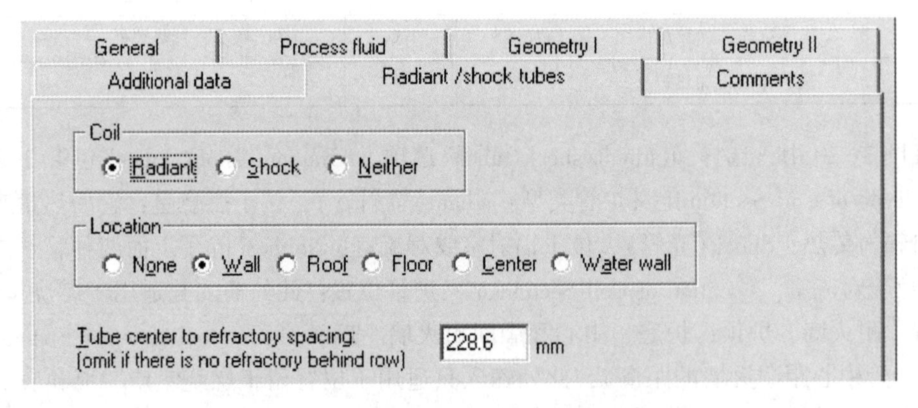

图 3-21 “Radiant/shock tubes”的数据输入

3.5 直管段的数据输入

在辐射炉管的设计中，为了避免工艺介质裂解而影响产品质量，要求工艺介质温度不超过显著裂解的温度；而为了提高侧线产品的收率，又要求工艺介质出炉时具有足够高的热焓。辐射炉管若全部采用大直径炉管，会导致流速减慢、压降小，在未汽化前，可能出现裂解与结焦；若全部采用小直径炉管，则会使汽化点后的阻力增加，导致出口前炉管内工艺介质温度比出口还高，造成裂解与结焦。管内介质的流速确保不超过临界流速，使流型达到较理想的环雾流和雾状流流型。因此，对辐射炉管的设计显得尤为重要。

在图3-22中，选择 General characteristics（对直管段一般特性的数据输入）。对于本例，在 Tube type ID number 将这段直管的编号定义为“10”。在 Tube dimensions（直管的几何尺寸）下 outside diameter（直管外直径）定义为168.27mm。在 Average tube wall thickness（管壁的平均厚度）定义为7.11mm。在 Overall straight tube length per tube for pressure drop（用于压降的每根直管的长度）定义为7.559m。在 Effective straight tube length per tube for heat transfer（用于传热的每根直管的有效长度）为8.016m。在 tube material（直管材料）选择为5.0Cr/.5Mo。

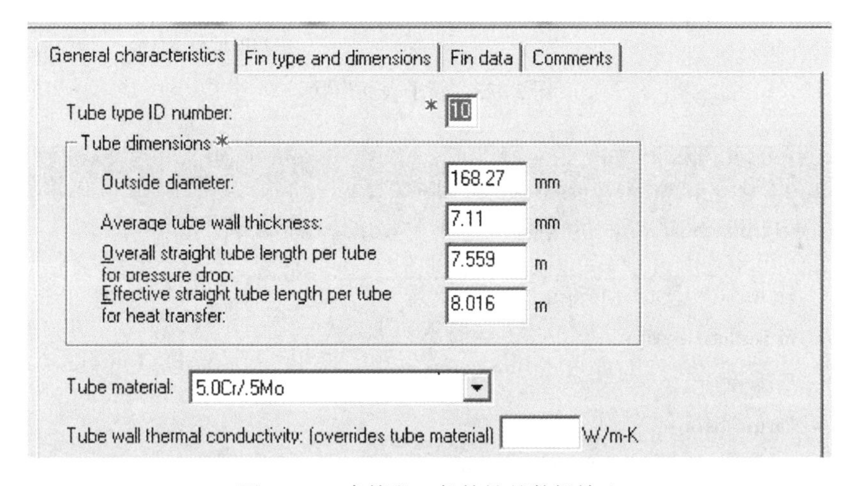

图3-22 直管段一般特性的数据输入

FRNC-5 PC 软件最多允许20种炉管数据的输入。不同的管路系统可以使用相同的管子 ID 号。管子 ID 号要与前面管路系统输入的 ID 号对应。管子外径和平均管子厚度也要定义。Overall and Effective Tube Length Per Tube（管子的总长度）用于计算压力降，管子的有效长度是用来计算管子传热有效表面积。Tube Material Code（炉管材料）如果空白，那么软件默认为炉管材料为碳钢，炉管材料在输入不封闭可以用下拉菜单选择，这个选择是用来进行传热计算和进行炉管最高温度时的强度校核。Tube Material Thermal Conductivity（炉管材料导热率）如果空白，软件默认为炉管材料导热率为上面选择材料的数据，如果想要修改，则软件采用修改后的数据。

Fin type and diameter 处输入包括：管子表面形状选择、Fin data。管子表面形状有：翅片管、锯齿形管和钉头管，其中管子的长度 L，翅片或钉头的高度 H，厚度 D_1、D_2 如图3-23所示。当选择的管表面形状不同时，上面的字母表示的意义不同，软件会在输入界面有提示。最后输入结果见图 3-24。

Fin data 部分输入有：每单位长度上翅片和钉头的数量；每环上翅片和钉头的数量；翅片和钉头的材料(默认为碳钢)；翅片和钉头的热导率；翅片和钉头和光管的粘合抗力；每单位长度上伸出部分的面积。最后的输入结果见图 3-25。

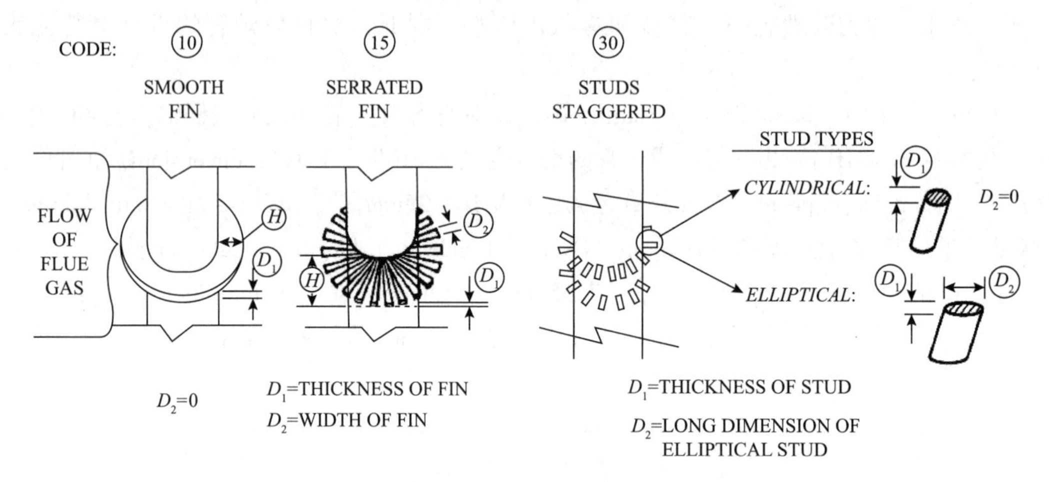

图 3-23　管子表面形状

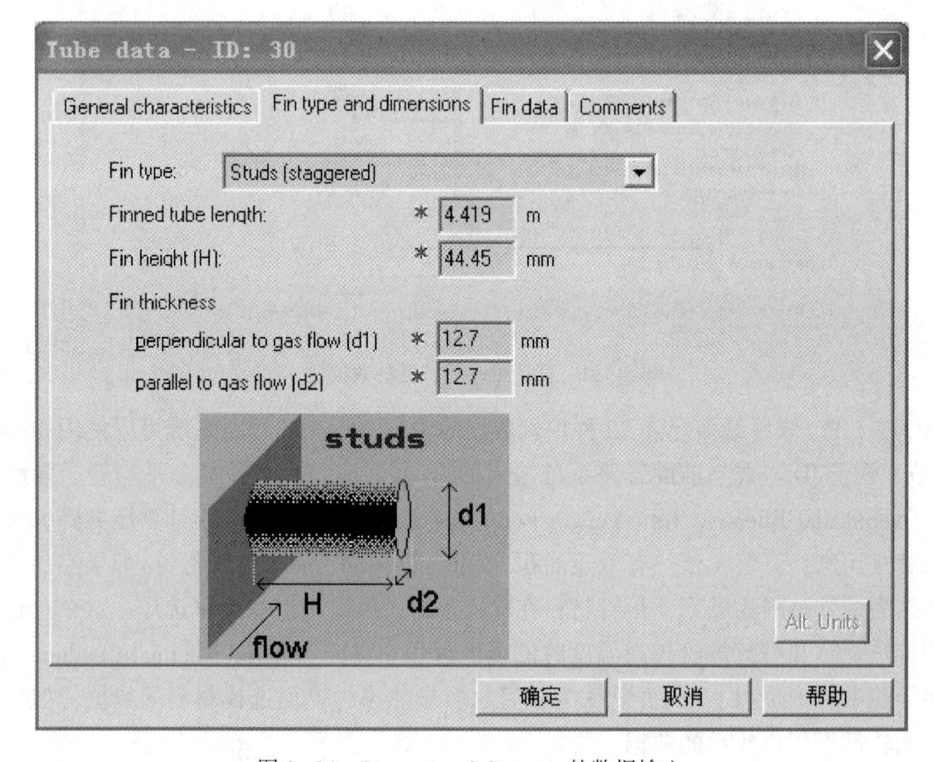

图 3-24　Fin type and diameter 的数据输入

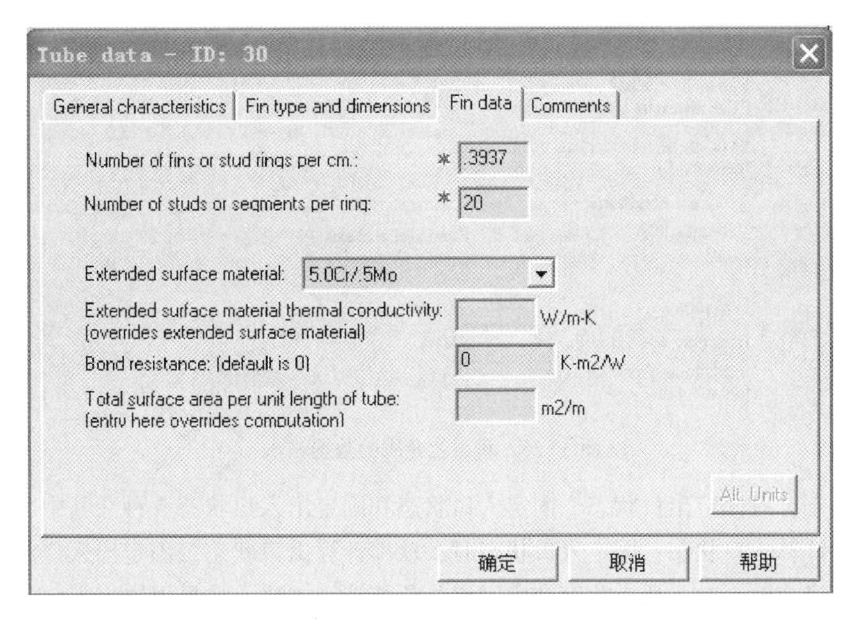

图 3-25 Fin data 的数据输入

3.6 工艺介质的数据输入

在对流室中，气体与炉管的传热通常是对流传热与辐射传热同时存在。管外烟气的膜传热系数较低，决定了对流总传热系数不会很高。因此，如果管内工艺介质为液相，其膜传热系数远大于管外烟气的膜传热系数，管壁温度应接近于传热系数较大一侧的流体温度，所以管壁温度应更接近于液相的温度。管内液体呈核状沸腾，属于气液混相流动，管内流体的汽化率较低，液相所占的比例较大，所以管壁温度应更接近于冷侧的温度。反之，如果管内介质为蒸气，在相同体积流率下，管壁温度应更接近于烟气温度。当管内介质为气相时，管内膜传热系数低，导致其管壁最高温度接近于烟气温度，需要选择耐高温的材料才能满足其设计要求。管内介质处于气液混相状态，管内膜传热系数高，管壁最高温度接近于冷侧的温度，采用碳钢管材可能能满足设计需要。

在 FRNC-5 PC 软件中，介质数据输入最多 10 组不同的介质数据可以输入。介质速度和进出口条件(温度、压力蒸汽百分数和焓)可以输入。不同的介质可以有相同的物理属性。软件提供“固定燃烧速率”和“固定热负荷”两种计算方法。

在图 3-26 中，Process stream characteristics(对工艺介质的数据输入)，这些数据是：介质 ID 号、介质状态、介质速率、热负荷输入、污垢阻力。对于本例，入口温度定义为“253.33”，出口温度定义为“329.44”，absolute pressure(绝对压力)：进口定义为“1303.11”，出口定义为“517.107”。

介质 ID 号要与前面的管路系统的输入的 ID 号一致。

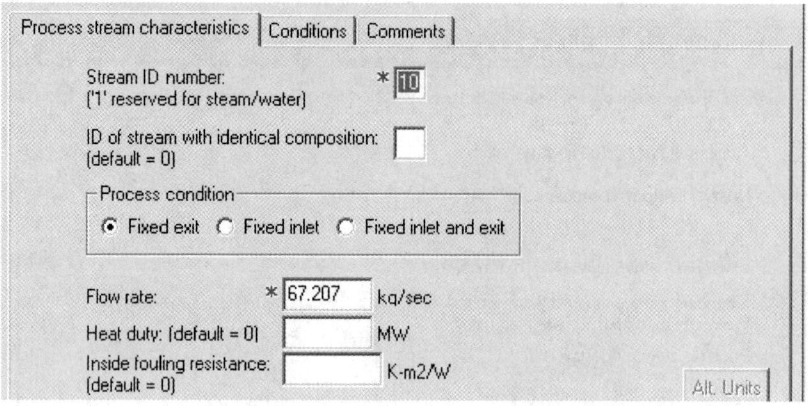

图 3-26　对工艺介质的数据输入

介质状态，有固定出口状态、固定入口状态和固定出入口状态 3 种。其中固定出口状态时，软件计算入口状态；固定入口状态时，软件计算出口状态。固定出入口状态，且前面的热负荷没有输入时，那么程序变成固定热负荷计算方法；如果固定出入口状态和前面的热负荷都输入时，软件会根据出入口状态进行计算，并会把计算结果与输入的热负荷进行比较，如果两者之间相差 1%时，软件会特别进行报告。

介质速率，此处输入部分必须输入，如果蒸汽注入到介质中，则输入介质速度时不包括注入的蒸汽量。

热负荷输入此部分软件变为固定热负荷模拟。

污垢阻力，如果管子光洁，那么此部分空白，如果输入数据，那么这个数据会加到每跟炉管上面，这个数据在计算炉管热交换时起作用。对于本例，在 Stream ID number(编号定义)为 10，Process condition(过程状况)定义为 Fixed exit(固定出口)。Flow rate(流量)定义为 67.207kg/sec。

对于 Conditions(工艺介质状态的参数)数据，输入界面如图 3-27 所示。“Conditions”包含介质的温度、压力、焓和蒸汽质量 4 部分的输入。其中介质的出口状态必须输入。如果进口状态不输入，软件会计算出一个宽松的结果。如果介质的温度、压力、焓都输入时，软件会使用压力、焓而忽略温度。

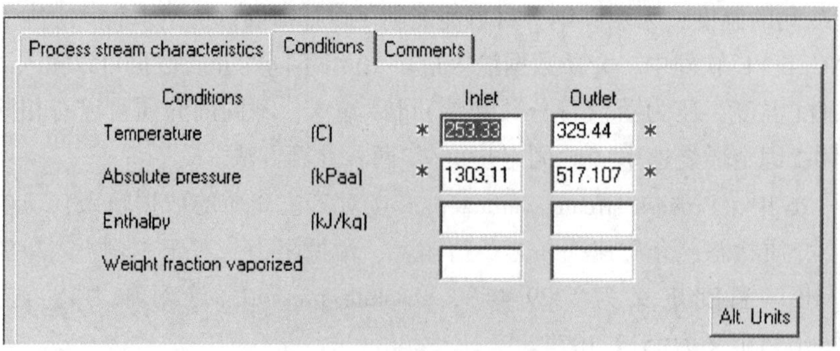

图 3-27　状态参数的数据输入

3.7 燃烧各项参数的数据输入

在生产中，燃料在化学平衡中所需空气量(即理论空气量)下是不可能完全燃烧的，因此需要多供应一些空气即过剩空气，以保证燃料的完全燃烧。

每一个燃烧室对应一个燃烧输入。燃烧输入部分包括的数据：燃烧速率或燃料流速；燃烧情况(过剩空气系数和混合空气温度)；最多4种燃料数据的输入；燃气离开燃烧室的温度。

选择"Firing data"选向卡，即开始燃烧段数据的数据输入。

ID号，此部分的ID号要与燃烧室的一一对应。燃烧室的燃料速率根据燃料燃烧的低发热量(LHV)来输入。

如果输入燃烧速率，而前面没有指定为固定热负荷时，软件就变成固定燃烧速率的模拟计算。如果前面指定为固定热负荷时，则此处输入被忽略，它的作用为粗略计算。

过剩空气系数对于燃烧室的燃烧效率有很大作用，对于气体燃料它的范围最好位于10%~15%，对于液体燃料，它的范围最好为20%~30%。它的选取与空气中氧气的含量有关，也可根据烟气中氧气的含量进行选取，其选取依据见图3-28。

进入燃烧室的空气温度如果空白，软件默认为20℃，如果加热炉有空气预热器(APH)，那么此部分应输入空气离开预热器时的温度。注意：每一个新的空气温度对应一个烟气流速。

对于本例，Furnace section ID(炉子的编号)定义为11，Firing for one parallel section(其中一个平行截面的燃烧率)定义为14.653MW。Percent excess Air，dry basis(过剩空气系数)定义为25%，界面见图3-29。

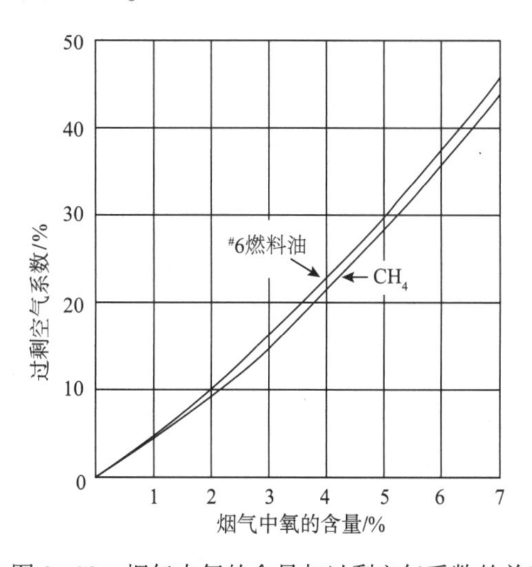

图3-28 烟气中氧的含量与过剩空气系数的关系

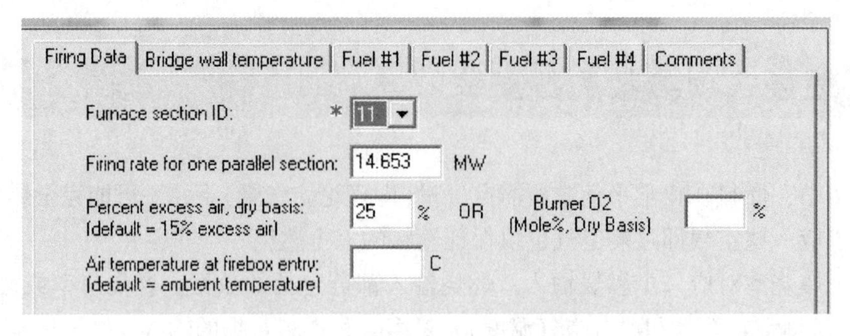

图 3-29　燃烧各项参数的数据输入

Bridge wall temperature 是离开辐射传热的燃烧室时烟气的温度。软件通过迭代计算的方法计算出这一温度。输入一个正确假设的温度，将会对软件进行后面的传热计算有很大帮助，界面见图 3-30。

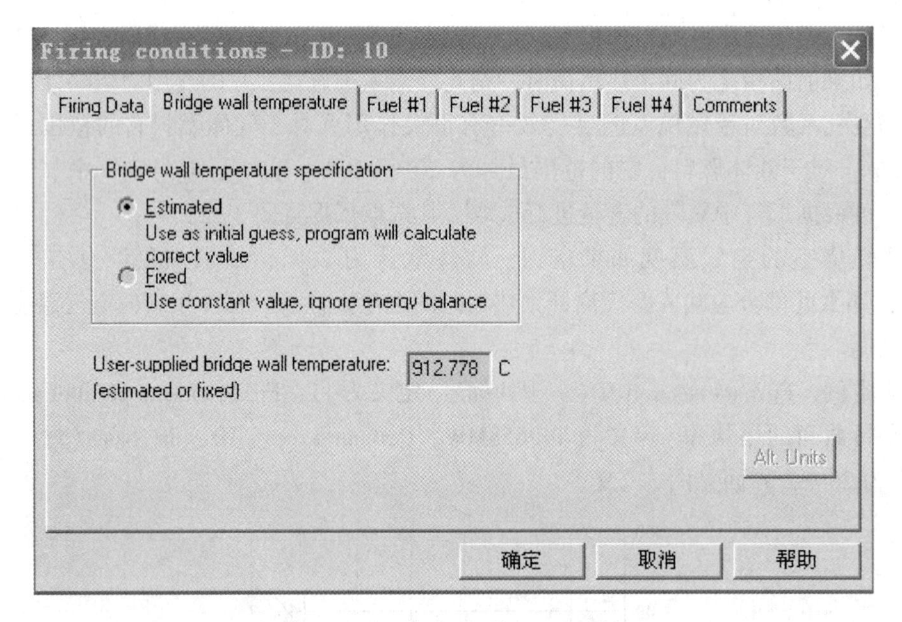

图 3-30　Bridge wall temperature 的数据输入

"Fuel #1"选向卡被选中后，定义燃料 1 各项参数的界面如图 3-31 所示。对于每一个燃烧室，有 4 种燃料的数据可以输入，此部分的输入包含：燃料的 ID 号、燃料温度输入、燃料速度单位、加入到燃料中的蒸汽的流速、加入到燃料中的蒸汽的温度。燃料的 ID 号，如果用户要输入混合燃料，那么就需要在后面的 Fuel data 输入界面输入数据，此处的输入 ID 要与后面的 Fuel data 里的 ID 对应。燃料速度单位主要包括：MSCF 千立方英尺/天；BPD 桶/天；LB/H 磅/h；WTFR 质量分数(仅用于超过一种燃料的混合燃料的情况)。如果用户使用的是国际通用单位，此部分不用输入。如果输入加入到燃料中的蒸汽流速，那么输入的单位一定要设置好。对于本例，选择 Fuel ID(燃料的编号)定义为 6，Fuel rate information(燃料的供给温度)为 65.56℃。

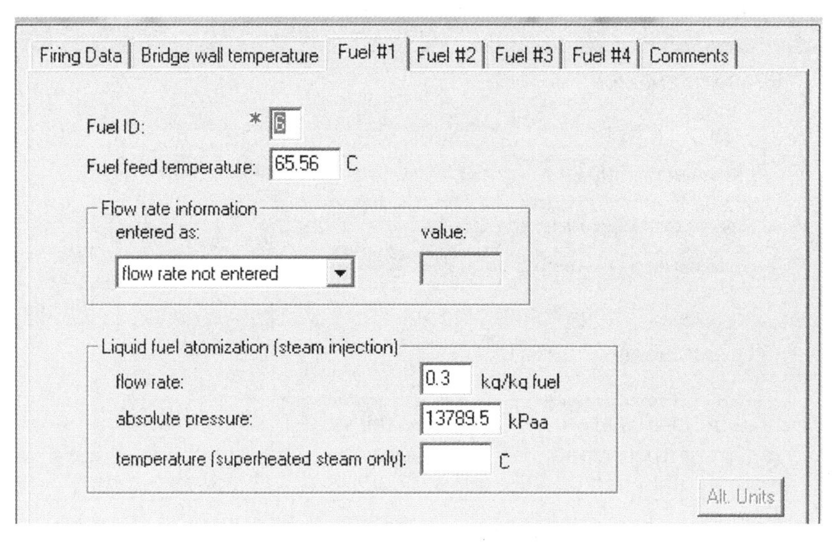

图 3-31　燃料 1(Fuel 1)各项参数的数据输入

3.8 燃料数据输入

加热炉热损失中很大一部分是由烟气带走的，排烟温度越高，带走的热量越多。但是，排烟温度低于低温露点(Dew point)时，对加热炉来说，由于燃料油(气)中含硫，会产生低温露点腐蚀。燃料组成决定了烟气露点温度。燃料数据包括物性(Identification)和成分(Composition)。

输入物性数据(Identification)的具体界面如图 3-32 所示。这些数据是燃料 ID 和燃料名称，燃料密度和相对分子质量，燃料比热容，燃料发热量、单位。燃料 ID 要与前面 Firing data 输入的 ID 号保持一致。输入燃料名称的目的是方便使用者区分各种燃料。如果加热炉的燃料为液体，则输入 Specific Gravity(相对密度)，此时输入的数据为液体燃料密度与 1000kg/m^3(水的密度)的比值。如果加热炉的燃料为气体，此时输入的数据为气体燃料密度与 1.22kg/m^3 的空气密度的密度。一般来说，气体燃料输入的是下面的 Molecular Weight(相对分子质量)。如果气体燃料两个空格都输入数据，那么软件使用的是密度的数据。燃料比热如果空白，软件将采用一个估计数据。燃料的发热量有高发热量 HHV 和低发热量 LHV 两种，一般使用的是低发热量。单位有 kJ/kg 和 kJ/nm^3 两种。

燃料成分数据输入界面如图 3-33 所示。燃料成分(Composition)处输入的是燃料 C、H 和其他成分的质量分数。关于 C、H 有两个选择，C、H 组合的质量分数和 C、H 各自的质量分数。其余的 O、N 和 S 的含量视情况输入。最下边两个为灰和水的质量分数输入，它只是液体燃料时输入。

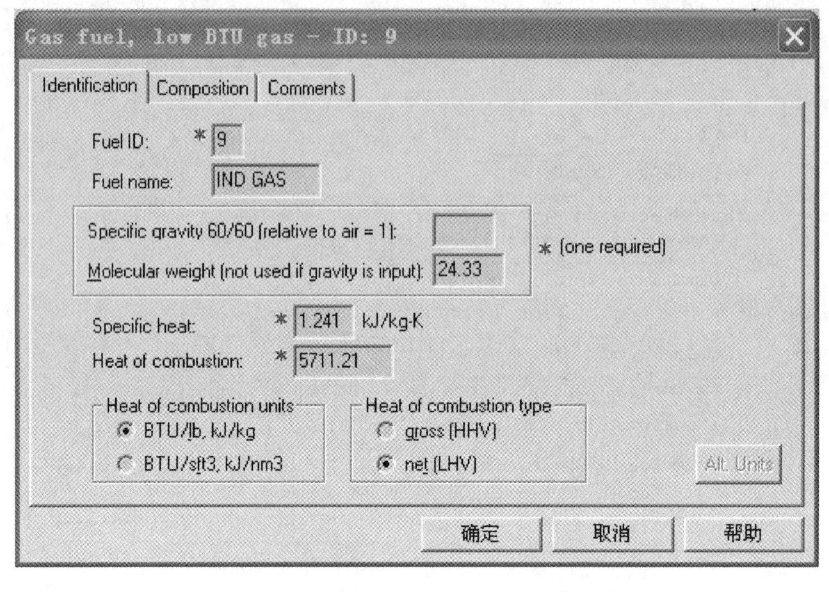

图 3-32　燃料物性“Identification”的数据输入

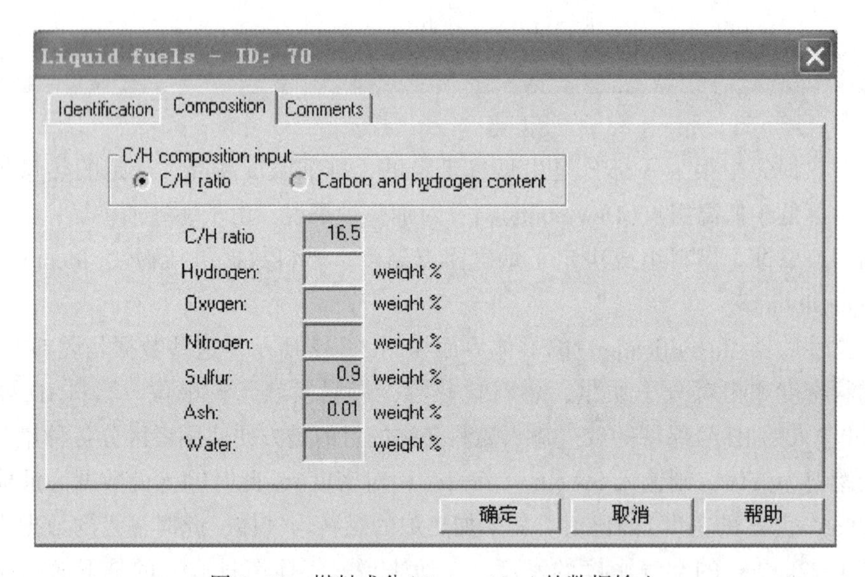

图 3-33　燃料成分(Composition)的数据输入

3.9 考虑热损失时的数据输入

FRNC-5 软件提供加热炉热损失的计算。如果用户不输入，那么软件默认热损失为燃料用量的 1.5%，输入 0 为无损失。考虑热损失时的数据输入包含：加热炉热损失部位的 ID 号；热损失部位外墙的厚度；热损失部位墙的材料；热损失部位墙导热系数，如果墙的材料已经输入的话，这一项可不填。数据输入界面如图 3-34 所示。

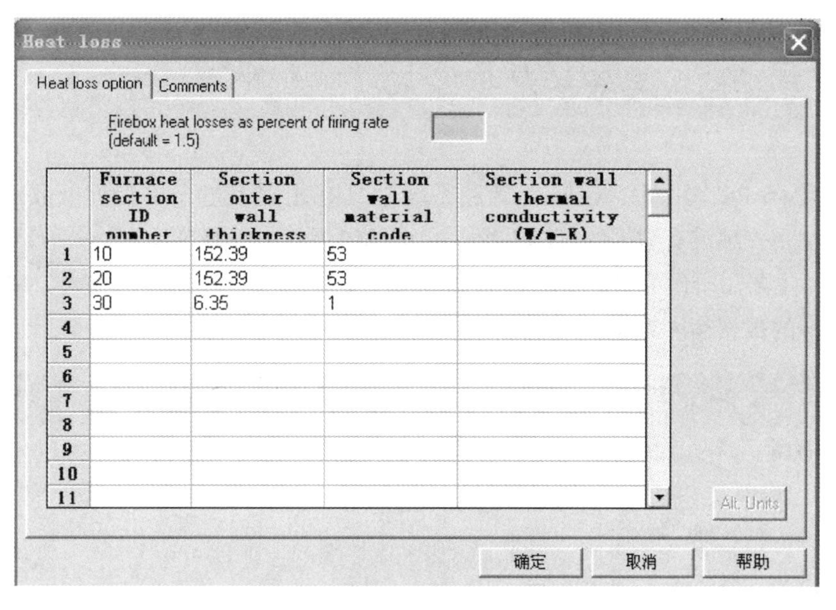

图 3-34 热损失的数据输入界面

3.10 注入水蒸气/水时的数据输入

注入到工艺介质管道中的水蒸气和水的限制是：只能选择一个注入点；不在一个管路系统的入口处注入。为此，需要输入的数据：加热炉注入部分的 ID 号；注入部分的流速；注入部分的温度、压力和焓。界面如图 3-35 所示。

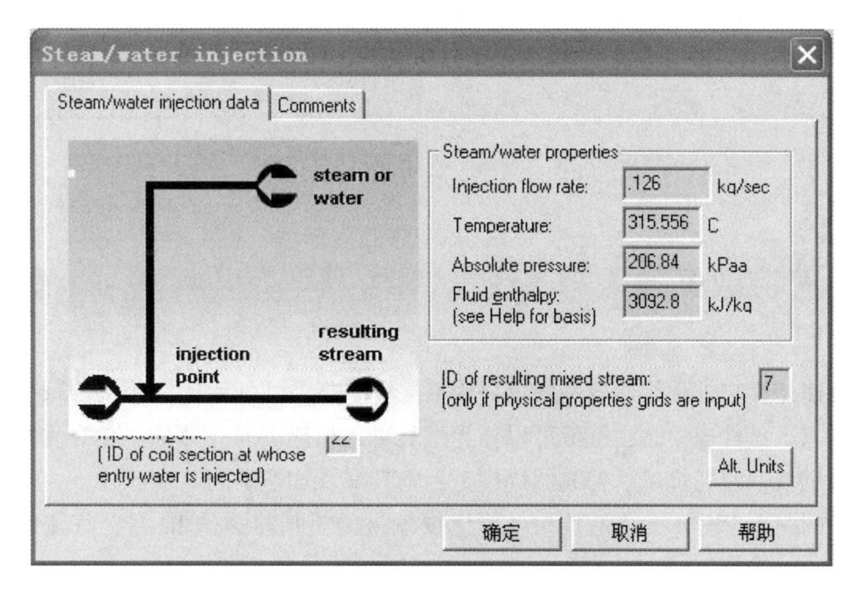

图 3-35 注入水蒸气/水数据时的输入界面

3.11 热量回收系统的数据输入

在 FRNC-5 PC 软件中，Q-bank 管路系统是具有相同工艺介质和机械数据的炉管组成。Q-banks 是一项没有数据的管路系统。它可以向烟气中释放热量(输入$-Q$)和吸收热量(输入$+Q$)，主要用于研究对流室热量回收。软件支持 10 组 Q-banks 的输入，ID 号从 90~99。Q-banks 的数据输入界面如图 3-36 所示。

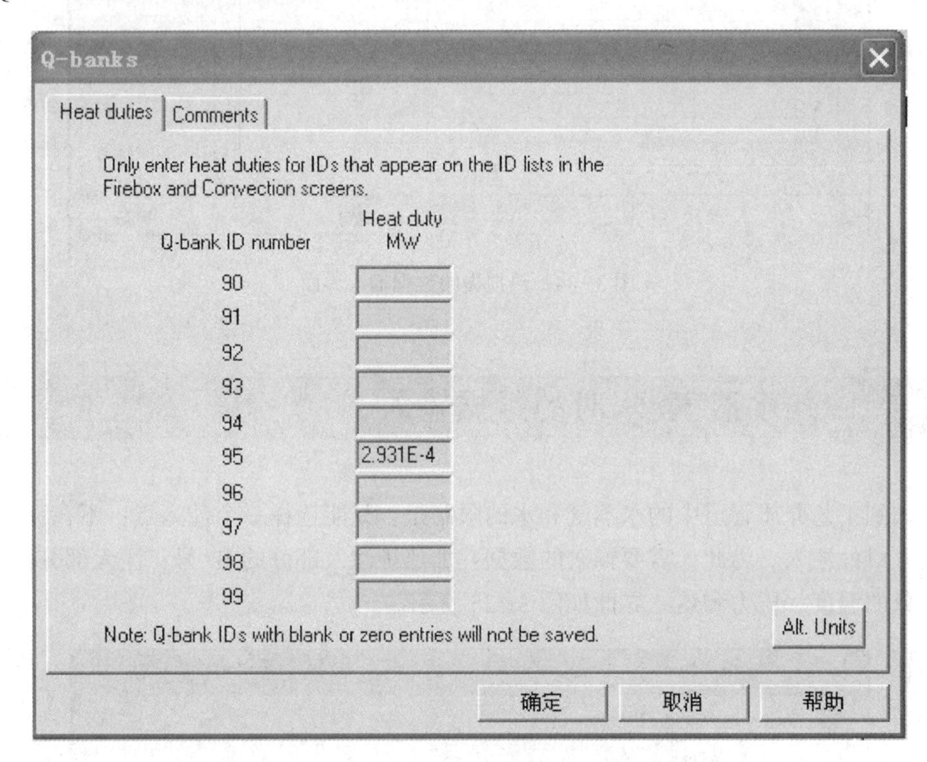

图 3-36 研究对流室热量回收的管路系统数据

3.12 气流数据输入

烟气流速是影响加热炉热效率的重要因素之一。降低烟气流速则相应的减少加热炉的热损失。当以下条件成立时，气流可以作为烟气进入加热炉的一部分：在对流室直接定义烟气状态；烟气回流燃烧室；补充燃烧模型；空气漏入加热炉的某个部分。

加热炉的每个部分都允许有废气流，需要输入的是加热炉的 ID 号；气流的流速、温度和组成。

气流数据输入的界面如图 3-37、图 3-38 所示。

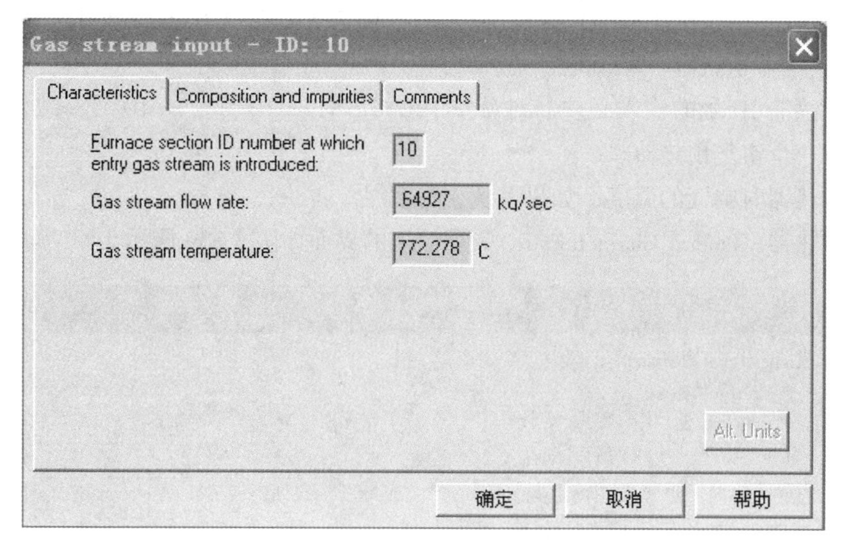

图 3-37　空气流的 ID、流量和温度输入界面

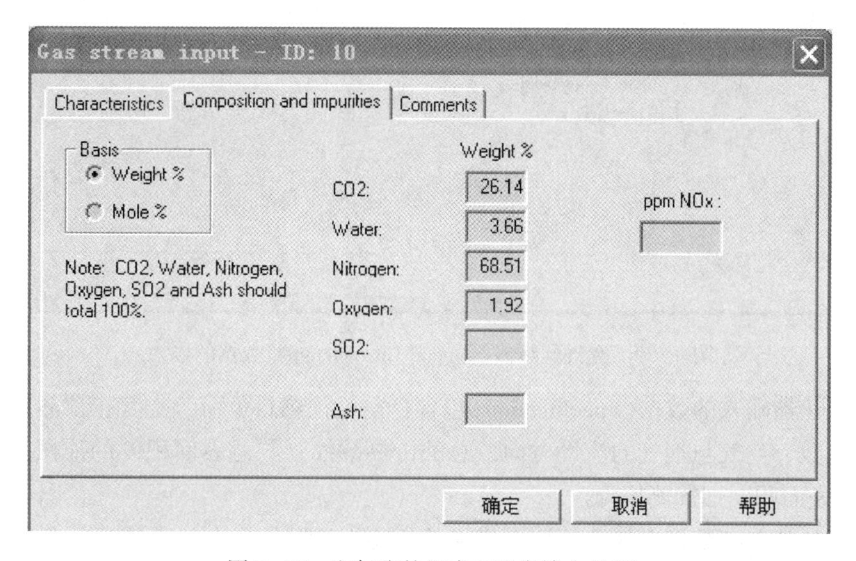

图 3-38　空气流的组成和纯度输入界面

3.13　空气预热器数据的输入

空气预热器模型在燃烧室的燃烧空气和对流室的烟气间建立热平衡，它可以位于加热炉的任意部位。进入进热炉燃烧室的燃烧空气应在进入前预热，空气预热器应位于对流室，并且应在 Coil Section ID 和 Convective 部分输入其 ID 号。FRNC-5 PC 软件通过迭代计算算出燃烧室的燃烧空气，如果进入燃烧室的预热空气的温度输入的话，那么在进行燃烧室传热计算有很大帮助。

空气预热器(General Characteristic)输入的数据包含：空气预热器 ID 号、第一个燃烧室的 ID 号、进入预热器时空气的温度。

空气预热器 ID 号的输入必须与对流室中 Coil Section ID 部分的 ID 号一致，一个加热炉只允许有一个空气预热器。

进入预热器时空气的温度，如果默认，为室温。

空气预热器(General Characteristic)数据输入的界面如图 3-39 所示。

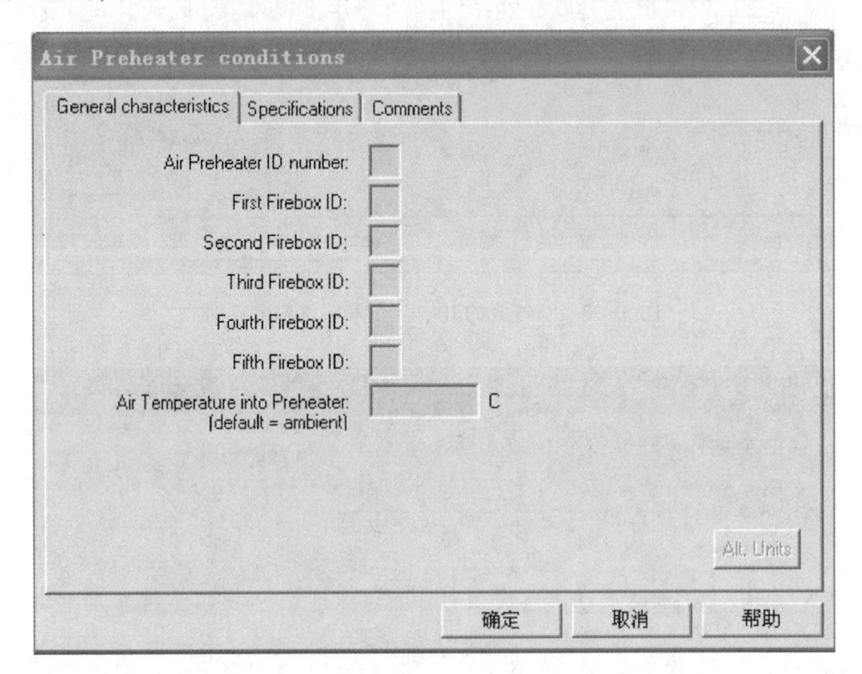

图 3-39　空气预热器(General Characteristic)数据的输入

空气预热器输入的数据(Specification)包含：空气预热热负荷、空气在预热器出口的温度、有效系数、空气与烟气的流动方向、总的传热系数 U 与总表面积 X 的乘积、矫正系数 F、预热器表面积、烟气侧压降。

空气预热热负荷是指空气预热器热交换的负荷，如果它输入的数值远大于空气预热器的最大负荷，那么最大负荷将作为计算的数据，FRNT-5 PC 软件会在最后的计算结果中给出警告。

空气在预热器出口的温度是期望的出口温度，根据这个温度算出的热负荷如果远大于空气预热器的最大负荷，那么最大负荷将作为计算的数据，FRNT-5 PC 软件会在最后的计算结果中给出警告。

有效系数是真实热负荷与预热器最大热负荷的比值，它的数值应该在 0~1 之间，如果前面两个数值输入的话，那么这个数值会被忽略。

空气与烟气的流动方向包含 3 种相对方向：Cocurrent(顺流)，Countercurrent(逆流)，Crossflow(错流)。

预热器 $U \times X$ 是总的传热系数 U 与总表面积 X 的乘积。

矫正系数 F 是配合前面的 $U \times X$ 的输入，如果前面几项有输入的话，它可以被忽略，值为 0~1。

烟气侧压降用于烟气压降的粗略计算，其值可正可负。

空气预热器数据(Specifications)的输入界面如图 3-40 所示。

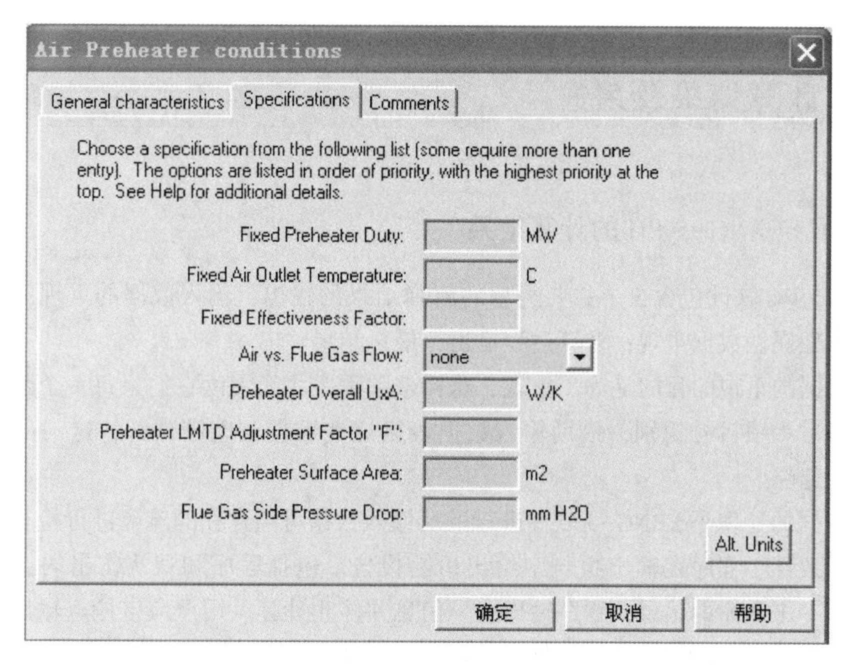

图 3-40　空气预热器数据(Specifications)的输入

3.14 物性数据的输入

燃料的物性数据(Fuel data)和烟气的物性数据 Gas，有的需要直接输入，有的是根据燃烧计算的结果计算出的物性。

3.14.1 自动生成的物性数据

软件可以根据设计者在 Process 中输入工艺介质的成分和组成计算出需要的物性数据。物理数据包数据开始于一个 Stream 输入，结束于一个 End composition 记录，这些输入应该作为独立的燃烧热量单元而被保存于某个地方，工艺包的 ID 号应该与 Process 中的 ID 号一致。

3.14.2 用户直接输入的介质物性数据

用户可以输入最多 6 种工艺介质，每一个工艺介质可以有 20 种温度和 7 种压力水平，这些物性的输入应该在温度和压力许可的范围之内。以下是三种经典的例子：工艺介质仅在液相中被加热；工艺介质仅在气相中被加热；工艺介质在气、液两相中被加热。

3.14.3 生成的物性数据

FRNC-5 可以在没有实际燃烧传热模型下生成碳氢化合物的物性，包括：Furnace、Firebox、Firing、Process 和 Stream 的组成和成分对应的数据。

3.15 计算结果及用途

3.15.1 FRNC-5 PC 的计算结果

FRNC-5 PC 软件包含 5 个主要类型的解释结果的输出：输入数据的重现；输入数据的处理；物理属性数据重现；计算过程输出；最终结果输出。

输入数据的重现的目的是为了重现，这样电脑程序才能阅读它们。每一个数据通过关键字、表格号和项目号识别，借助输入数据表格这些数据被电脑理解，这一部分是可选的，可以被忽略。

输入数据的处理是 FRNC-5 软件进行的对输入数据可能存在的疏漏进行检查和保证前后数据的一致性。程序在输出报告中给出诊断报告，包括程序和默认作出的假设使用的值。如果有一个致命的错误，程序输出这一信息并停止计算。用户应该检查输出报告的所有信息以确保所有程序假设的数据是合理的，在出现致命错误的情况下，输出报告是改正错误的指南。

物理属性数据的重现以表格的型式输出整个物理属性，FRNC-5 软件输出每个参考压力下的温度数据。加热炉的临界压力作为一个单独的表格列出，这一输出是为物理数据包产生数据和为用户提供的数据的激活。

计算过程输出时，每一个计算循环的中间结果在此输出，这一输出提供计算的历史，并为调试计算结果提供很好的帮助。

最终结果输出是根据加热炉每部分不同部位而分别输出，主要部分有：主要结果(总热负荷、燃烧速率和效率)；烟气信息、管子数据信息；管路系统信息、补充信息、燃料数据、燃烧状态和混合空气数据等。

点击如图 3-41 所示的运行按钮，出现输出结果。其中，点击结果中的“Main Summary”界面，如图 3-42～图 3-43 所示。其中，“Firing rate”为燃烧室内燃料释放的热流量；“Efficiency”为燃烧室内热效率。其中，热效率是指燃料燃烧向炉子提供的能量被有效利用的程度，它是衡量燃料消耗、评价炉子设计与操作水平的重要指标。

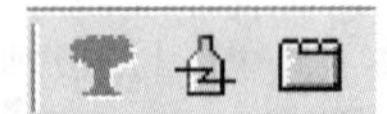

图 3-41 运行按钮

DUTY,	RATE,	----------------		----------------		DROP	---
MW	KG/SEC	INLET	EXIT	INLET	EXIT	(KPA)	INI
---------	---------	-------	-------	-------	-------	---------	----
11.30	67.21*	283.7	329.4*	804.5	517.1*	287.35	.00

Main Summary / WARNINGS / Furnace Sections / Tubeside Coils / Geo

Note: ALWAYS CHECK FULL OUTPUT FILE FOR POSSIBLE WARNING MESSAGES.

图 3-42 运行结果

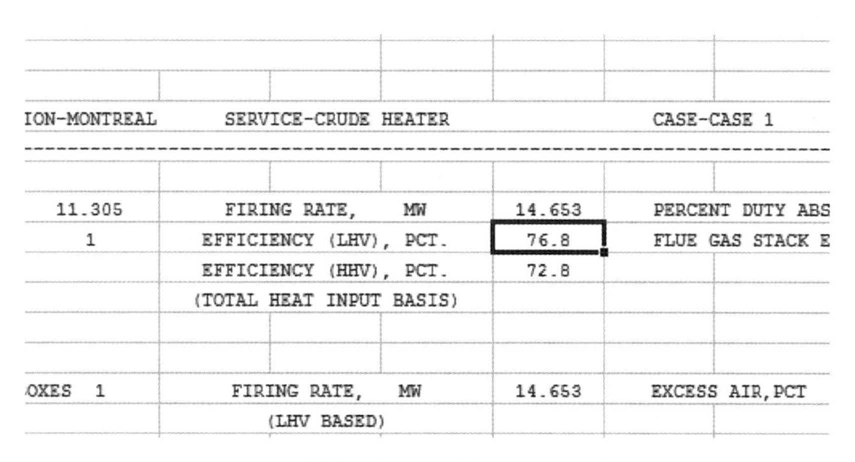

ION-MONTREAL
SERVICE-CRUDE HEATER
CASE-CASE 1
11.305
FIRING RATE, MW
14.653
PERCENT DUTY ABS
1
EFFICIENCY (LHV), PCT.
76.8
FLUE GAS STACK E
EFFICIENCY (HHV), PCT.
72.8
(TOTAL HEAT INPUT BASIS)
OXES 1
FIRING RATE, MW
14.653
EXCESS AIR,PCT
(LHV BASED)

图 3-43 燃烧室内的热效率、释放的热流量

排烟热损失是加热炉热损失的主要部分，因此希望排烟温度越低越好。辐射室排烟温度指离开辐射室的烟气进入对流室的温度，它反应的是炉膛内烟气温度的高低，它是操作中的重要控制指标之一。对炼油厂一些加热炉来说，由于燃料油(气)中含硫，排烟温度太低会产生低温露点腐蚀。因此在加热炉设计或改造时，都要根据燃料组成计算好烟气露点温度。在图 3-44 的输出结果中，“FLUE GAS STACK ENTRY TEMPERATURE”是燃烧室的排烟温度。

CASE-CASE 1

PERCENT DUTY ABSORBED IN FIREBOX(ES)		70.8	
FLUE GAS STACK ENTRY TEMPERATURE (C)		454.4	
EXCESS AIR,PCT	25.0	GAS TEMP.LEAVING (C) (BRIDGEWALL)	836.3

图 3-44 燃烧室排烟温度的输出结果

对流室排烟温度指离开对流室的烟气进入烟囱的温度，直接影响烟气离开烟囱时带出热量的多少。

在图 3-45 的输出结果中：

“PERCENT DUTY ABSORBED INFIREBOX”是燃烧室内介质吸热量的百分数——辐射室吸收热量的百分数。

“FLUE GAS STACK ENTRY TEMPERAURE”是烟囱入口处的烟气温度——烟气在烟囱进口的温度。

“GAS TEMP. LEAVE (C)(BRIDGE WALL)”是离开辐射传热的燃烧室时烟气的温度。

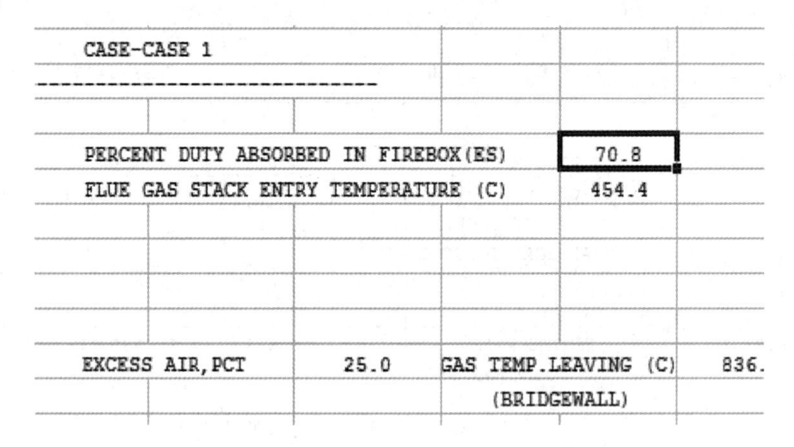

CASE-CASE 1

PERCENT DUTY ABSORBED IN FIREBOX(ES)		70.8	
FLUE GAS STACK ENTRY TEMPERATURE (C)		454.4	
EXCESS AIR,PCT	25.0	GAS TEMP.LEAVING (C) (BRIDGEWALL)	836.

图 3-45 燃烧室吸热百分比的输出结果

在输出结果的下方，单击图 3-46 中的第三栏“Furnace Sections”，出现如图 3-47 所示的页面。其中，“GAS TEMP. (C)----exit”是烟气在烟囱出口的温度。

如图 3-48、图 3-49 所示的 FRNC-5 PC 软件的计算结果中，分别给出了加热炉的排烟量、烟气组成。

D.	TYPE	ID.	SEQ.	KG/SEC	NM3/S	VELOCITY KG/SEC/M2
3	STACK	1050	3	6.5	5.04	3.93

Main Summary | WARNINGS | Furnace Sections | Tubeside Coils | Geom

Note: ALWAYS CHECK FULL OUTPUT FILE FOR POSSIBLE WARNING MESSAGES.

图 3-46 选择“Furnace Sections”

'SEC/M2	INLET	EXIT	INLET(GAGE)
-------	------	------	------------
1.07	836.3	454.4	-6.507

****

MASS	GAS TEMP.(C)		INLET
LOCITY	-------------		PRESSURE
'SEC/M2	INLET	EXIT	MM.H2O G
-------	------	------	--------
3.93	454.4	409.0	-12.398

图 3-47 “GAS TEMP EXIT”的数据

```
*** FIRING CONDITIONS FOR ONE PARALLEL FIREBOX ***

COMBUSTION GAS FLOW - KG/SEC                    15.62
```

图 3-48 加热炉的排烟量计算结果

```
DRY COMPOSITION - MOL PCT.
        CO2                         7.95576
        N2                         88.11515
        O2                          3.89040
        SO2                         0.03870
```

图 3-49 烟气组成计算结果

如图 3-50 所示的 FRNC-5 PC 软件的计算结果中，炉管管壁温度“Wall * PEAK”表示管壁的最高温度。此温度达到 1052.9℃，已经超过了 985℃，因此有必要重新设计以降低此温度。

```
COIL POINT ********** T  E  M  P  E  R  A  T  U  R  E  S    ( C )  **********
SECT INFO. *INSIDE FILM* *INSIDE  WALL* *AVERAGE WALL* *OUTSIDE WALL* *OUTSIDE FILM* FIN TIP
 ID.  AT    AVER.  PEAK    AVER.  PEAK    AVER.  PEAK    AVER.  PEAK    AVER.  PEAK    PEAK
---- ----- ------ ------ ------- ------ ------- ------ ----(SKIN)---- ------- ------ -------
 31  EXIT   725.4  980.8   826.3 1052.9   829.9 1052.9   833.4 1052.9   833.4 1052.9      .0
```

图 3-50 炉管管壁温度的数据

在图 3-51 所表示的 FRNC-5 PC 软件的炉管流型计算结果中，盘管 11 的的第一根炉管出现了流型“FLOW REGIME”中的不良流型：SLUG 流（液节流）。介质流速“BULK VEL.”由盘管 10 最后一根炉管的“11.5m/s”骤然降低到盘管 11 的第一根炉管的“4.6m/s”；炉管内不允许出现 SLUG 流，而理想的流型是环雾流（ANGULAR）。SLUG 流会产生水击，发生很大的噪声，严重时会损坏炉管；且油品在该流型下极易局部过热发生裂解；炉管内膜“INNER FILM”的温度达到 412℃。较高的管内膜温度过高，使加热炉炉管内介质结焦。因此，应重新设计。从盘管 10 的第一根炉管到盘管 13 的最后一根炉管，图 3-51的表格中第 4 列“BULK PRES”表示的炉管内介质压力由“185.3kPa”降为“26.6kPa”。

PEAK TEMPS.												
COIL		BULK	BULK	WT.	BULK	INSIDE	INNER	AVER.	OUTER	AVG.	PEAK	
SECT	TUBE	TEMP.	PRES	FRAC.	VEL.	H. T.	FILM	WALL	SKIN	FLUX	FLUX	FLOW
ID.	NO.	DEG. C	KPAA	VAPOR	M/SEC	COEFF.	DEG. C	DEG. C	DEG. C	W/M2	W/M2	REGIME
----	----	-----	------	-----	------	------	-----	-----	-----	-------	-------	--------
10	1	371.	185.3	.000	1.4	1335.0	399.	419.	424.	19234.	33563.	TURBULNT
10	2	374.	100.2	.000	1.4	1440.2	400.	420.	425.	19175.	33461.	TURBULNT
10	3	376.	181.5	.000	1.4	1352.2	404.	424.	429.	19046.	33240.	TURBULNT
10	4	379.	96.7	.000	1.4	1475.1	404.	424.	430.	18999.	33159.	TURBULNT
10	5	382.	177.2	.000	1.4	1369.5	409.	429.	434.	18861.	32921.	TURBULNT
10	6	384.	94.1	.012	4.3	2091.0	402.	422.	427.	18980.	33126.	ANNULAR
10	7	387.	158.4	.000	1.4	1383.3	414.	434.	439.	18676.	32603.	TURBULNT
10	8	387.	86.9	.041	11.5	2958.4	400.	420.	425.	18968.	33104.	ANNULAR
11	1	392.	101.5	.025	4.6	1756.8	412.	433.	440.	17726.	32546.	SLUG
11	2	390.	67.5	.099	21.2	2983.6	402.	423.	430.	17955.	32957	ANNULAR
12	1	393.	65.1	.117	14.3	1904.5	411.	432.	438.	18607.	32483.	ANNULAR
12	2	393.	44.3	.187	31.9	2521.3	407.	427.	434.	18697.	32637.	ANNULAR
13	1	397.	41.7	.211	24.3	1804.1	416.	438.	446.	17766.	32155.	ANNULAR
13	2	397.	26.6	.291	50.5	2319.3	412.	434.	442.	17837.	32282.	ANNULAR

图 3-51　炉管流型计算结果

管内流速指炉管内流体流动速度，出于安全与经济的考虑，一般限制管内最大流速为临界速度的 80%~90%。在图 3-52 所表示的 FRNC-5 PC 软件的炉管末端流速计算结果中，盘管 13 出口的介质汽液混合流速“VELOCITY”超出临界速度“CRITICAL VELOCITY”的 80%~90%的要求，应该在减压炉出口之后，采用大管径的转油线以降低流速，减小压降。

COIL	POINT	PRESS-	TEMPER-	ENTHALPY	WEIGHT	VELOCITY	CRITICAL	MASS	HOMOGEN.	FLOW
SECT	INFO.	URE	ATURE		FRACT.		VELOCITY	VELOCITY	REYNOLDS	
ID.	AT	(KPAA)	(C)	(J/G)	VAPOR	(M/S)	(M/S)	(KG/SEC/M2)	NUMBER	REGIME
----	-----	------	------	-------	------	-------	-------	----------	-------	-------
10	EXIT	74.9	385.6	918.83	.065	19.4	39.4	1015.745	2355259.	ANNULAR
11	EXIT	52.8	387.4	938.50	.136	35.7	53.3	686.938	3810986.	ANNULAR
12	EXIT	35.1	391.2	965.31	.221	46.4	65.7	385.135	4340208.	ANNULAR
13	EXIT	20.0	395.0	997.21	.330	75.2	78.4	247.950	4234037.	ANNULAR

图 3-52　炉管末端流速计算结果

3.15.2　计算结果的最终用途

FRNC-5 的计算结果得到的炉管最高壁温、介质进出口操作压力和温度。所得到的烟气流过各换热管组后的阻力降、温度和流量、各换热管组的最高管壁温度、各换热管组的结构尺寸等是进一步进行各管组强度设计所需要的数据。工艺气盘管强度设计按《化学工业炉受压元件强度计算规定》(HG/T 20589—2011)计算。水及水蒸气盘管按《水管锅炉受压元件强度计算》(GB 9222—2008)计算。

根据 FRNC-5 模拟计算得出的各换热管组的结构尺寸，初选对流室各个柱、梁、加强筋的截面尺寸以及柱与梁的连接形式，并将各个截面上的支撑载荷、操作载荷、内衬载荷等简化成集中载荷、均布载荷和弯矩，分别作用到各个框架上的承载柱和梁上，并将此载荷作为计算条件提交给钢结构专业进行进一步的计算。

第4章　基于 Aspen Plus 软件的反应设备工艺计算

在提供可靠的热力学数据、流程操作参数和准确的设备模型的情况下，Aspen Plus 可用于工厂实际生产流程的模拟。这里，以乙酸乙酯反应器为例，说明基于 Aspen Plus 的反应设备工艺计算过程。

4.1　界面的介绍

点击“开始→Aspen Plus V8.4”后，结果如图 4-1 所示。

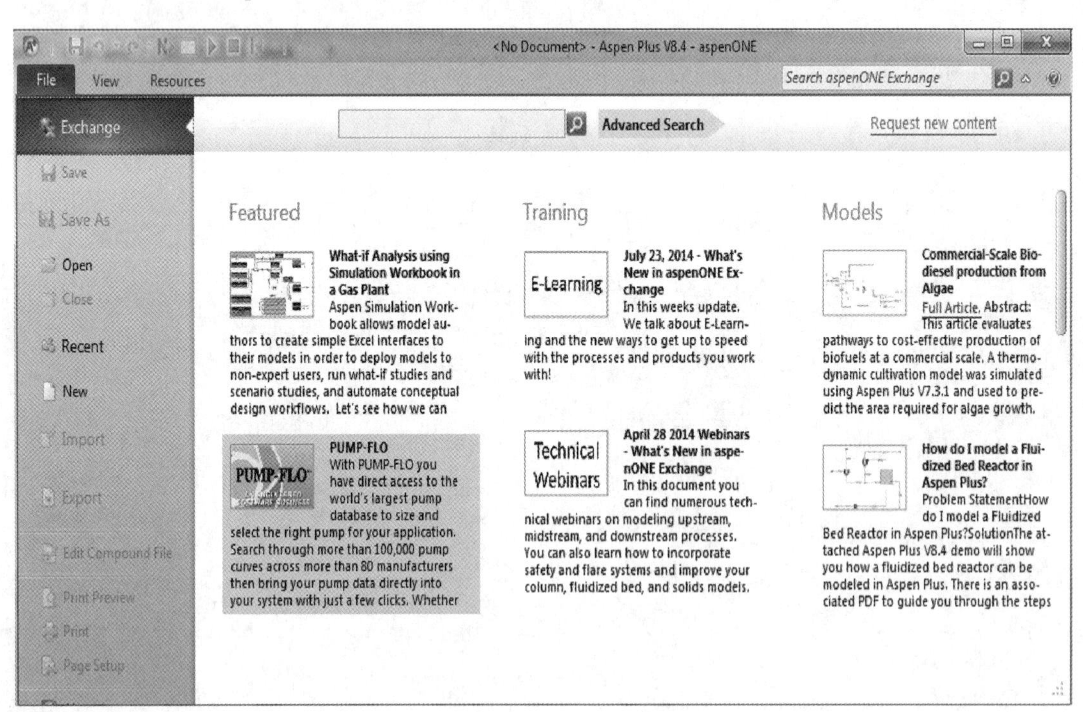

图 4-1　Aspen Plus V8.4 开始界面

点击“New”进入界面，并选择米制单位，见图 4-2。

点击“Creat”进入界面，需要将所有“红色”文本框里的数据全部输入完成，才能进行计算，初始界面如图4-3所示。

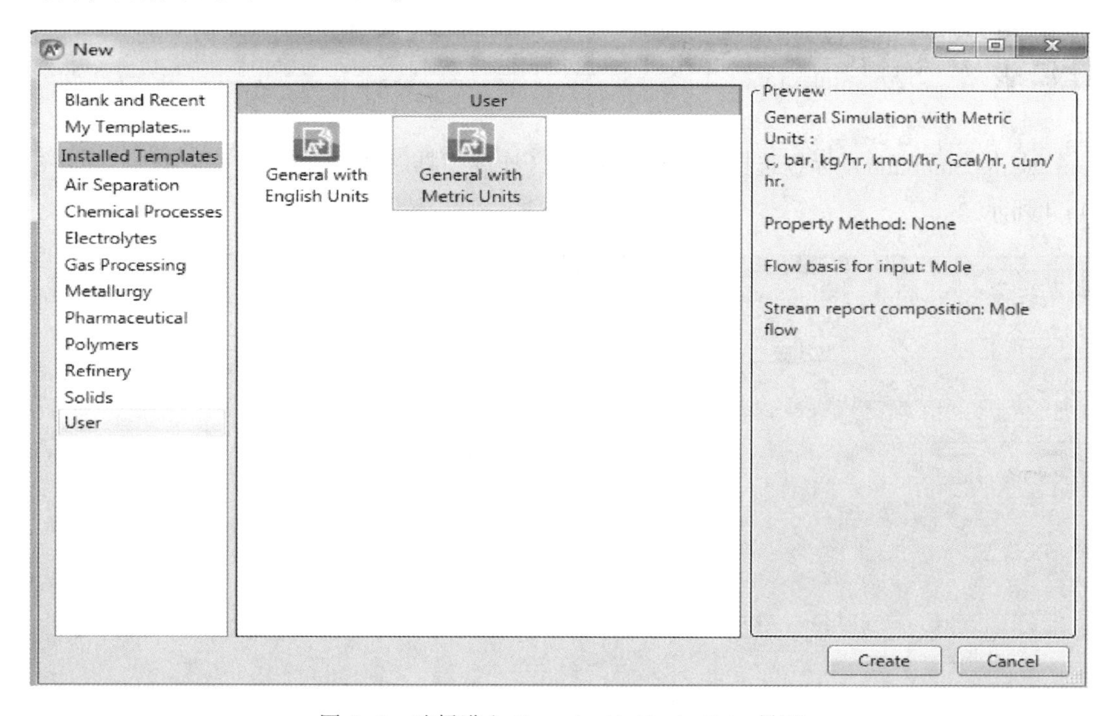

图4-2　选择进入General with Metric Units界面

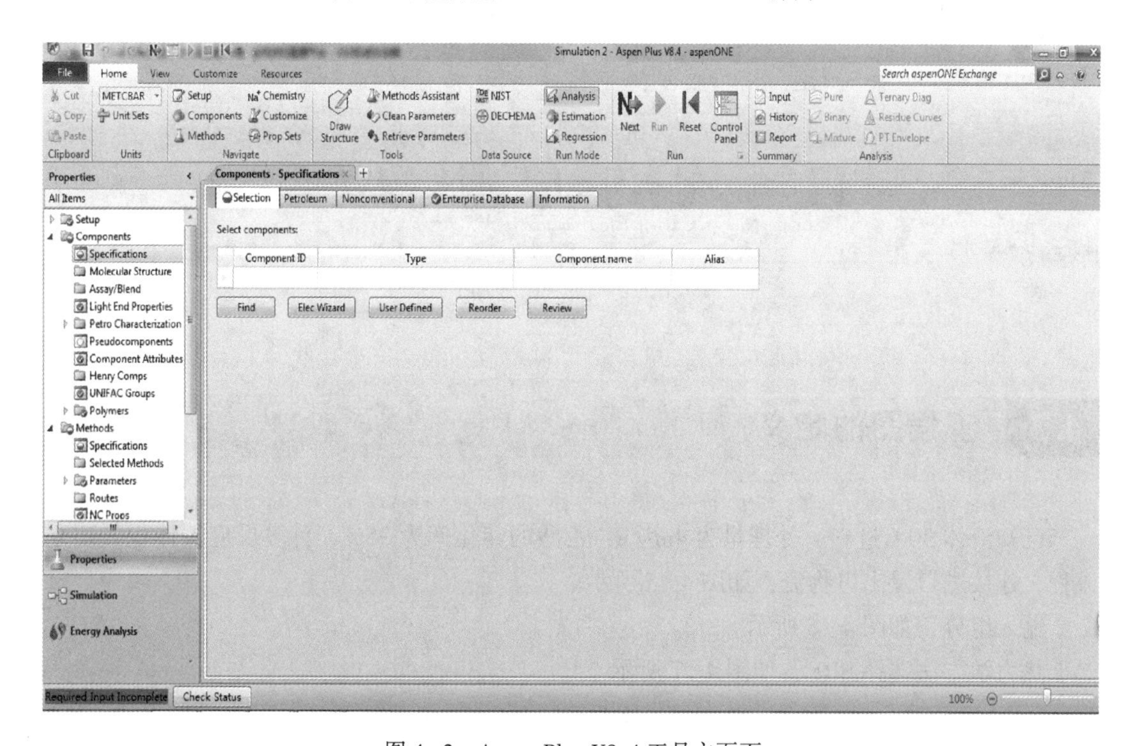

图4-3　Aspen Plus V8.4工具主页面

4.2 反应器模块的定义

点击“Simulation”标签选择 Reactor/RCSTR(连续搅拌罐式全混流反应器模块)，如图 4-4 所示。

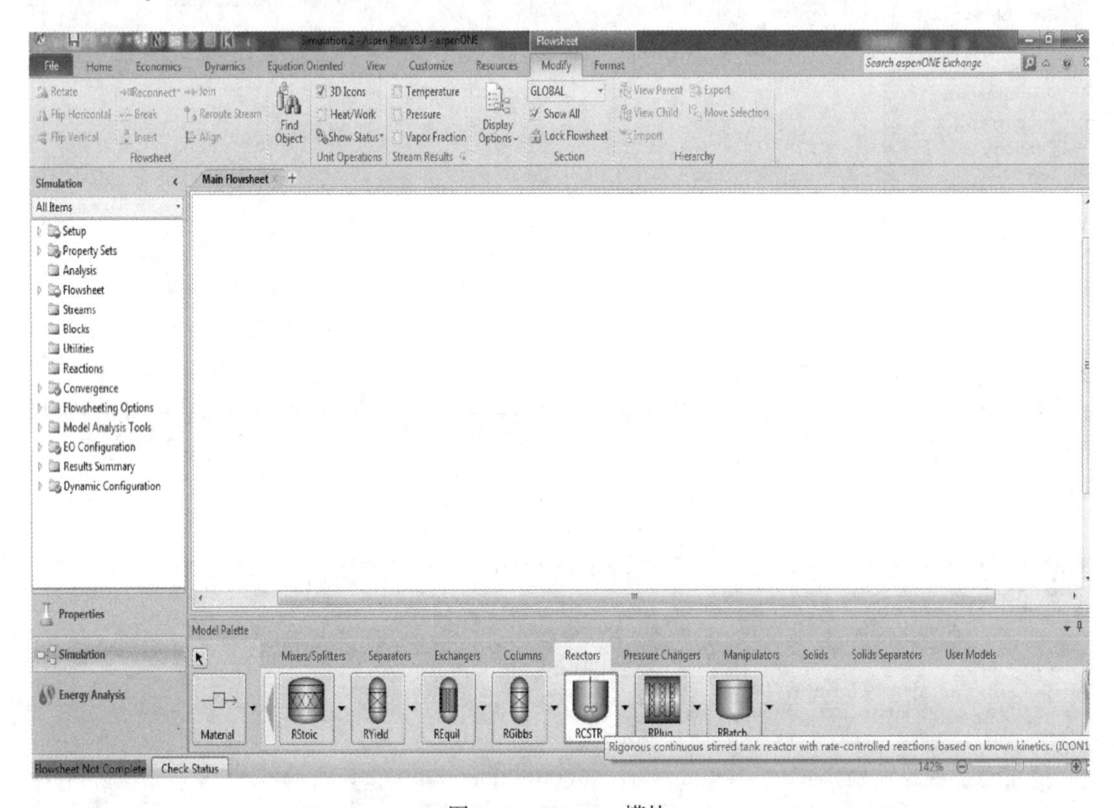

图 4-4　Reactors 模块

4.3 流程图的定义

已知液体 30℃进料，处理量为 $4m^3/h$，乙酸的转化率为 35%，计算反应器体积。建立流程，连接进口及出口物流，如图 4-5 所示。

输入组分，如图 4-6 所示。

热力学方法选择 SRK，如图 4-7 所示。

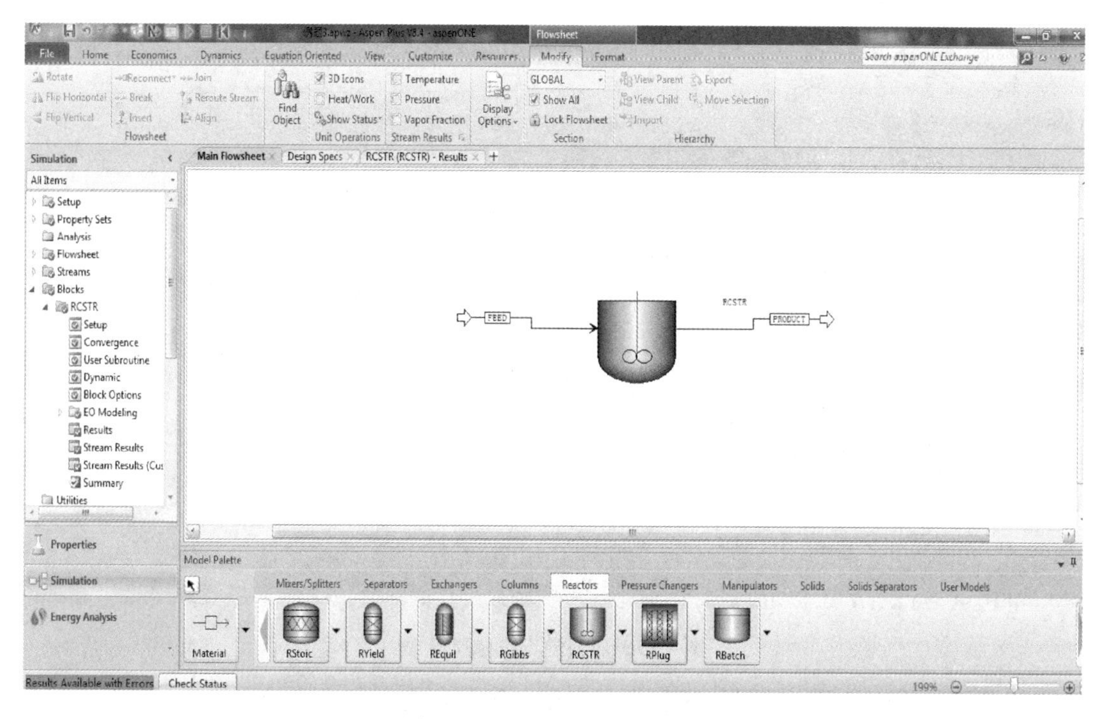

图 4-5　RCSTR 反应器流程图

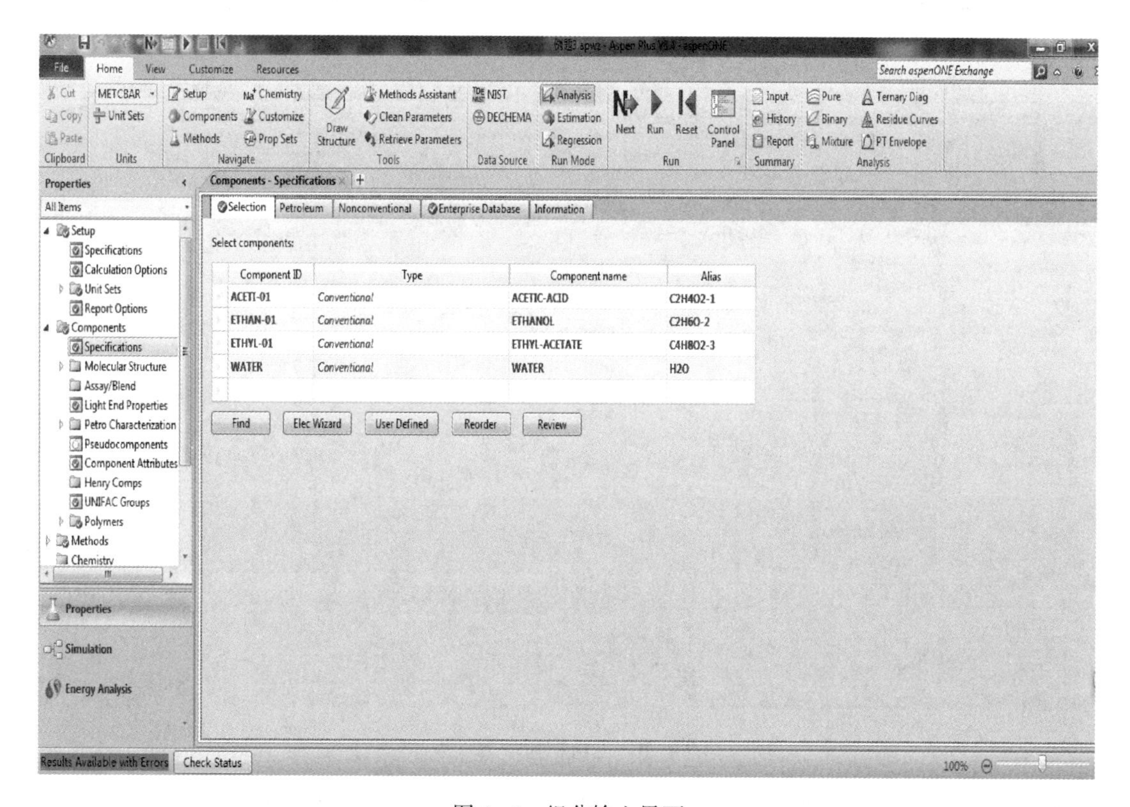

图 4-6　组分输入界面

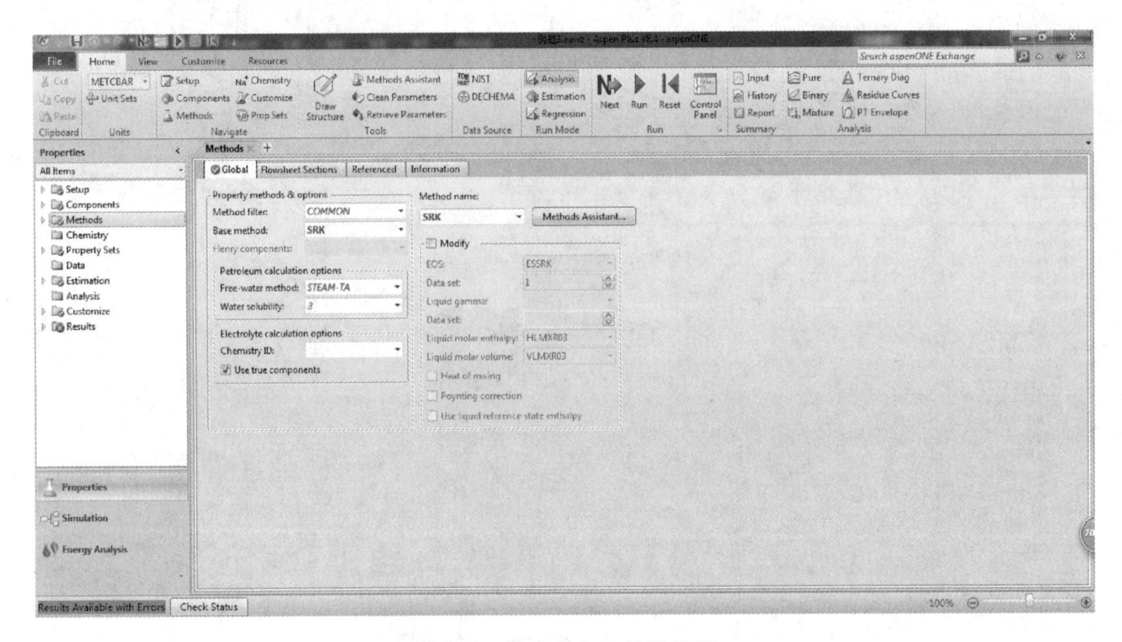

图 4-7　热力学方法选择界面

设置进料物流参数，如图 4-8 所示，温度 30℃，压力 3atm，总流量 4cum/h($4m^3/h$)，质量分数直接输入乙酸、乙醇、水分别为 1、2、1.35，Aspen Plus 会自动对组成进行归一化计算，从而简化输入。

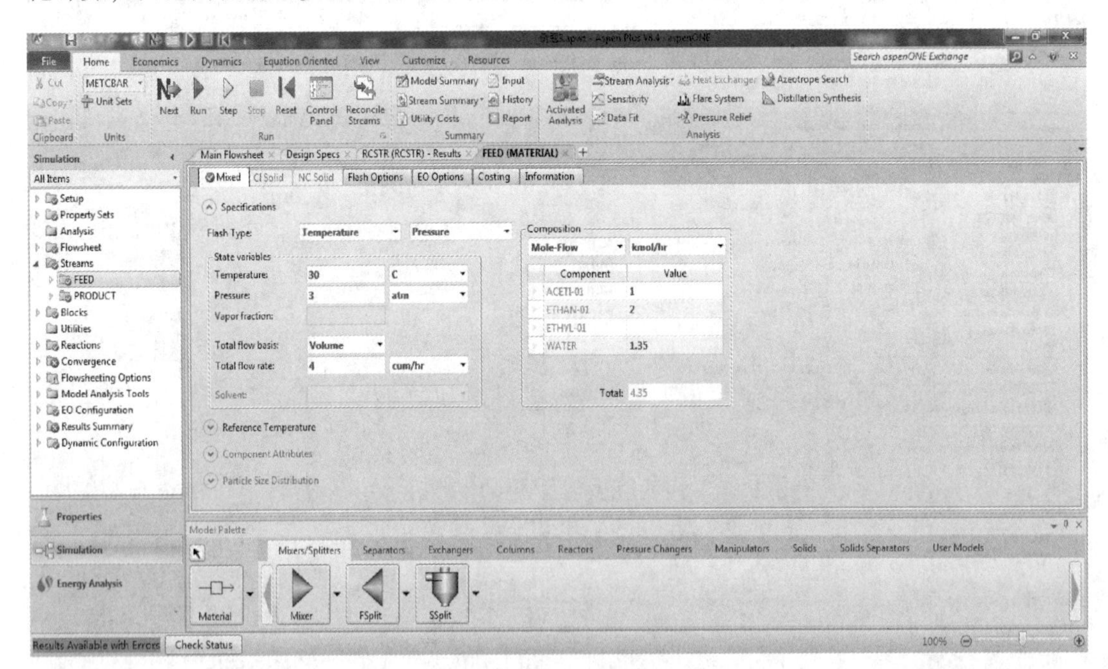

图 4-8　进料物流参数设置

设置 RCSTR 反应器参数，如图 4-9 所示。在 Specification 表单操作条件(Operating conditions)中设置压力、温度(或者热负荷)，在持料状态(Hoidup)中设置有效相态(此处为液相反应)和反应器设定方式(7项中选择1个，此处选择反应器体积 Reactor volume 并输入数值18)；如果 RCSTR 反应器连接了两股或三股出口物流，则应在 Streams 表单中设定每一股物流的出口相态。

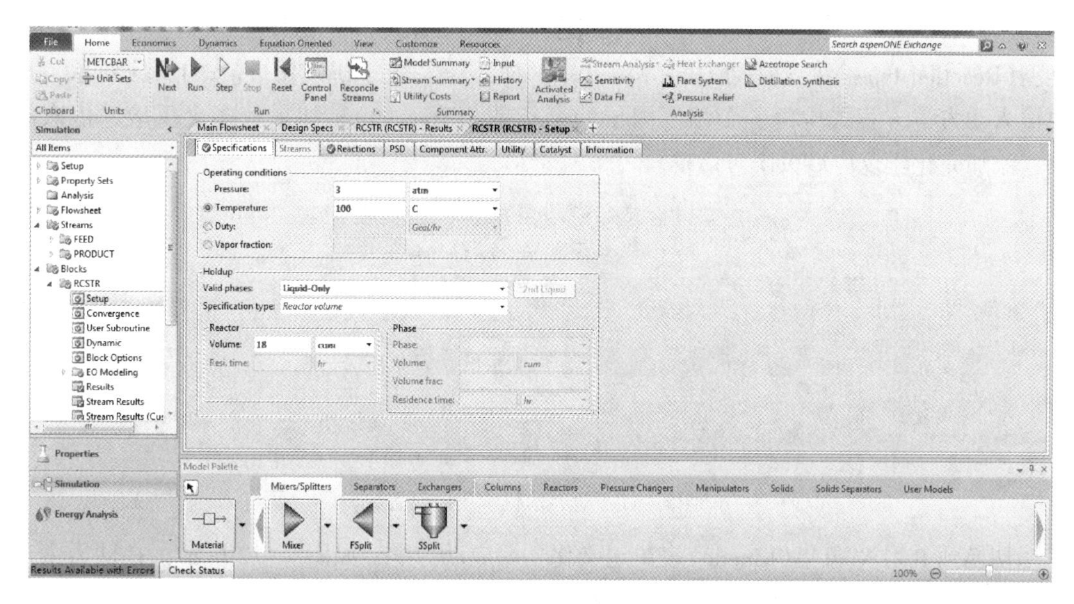

图4-9 RCSTR 反应器参数设置

定义化学反应对象集。动力学反应器所使用的的化学反应对象集在 Reactions/Reactions 中定义，如图4-10所示，点击“New”按钮打开新建化学反应对象集对话框，采用默认 ID 命名 R-1，选择动力学方程类型(Select type)为 LHHW。

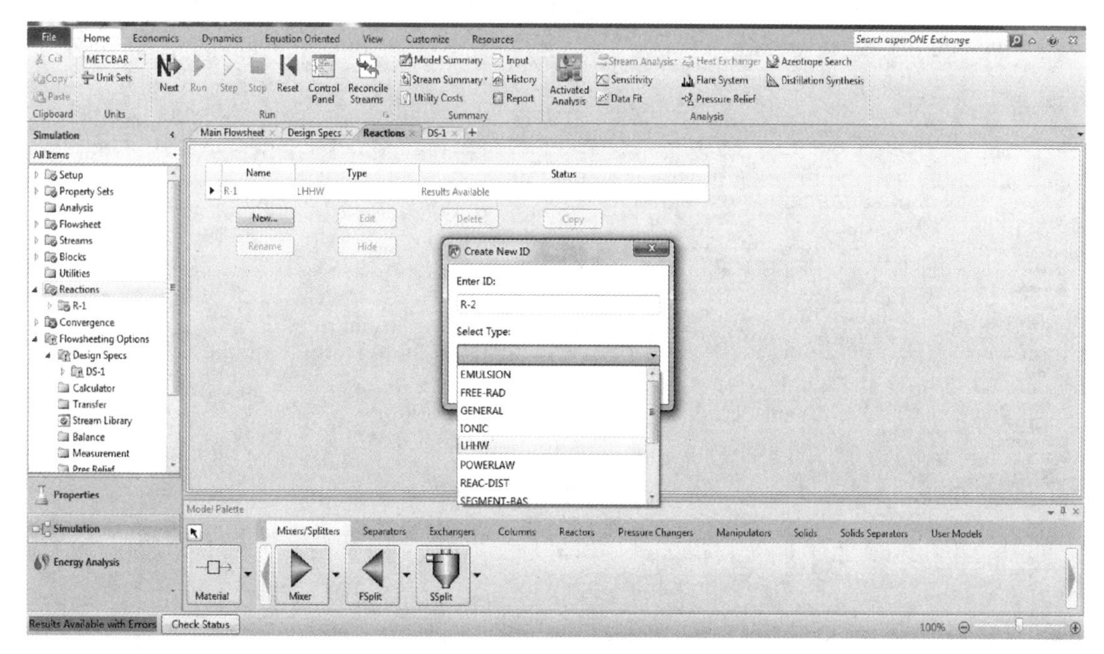

图4-10 化学反应对象集设置

每一个化学反应对象集可以包含多个化学反应，每个反应都要设定动力学参数和计量学参数或平衡参数，打开新建的 R-1 对象集表单 Stoichiometry 定义化学反应，点击“New”按钮新建化学反应，如图 4-11 所示，在反应物(Reactants)处选择反应物组成成分和反应物计量系数(为负)，在产物(Products)处选择产物组成组分和产物计量系数(为正)，反应类型(Reaction type)处选择动力学(Kinetic)，对于幂次型(POWERLAW)的反应对象，还要输入动力学方程式中每一个浓度因子的幂指数(Exponent)，如果有多个反应，依次添加，添加完化学反应后关闭对话框。

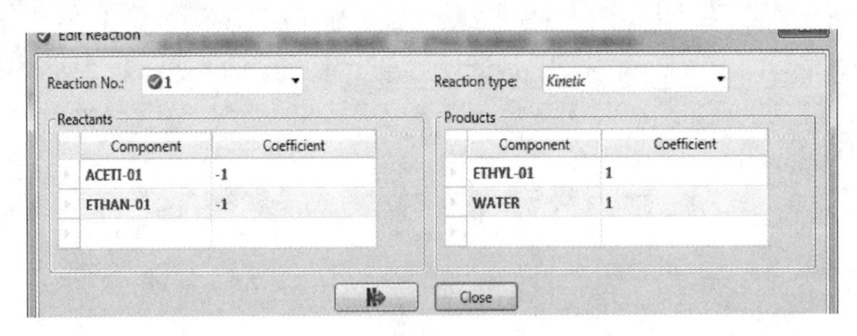

图 4-11　动力学化学反应设置

切换到 R-1 对象集(Kinetic)表单定义化学反应动力学，如图 4-12 所示，在动力学表单中为每一个化学反应选择发生反应的相态(Reacting phase)和浓度基准(Rate basis)。对 LHHW 型动力学方程式，要分别定义反应动力学因子(Kinetic factor)、推动力表达式(Driving force expression)和吸附表达式(Adsorption expression)。根据已知输入动力学因子数据，如图 4-12 所示。

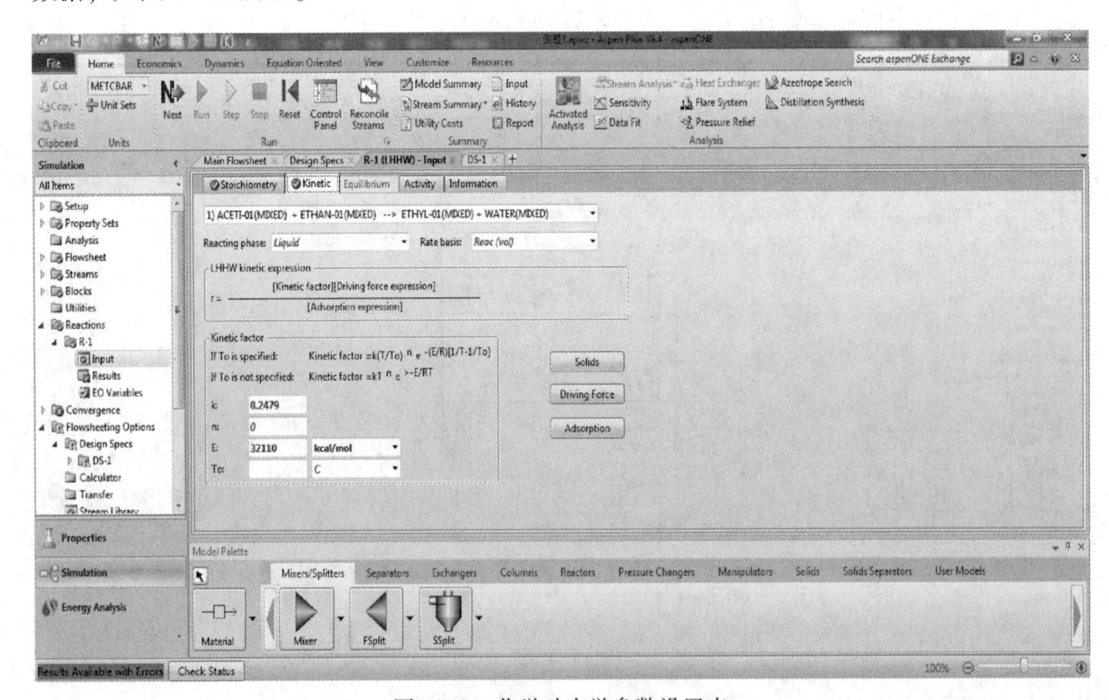

图 4-12　化学动力学参数设置表

点击按“Driving Force”打开推动力表达式输入界面，如图 4-13、图 4-14 所示，推动力表达式包括两项：Term1 和 Term2，分别代表正反应和逆反应推动力，分别表达为体系中各组分浓度的幂乘积（表达式为 $K_1\prod_i C_i^{pi}-K_2\prod_j C_j^{qj}$，其中 $\ln K=A+\frac{B}{T}+C\ln T+DT$），Term1 项输入如图 4-13 所示，图 4-14 为 Term2 项输入，参数 A、B 根据已知数据和前述公式换算而来，此优化中不存在吸附过程的影响，无需设置吸附表达式。

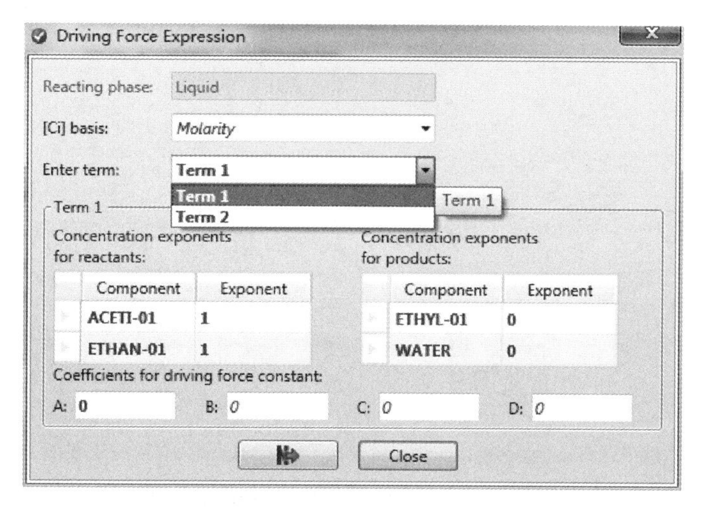

图 4-13　正反应推动力表达式设置表单

Driving Force Expression

Reacting phase: Liquid

[Ci] basis: Molarity

Enter term: Term 2

Term 2

Concentration exponents for reactants:

Component	Exponent
ACETI-01	0
ETHAN-01	0

Concentration exponents for products:

Component	Exponent
ETHYL-01	1
WATER	1

Coefficients for driving force constant:

A: 43.73 B: -16720 C: 0 D: 0

Close

图 4-14　逆反应推动力表达式设置表单

打开“Blocks/RCSTR/Reactions”表单，将刚才定义的化学反应对象集 R-1 添加到反应器模型中，如图 4-15 所示。

定义设计规定，要求转化率达到 35%，通过调整反应器的体积从而改变转化率来实现要求，如图 4-16 所示，新建设计规定 DS-1 的 Define 表单中定义进口乙酸的摩尔流量变量（IN）和出口乙酸的摩尔流量变量（OUT）。

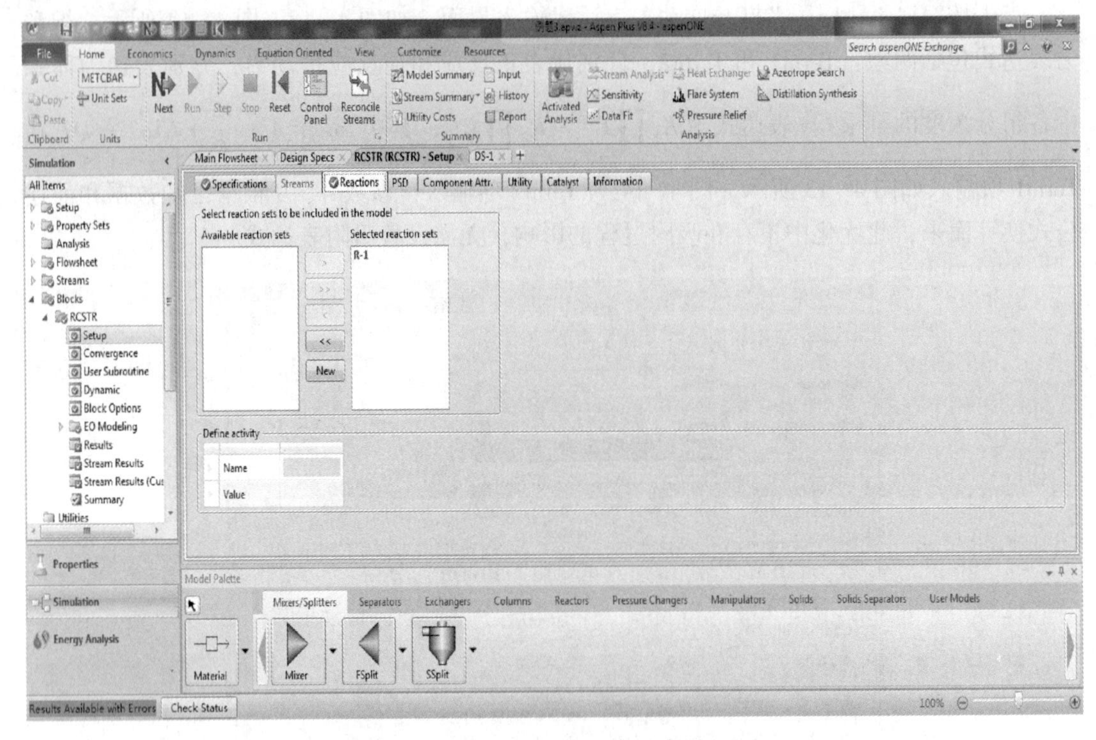

图 4-15　RCSTR 反应器化学对象集表单

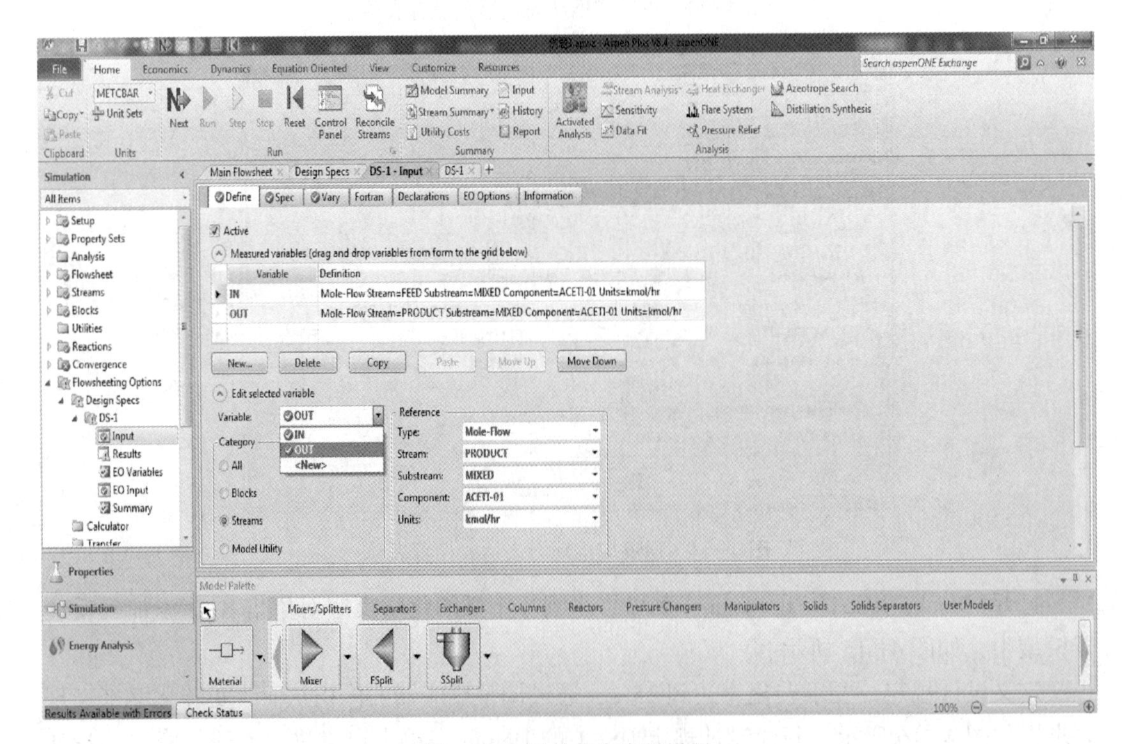

图 4-16　设计规定变量设置

在 Spec 表单中指定转化率为 0.245，如图 4-17 所示。

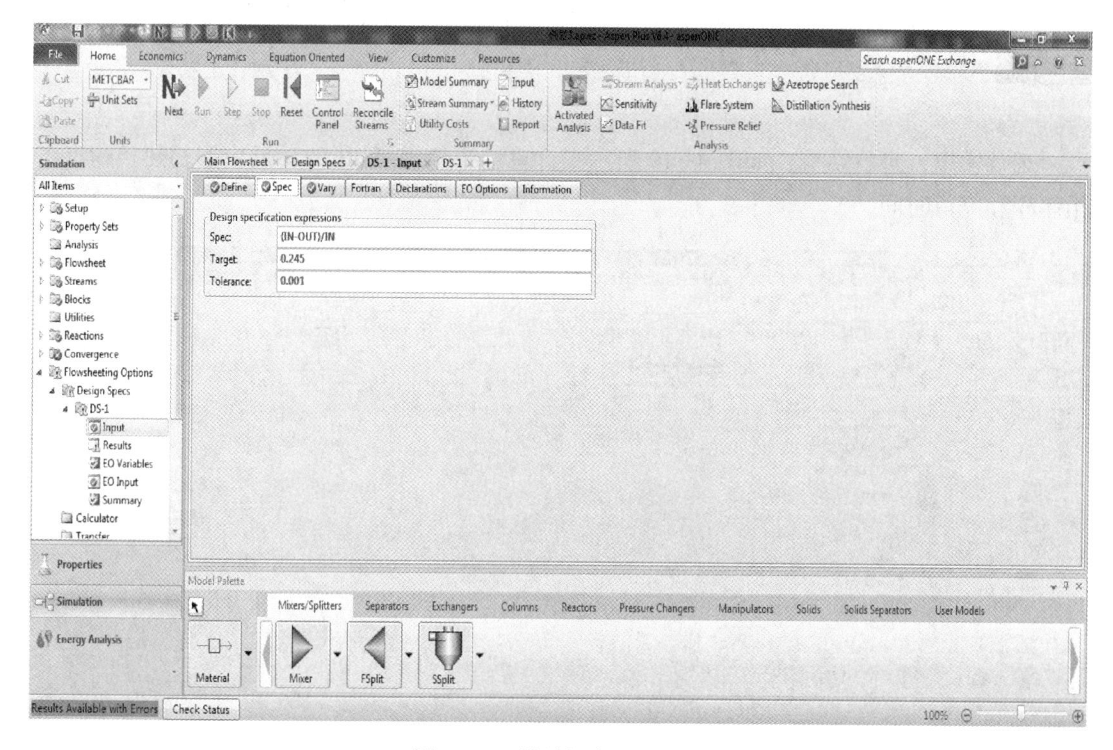

图 4-17　设计规定指定设置

在 Vary 表单中设置调整变量为反应器体积，如图 4-18 所示。

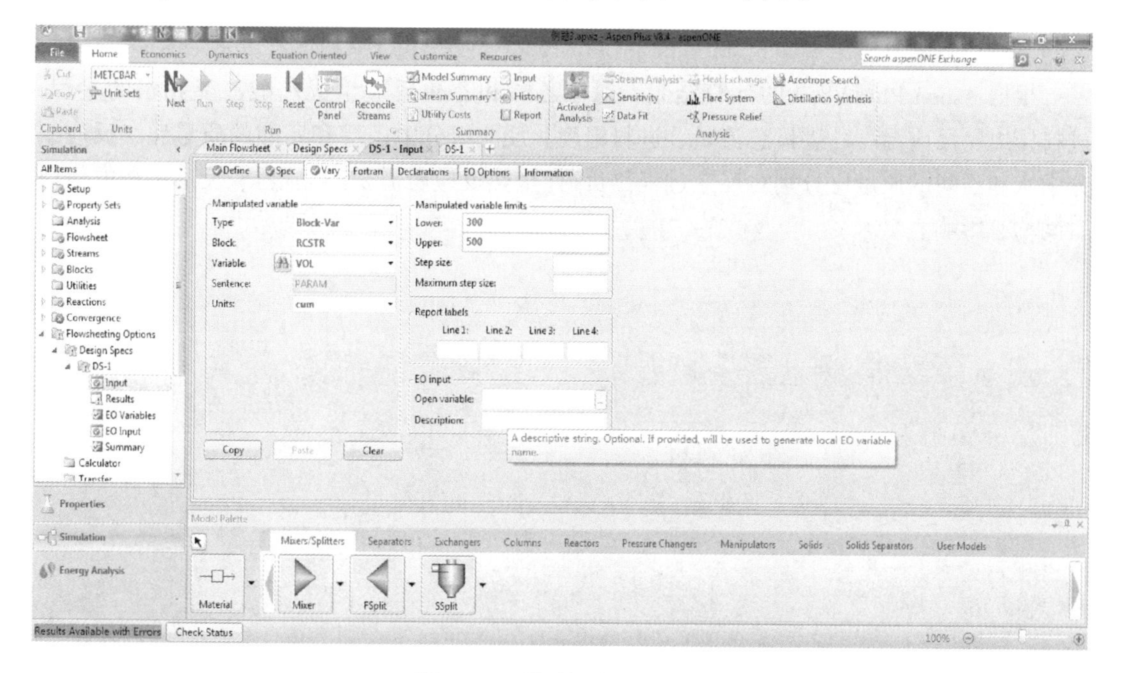

图 4-18　设计规定变量设置

4.4 计算结果及分析

运行模拟，查看结果，如图 4-19 所示，计算结果给出了 RCSTR 反应器的热负荷，各相体积和停留时间。

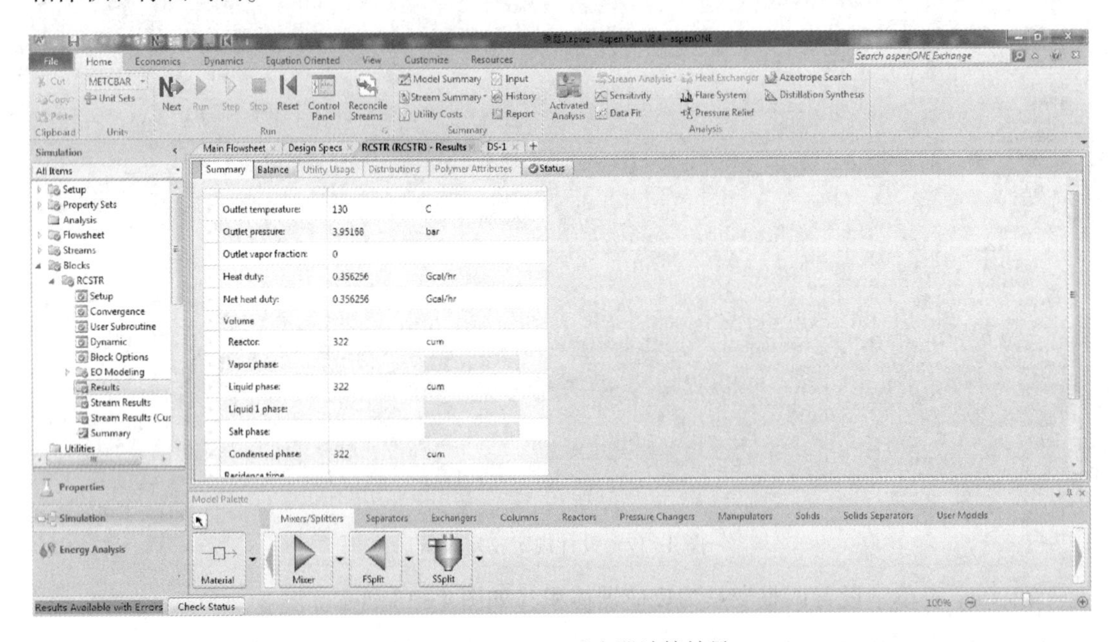

图 4-19　RCSTR 反应器计算结果

根据 Aspen Plus V8.4 的计算结果，对于乙酸和乙醇反应生成乙酸乙酯和水的过程，进料压力、反应温度、进口总流量、进料温度、反应组分中乙醇和乙酸的质量比、反应组分中水和乙酸的质量比分别对反应过程热负荷(吸热反应所需要的热量)、反应过程的停留时间均有影响。

第5章 基于 Aspen Adsorption 软件的吸附过程的计算

利用软件模拟研究变压吸附过程，可以减少成本、缩短时间。这里，以空气的纯化过程为例说明基于 Aspen Adsorption 的吸附过程的计算。应用的模拟软件是 Aspen Tech 公司的 Aspen One 中的 Aspen Adsorption 组件，在以前的版本中名为 Aspen Adsim。该组件是专门为模拟吸附过程开发的，能够模拟气体、液体混合组分的吸附分离过程和离子交换过程。

在 Aspen Adsorption 软件模拟过程中选 Dynamic 动态模拟模式，利用循环控制器，调整各吸附步骤的循环时间(主要是对阀门开关进行控制)和床层高度使床层出口气体纯度达到较高的值，并同时观察床层压力变化、温度和产品气体在床层中的浓度分布情况，实现变压吸附的动态模拟运行。

假设过程中的气体为理想气体，吸附达到其饱和吸附量。将吸附塔轴向将计算区域从塔底至塔顶划分离散成若干个网格点(节点)，每两个节点之间的距离相等，时间步长适当，偏微分方程采用迎风差分格式(或者上风差分法，Upwind Differencing Scheme 1)离散，以满足模拟中的精度要求。如有必要，则将吸附床分为两层，采用复合吸附床：第一层吸附剂，模拟吸附一种杂质；第二层吸附剂，模拟吸附另一种杂质。

模拟参数主要包括吸附床层的结构参数、吸附剂参数以及吸附等温线参数。其中，吸附床层的结构参数可根据所需产品的组成与用量进行计算设置；吸附剂参数取决于所用吸附剂的物理性质，包括吸附剂空隙率、堆密度、颗粒直径及形状系数等；吸附等温线参数通常由试验数据拟合得到。

5.1 软件界面

首先，打开开始菜单，接下来依次点击 Aspen Tech→Process Modeling V8.4→Aspen Adsorption→Aspen Adsorption V8.4，之后即可打开 Aspen Adsorption 软件，如图 5-1 所示。

图 5-1　打开软件

打开软件之后就进入了软件初始界面，在此界面上可以进行吸附器简单结构的创建，如图 5-2 所示。

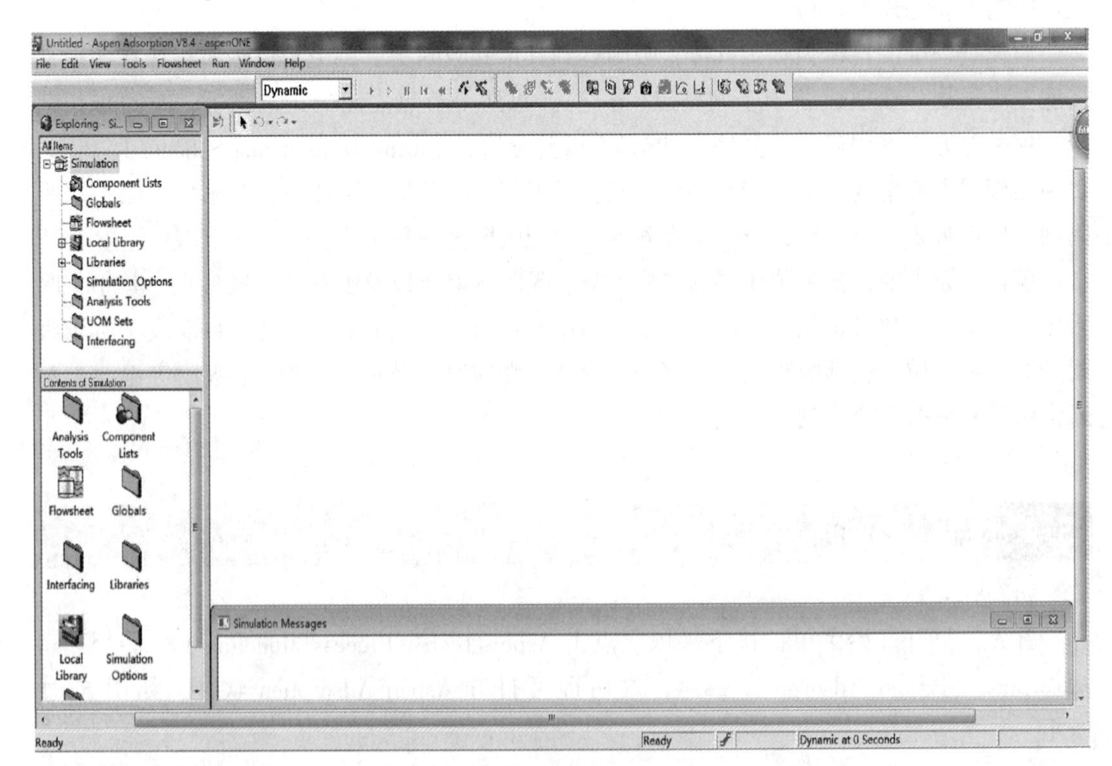

图 5-2　软件初始界面

5.2 添加模拟过程所需物料

接下来要先在流程中添加一个物料组。点击界面左侧的 Component Lists，会出现界面下侧的选项。

双击图 5-3 中的 Add component list 选项会出现图 5-4 的界面，在 Create component list 对话框中会出现三条信息：Name(名称)、Use Physical Properties(具有物性参数的成分列表)、Do not use Physical Properties(不具有物性参数的成分列表)。接下来在 Name 选项中输入成分列表的名称(命名为 air)，选择 Use Physical Properties(具有物性参数的成分列表)选项。最后点击 OK 选项。

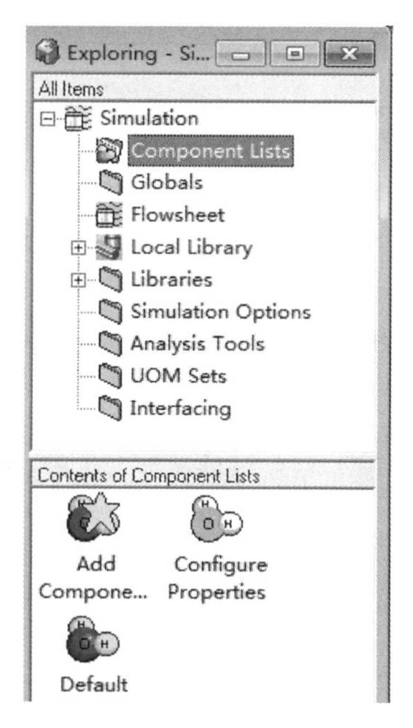

图 5-3　添加物料组

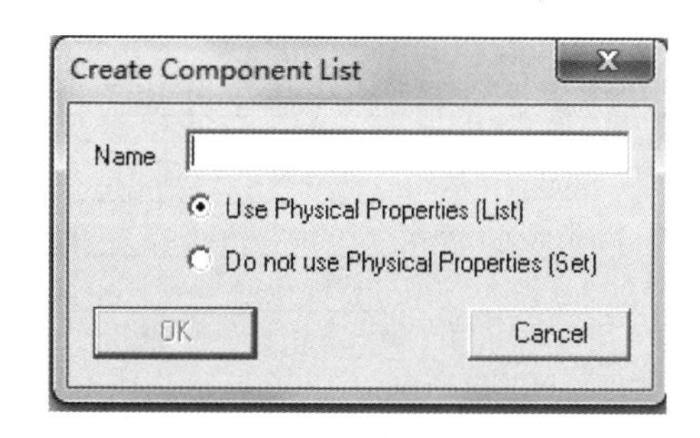

图 5-4　创建物料组

在图 5-5 中下侧的对话框中会出现 air 选项，也就是上一步创建的具有物性参数的成分列表。然后要做的就是在这个成分列表中添加在模拟过程中所需要的成分，即双击 air 选项。会出现如图 5-6 所示的对话框。

点击“是”，继续下一步工作。

在此界面中有 3 个选项，Use Aspen property system(使用 Aspen 中的物性数据库)、Use custom properties(使用已有的数据)、Don't use properties(不使用物性参数)，如图 5-7 所示。

在图 5-8 中选择 Use Aspen property system，并且点击 Edit using Aspen Properties 选项，会出现图 5-9 界面，进入 Aspen 界面。

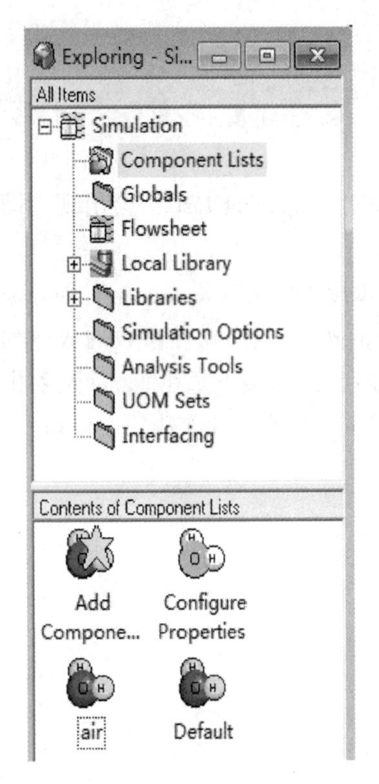

图 5-5 创建物料组

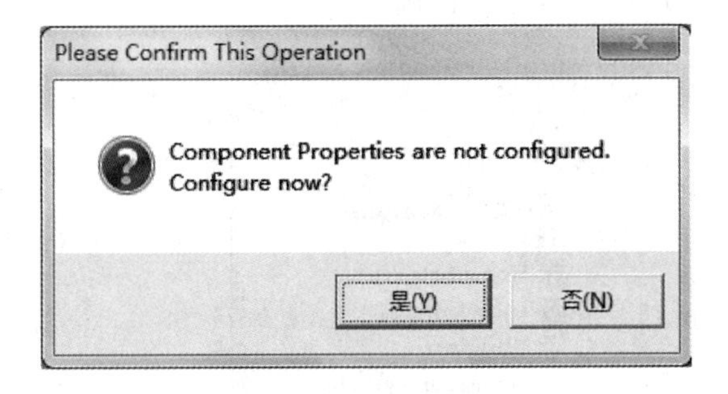

图 5-6 设置物料组

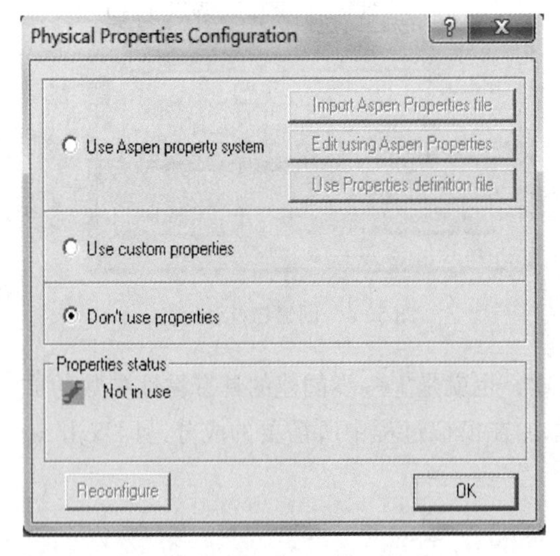

图 5-7 设置物料组

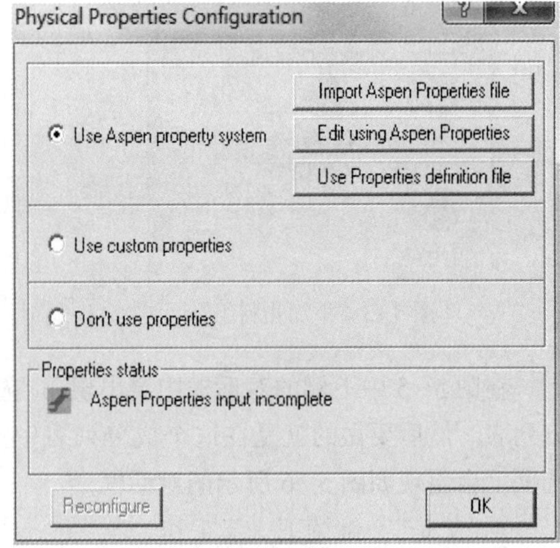

图 5-8 设置物料组

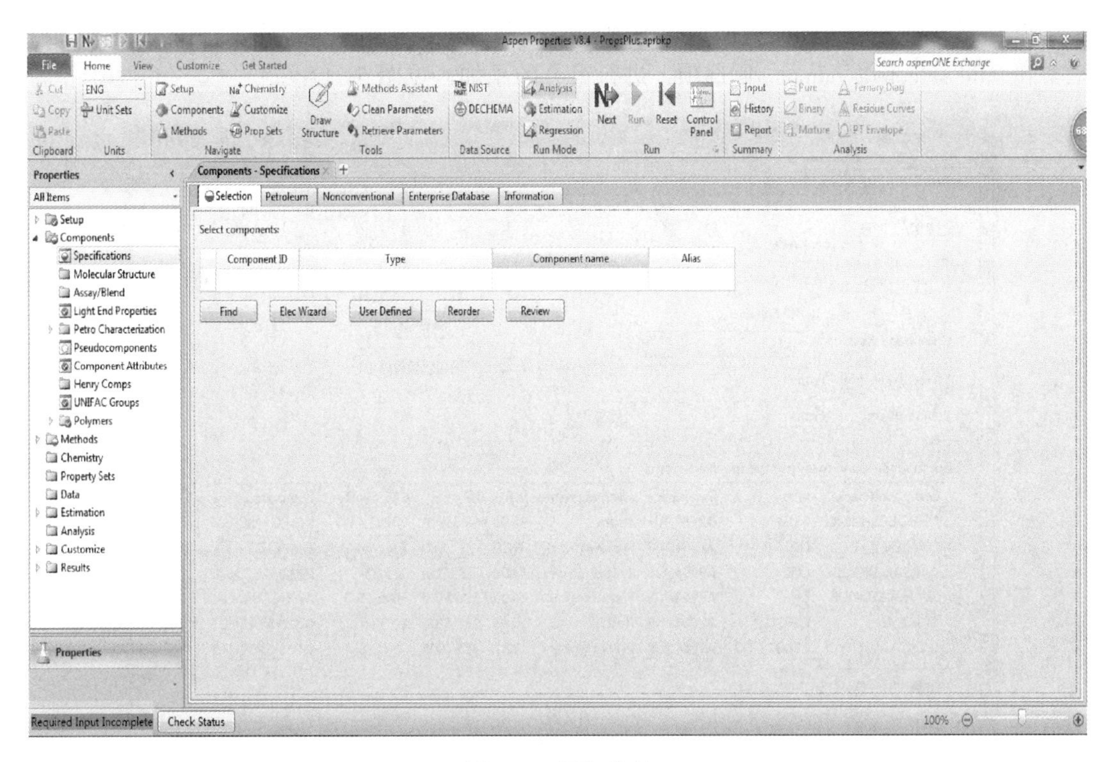

图 5-9　添加物料

点击 Find 选项进行物料的查找与选择，出现图 5-10 选项界面。

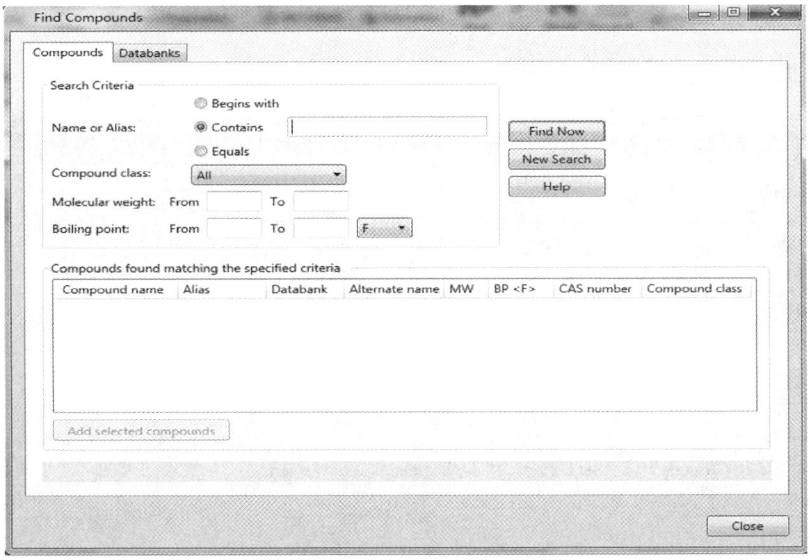

图 5-10　物料搜索

在图 5-10 中 Name or Alias 选项的对话框中输入要查找的组分，然后点击 Find Now 进行查找。

查找完成后会在下侧的对话框中出现查询结果，在查询结果中点击所需要的组分，然后点击 Add selected compounds 选项，进行组分的添加，见图 5-11。

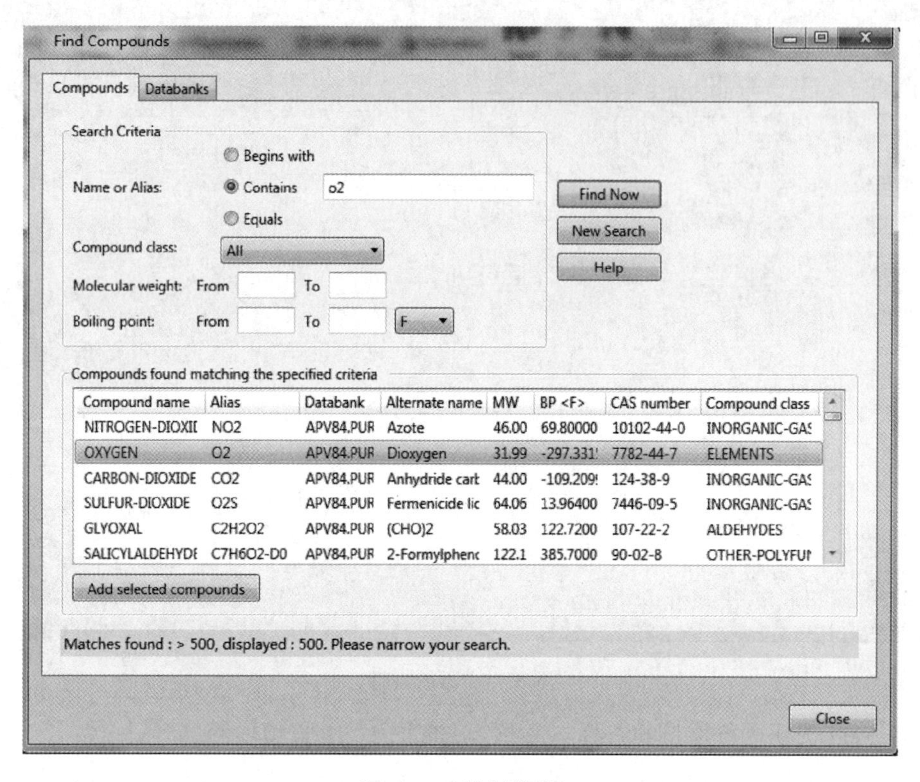

图 5-11　物料搜索

物料添加完成后如图 5-12 所示。

Selection | Petroleum | Nonconventional | Enterprise Database | Information

Select components:

Component ID	Type	Component name	Alias
OXYGE-01	Conventional	OXYGEN	O2
NITRO-01	Conventional	NITROGEN	N2
WATER	Conventional	WATER	H2O
CARBO-01	Conventional	CARBON-DIOXIDE	CO2

Find　Elec Wizard　User Defined　Reorder　Review

图 5-12　添加物料

物料添加完成，点击图 5-13 中的 Next 选项，进行下一步操作。

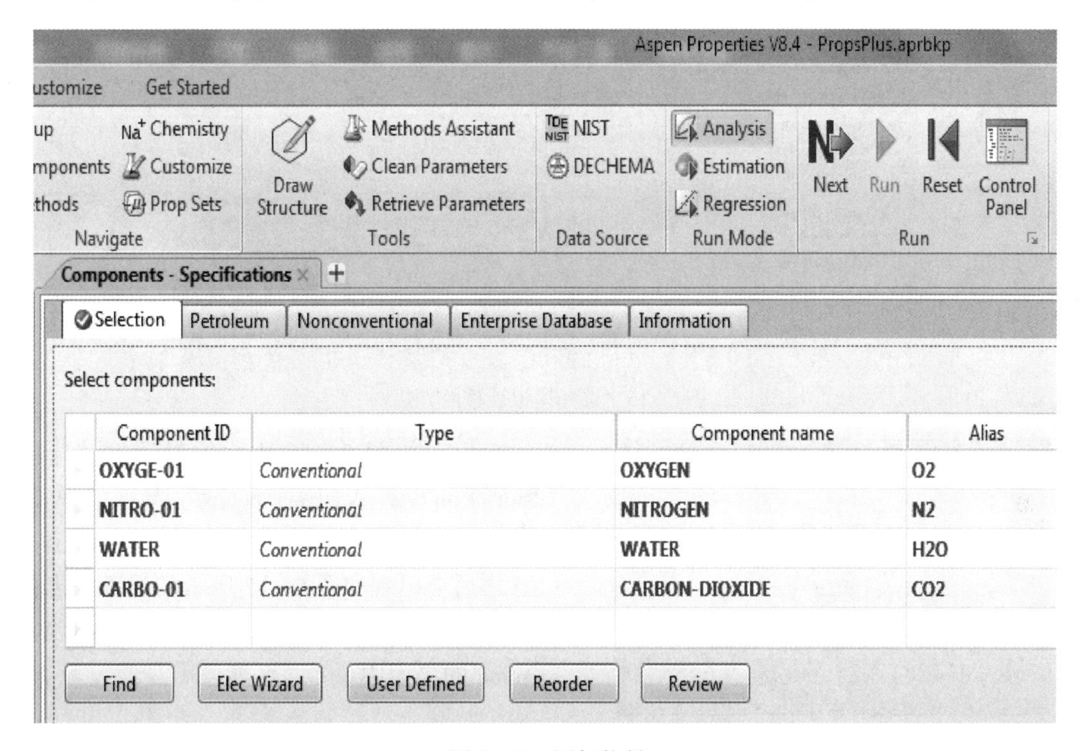

图 5-13　添加物料

在如图 5-14 所示的界面中需要选择模拟的建模和计算的方法。

在 Base method 选项的下拉菜单中选择 NRTL 选项(图 5-15)。然后点击图 5-13 中右上角的“Next”按钮。继续下一步。

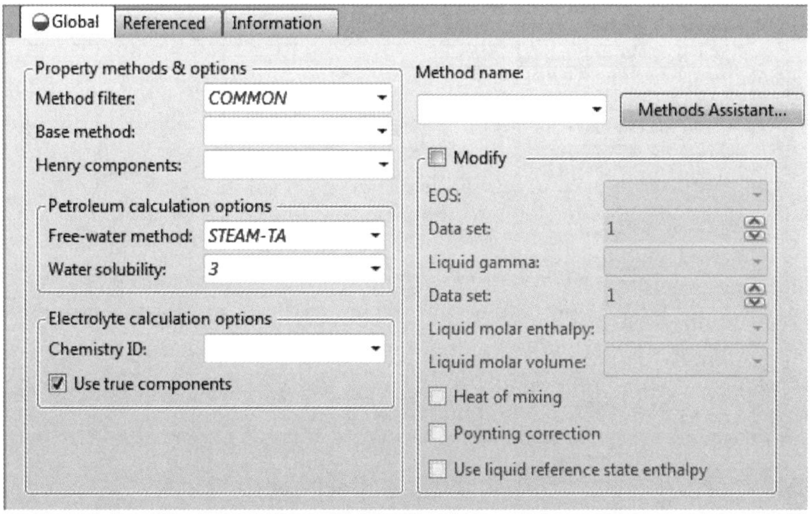

图 5-14　选择模拟计算的方法

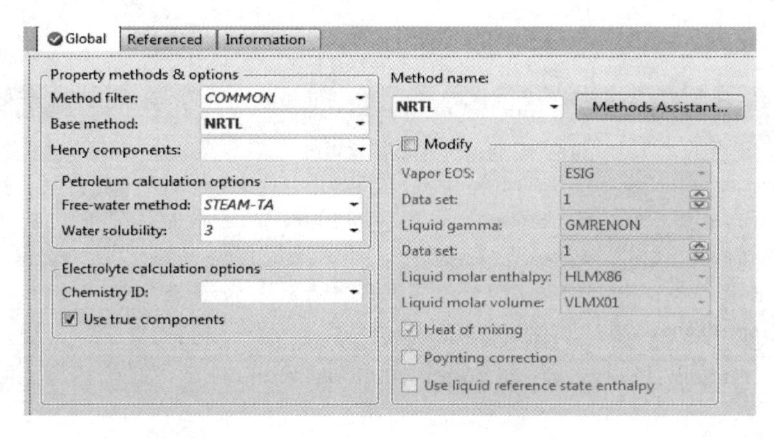

图 5-15　选择模拟计算的方法

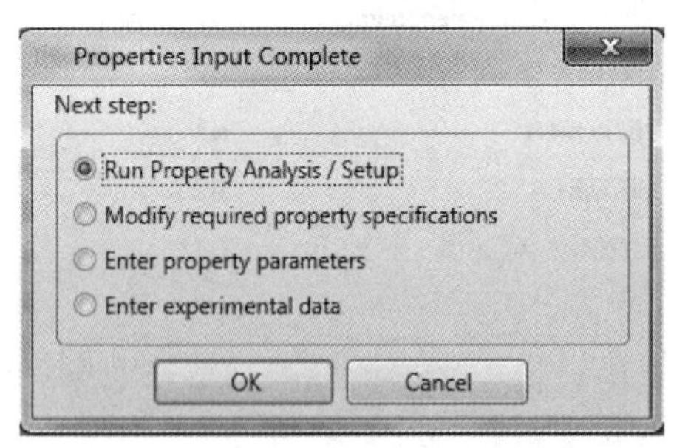

图 5-16　“Run Property Analysis/Setup”选项对话框

会出现如图 5-16 所示的对话框，选择“Run Property Analysis/Setup”选项，单击“OK”继续下一步操作。

之后会出现如图 5-17 所示的界面，接着就可以关闭此界面。然后进入到 Aspen Adsorption 的界面中。

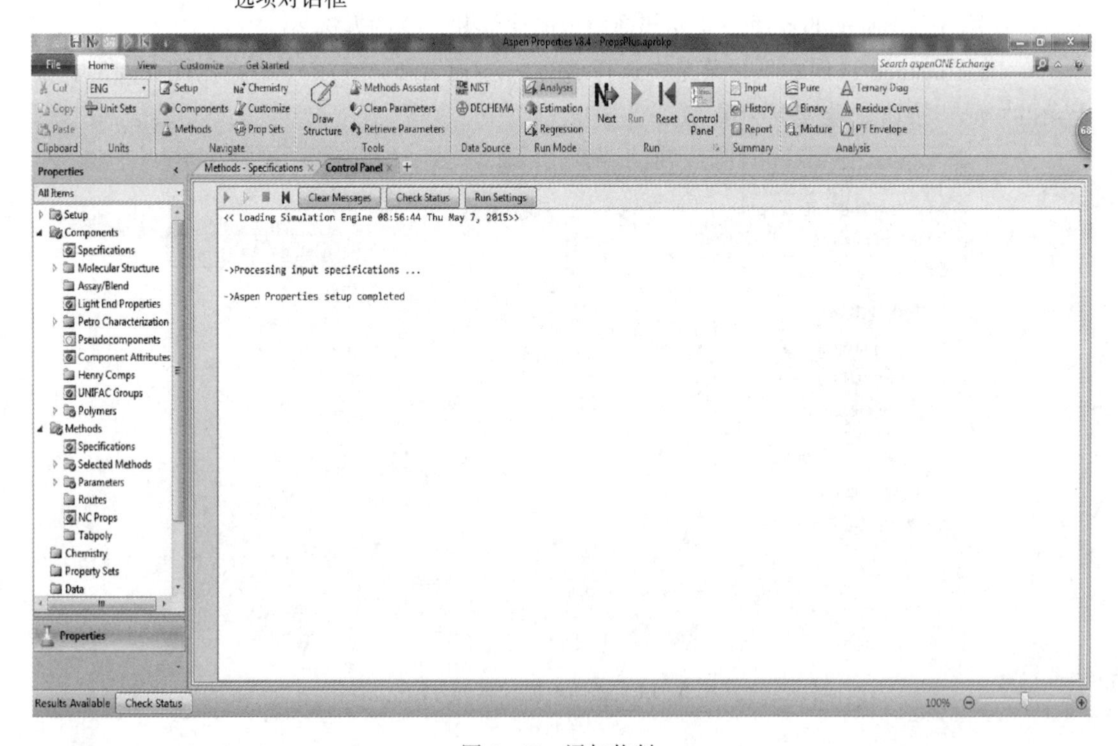

图 5-17　添加物料

进入 Aspen Adsorption 界面，中间的对话框会如图 5-18 所示，然后点击“OK”，即完成组分的添加。

点击左侧的物料成分，然后点击“>”选项将物料添加到右侧的对话框中，结束此步工作后点击“OK”选项即可，如图 5-19 所示。

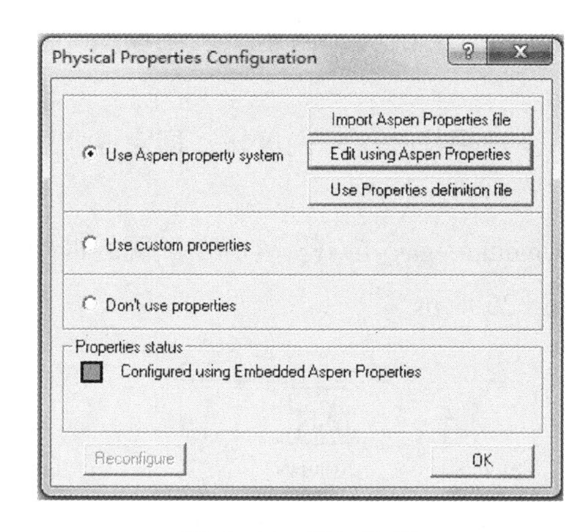

图 5-18　添加物料

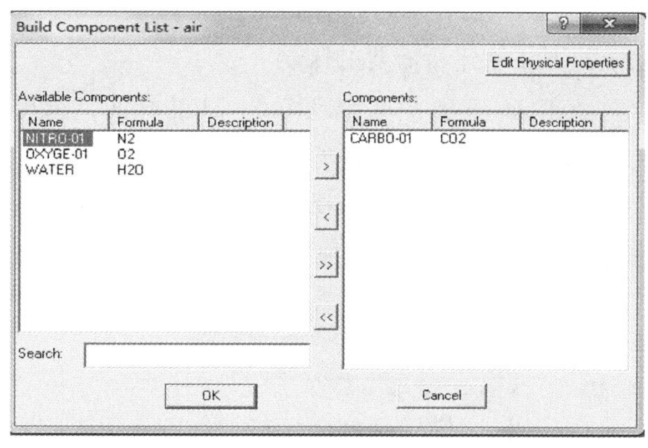

图 5-19　添加物料

点击图 5-20 左上侧的 Flowsheet 选项，就会出现下侧的几个选项，找到 LocalVariables 选项，双击进入。

在 ComponentList 选项的下拉菜单中选择 air 选项(图 5-21)，在模拟过程使用之前创建的物料组。

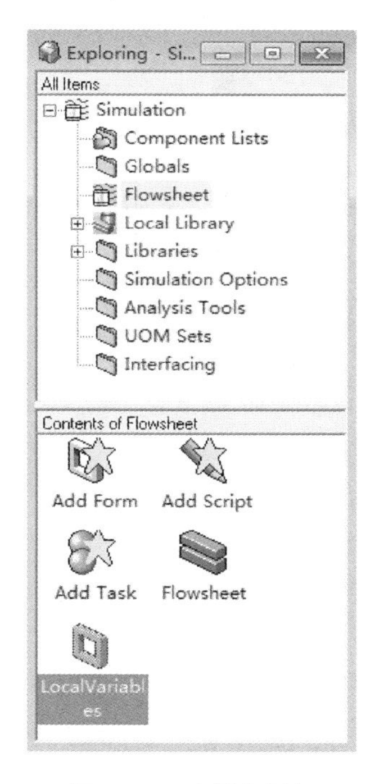

图 5-20　选择物料组

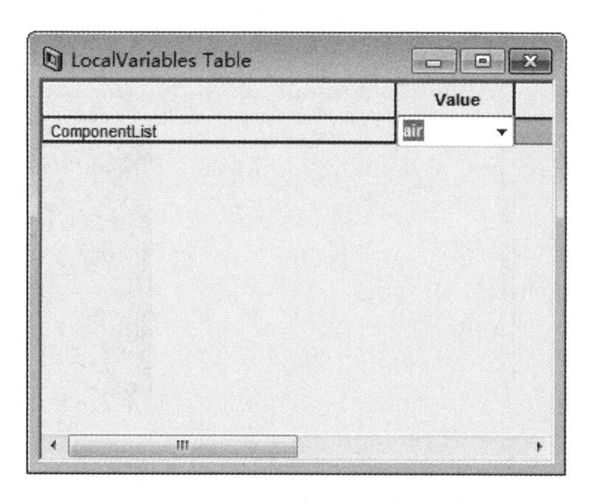

图 5-21　选择物料组

5.3 创建工艺流程图

在图 5-22 中 Gas_Dynamic 的下拉菜单中可以选择相应的模块，创建工艺流程图。点击 gas_bed 创建所需要的床层。

点击 gas_bed 后会出现图 5-23 的画面，选择 Layer 选项拖拽至空白区域，即完成床层的基础创建，如图 5-24 所示。

在图 5-25 菜单中选择 Libraries→Adsim→Gas_Dynamic→gas_feed，然后在下侧的框中选择 Simple_feed 选项，拖拽至右侧的空白处，如图 5-26 所示。

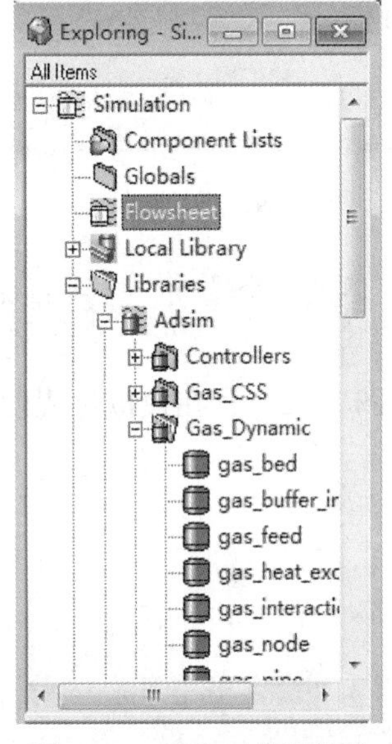

图 5-22 建立工艺流程图

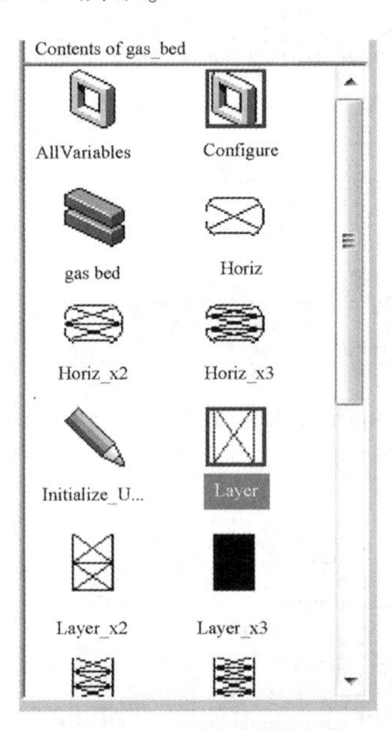

图 5-23 创建床层组件

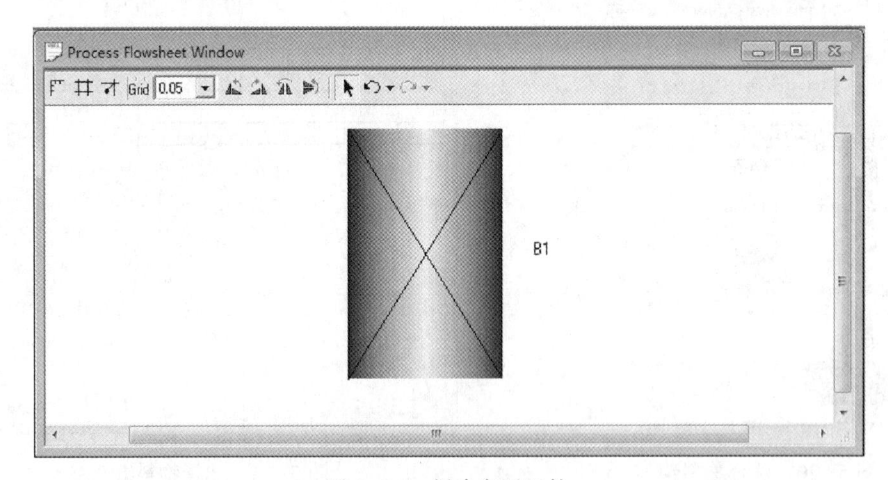

图 5-24 创建床层组件

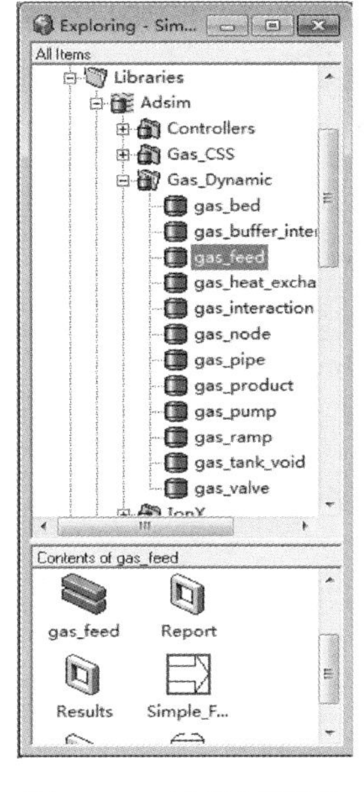

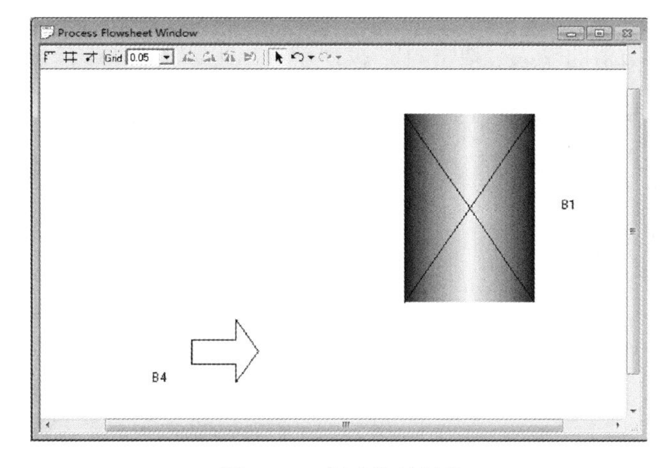

图 5-25　创建进料组件　　　　图 5-26　创建进料组件

如图 5-26 所示，物料流程的进料模块创建完成。下一步是创建物料流程的出料模块，见图 5-27。

在图 5-27 菜单中选择 Libraries→Adsim→Gas_ Dynamic→gas_ product，然后在下侧的框中选择 Simple_ product 选项，拖拽至右侧的空白处，如图 5-28 所示。

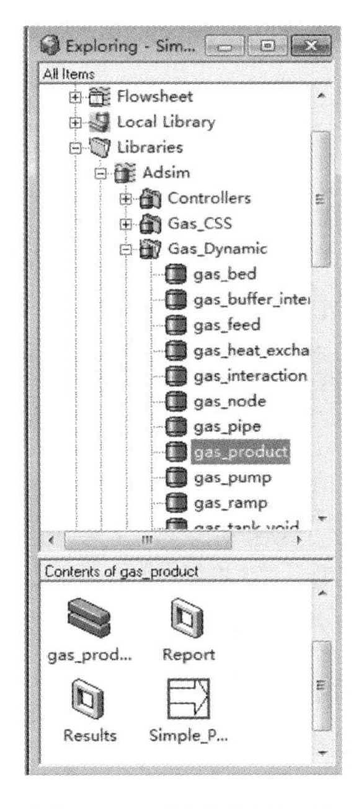

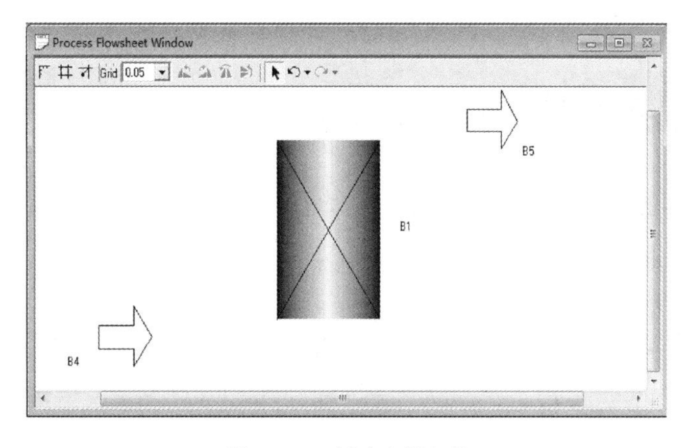

图 5-27　创建出料组件　　　　图 5-28　创建出料组件

在图 5-29 的菜单中选择 Libraries→Adsim→Stream Types→gas_Material connection。在下侧的对话框中选择 System，进行各模块之间的物料连接。并且对各个模块进行命名：床层命名为“Bed1”、进料模块命名为“F1”、出料模块命名为“P1”，见图 5-30。

如图 5-30 所示，工艺流程界面已经建立完成，下一步是对界面中的各个模块进行定义和数值的输入。双击“F1”模块就会出现如图 5-31 所示的对话框。

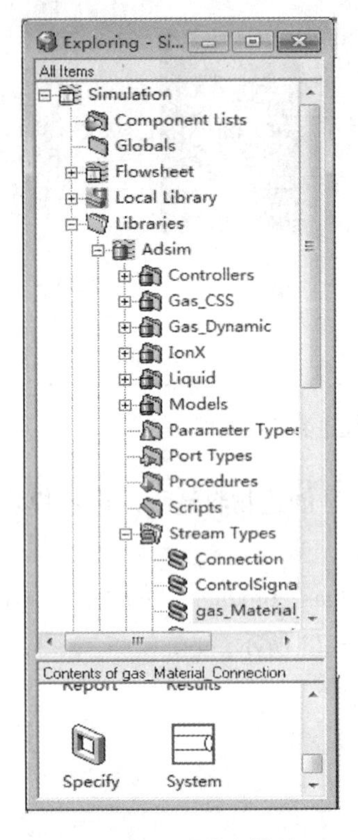

图 5-29　连接各模块

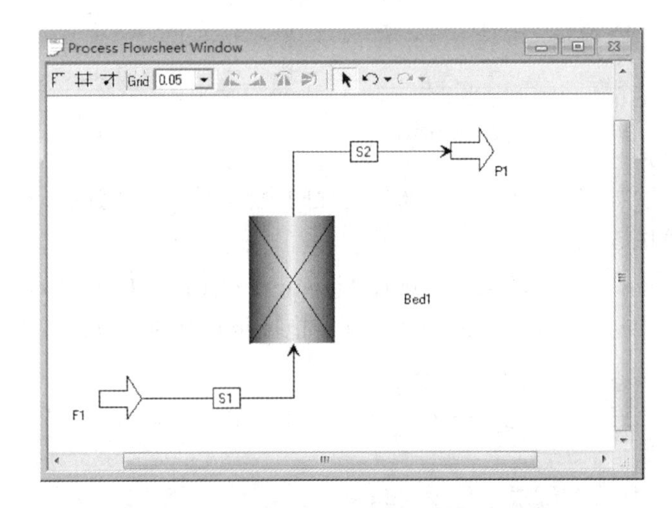

图 5-30　工艺流程图

5.4 数据的输入

在图 5-31 中，Model Type 选择 Reversible Pressure Setter 选项(可逆的压力调节器)；Enable Reporting 选择 True 选项(生成报告)，并且点击 Specify 选项，调节进料模块的具体指标。

点击 Specify 选项后会出现如图 5-32 所示的对话框。F 表示 F1 模块的进料流量，在这里输入“1.1”，单位为“kmol/s”；Y_Fwd(*)表示进料中各个成分的含量，Y_Fwd(“CO_2”)= 4×10^{-4}、Y_Fwd(“H_2O”)= 4×10^{-4}、Y_Fwd(“N_2”)= 0.7889、Y_Fwd(“O_2”)= 0.2103，单位均为“kmol/kmol”；T_Fwd 表示进口物料的温度，输入“288.15”，单位为 K；P 表示进口物料的压力，输入“600”，单位为 kPa。输入结果见图 5-33。

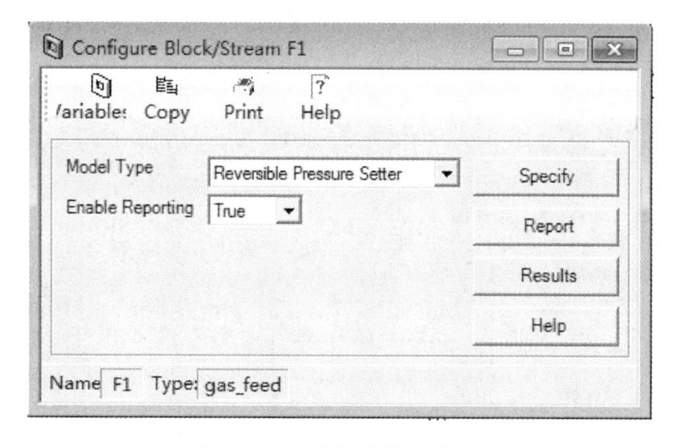

图 5-31 进料模块的设置

F1.Specify Table

	Value	Units	Spec	Description
F	5.e-006	kmol/s	Free	Flowrate
Y_Fwd(*)				
Y_Fwd("CO2")	0.25	kmol/kmol	Fixed	Composition in forward direction
Y_Fwd("H2o")	0.25	kmol/kmol	Fixed	Composition in forward direction
Y_Fwd("N2")	0.25	kmol/kmol	Fixed	Composition in forward direction
Y_Fwd("O2")	0.25	kmol/kmol	Fixed	Composition in forward direction
T_Fwd	298.15	K	Fixed	Temperature in forward direction
P	3.0	bar	Fixed	Boundary pressure

图 5-32 进料模块的设置

F1.Specify Table

	Value	Units	Spec	Description
F	1.1	kmol/s	Free	Flowrate
Y_Fwd(*)				
Y_Fwd("CO2")	4.e-004	kmol/kmol	Fixed	Composition in forward direction
Y_Fwd("H2o")	4.e-004	kmol/kmol	Fixed	Composition in forward direction
Y_Fwd("N2")	0.7889	kmol/kmol	Fixed	Composition in forward direction
Y_Fwd("O2")	0.2103	kmol/kmol	Fixed	Composition in forward direction
T_Fwd	288.15	K	Fixed	Temperature in forward direction
P	200.0	kPa	Fixed	Boundary pressure

图 5-33 进料模块的设置

如图 5-33 所示，进料模块所需要输入的值已经输入完毕，点击右上角的“×”即可退出此模块，接着进行吸附床层数据的输入。

双击图 5-30 中的 Bed1 模块，就会出现如图 5-34 所示的对话框。在图 5-34 的对话框中有以下几个选项：Number of Layers Within Bed 表示吸附器中吸附剂的床层数，输入“1”，只选用一种床层；Bed Type 表示床层的类型，选用 Radial(径向床层)；Spatial Dimensions 和 Interal Heat Exchanger 都选用系统的默认。然后点击右侧的床层会出现图 5-35 的界面。

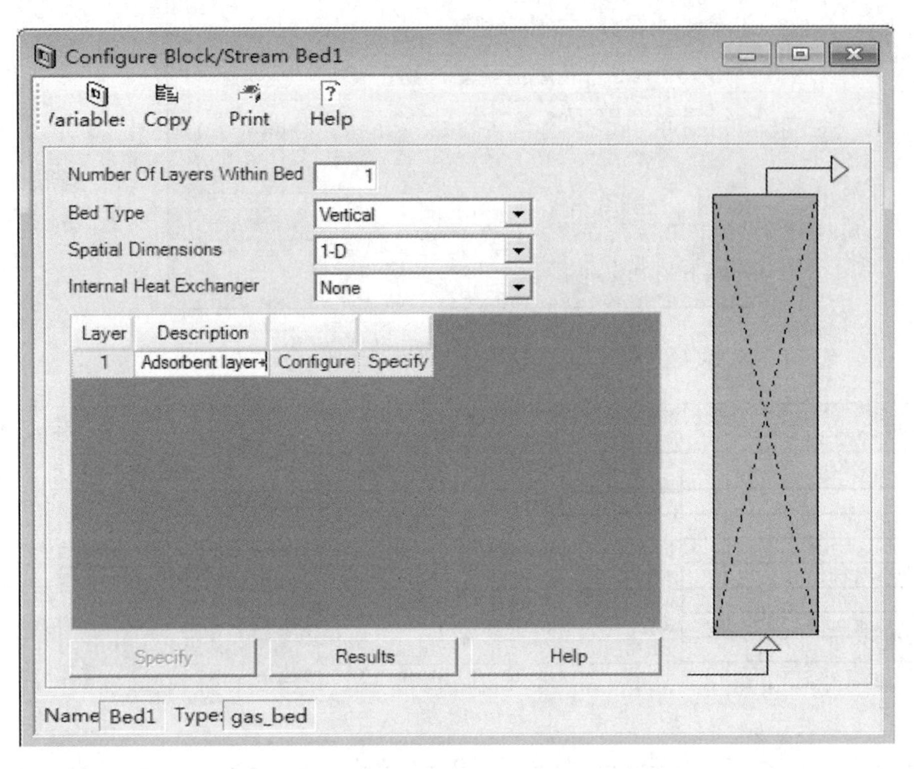

图 5-34　床层模块的设置

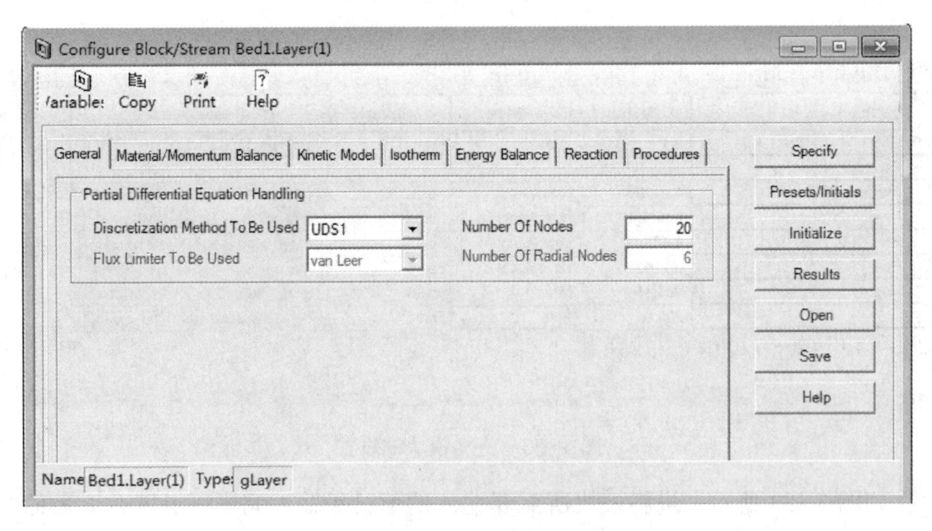

图 5-35　床层模块的设置

在图 5-35 中的几个选项都不改变，都是用系统的默认值。

在图 5-36 中的 Film Model Assumption 选项选择 Fluid，其他选项不变。点击右侧的 Specify 选项，见图5-37。

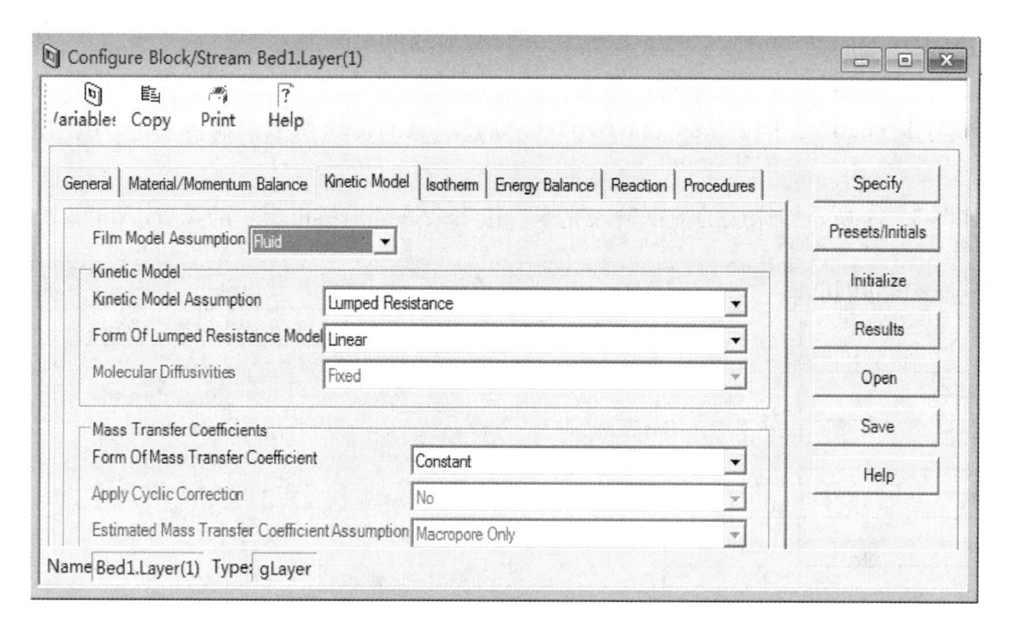

图 5-36　床层模块的设置

Bed1.Layer(1).Specify Table

	Value	Units	Description
L	1.0	m	Length of horizontal or radial bed
Ri	0.1	m	Inner radial bed radius
Ro	0.5	m	Outer radial bed radius
Ei	0.321	m3 void/m3 bed	Inter-particle voidage
Ep	1.e-010	m3 void/m3 bead	Intra-particle voidage
RHOs	760.0	kg/m3	Bulk solid density of adsorbent
Rp	0.65	mm	Adsorbent particle radius
SFac	1.0	n/a	Adsorbent shape factor
MTC(*)			
MTC("CO2")	70.0	1/s	Constant mass transfer coefficients
MTC("H2O")	110.0	1/s	Constant mass transfer coefficients
MTC("N2")	1.e-010	1/s	Constant mass transfer coefficients
MTC("O2")	1.e-010	1/s	Constant mass transfer coefficients
IP(*)			
IP(1,"CO2")	168.409	n/a	Isotherm parameter
IP(1,"H2O")	10504.6	n/a	Isotherm parameter
IP(1,"N2")	0.0	n/a	Isotherm parameter
IP(1,"O2")	0.0	n/a	Isotherm parameter
IP(2,"CO2")	93349.0	n/a	Isotherm parameter
IP(2,"H2O")	795511.0	n/a	Isotherm parameter
IP(2,"N2")	0.0	n/a	Isotherm parameter
IP(2,"O2")	0.0	n/a	Isotherm parameter

图 5-37　床层模块的设置

在图 5-37 中输入的数值均为床层的基本数据。L 表示吸附床层的横向长度或床层的直径，输入“3”、单位为 m。Ri 表示吸附床层的内半径，输入“0.7”、单位为 m。Ro 表示吸附床层的外半径，输入“1.5”、单位为 m。Ei 表示吸附剂颗粒之间的空隙率，输入“0.37”、单位为 m^3 void/m^3 bed。Ep 表示吸附剂颗粒内部的空隙率，输入“1e-010”、单位为 m^3 void/m^3 bead。RHOs 表示吸附剂的颗粒堆积密度，输入“689”、单位为 kg/m^3。Rp 表示吸附剂的颗粒半径，输入“1.6”、单位为 mm。SFac 表示吸附剂颗粒的形状系数，输入“1”、单位为 n/a。MTC(“CO_2”)表示二氧化碳的传质系数，输入“70”、单位为 s^{-1}。MTC(“H_2O”)表示水的传质系数，输入“110”、单位为 s^{-1}。MTC(“N2”)表示氮的传质系数，输入“1e-010”、单位为 s^{-1}。MTC(“O2”)表示氧的传质系数，输入“1e-010”、单位为 s^{-1}。

如图 5-38 所示，床层的数据输入完毕。接下来进行出料口模块的设置。

Bed1.Layer(1).Specify Table

	Value	Units	Description
L	3.0	m	Length of horizontal or radial bed
Ri	0.7	m	Inner radial bed radius
Ro	1.5	m	Outer radial bed radius
Ei	0.37	m3 void/m3 bed	Inter-particle voidage
Ep	1.e-010	m3 void/m3 bead	Intra-particle voidage
RHOs	689.0	kg/m3	Bulk solid density of adsorbent
Rp	1.6	mm	Adsorbent particle radius
SFac	1.0	n/a	Adsorbent shape factor
MTC(*)			
MTC("CO2")	70.0	1/s	Constant mass transfer coefficients
MTC("H2O")	110.0	1/s	Constant mass transfer coefficients
MTC("N2")	1.e-010	1/s	Constant mass transfer coefficients
MTC("O2")	1.e-010	1/s	Constant mass transfer coefficients
IP(*)			
IP(1,"CO2")	168.409	n/a	Isotherm parameter
IP(1,"H2O")	10504.6	n/a	Isotherm parameter
IP(1,"N2")	0.0	n/a	Isotherm parameter
IP(1,"O2")	0.0	n/a	Isotherm parameter
IP(2,"CO2")	93349.0	n/a	Isotherm parameter
IP(2,"H2O")	795511.0	n/a	Isotherm parameter
IP(2,"N2")	0.0	n/a	Isotherm parameter
IP(2,"O2")	0.0	n/a	Isotherm parameter

图 5-38　床层模块的设置

在图 5-39 中，F 和 P 的值为变量是会变化的所以不用改变，其他的几个值为固定值，“Y_Rev(＊)”表示出口产品的的物料组成。各个模块的的值已经定义完成，下面进行实时曲线的创建。

P1.Specify Table

	Value	Units	Spec	Description
F	5.e-006	kmol/s	Free	Flowrate
Y_Rev(*)				
Y_Rev("CO2")	0.0	kmol/kmol	Fixed	Composition in reverse direction
Y_Rev("H2O")	0.0	kmol/kmol	Fixed	Composition in reverse direction
Y_Rev("N2")	0.79	kmol/kmol	Fixed	Composition in reverse direction
Y_Rev("O2")	0.21	kmol/kmol	Fixed	Composition in reverse direction
T_Rev	273.15	K	Fixed	Temperature in reverse direction
P	3.0	bar	Free	Boundary pressure

图 5-39　出料模块的设置

5.5 创建实时曲线

点击图 5-40 中的右边第四个图标，进行实时关系曲线的创建。

图 5-40　实时关系曲线的创建

在图 5-41 中输入曲线图的名称 outlet，并选择 Plot 选项。点击确定继续。

图 5-42 为未定义的曲线图，横坐标不变还是时间，纵坐标为出口处物料的浓度。

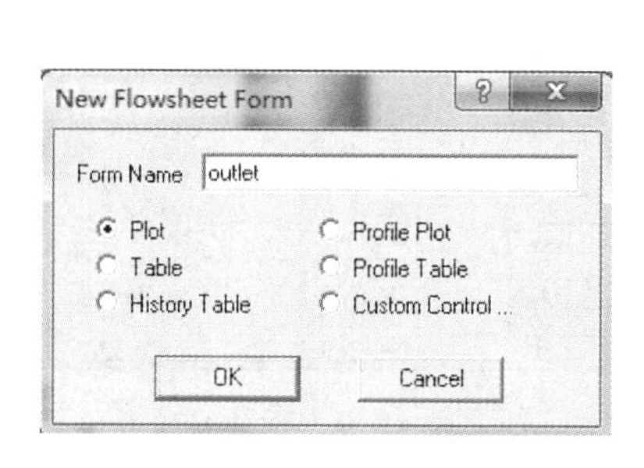

图 5-41　实时关系曲线的创建

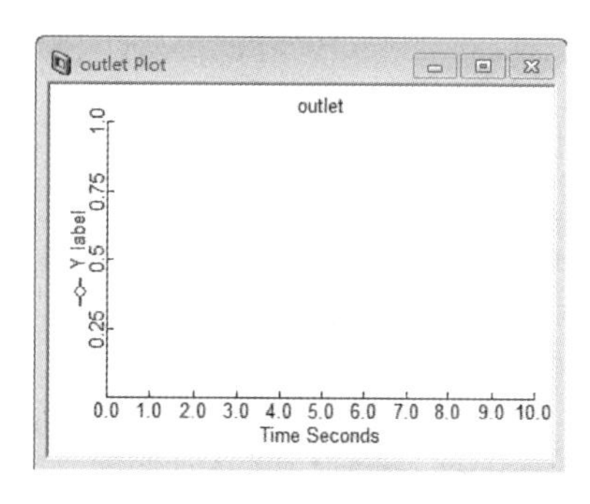

图 5-42　实时关系曲线的创建

鼠标右键点击 P1 模块，选择 Find 选项会出现如图 5-43 所示的界面，在里面搜"Y_Fwd(*)"选项。在下侧选择二氧化碳和水并拖拽至曲线图的纵坐标上。

如图 5-44 所示，曲线图创建完成。然后点击运行即可进行模拟。

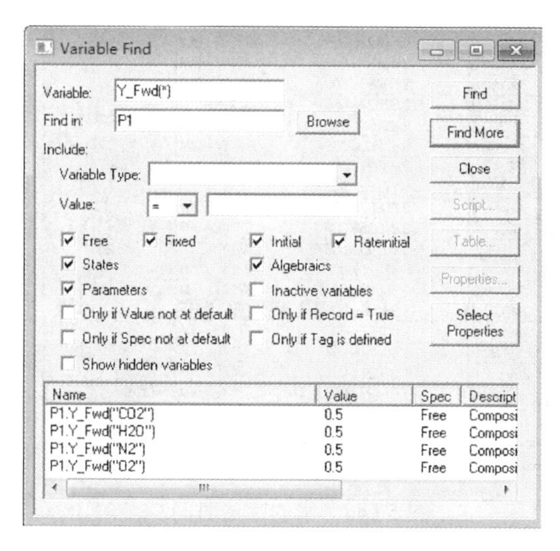

图 5-43　实时关系曲线的创建

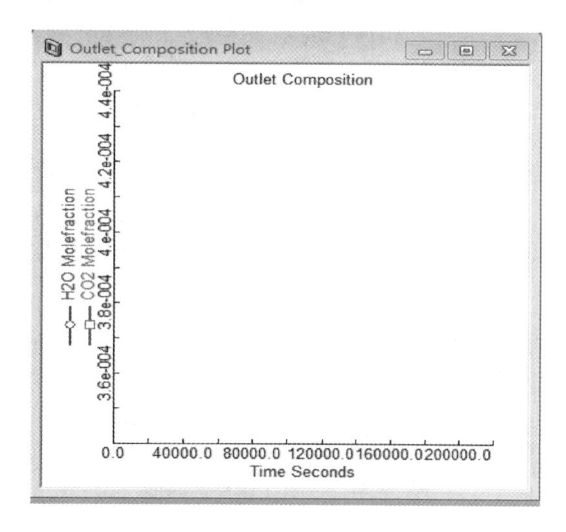

图 5-44　实时关系曲线的创建

5.6 计算结果

当两条线相交时停止模拟(图 5-45)，右键点击曲线选择 show as history 选项，见图 5-46。

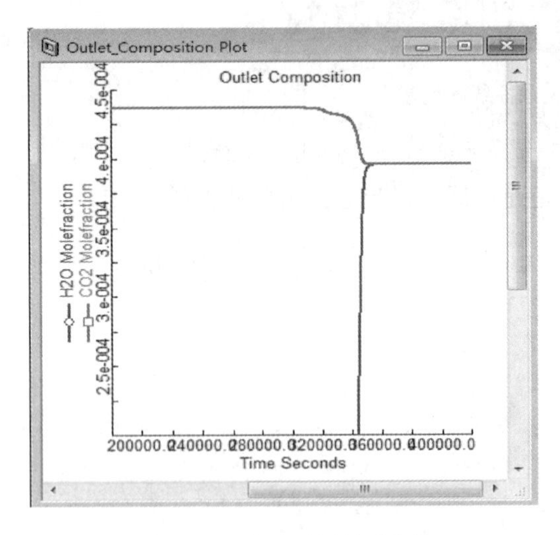

图 5-45　穿透时间关系曲线

Outlet_Composition History Table

Time	P1.Y_Fwd("H2O")	P1.Y_Fwd("CO2")
Seconds	kmol/kmol	kmol/kmol
0.0	1.e-010	1.e-010
60.0	1.18637e-013	7.39942e-012
120.0	1.18637e-013	7.39937e-012
180.0	1.18637e-013	7.39932e-012
240.0	1.18637e-013	7.39928e-012
300.0	1.18637e-013	7.39923e-012
360.0	1.18637e-013	7.39918e-012
420.0	1.18637e-013	7.39914e-012
480.0	1.18637e-013	7.39909e-012
540.0	1.18637e-013	7.39904e-012
600.0	1.18637e-013	7.399e-012
660.0	1.18637e-013	7.39895e-012
720.0	1.18637e-013	7.3989e-012
780.0	1.18637e-013	7.39886e-012
840.0	1.18637e-013	7.39884e-012
900.0	1.18637e-013	7.39881e-012
960.0	1.18637e-013	7.39879e-012
1020.0	1.18637e-013	7.39879e-012
1080.0	1.18637e-013	7.39879e-012
1140.0	1.18637e-013	7.39879e-012
1200.0	1.18637e-013	7.39879e-012
1260.0	1.18637e-013	7.39879e-012

图 5-46　穿透时间查找

在这个表里就可以找到所需要的数据点，如图 5-47 和图 5-48 所示。这样，一组需要的数据点就得到了。

Outlet_Composition History Table

Time	P1.Y_Fwd("H2O")	P1.Y_Fwd("CO2")
Seconds	kmol/kmol	kmol/kmol
23760.0	1.18637e-013	7.9376e-007
23820.0	1.18637e-013	8.17431e-007
23880.0	1.18637e-013	8.41101e-007
23940.0	1.18637e-013	8.64772e-007
24000.0	1.18637e-013	9.02352e-007
24060.0	1.18637e-013	9.44898e-007
24120.0	1.18637e-013	9.87444e-007
24180.0	1.18637e-013	1.02999e-006
24240.0	1.18637e-013	1.07254e-006
24300.0	1.18637e-013	1.11508e-006
24360.0	1.18637e-013	1.15763e-006
24420.0	1.18637e-013	1.20017e-006
24480.0	1.18637e-013	1.24272e-006
24540.0	1.18637e-013	1.28526e-006
24600.0	1.18637e-013	1.32781e-006
24660.0	1.18637e-013	1.37036e-006
24720.0	1.18637e-013	1.4129e-006
24780.0	1.18637e-013	1.45545e-006
24840.0	1.18637e-013	1.49799e-006
24900.0	1.18637e-013	1.54054e-006
24960.0	1.18637e-013	1.58487e-006
25020.0	1.18637e-013	1.65279e-006

图 5-47　二氧化碳穿透时间

Outlet_Composition History Table

Time	P1.Y_Fwd("H2O")	P1.Y_Fwd("CO2")
Seconds	kmol/kmol	kmol/kmol
265920.0	9.48009e-008	4.37137e-004
265980.0	9.51523e-008	4.37138e-004
266040.0	9.55191e-008	4.37138e-004
266100.0	9.58859e-008	4.37139e-004
266160.0	9.62527e-008	4.37139e-004
266220.0	9.66195e-008	4.3714e-004
266280.0	9.69863e-008	4.3714e-004
266340.0	9.73531e-008	4.37141e-004
266400.0	9.77199e-008	4.37141e-004
266460.0	9.80867e-008	4.37142e-004
266520.0	9.84535e-008	4.37142e-004
266580.0	9.88203e-008	4.37143e-004
266640.0	9.91871e-008	4.37143e-004
266700.0	9.95539e-008	4.37144e-004
266760.0	9.99206e-008	4.37145e-004
266820.0	1.00287e-007	4.37145e-004
266880.0	1.00654e-007	4.37146e-004
266940.0	1.01021e-007	4.37146e-004
267000.0	1.01427e-007	4.37147e-004
267060.0	1.01838e-007	4.37147e-004
267120.0	1.02249e-007	4.37148e-004
267180.0	1.0266e-007	4.37148e-004

图 5-48　水的穿透时间

通过进一步的计算表明，原料空气的压力、原料空气的温度、吸附床床层外径、吸附床床层内径、吸附剂与 CO_2 之间的传质系数、吸附剂与 H_2O 之间的传质系数、吸附剂颗粒间的空隙率、吸附床的堆积密度 RHO_s、吸附剂颗粒半径 R_p，这 9 个因素对二氧化碳-吸附层的吸附穿透时间和水-吸附层的吸附穿透时间这两个变量都是有影响的。

第6章　基于Aspen EDR软件的管壳式换热器设计

Aspen EDR(Exchanger Design and Rating)是由Aspen Tech公司推出的一款用于传热计算的工程软件，可用于各类传热设备的计算。该软件中的Shell & Tube Exchanger模块是专门用于管壳式换热器传热计算的，其提供了设计(design)、校核(rating/checing)、模拟(simulation)及最大污垢(maximumfouling)4种计算模式，可进行单相流、沸腾或冷凝以及多相流的传热计算。

6.1　Aspen EDR的界面

安装好Aspen EDR 8.0后，从开始→Aspen Exchanger Design and Rating V8.4，如图6-1所示。点击New进入界面，并选择Shell & Tube exchanger(Shell&Tube)，见图6-2。点击OK进入界面，需要将所有红色选项完成，才能进行计算，初始界面如图6-3所示。

可先保存文件，默认后缀.EDR，之后可随时保存，避免信息丢失，点击后，如图6-4所示。

在Shell&tube/Console页面中需输入或确认一些已由上节确定的信息，Calculation mode(计算模型)为Design(Sizing)[设计(尺寸)]，见图6-3。

在Configuration表中，选择TEMA type(换热器类型)为B.E.M、hotside(热流体)为tube side(管程)、tube OD \ Pitch(换热管外径、间距)为16mm、22mm、tube pattern(管子分布)为30-Triangular(正三角形)、Tube in window(管是否有窗口)为"Yes(是)"、Baffle type(折流板类型)为Single segmental(单弓形)、Baffle cut orientation(折流板切口方向)为Horizontal(水平)形式、Exchanger material(换热器材料)为Carbon Steel(碳钢)。

在Size表中，Specify some size in design(设计中的一些特殊尺寸)选择Yes(是)；Shell ID \ OD(壳体内径、外径)选择内径为"1550mm"、外径由系统自动计算得到；Tube length(管子长度)为"6000mm"；Baffle pitch(折流板间距)为"440mm"；Number of tubes \ passes(管子数、管程数)，管程数为1(管子数目由系统自动计算得到)。

选择完毕如图6-5所示。

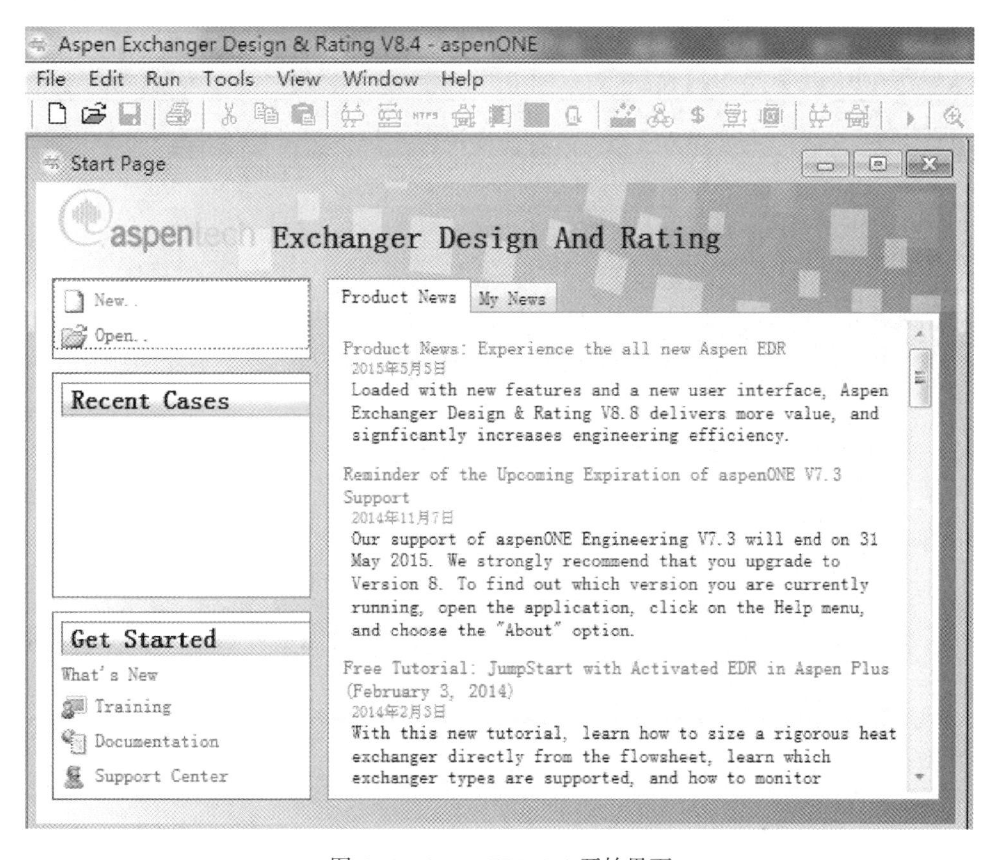

图 6-1　Aspen EDR 8.0 开始界面

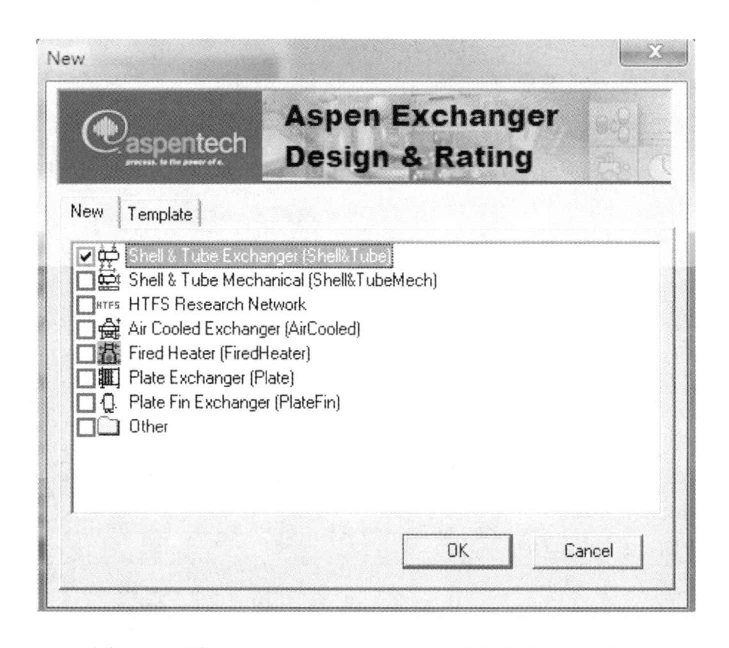

图 6-2　进入 Shell & Tube exchanger(Shell&Tube)界面

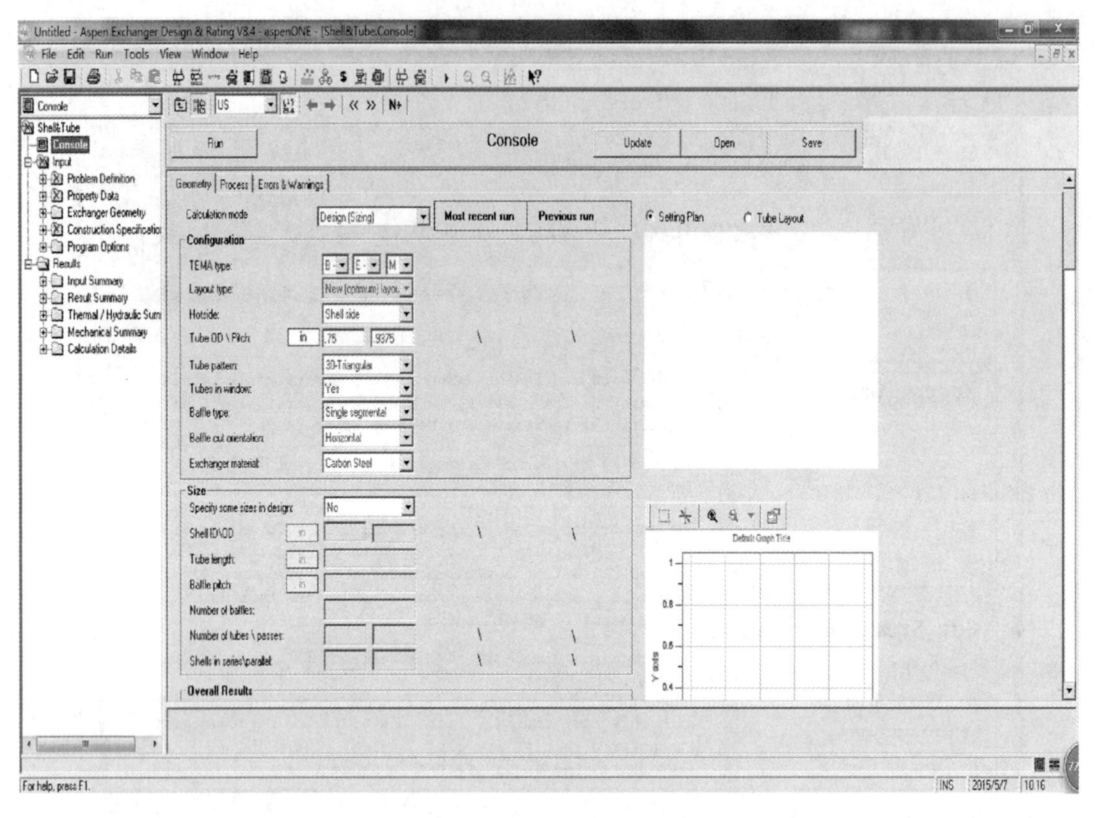

图 6-3 Sell & tube exchanger 工具主页面

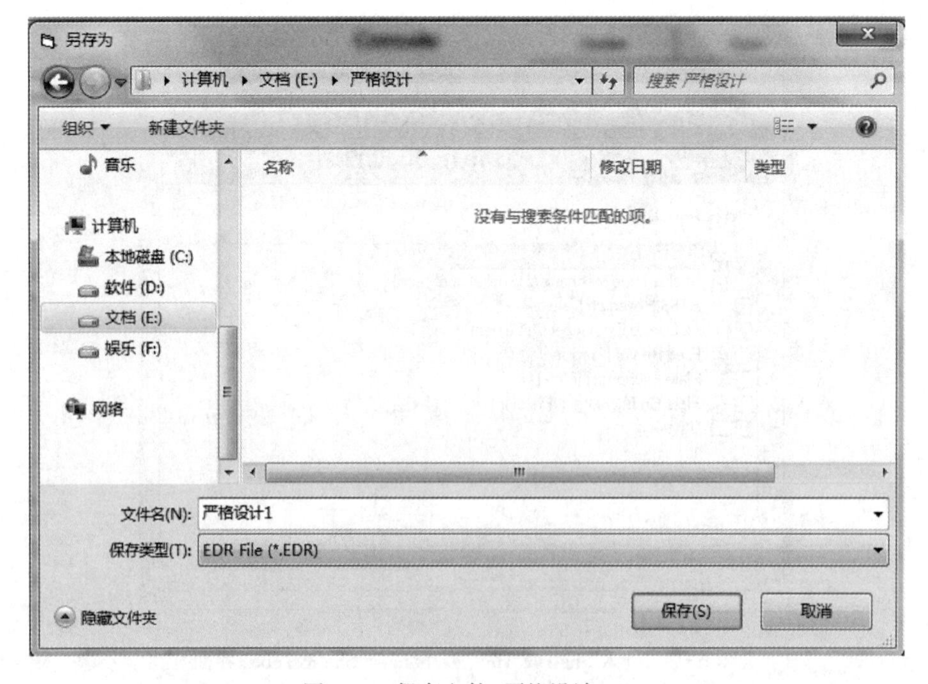

图 6-4 保存文件“严格设计 1”

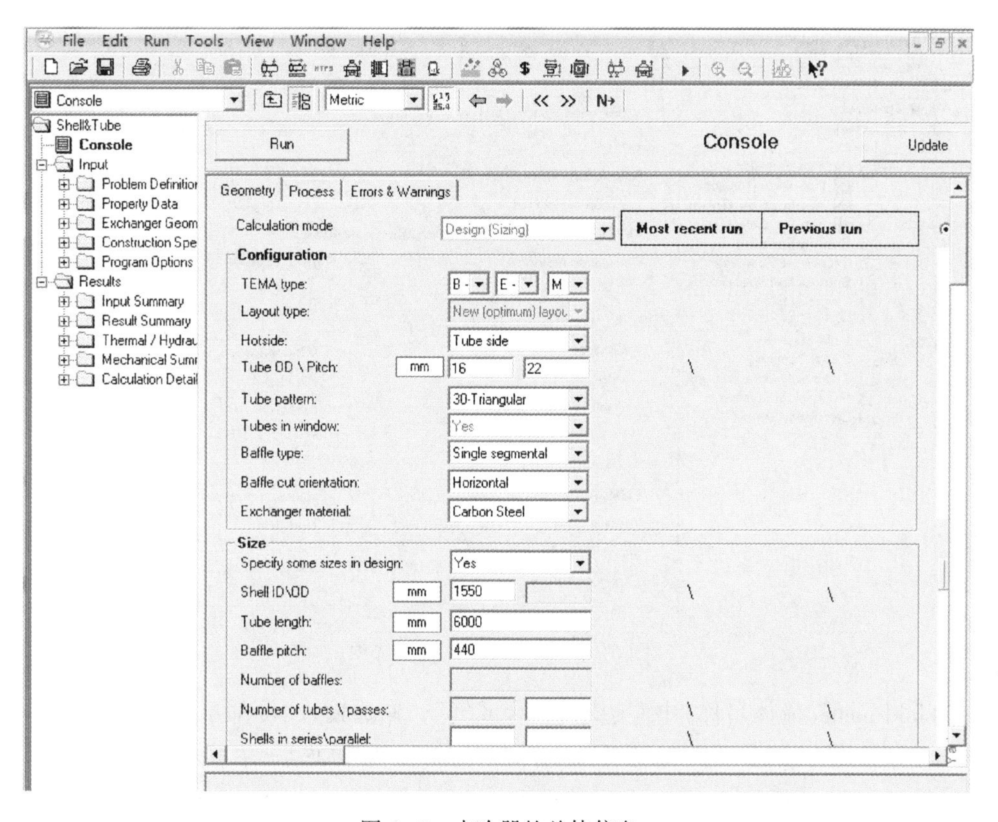

图 6-5　水冷器的总体信息

6.2 设计参数的定义

在 Input/Problem Definition/Application Options 页面，需确认一些必要的选项，如在 General(总体)选项中，Calculation mode(计算模型)为 Design(Sizing)[设计(尺寸)]，Location of hot fluid(热流体的位置)为 Tube side(管程)，Select geometry based on this dimensional standard(系统几何尺寸选择基准)为 SI(国际标准)基准；在 Hot side(热侧)选项中，合成气的 Application(应用)选择 Condensation(冷凝)，Condensation type(冷凝类型)选择 Program(由系统指定)；在 Cold side(冷侧)选项中，冷却水的 Application(应用)选择 Liquid，no phase change(液体，没有相变)，如图 6-6 所示。

在 Process Data 页面上填上必要的信息。根据设计要求，选择 metric(米)单位制。页面数据输入区域中左边对应热流体(合成气)，右边对应冷流体(冷却水)，需输入热冷流体的流量、进出口温度、进口压力等。其中，冷流体的出口温度未知，不必输入，系统会自动计算出来；各流体的出口压力先不用输入，在填入冷热流体允许压力降之后，系统会自动计算出其出口压力。

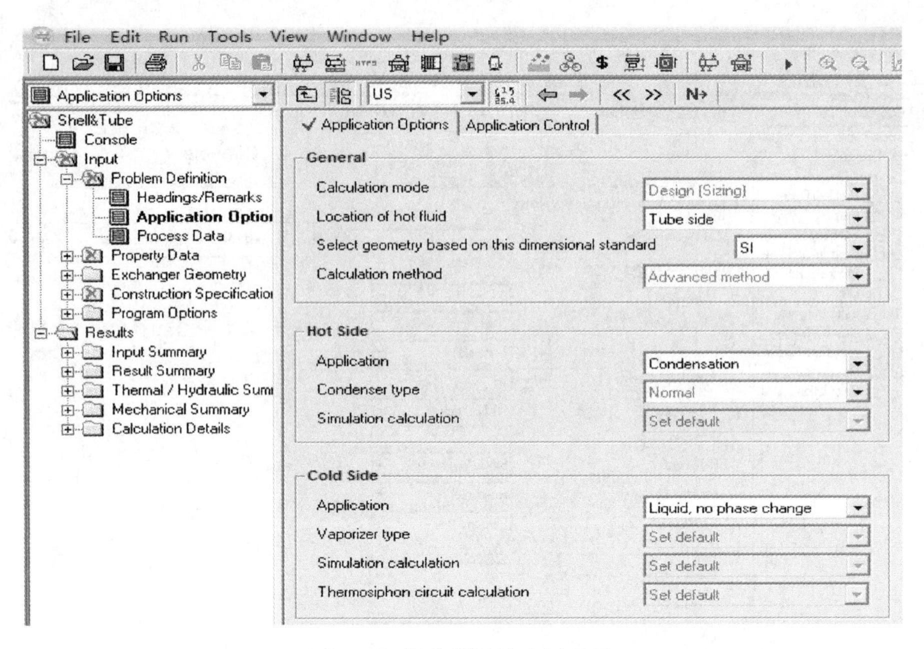

图 6-6　换热器设计应用选项

在 Fluid name(流体名称)中左边输入“合成气”、右边输入“冷却水”；在 Mass flow rate (total)[质量流量(总体)]选择单位 kg/h，左边输入“81725”、右边输入“600000”；在 Temperature(温度)选择单位℃，从左到右依次输入“100、40、32”；在 Vapor mass fraction (气相质量分数)左边进口输入“1”，出口未知，由系统确定，右边分别输入“0、0”；在 Operating pressure(absolute)[操作压力(绝对)]选择单位 MPa，管程进口输入“3.1”、壳程进口输入“0.6”；在 Allowed pressure drop(允许压力降)选择单位 MPa，管程输入“0.18”、壳程输入“0.18”；在 Estimate pressure drop(估计压力降)中会自动与允许压力降保持一致；在 Fouling resistance(污垢热阻)选择单位 $m^2 \cdot K/W$，管程输入“0.00002”、壳程输入“0.00035”，如图 6-7 所示。

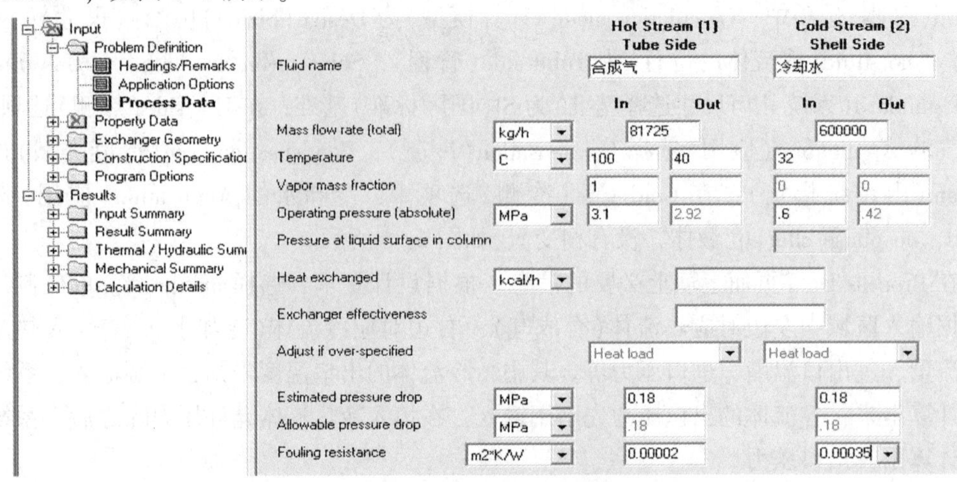

图 6-7　水冷器的设计参数

6.3 物性的定义

打开 Property Data 页面(图 6-8)，需确认冷热流体的组成。先打开 Hot Stream compositions 输入热流体的组成。这里 physical property package(物性包)选择 aspen properties 物性系统；之后出现一个对话框，如图 6-9 所示，意思为“现在物流的物性将会丢失，你想要继续吗”，点击确定；Hot side composition specification(热流体组成成分规范)选择 Mole flowrate or %(摩尔分率%)，如图 6-8 所示。

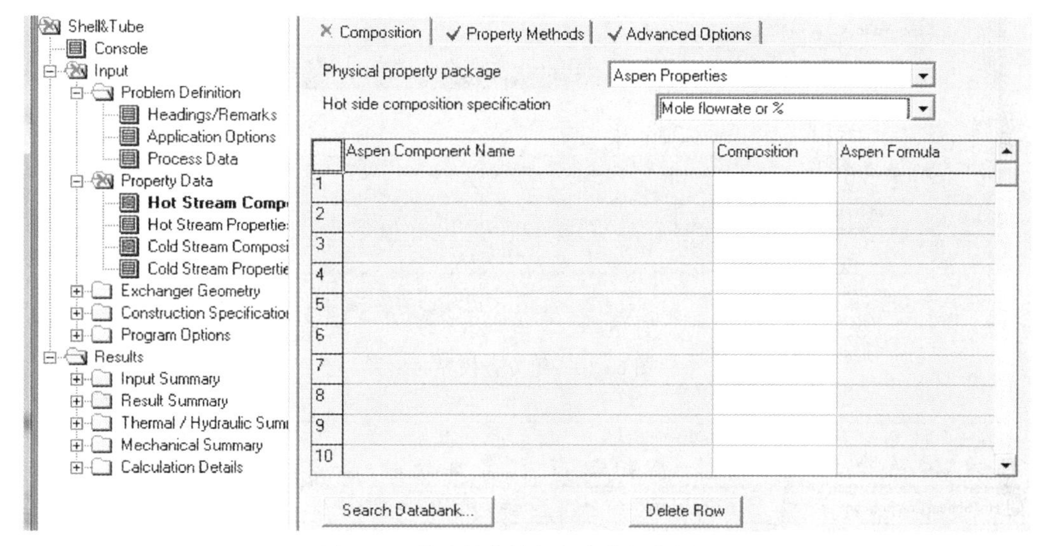

图 6-8 热流体物性包与成分规范的选择

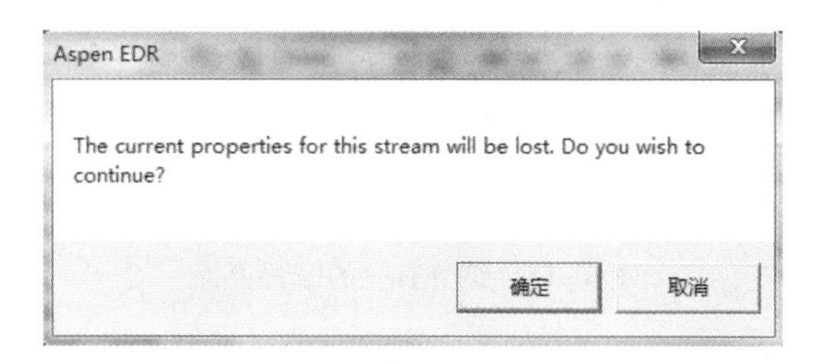

图 6-9 “aspen properties”物性系统选择对话框

现输入组分，单击 Search databank(查找数据库)即可进入组分查找或匹配界面，然后输入“H_2”，选定 equal(表示只查找名称与“H_2”相同的组分)，单击 Find now，系统会找到H_2并出现在窗口中，如图 6-10 所示。

用鼠标选中 H_2之后，单击 add select compounds(添加选择组分)，选中的组分 H_2 就会出现在模拟窗口的组分表中，单击上图 close(关闭按钮)关闭组分查找窗口就能看到所输入的组分，如图 6-11 所示。

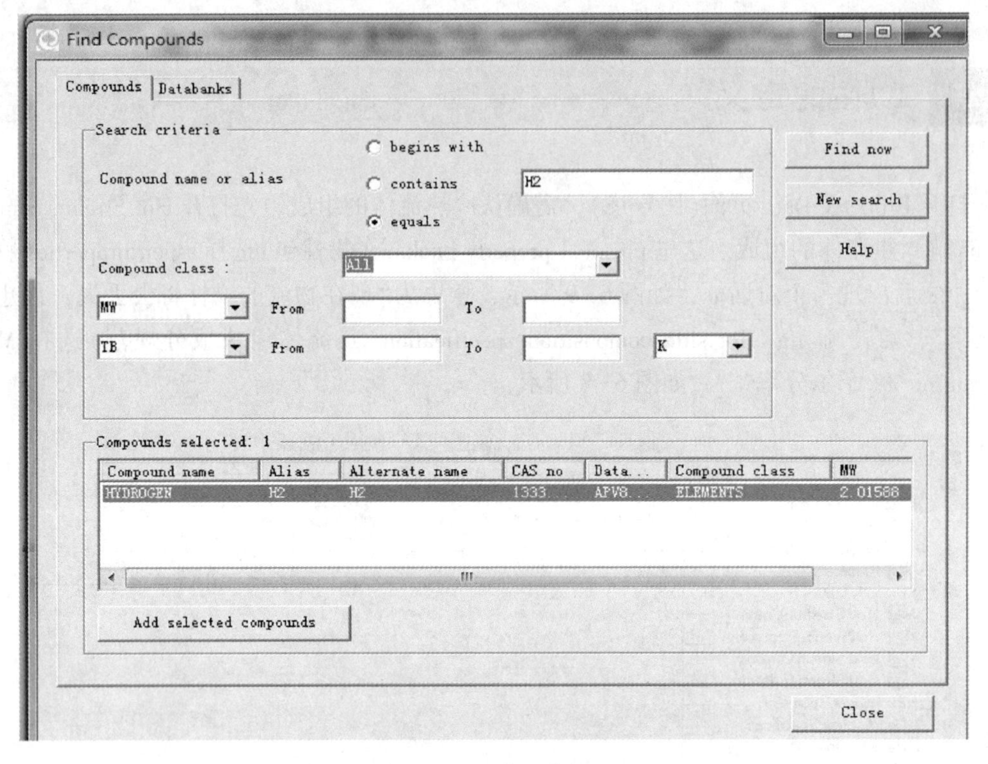

图 6-10　组分查找界面

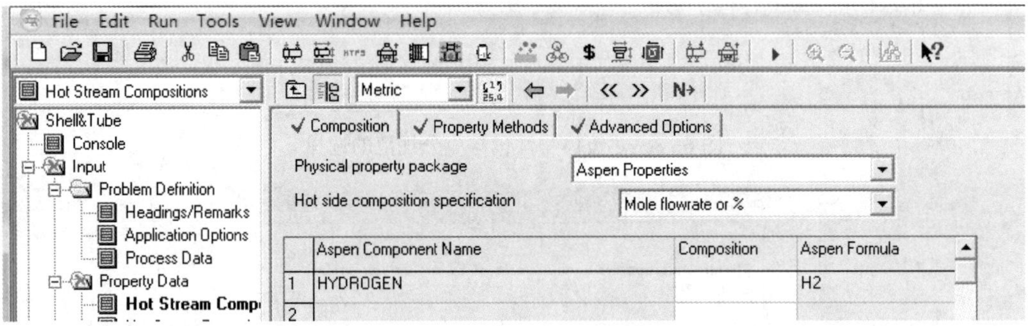

图 6-11　组分氢气的配置界面

同样的办法，依次输入“N_2、CH_4、Ar、CO、CO_2、CH_4O、H_2O”(不分大小写、上下角)，即可找到“氮气、甲烷、氩气、一氧化碳、二氧化碳、甲醇、水”组分，完成组分输入，各组分摩尔含量从上到下依次为“69.79、22.6、0.79、0.13、1.91、0.26、4.04、0.48”，如图 6-12 所示。

单击 Property method(物性方法)即可进入物性方法选择界面。根据经验，Aspen property method/aspen(物性方法)选择 NRTL-RK；Aspen free-water method/aspen(自由水方法)选择 IDEAL(理想)状态；根据合成气处于冷凝状态，Aspen flash option/aspen(相选项)选择 vapor-liquid-liquid(气液液)三相；如图 6-13 所示。

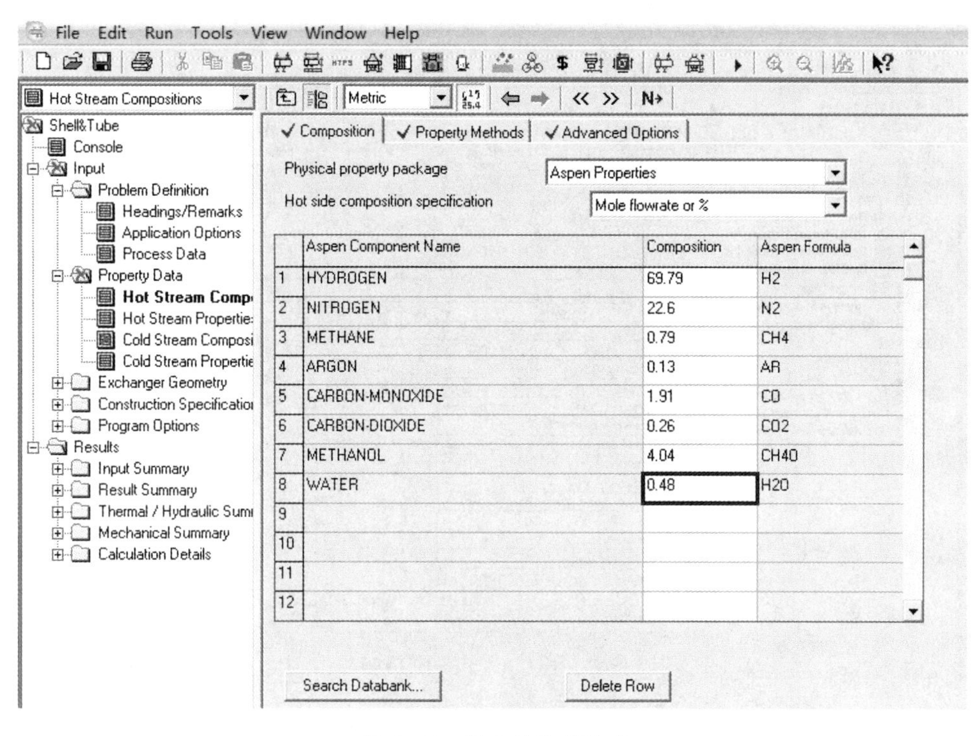

图 6-12　输入热物流组成

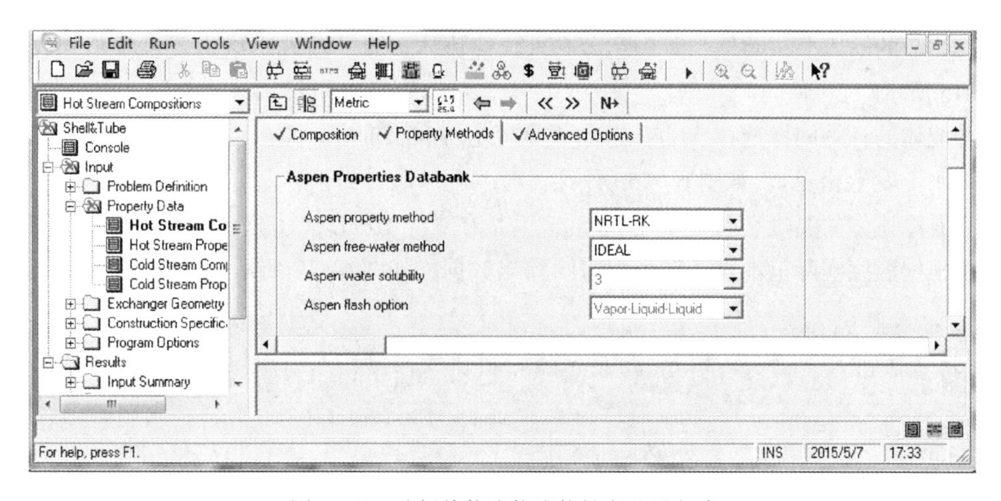

图 6-13　选择热物流物流物性方法及相态

单击左侧工具栏中 Hot stream properties（热物流物性）即可进入热物流计算数据页面。查看热流体 Temperature points number（温度节点数）19、温度范围 40～100℃、压力范围 3.1～2.92MPa 是否合理。上述数值为系统自动给出的，需要设计者确认是否正确。如果给出的范围小于实际范围，将影响计算结果的可靠性。遇到这种情况，需要设计者修改过来。表中的数据空白，系统在运行时会自动填上（也可以点击 Get Properties 按钮得到），如图 6-14 所示。

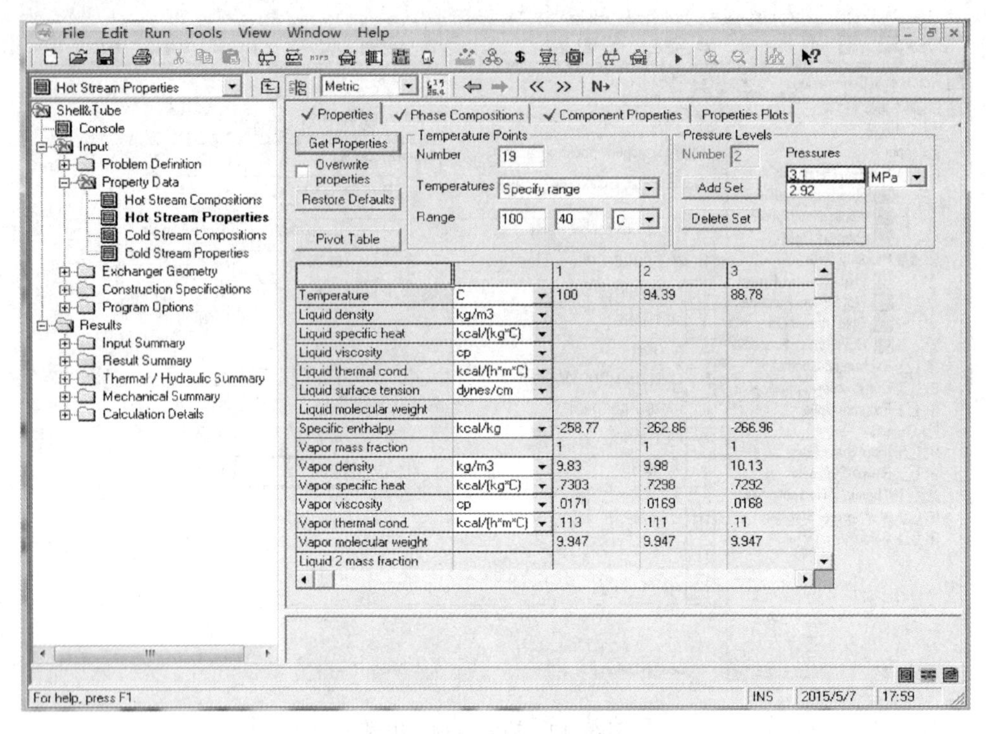

图 6-14　查看热物流计算数据范围

冷物流的输入办法类似，其中组分在前面热流体页面已输入，这里填入摩尔分数，如图 6-15 所示。

冷流体的计算同样选择 NRTL-RK(物性方法)和 IDEAL(状态)，相态选择 Liquid(因为冷却水不发生相变)，如图 6-16 所示。

查看冷流体的温度范围是否合理，这里是在 32～100℃，计算 14 节点，计算完毕之后，可根据温度实际范围重新调整过来。得出数据，如图 6-17 所示。

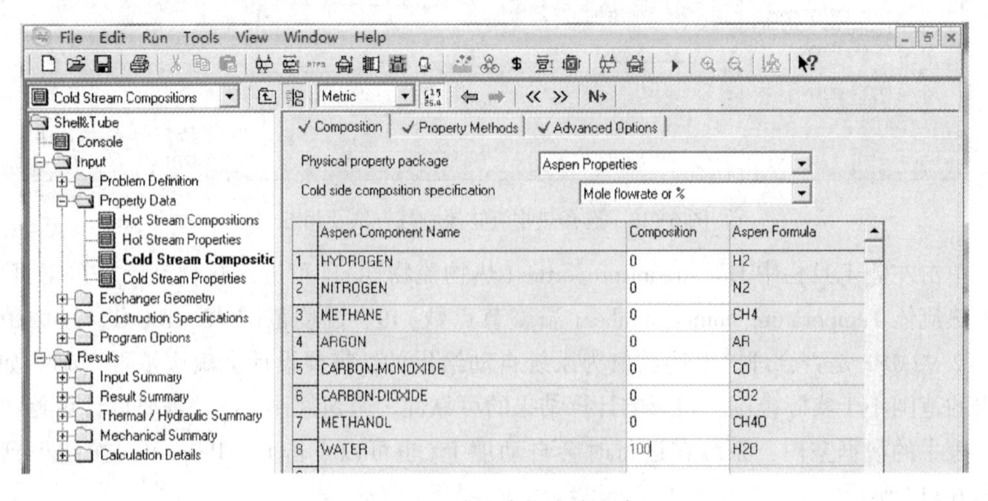

图 6-15　输入冷物流的组成

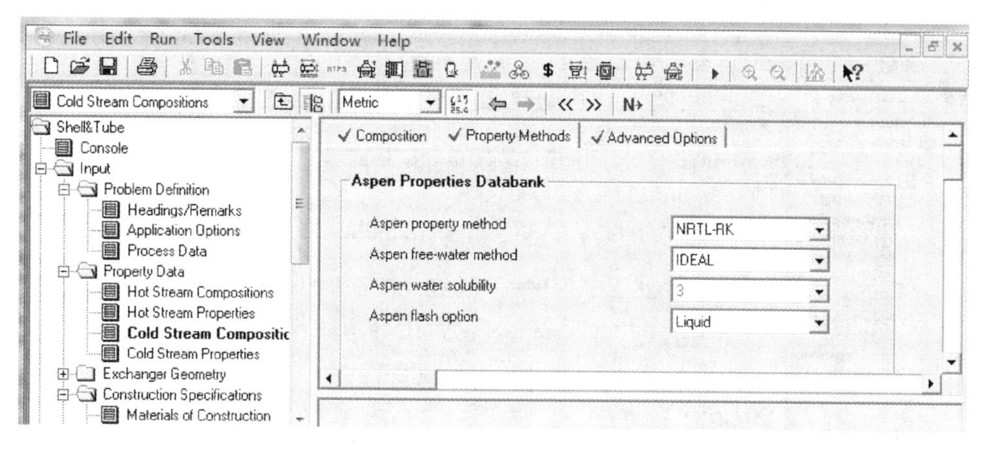

图 6-16 选择冷物流物性方法及相态

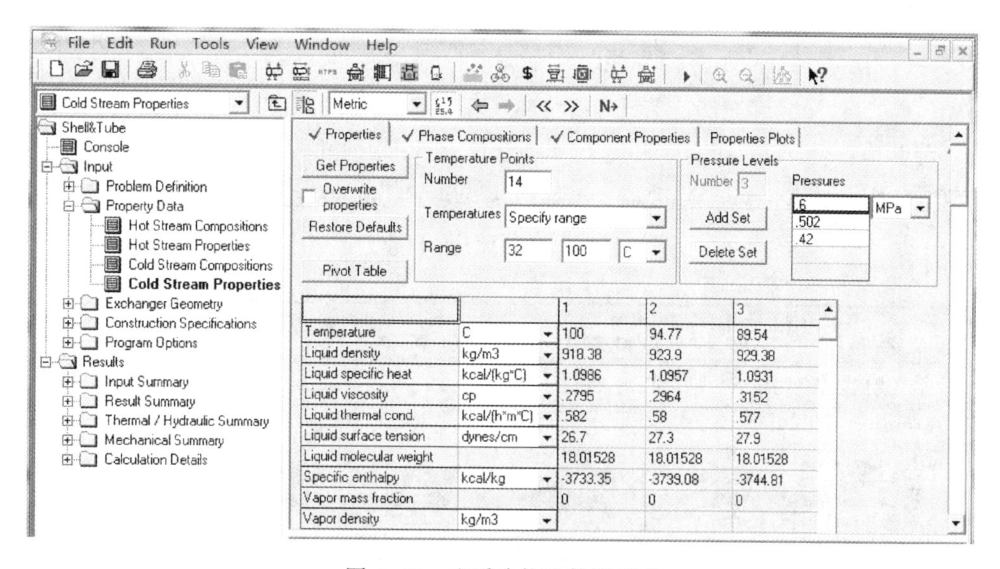

		1	2	3
Temperature	C	100	94.77	89.54
Liquid density	kg/m3	918.38	923.9	929.38
Liquid specific heat	kcal/(kg*C)	1.0986	1.0957	1.0931
Liquid viscosity	cp	.2795	.2964	.3152
Liquid thermal cond.	kcal/(h*m*C)	.582	.58	.577
Liquid surface tension	dynes/cm	26.7	27.3	27.9
Liquid molecular weight		18.01528	18.01528	18.01528
Specific enthalpy	kcal/kg	-3733.35	-3739.08	-3744.81
Vapor mass fraction		0	0	0
Vapor density	kg/m3			

图 6-17 查看冷物流数据范围

6.4 换热器几何数据的定义

在 Exchanger geometry(换热器几何数据)项，有许多关于换热器的信息。

在 Geometry summary(几何数据集合)页面中，确认与图 6-5 一致，如图 6-18 所示。

点击 Shell/Heads/Flanges/Tubesheets(壳体、封头等)即可进入壳体、封头等信息界面。

点击 Shell/Heads(壳体、管箱)，确认信息。Front head type(前管箱类型)项选 B-bonnet bolted or integral with tubesheet(固定管板)型；Shell type(壳体类型)项为 E-one pass shell(单程壳体)；Rear head type(后管箱类型)项为 M-bonnet(固定)；Exchanger position(换热器的位置)项为 Vertical(立式)，如图 6-19 所示。

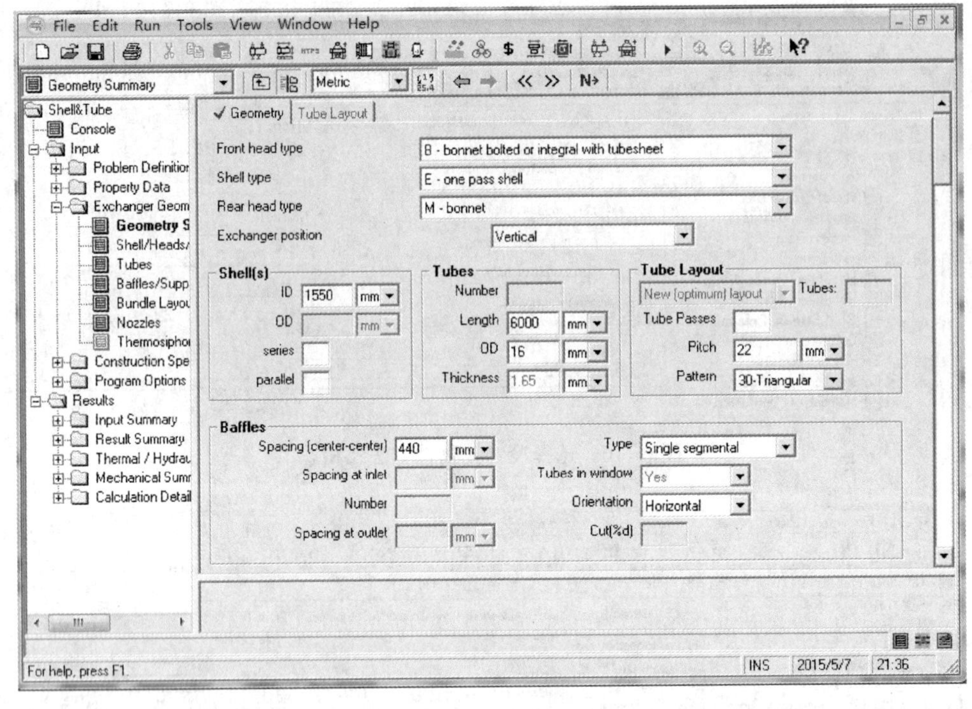

图 6-18　总体几何尺寸

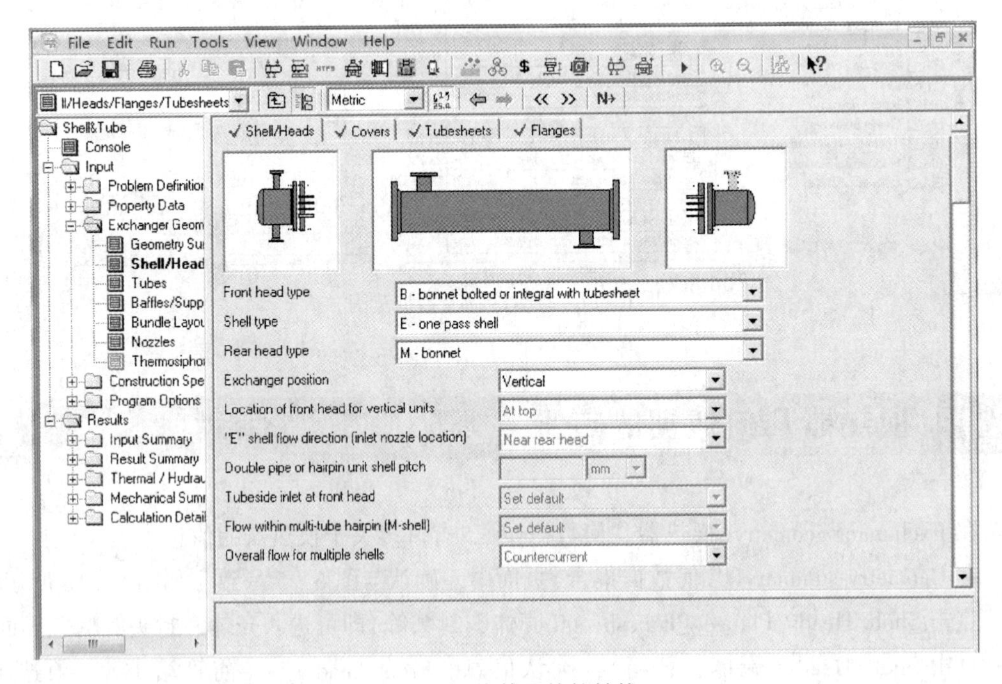

图 6-19　壳体、管箱结构

点击 Covers(封头)，确认信息。Front cover type(前封头类型)项为 Ellipsoidal(椭圆形)封头；Front cover welded to cylinder(前封头与筒体焊接)为 Yes(是)；Rear cover type(后封

头类型)项为 Ellipsoidal(椭圆形)封头；Rear cover welded to cylinder(后封头与筒体焊接)为 Yes(是)，如图 6-20 所示。

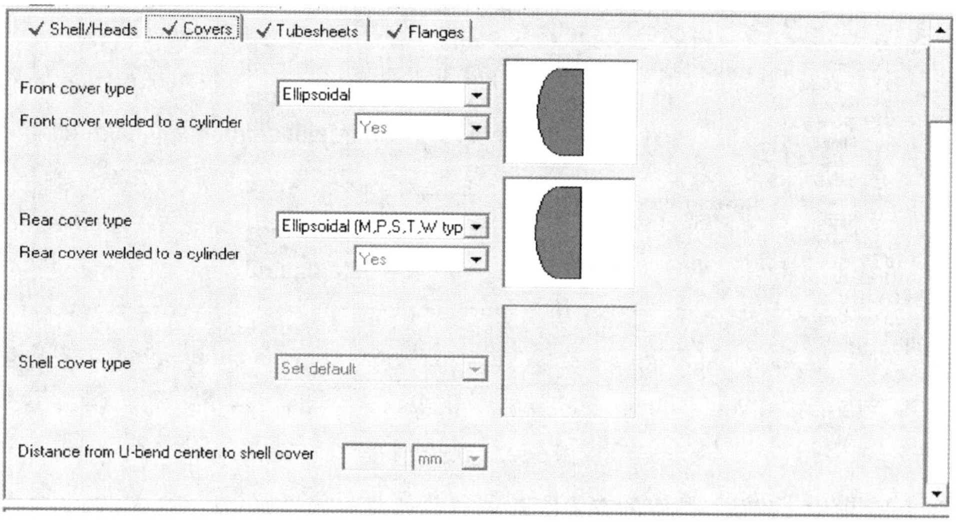

图 6-20 封头结构

点击 Tubesheets(管板)，确认信息。Tubesheets type(管板类型)为 Normal(正常)；Tube to tubesheet joint(管子与管板连接)为 Expanded & seal welded (2 grooves)(App. A'f')(胀焊并用 F 形)；Include expansion joint(有无膨胀节)为 None(无)(因为本设计条件温差不大)，如图 6-21 所示。

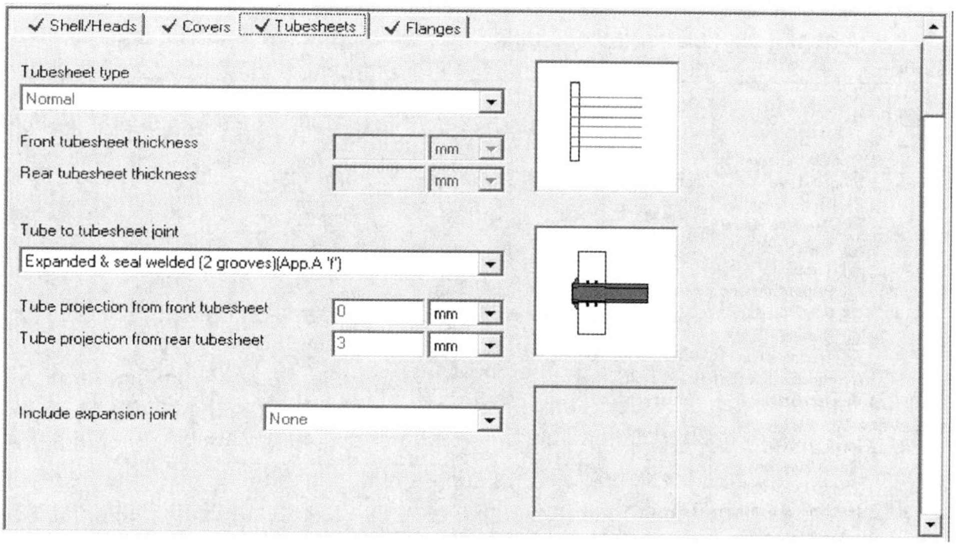

图 6-21 管板结构

点击 Flanges(法兰)，选择信息，Flange type-hot side(热端法兰类型)和 Flange type-cold side(冷端法兰类型)为 Hub，如图 6-22 所示。

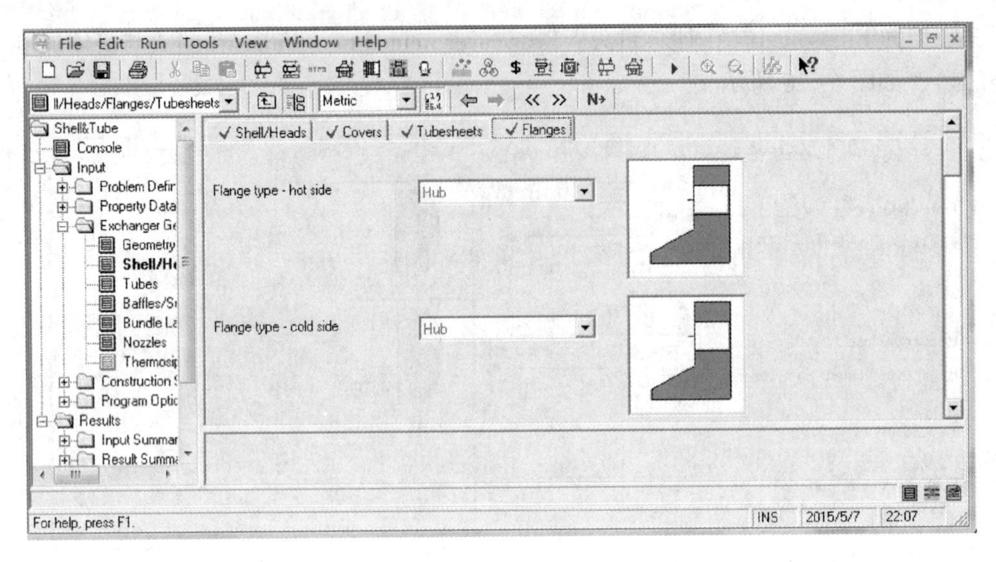

图 6-22 法兰结构

在 Tube 项中，确认换热管的有关信息。

点击 Tube(换热管)，确认换热器列管布置信息。Tube length(换热管长度)为“6000mm”；Tube type(换热管类型)为 Plain(平)管；Tube out diameter(换热管外径)为“16mm”；Tube wall thickness(换热管壁厚)输入“2mm”；Wall specification(壁厚规格)选 Average(平均)；Tube pitch(换热管间距)为“22mm”；Tube pattern(管子分布)为 30-Triangular(正三角形)分布；Exchanger material(换热器材料)为 Carbon Steel(碳钢)；Tube surface(换热管外表面)选 smooth(光滑)表面，如图 6-23 所示。

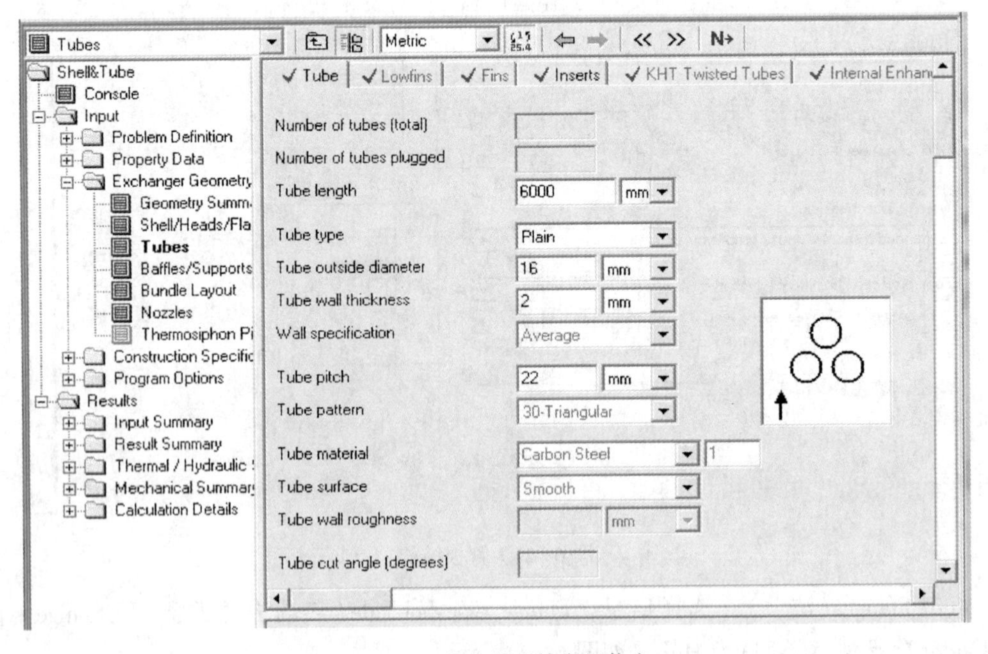

图 6-23 换热器列管布置信息

点击 Insert(内部)，选择信息，Tube insert type(换热管内部类型)选为 Twisted tape(螺纹管)；下面的螺距与螺纹厚度由系统自动生成，如图 6-24 所示。

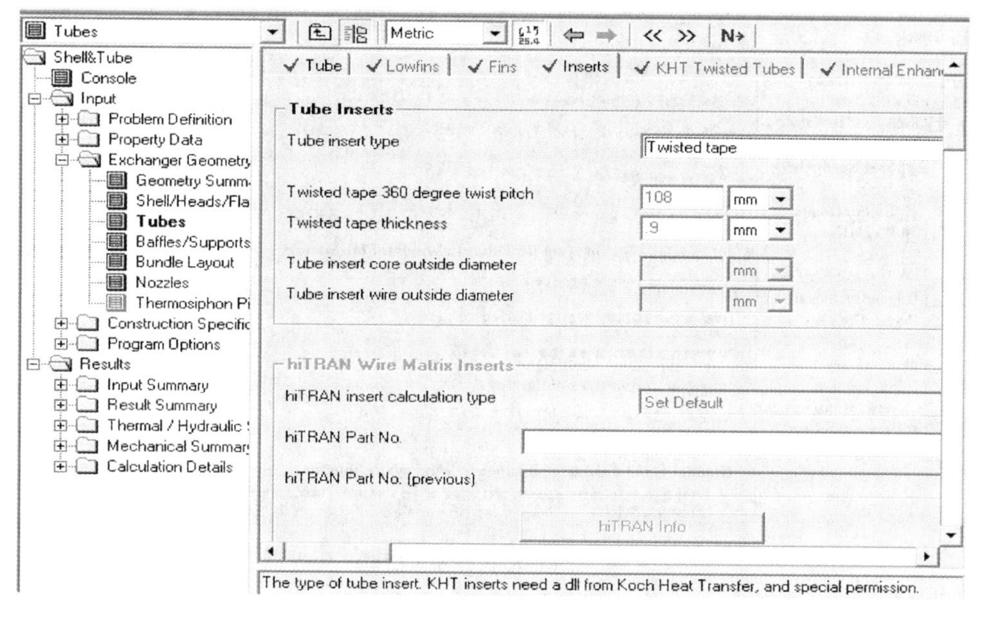

图 6-24　换热管内部结构信息

在 Baffle/Supports 项中，点击 Baffles(折流板)，确认折流板信息是否与图 6-5 一致，如图 6-25 所示。点击 Tube supports(换热管支撑)，Special inlet nozzle support(特别内接管支撑)为 no(无)；Support or blanking baffle at rear end(折流板在后端支撑)为 yes(rigid)[是(严格)]支撑(为防止发生换热管振动现象)，如图 6-26 所示。

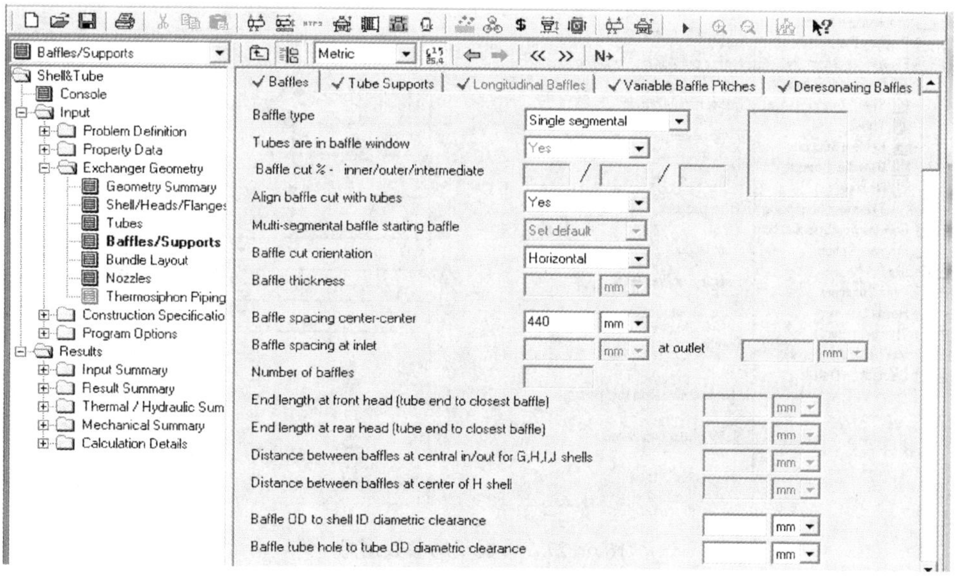

图 6-25　折流板信息

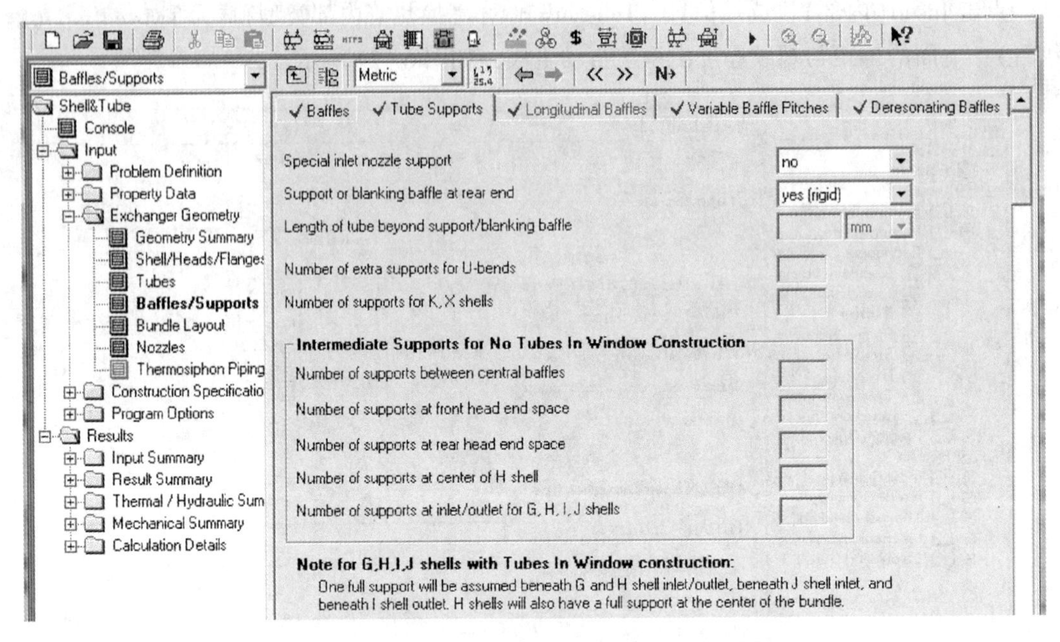

图 6-26　换热管支撑信息

在 Bundle Layout 项中，点击 Layout parameters(布局参数)，确认图 6-27 是否与图6-5信息一致。

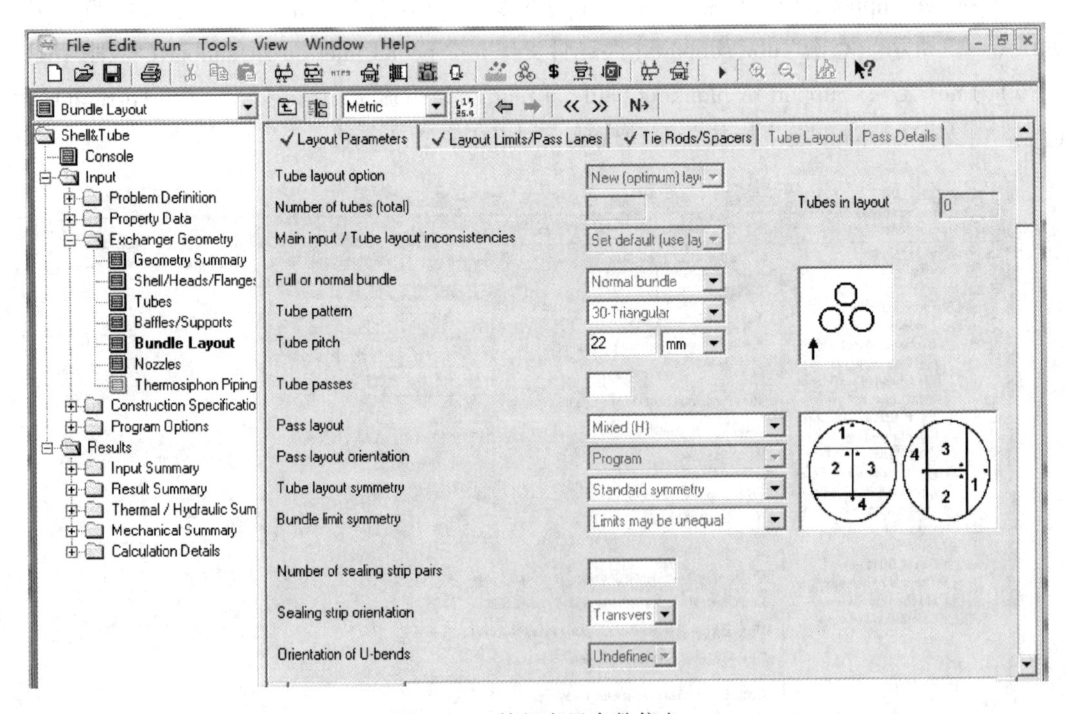

图 6-27　管板布局参数信息

在 Nozzles 项中，点击 Shell side nozzle(壳程接管)，选择输入信息，Use separate outlet nozzle for cold side liquid/vapor flows(对于冷端液体或气体使用分离外接管)为 no (不)(本设计不需要)；Use the specified nozzle dimensions in ‘design’ mode(使用特定尺寸的接管在设计模型中)选为 yes，在下方 Inlet/nominal diameter 与 Out/nominal diameter 空格中输入“400mm”，其他数据系统自动生成，如图 6-28 所示。tube nozzle(管程接管)无特殊设计。

点击 Impingement/Impingement protection device(防冲挡板)选为 Round plate(圆板)(避免换热管发生振动)，圆板数据系统自动生成，如图 6-29 所示。

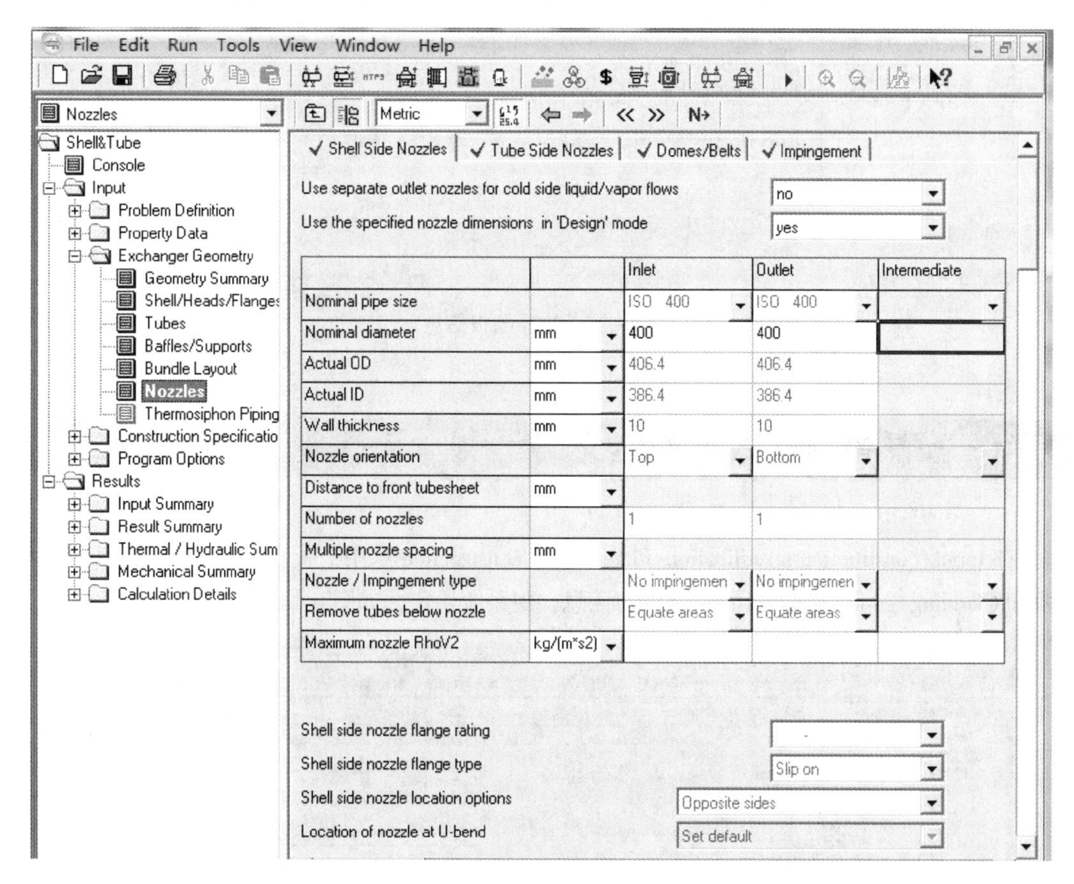

图 6-28　接管信息

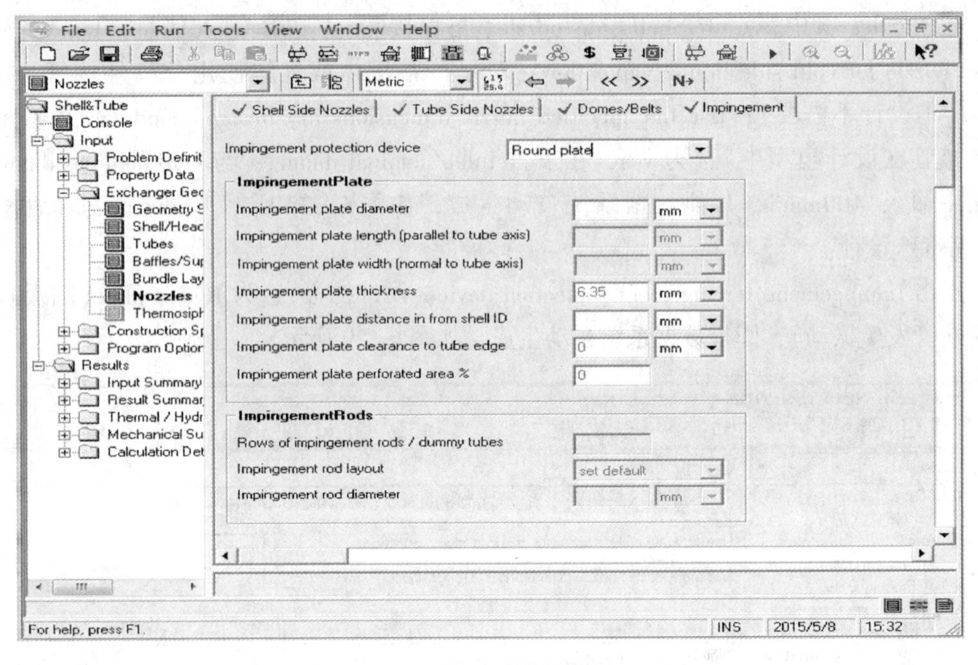

图 6-29　防冲挡板信息

6.5　换热器材料数据的定义

在 Input/construction specification/Materials of construction 项中，查看 Vessel material(容器材料)和 Cladding/gasket material(垫片材料)信息，由系统给定，如图 6-30、图 6-31 所示。

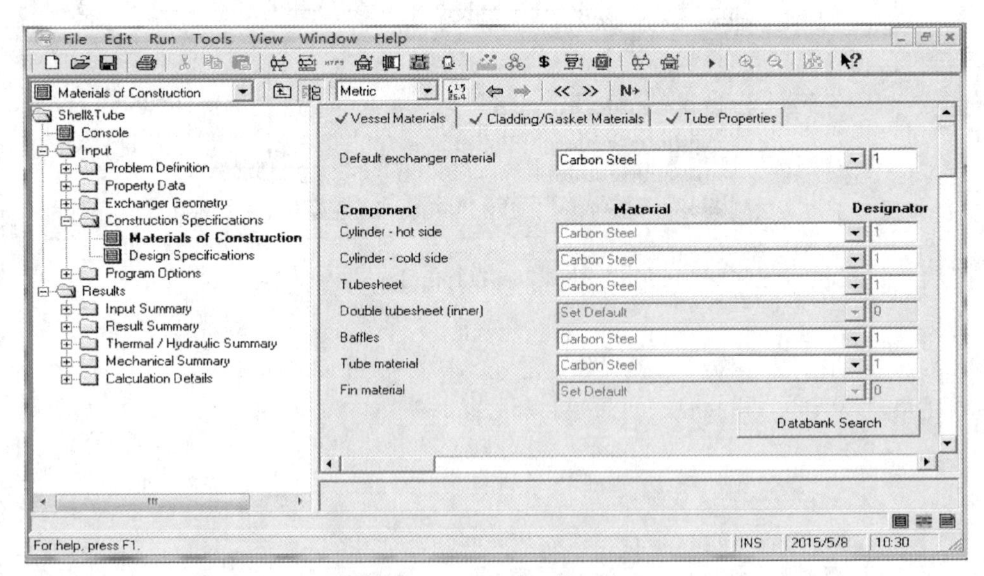

图 6-30　容器材料信息

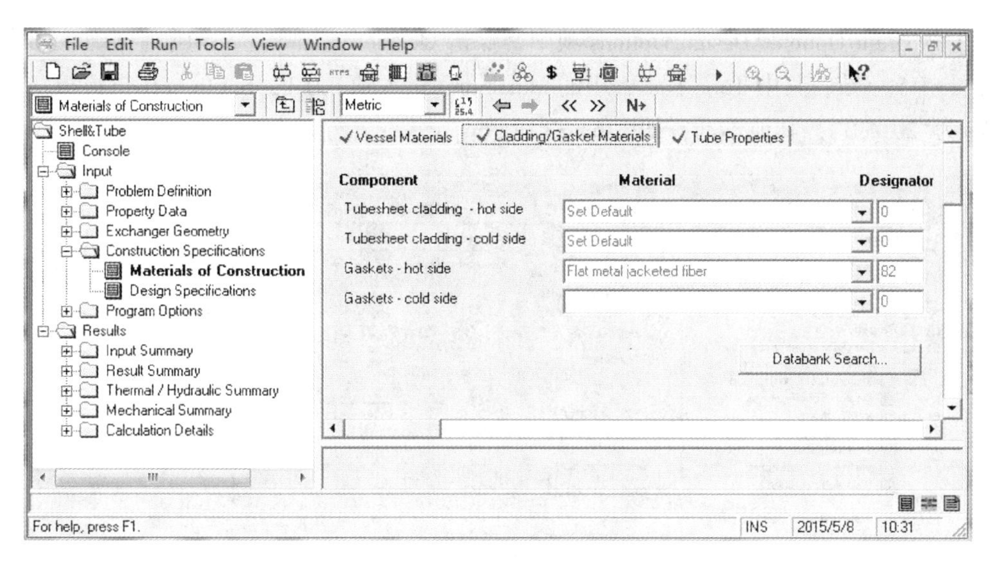

图 6-31　垫片材料信息

6.6 特定设计说明信息的选择

点击 Design Specifications 项，其中 TEMA class(TEMA 准则)选择 B-chemical service(化学服务)(本设计为甲醇生产服务)；Dimensional standard(尺寸标准)选为 ISO-International(国际标准)；其余数据由系统自动给定，如图 6-32 所示。

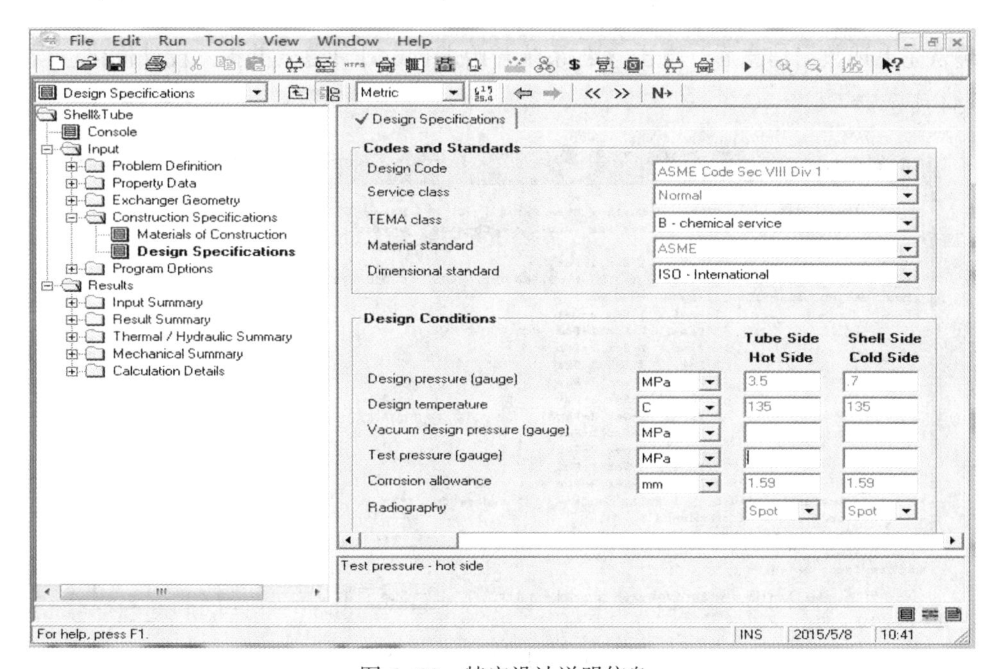

图 6-32　特定设计说明信息

在 Program Options/Design Options 项中，点击 Geometry Limits(几何限制)确认图中信息与图 6-5 一致，其中 Tube passes 中的 Maximum(最大值)为 1，Baffle cut(折流板切口百分数)为“20~30”，其他不动，如图 6-33 所示。

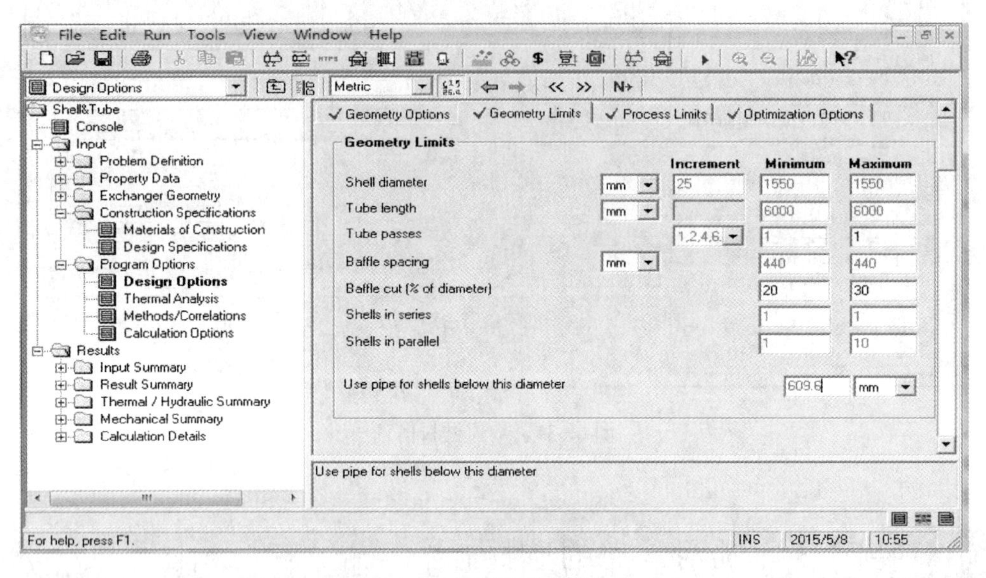

图 6-33　几何尺寸限制信息

6.7 计算过程

确认完上述数据信息后，点击 ▶，系统开始进行设计计算，并提示设计优化过程，如图 6-34 所示。

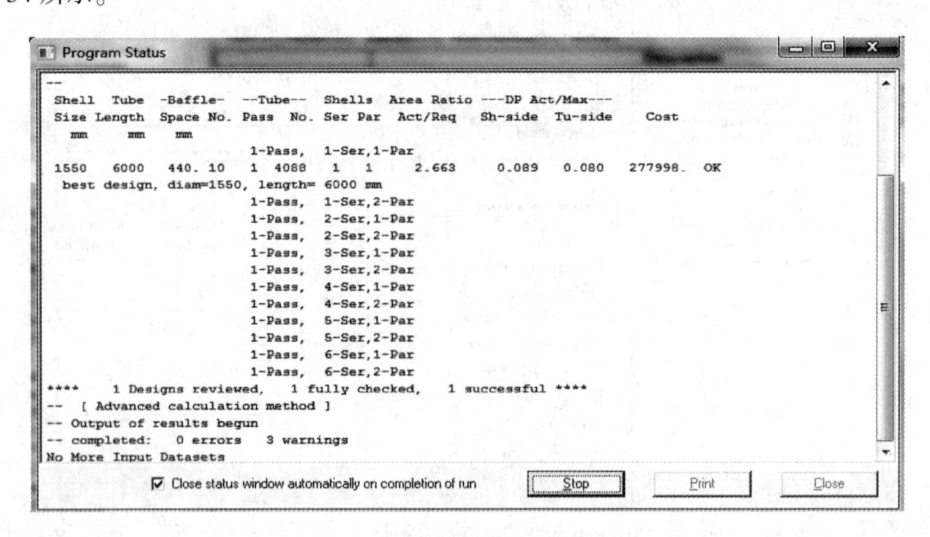

图 6-34　换热器设计计算过程

关闭状态窗口后，系统提示一些需要注意的警告信息(结果警告、操作警告信息)，如图6-35、图6-36所示。

结果警告1916：对于冷凝或沸腾热传递，使用特定的螺纹管内件或应用参数数据，这种方法没有依据。经验表明，使用螺纹管内件，不仅能提高基于管内表面热传递系数，还可以减小质量、降低造价，所以说使用螺纹管是合理的。

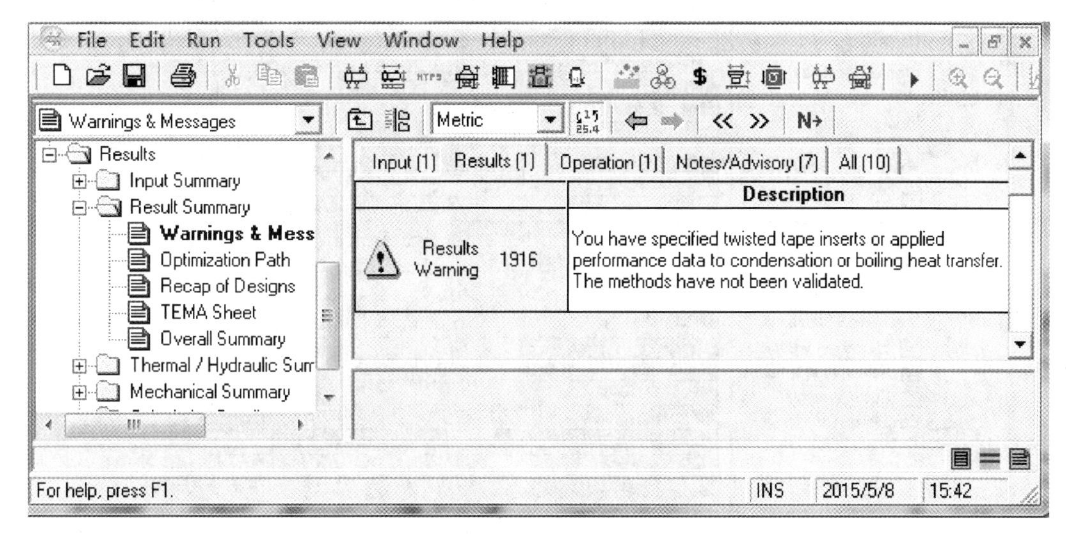

图6-35 结果警告信息

操作警告1638：对于壳程，最大压力为0.31MPa超过了设计压力0.7MPa。壳程操作压力为0.6MPa，设计压力为0.7MPa，最大压力没有超过设计压力，十分合理。

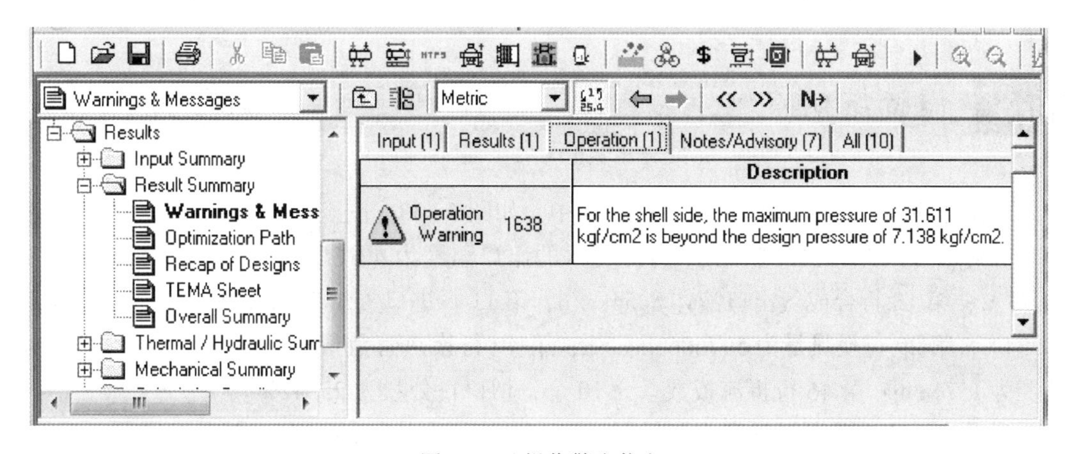

图6-36 操作警告信息

所设计的结果在Result/Result Summary项中，点击Recap of Designs(设计回顾)，出现设计数据及说明，如图6-37所示。

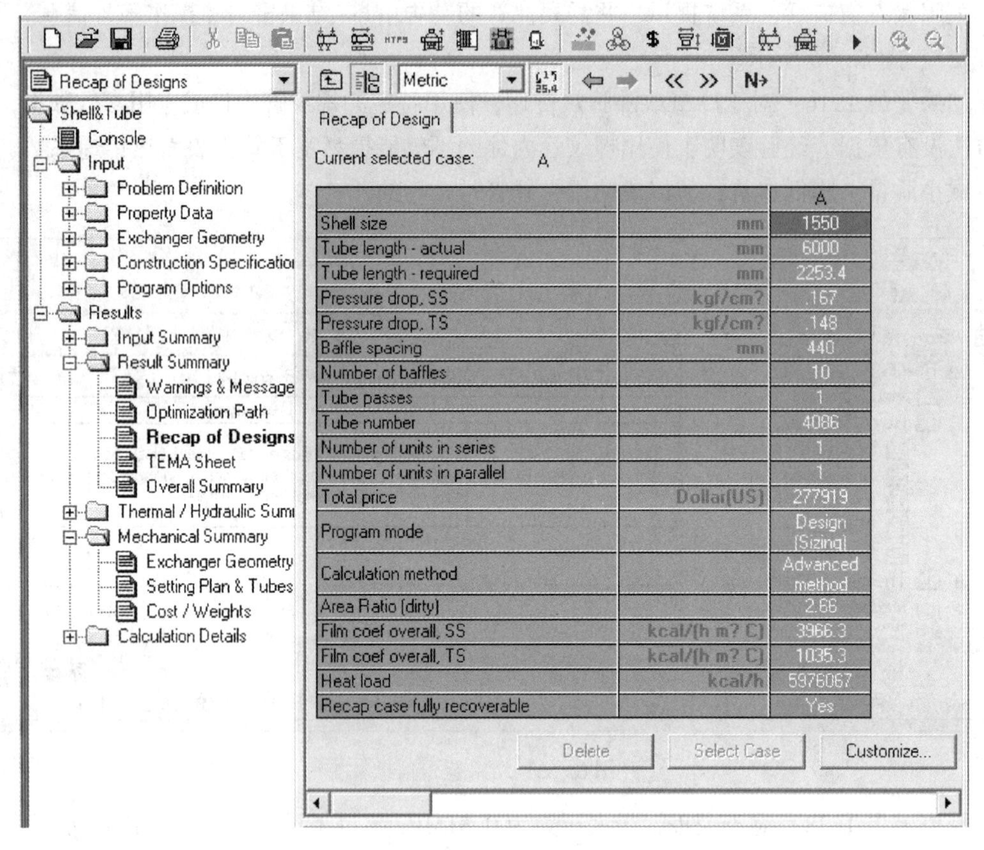

		A
Shell size	mm	1550
Tube length - actual	mm	6000
Tube length - required	mm	2253.4
Pressure drop, SS	kgf/cm?	.167
Pressure drop, TS	kgf/cm?	.148
Baffle spacing	mm	440
Number of baffles		10
Tube passes		1
Tube number		4086
Number of units in series		1
Number of units in parallel		1
Total price	Dollar(US)	277919
Program mode		Design (Sizing)
Calculation method		Advanced method
Area Ratio (dirty)		2.66
Film coef overall, SS	kcal/(h m? C)	3966.3
Film coef overall, TS	kcal/(h m? C)	1035.3
Heat load	kcal/h	5976067
Recap case fully recoverable		Yes

图 6-37　设计回顾信息

6.8 设计结果

所设计的换热器的结构在 TEMA sheet 中，如图 6-38、图 6-39 所示。特别结果说明：第 7 行换热面积为 1161m^2；第 16 行冷却水的出口温度为 42.05℃，合成气的出口温度为 40.41℃；第 13 行合成气出口液体 8454kg/h，第 11 行进口气量为 81725kg/h，则冷凝率为 10.34%；第 29 行换热量为 5976067kcal/h；第 40 行换热管数量为 4086 根；第 42 行壳体外径为 1576mm；第 46 行折流板数量为 10 个，切口百分数为 25.42%。

所设计的热力、水力数据在 result/thermal/hydraulic summary 中，点击 Performance(参数)，如图 6-40 所示。特别数据说明：vibration problem(振动问题)为 No(无)。

点击 Heat transfer(热传递)，如图 6-41 所示。特别结果说明：Over film coefficients(总体膜传热系数)中总传热系数(基于管外表面积)为 4612.8W/(m^2·K)，总传热系数(基于管内表面积)为 1204W/(m^2·K)。

Heat Exchanger Specification Sheet

1											
2											
3											
4											
5											
6	Size	1550 /	6000	mm	Type	BEM	Ver	Connected in	1	parallel	1 series
7	Surf/unit(eff.)	1161	m2	Shells/unit	1	Surf/shell (eff.)	1161	m2			
8	PERFORMANCE OF ONE UNIT										
9	Fluid allocation		Shell Side		Tube Side						
10	Fluid name		冷却水		合成气						
11	Fluid quantity, Total	kg/h	600000		81725						
12	Vapor (In/Out)	kg/h	0	0	13754	5300					
13	Liquid	kg/h	600000	600000	0	8454					
14	Noncondensable	kg/h	0		67971						
15											
16	Temperature (In/Out)	C	32	42.05	100	40.41					
17	Dew / Bubble point	C			74.66	-160.22					
18	Density (Vap / Liq)	kg/m3	/ 987.27	/ 977.45	9.83 /	10.78 / 777.87					
19	Viscosity	cp	/ .7863	/ .6458	.0171 /	.0151 / .4304					
20	Molecular wt, Vap				9.95	9.23					
21	Molecular wt, NC					8.77					
22	Specific heat	kcal/(kg*C)	/ .9876	/ .9965	.7303 /	.7643 / .7824					
23	Thermal conductivity	kcal/(h*m*C)	/ .53	/ .541	.113 /	.104 / .16					
24	Latent heat	kcal/kg			296.79	271.62					
25	Pressure (abs)	kgf/cm2	6.118	5.952	31.611	31.464					
26	Velocity	m/s	.97		5						
27	Pressure drop, allow./calc.	MPa	.18	.016	.18	.014					
28	Fouling resistance (min)	m2*h*C/kcal	.00041		.00002	.00003	Ao based				
29	Heat exchanged	5976067	kcal/h	MTD corrected	23.42	C					
30	Transfer rate, Service	219.8	Dirty	585.3	Clean	787.1	kcal/(h*m2*C)				
31	CONSTRUCTION OF ONE SHELL				Sketch						
32			Shell Side	Tube Side							
33	Design/vac/test pressure:	kgf/cm2	7.138 / /	35.69 / /							
34	Design temperature	C	135	135							
35	Number passes per shell		1	1							
36	Corrosion allowance	mm	1.59	1.59							
37	Connections	In	mm	1	400 / -	1	400 / -				
38	Size/rating	Out		1	400 / -	1	350 / -				
39	Nominal	Intermediate			/ -		/ -				
40	Tube No.	4086	OD	16	Tks- Avg	2	mm	Lengt	6000	mm	Pitch 22 mm
41	Tube type	Plain	Material	Carbon Steel	Tube pattern	30					
42	Shell	Carbon Steel	ID	1550	OD	1576	mm	Shell cover	-		
43	Channel or bonnet	Carbon Steel	Channel cover	-							
44	Tubesheet-stationary	Carbon Steel	Tubesheet-floating	-							
45	Floating head cover	-	Impingement protection	Round plate							
46	Baffle-cross	Carbon Steel	Type	Single segme	Cut(%d)	25.42	H	Spacing: c/c	440	mm	
47	Baffle-long	-	Seal type		Inlet	846.48	mm				
48	Supports-tube		U-bend		Type						
49	Bypass seal		Tube-tubesheet joint		Exp./seal wld 2 grv						
50	Expansion joint	-	Type								
51	RhoV2-Inlet nozzle	2046	Bundle entrance	876	Bundle exit	1010	kg/				
52	Gaskets - Shell side	-	Tube Side	Flat Metal Jacket Fibe							
53	Floating head	-									
54	Code requirements	ASME Code Sec VIII Div 1	TEMA class	B - chemical service							
55	Weight/Shell	30266.9	Filled with water	42603	Bundle	21000.6	kg				
56	Remarks										
57											
58											

图6-38 设计结果清单

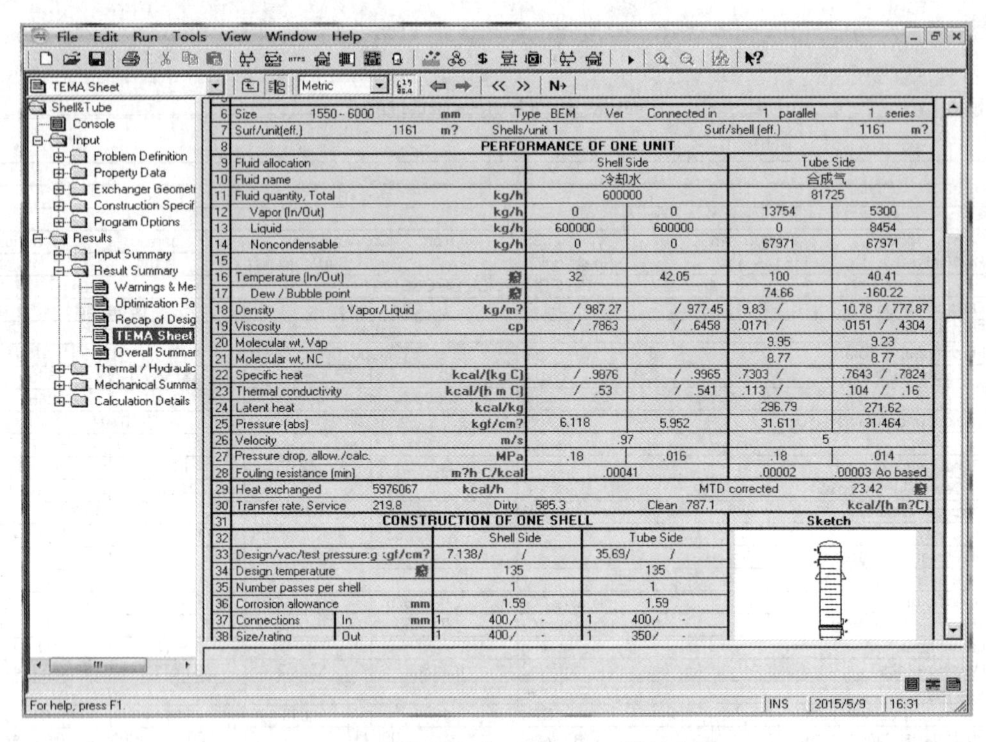

图 6-39　换热器设计 TEMA Sheet 结果清单

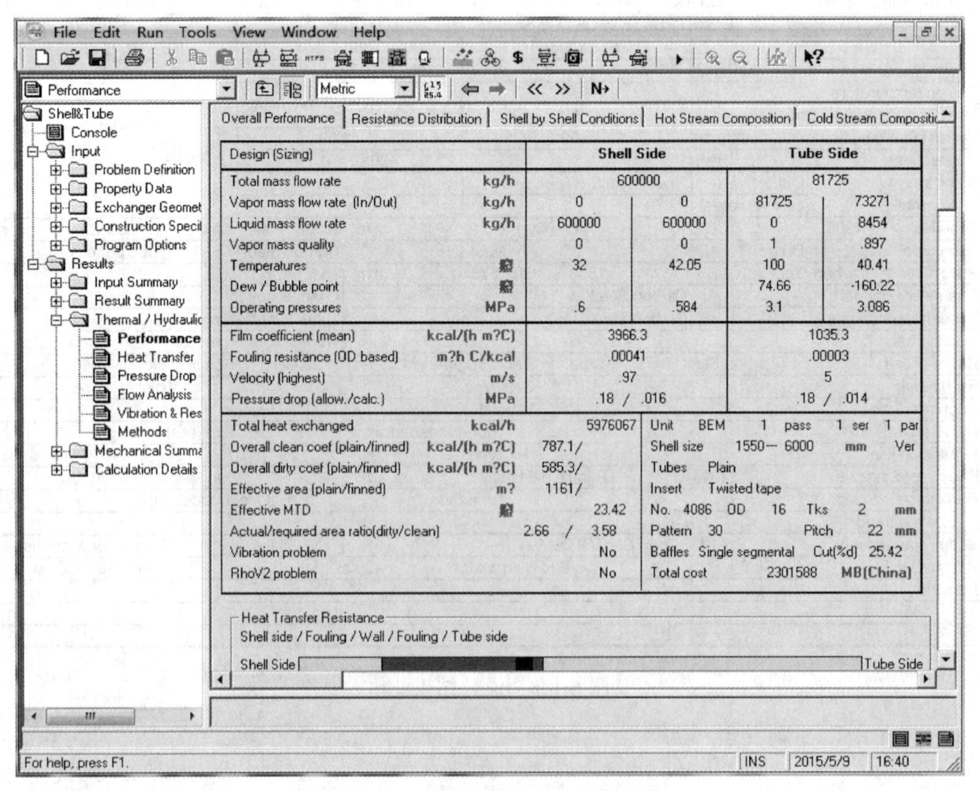

图 6-40　总体热力、水力参数结果

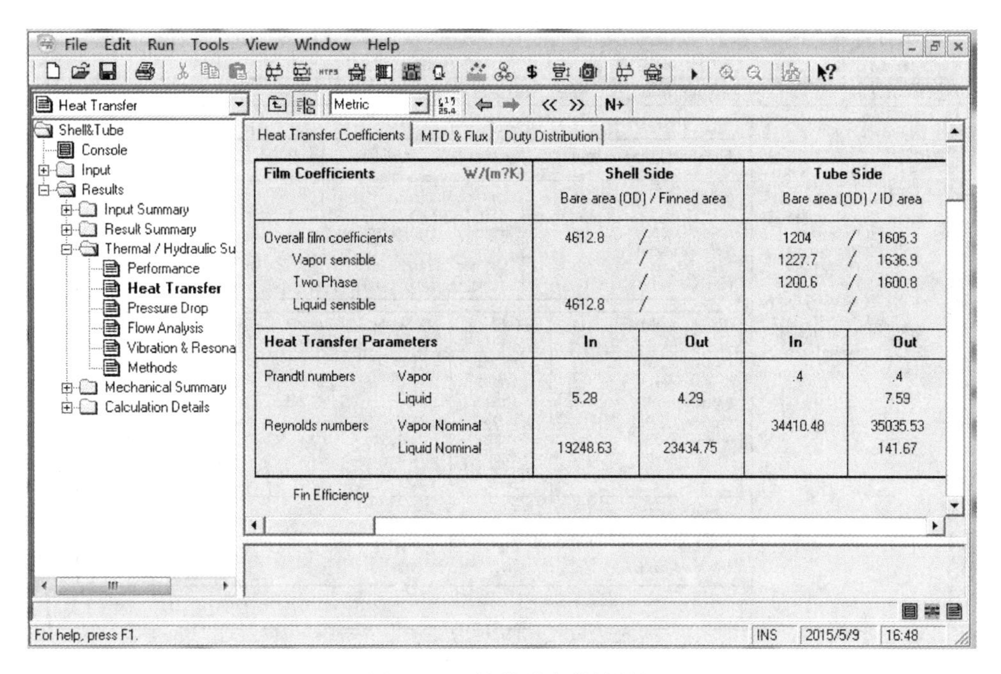

Film Coefficients W/(m?K)		Shell Side Bare area (OD) / Finned area		Tube Side Bare area (OD) / ID area	
Overall film coefficients		4612.8	/	1204 /	1605.3
Vapor sensible			/	1227.7 /	1636.9
Two Phase			/	1200.6 /	1600.8
Liquid sensible		4612.8	/	/	
Heat Transfer Parameters		**In**	**Out**	**In**	**Out**
Prandtl numbers	Vapor			.4	.4
	Liquid	5.28	4.29		7.59
Reynolds numbers	Vapor Nominal			34410.48	35035.53
	Liquid Nominal	19248.63	23434.75		141.67
Fin Efficiency					

图 6-41　热传递参数结果

点击 Pressure drop(压降)，如图 6-42 所示。特别结果说明：Pressure drop/total calculated(总计算压降)壳程为 0.016MPa，管程为 0.014MPa。

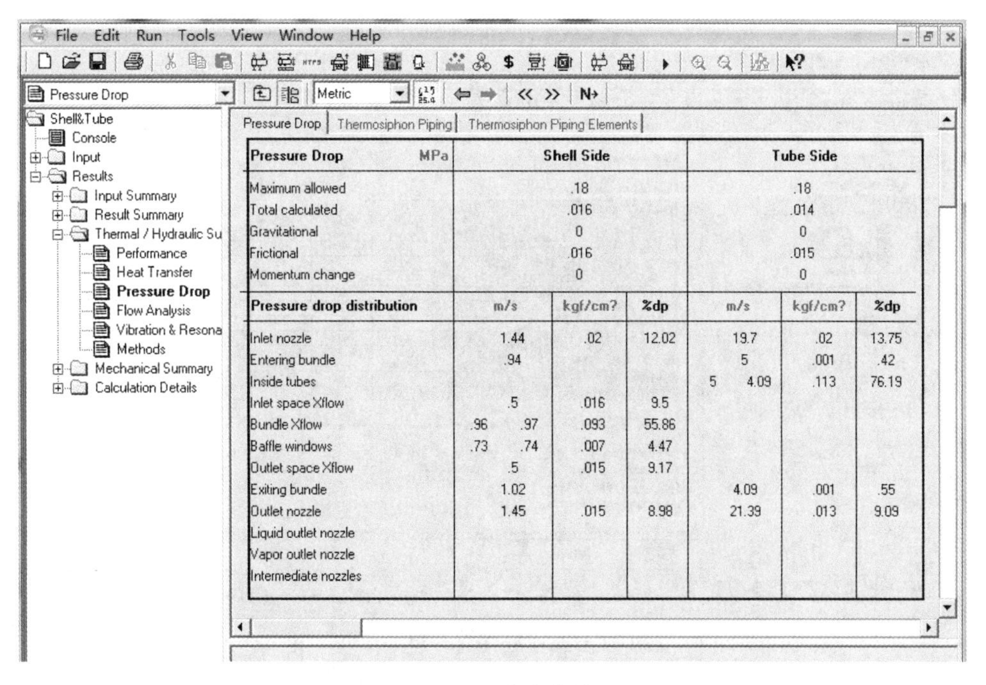

Pressure Drop MPa	Shell Side			Tube Side		
Maximum allowed	.18			.18		
Total calculated	.016			.014		
Gravitational	0			0		
Frictional	.016			.015		
Momentum change	0			0		
Pressure drop distribution	**m/s**	**kgf/cm?**	**%dp**	**m/s**	**kgf/cm?**	**%dp**
Inlet nozzle	1.44	.02	12.02	19.7	.02	13.75
Entering bundle	.94			5	.001	.42
Inside tubes				5　4.09	.113	76.19
Inlet space Xflow	.5	.016	9.5			
Bundle Xflow	.96　.97	.093	55.86			
Baffle windows	.73　.74	.007	4.47			
Outlet space Xflow	.5	.015	9.17			
Exiting bundle	1.02			4.09	.001	.55
Outlet nozzle	1.45	.015	8.98	21.39	.013	9.09
Liquid outlet nozzle						
Vapor outlet nozzle						
Intermediate nozzles						

图 6-42　压降参数结果

点击 Flow analysis(流动分析)，如图 6-43 所示。

Shell Side Flow Fractions	Inlet	Middle	Outlet	Diam. Clearance mm
Crossflow	.55	.27	.55	
Window	.59	.29	.59	
Baffle hole - tube OD	.32	.55	.32	.79
Baffle OD - shell ID	.09	.16	.09	7.94
Shell ID - bundle OTL	.04	.02	.04	30.35
Pass lanes	0	0	0	

Rho*V2 analysis	Flow Area mm?	Velocity m/s	Density kg/m?	Rho*V2 kg/(m s?	TEMA limit kg/(m s?
Shell inlet nozzle	117264	1.44	987.27	2046	2232
Shell entrance	122155	1.38	987.27	1886	5953
Bundle entrance	179245	.94	987.27	876	5953
Bundle exit	167704	1.02	977.45	1010	5953
Shell exit	115588	1.48	977.45	2127	5953
Shell outlet nozzle	117264	1.45	977.45	2067	
	mm?	m/s	kg/m?	kg/(m s?	kg/(m s?
Tube inlet nozzle	117264	19.7	9.83	[illegible]	
Tube inlet	462115	5	9.83	[illegible]	
Tube outlet	462115	4.09	12	[illegible]	
Tube outlet nozzle	88457	21.39	12	5489	

图 6-43　流动分析结果

点击 Vibration&resonance analysis(振动和振幅分析)，其中 Fluid Elastic Instability Analysis(HTFS)(流体弹性不稳定)如图 6-44 所示；点击 Resonance Analysis (HTFS)(振幅分析)，如图 6-45 所示。

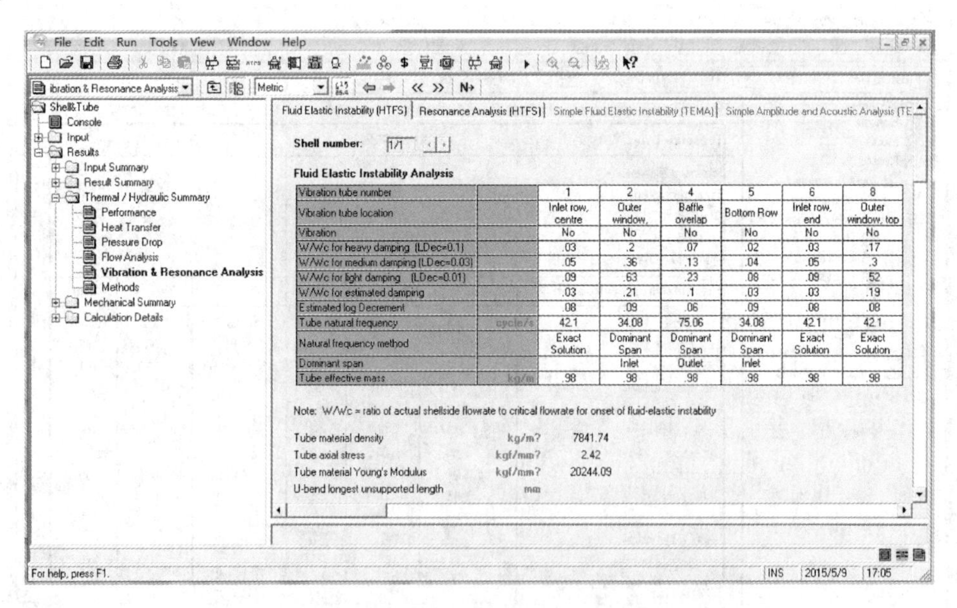

Shell number: 1/1

Fluid Elastic Instability Analysis

Vibration tube number		1	2	4	5	6	8
Vibration tube location		Inlet row, centre	Outer window,	Baffle overlap	Bottom Row	Inlet row, end	Outer window, top
Vibration		No	No	No	No	No	No
W/Wc for heavy damping (LDec=0.1)		.03	.2	.07	.02	.03	.17
W/Wc for medium damping (LDec=0.03)		.05	.36	.13	.04	.05	.3
W/Wc for light damping (LDec=0.01)		.09	.63	.23	.08	.09	.52
W/Wc for estimated damping		.03	.21	.1	.03	.03	.19
Estimated log Decrement		.08	.09	.06	.09	.08	.08
Tube natural frequency	cycle/s	42.1	34.08	75.06	34.08	42.1	42.1
Natural frequency method		Exact Solution	Dominant Span	Dominant Span	Dominant Span	Exact Solution	Exact Solution
Dominant span			Inlet	Outlet	Inlet		
Tube effective mass	kg/m	.98	.98	.98	.98	.98	.98

Note: W/Wc = ratio of actual shellside flowrate to critical flowrate for onset of fluid-elastic instability

Tube material density	kg/m?	7841.74
Tube axial stress	kgf/mm?	2.42
Tube material Young's Modulus	kgf/mm?	20244.09
U-bend longest unsupported length	mm	

图 6-44　流体弹性不稳定分析

在 Result/mechanical summary/setting plan & tubesheet layout 项中有设计图和管束排列。

点击 Cost/Weights(造价、质量)，如图 6-46 所示。特别说明：Total weight-empty(空载下质量)为 30266.9kg；Total cost(all shell)(全部造价)为 2301588RMB。

Resonance Analysis

Vibration tube number		1	1	1	2	2	2	4	4	4	5	5	5	6	6	6	8	8	8
Vibration tube location		Inlet row, centre	Inlet row, centre	Inlet row, centre	Outer window, bottom	Outer window, bottom	Outer window, bottom	Baffle overlap	Baffle overlap	Baffle overlap	Bottom Row	Bottom Row	Bottom Row	Inlet row, end	Inlet row, end	Inlet row, end	Outer window, top	Outer window, top	Outer window, top
Location along tube		Inlet	Midspace	Outlet	Inlet	Midspace	Outlet	Inlet	Midspace	Outlet	Inlet	Midspace	Outlet	Inlet	Midspace	Outlet	Inlet	Midspace	Outlet
Vibration problem		No	No	No	No	No	No	No	No	No	No	No	No	No	No	No	No	No	No
Span length	mm	846.48	880	1286.47	1286.47	880	846.48	846.48	440	846.48	1286.47	880	846.48	846.48	880	1286.47	846.48	880	1286.47
Frequency ratio: Fv/Fn		.59	.03	.02	.12	.22	.12	.06	.11	.06	.01	.03	.78	.59	.03	.02	.1	.18	.1
Frequency ratio: Fv/Fa		.04	0	0	.01	.01	.01	.01	.01	.01	0	0	.05	.04	0	0	.01	.01	.01
Frequency ratio: Ft/Fn		.43	.02	.01	.09	.16	.09	.04	.08	.04	.01	.02	.58	.43	.02	.01	.07	.13	.07
Frequency ratio: Ft/Fa		.03	0	0	.01	.01	.01	.01	.01	.01	0	0	.03	.03	0	0	.01	.01	.01
Vortex shedding amplitude	mm																		
Turbulent buffeting amplitude	mm																		
TEMA amplitude limit	mm																		
Natural freq., Fn	cycle/s	42.1	42.1	42.1	34.08	34.08	34.08	75.06	75.06	75.06	34.08	34.08	34.08	42.1	42.1	42.1	42.1	42.1	42.1
Acoustic freq., Fa	cycle/s	562.98	563.85	565.8	562.98	563.85	565.8	562.98	563.85	565.8	562.98	563.85	565.8	562.98	563.85	565.8	562.98	563.85	565.8
Flow velocity	m/s	.94	.05	.03	.15	.29	.16	.16	.3	.16	.02	.03	1.02	.94	.05	.03	.15	.29	.16
X-flow fraction		1	.38	.38	.38	.38	.38	.38	.38	.38	.38	.38	1	.38	.38	.38	.38	.38	.38
RhoV2	kg/(m s2)	876	2	1	24	81	24	26	89	26	0	1	1010	876	2	1	24	81	24
Strouhal No.		.42	.42	.42	.42	.42	.42	.42	.42	.42	.42	.42	.42	.42	.42	.42	.42	.42	.42

图6-45 振幅分析

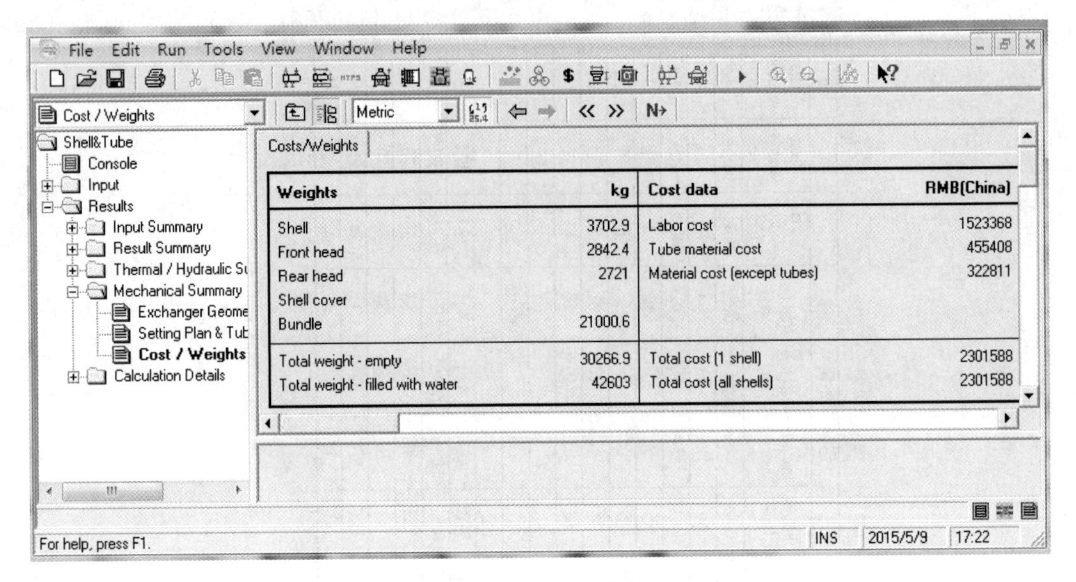
File Edit Run Tools View Window Help
Cost / Weights
Metric
Shell&Tube
Console
Input
Results
Input Summary
Result Summary
Thermal / Hydraulic Su
Mechanical Summary
Exchanger Geome
Setting Plan & Tub
Cost / Weights
Calculation Details
Costs/Weights
Weights kg
Shell 3702.9
Front head 2842.4
Rear head 2721
Shell cover
Bundle 21000.6
Total weight - empty 30266.9
Total weight - filled with water 42603
Cost data RMB(China)
Labor cost 1523368
Tube material cost 455408
Material cost (except tubes) 322811
Total cost (1 shell) 2301588
Total cost (all shells) 2301588
For help, press F1.
INS
2015/5/9
17:22

图 6-46　质量、造价结果

第 7 章　基于 SW6 软件的搅拌容器结构设计

7.1 软件校核计算

因本设计的搅拌容器为釜式反应器，釜式反应器属于立式容器，故而双击 SW6-2011 文件夹下 立式容器 进入 SW6 立式容器设计校核，见图 7-1。

图 7-1　SW6 立式容器校核初始页面

鼠标左键点击左上角新建图标，新建一个新的校核文件。新建之后会发现之前不能存盘的选项变为可以存盘，证明新建成功，如图 7-2 所示。

图 7-2　新建成功后的工具栏

7.2 主体设计参数

新建成功以后就可以进行数据的输入了。鼠标左键点击数据输入，选择第一项“主体设计参数”，进入主体设计参数输入界面，如图 7-3 所示。

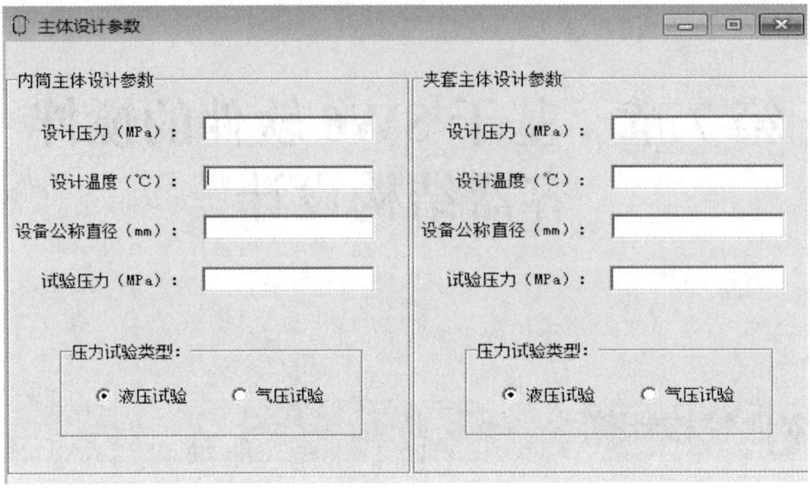

图 7-3　主体设计参数输入界面

根据之前设计以及优化好的结果进行填写输入。设计压力=(1. 1~1. 2)倍的最大操作压力。最大操作压力为容器所能承受的最大压力。最大操作压力 P_1=3. 9MPa。设计压力 P=1. 1×3. 9=4. 29MPa。筒体设计温度=130℃，筒体设备公称直径=3800mm。夹套设计压力=0. 5MPa，夹套设计温度=200℃，夹套设备公称直径=4100mm。内筒主体和夹套主体试验类型都选择水压试验，那么试验压力应该是设计压力的 1. 25 倍。所以，壳程试验压力=4. 29×1. 25=5. 3625(MPa)；管程试验压力=0. 5×1. 25=0. 625(MPa)。主体设计参数输入后的界面如图 7-4 所示。

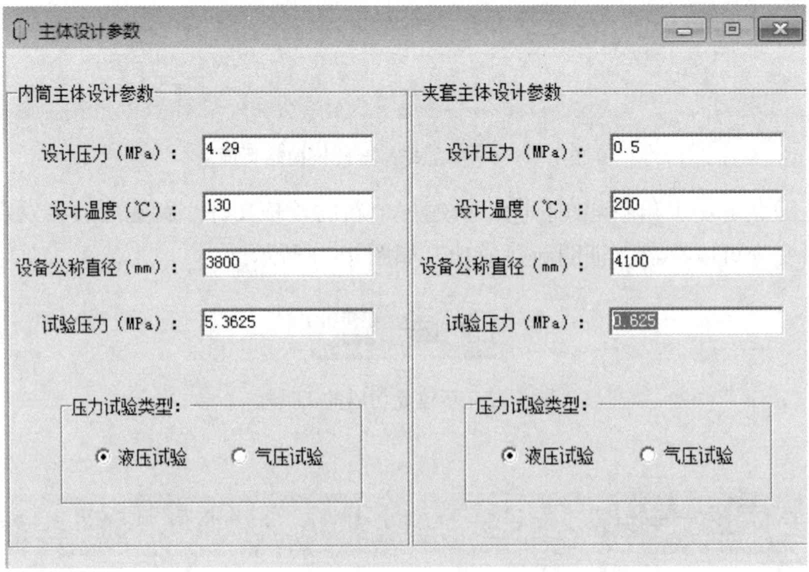

图 7-4　主体设计参数输入后的界面

7.3 筒体设计计算

主体设计参数输入后可以左键点击界面右上角的叉号关闭，所填数据会默认记载。下面就该填写筒体相关数据，筒体数据输入的界面如图 7-5 所示。

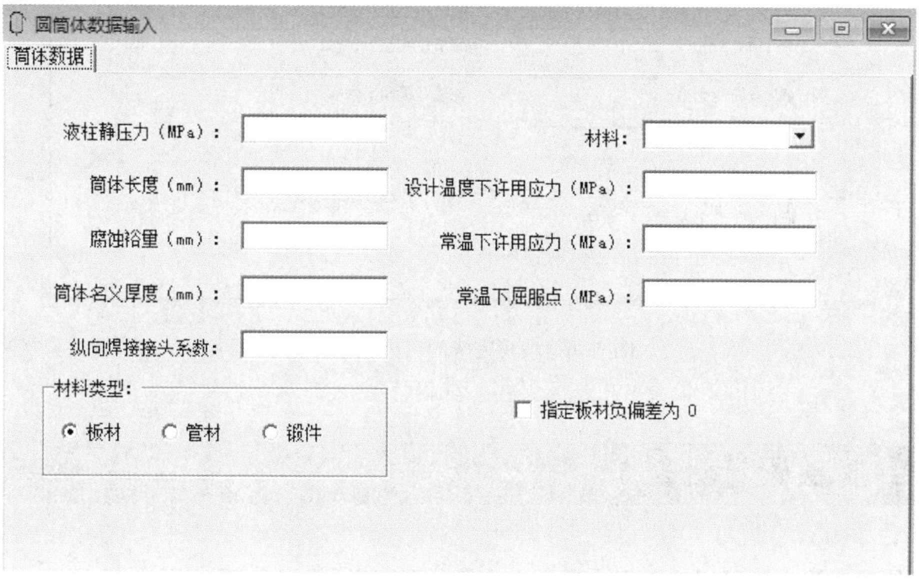

图 7-5　筒体设计参数输入界面

混合液体的密度：$\rho=951.92\text{kg/m}^3$

液柱静压力等于：$\rho gh=951.92\times9.8\times3.472=32389.65(\text{Pa})$，所以液柱静压力一项填 0.0324MPa，筒体长度取 4528mm。因为所选板材为 S3 1608 不锈钢，所以这里的腐蚀裕量取 0mm，筒体名义厚度暂时选取为 20mm(也可以先不填写，由程序自动计算)，纵向焊接接头系数 ϕ 值取 1。我国钢制压力容器的焊接接头系数可按表 7-1 选取。填写好的筒体数据如图 7-6 所示。

表 7-1　钢制压力容器的焊接接头系数

焊接接头形式	无损检测比例	ϕ 值
双面焊对接接头盒相当于双面焊的全熔透对接接头	100%	1.00
	局部	0.85
单面焊对接接头(沿焊缝根部全长有紧贴基本金属的垫板)	100%	0.90
	局部	0.80

筒体数据输入完毕后，此时可以点击运行选项，选中筒体选项就可以看到计算结果，结果中压力试验不合格，但是软件运行时给出了建议筒体名义厚度为 78mm，选择此尺寸

作为筒体名义厚度即可。在原输入界面中系统自己给出建议的筒体名义厚度为78mm。

此时筒体数据基本计算完毕。

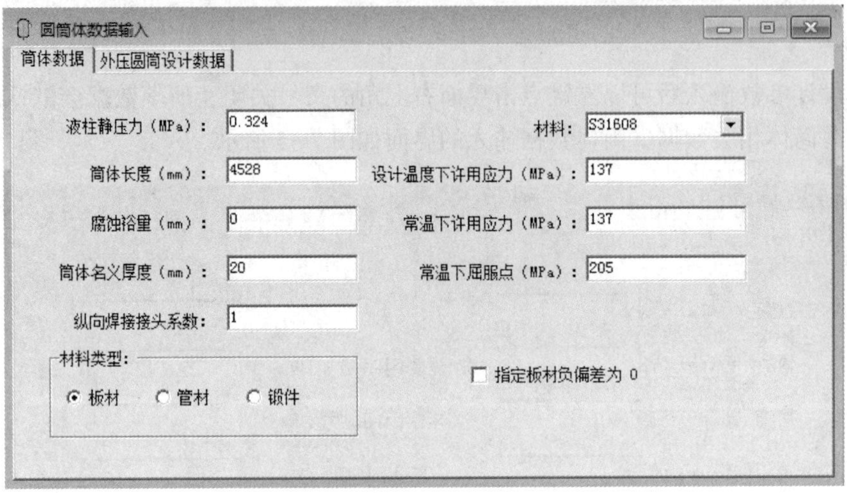

图7-6　填写完毕的筒体数据界面

7.4　封头设计计算

筒体数据输入后可以左键点击界面右上角的叉号关闭，所填数据会默认记载。下面就该填写上下封头相关数据。上封头数据的输入界面如图7-7所示。

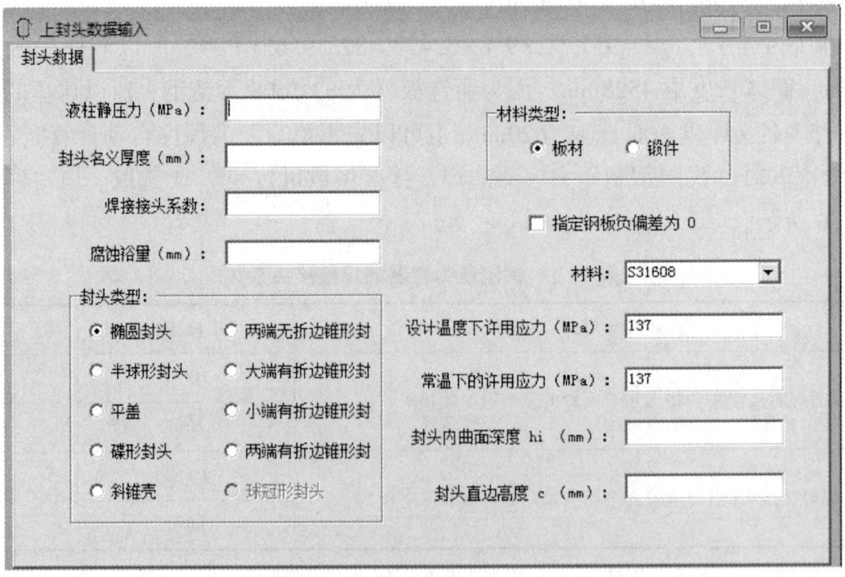

图7-7　上封头数据输入界面

混合液体的密度：$\rho=951.92kg/m^3$

搅拌釜反应器常用的封头型式有标准椭圆封头、蝶形封头、锥封头。标准椭圆形封头是由椭圆曲面及圆筒形直边两部分组成。椭圆曲面部分是长轴与短轴之比为2∶1的半椭圆弧线，围绕椭圆短轴轴线旋转而成的曲面。从力学角度，标准椭圆封头的分布比较均匀，封头的强度与和与其相连接的筒体强度相等，所以该设计中选用标准椭圆型封头。

标准椭圆封头的直边高度与封头的直径有关，这种封头是由半个椭球和一个高度为 h_0 的圆柱形筒节(称为直边)构成，封头的曲面深度 $h=\frac{D_i}{4}$，封头的直边高度 h_0 与封头的厚度有关，按表7-2取。

表7-2　不同材料的封头壁厚、直边高度

封头材料	碳素钢	普低钢	复合钢板	不锈钢	耐酸钢
封头壁厚/mm	4~8	10~18	≥20	3~9	10~18
直边高度/mm	25	40	50	25	40

椭圆形和碟形封头的直边高度：

根据《压力容器封头》(GB/T 25198—2010)，椭圆形封头，碟形与折边锥形封头的直边部分不得存在纵向皱折。当封头公称直径 $DN<2000mm$ 时，直边高度 h 宜为25mm，当封头公称直径 $DN>2000mm$ 时，直边高度 h 宜为40mm。

根据《压力容器封头》(GB/T 28198—2010)，筒体封头公称直径为3800mm，总深度 $H=990mm$，内表面积 $A=16.1303m^2$，容积 $V=7.6364m^3$。

液柱静压力等于：$\rho gh=951.92\times9.8\times0.99=9235.53(Pa)$。所以液柱静压力一项填0.009236MPa。封头名义厚度先不填写，由程序自动计算。因为所选板材为S 31608不锈钢，所以这里的腐蚀裕量取0mm，筒体名义厚度暂纵向焊接接头系数值取1。填写完毕的上封头输入数据如图7-8所示。

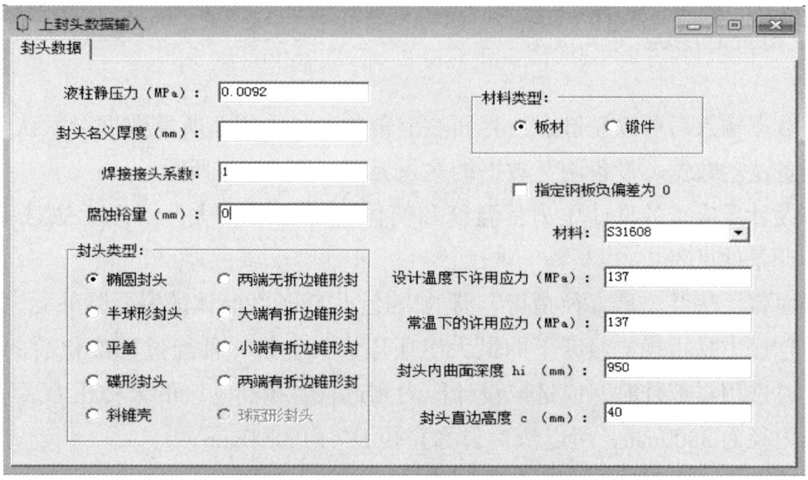

图7-8　填写完毕的上封头数据输入

此时可以点击运行选项，选中筒体选项就可以看到计算结果，结果中压力试验合格，且软件运行时给出了建议上封头名义厚度为 61mm，选择此尺寸作为封头名义厚度即可。在原输入界面中系统自己给出建议的上封头名义厚度为 61mm。

下封头与上封头设计步骤一样下封头的数据输入结果如图 7-9 所示。

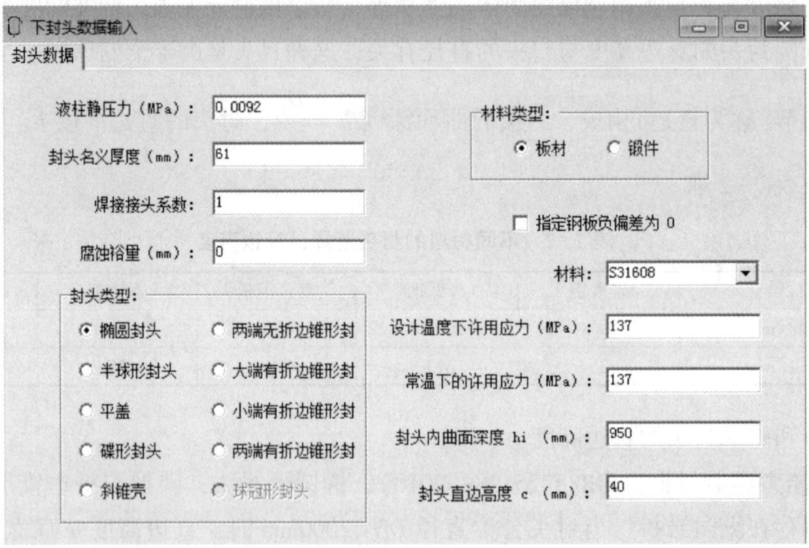

图 7-9　填写完毕的下封头数据输入

此时可以点击运行选项，选中筒体选项就可以看到计算结果，结果中压力试验合格，且软件运行时给出了建议下封头名义厚度为 61mm，选择此尺寸作为封头名义厚度即可。在原输入界面中系统自己给出建议的下封头名义厚度为 61mm。此时上下封头基本参数都在软件中计算出来。

7.5 设备法兰设计计算

封头等数据输入后可以左键点击界面右上角的叉号关闭，所填数据会默认记载。下面就该填写设备法兰数据。设备法兰数据的输入界面如图 7-10 所示。

因为本设计反应釜的设计压力，温度和筒体直径相对较大，所以无法选取标准型法兰，法兰设计条件见表 7-3。

对容器而言，法兰公称直径是指容器的内径(用管子做筒体的容器除外)。

法兰公称压力是指规定温度下的最大工质压力，也是一种经过标准化后的压力数值，在容器设计时选用零部件时，应选取设计压力相近且有稍高一级的公称压力。

因釜体内径为 3800mm，所以法兰公称直径 DN 为 3800mm。

因设计压力为 4.29MPa，所以公称压力 PN 取为 6.4MPa。

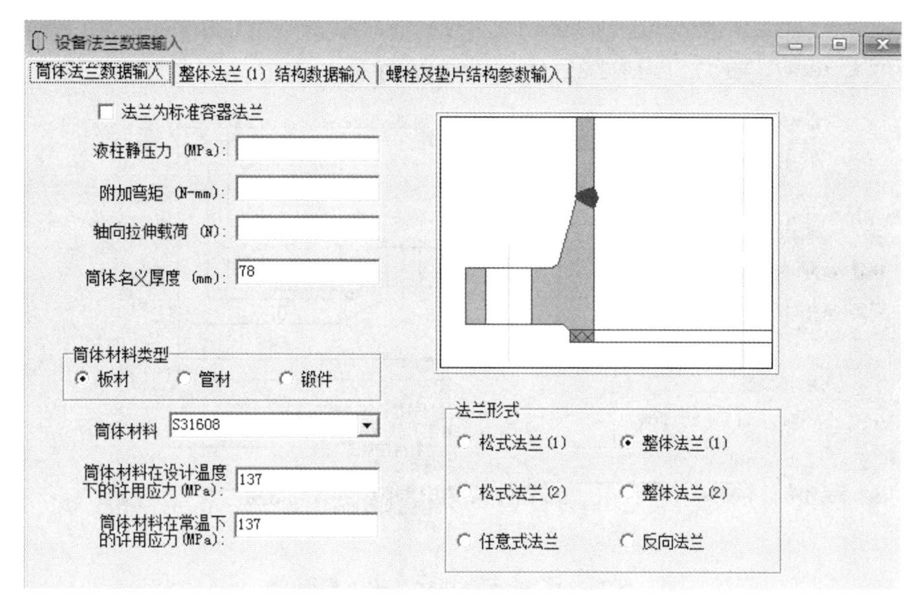

图 7-10 设备法兰数据输入界面

表 7-3 法兰设计条件

公称直径	3800mm	设计压力	4.29
设计温度	130℃	釜体材料	S31608
圆筒厚度	66mm	腐蚀裕量	0mm

由 GB 150—2011 知，螺栓法兰联接设计包括：

(1)确定垫片材料、型式和尺寸；

(2)确定螺栓的材料、规格及数量；

(3)确定法兰材料、密封面型式及结构尺寸；

(4)进行应力校核，计算中所有尺寸均不包括腐蚀余量。

法兰内内径选取跟筒体内径相同(3800mm)。

法兰外径 $D_0 = D_b + 2\delta_e = 4300\text{mm}$

其他数据查看《长颈对焊法兰》(NB/T 47023—2012)。

填写好的筒体法兰密封面及垫片数据输入如图 7-11 所示。

然后进行筒体法兰密封面及垫片数据输入。筒体法兰密封面形式为榫槽面，垫片选择缠绕垫片，内径为 3878mm，垫片外径为 3978mm，垫片厚度为 4.5mm。填写好的筒体法兰密封面及垫片数据输入如图 7-12 所示。

数据全部输入完毕后点击上方计算设备法兰，可以得出计算结果，如下：

窄面法兰计算：

计算压力(MPa)：4.29

设计温度(℃)：130.0

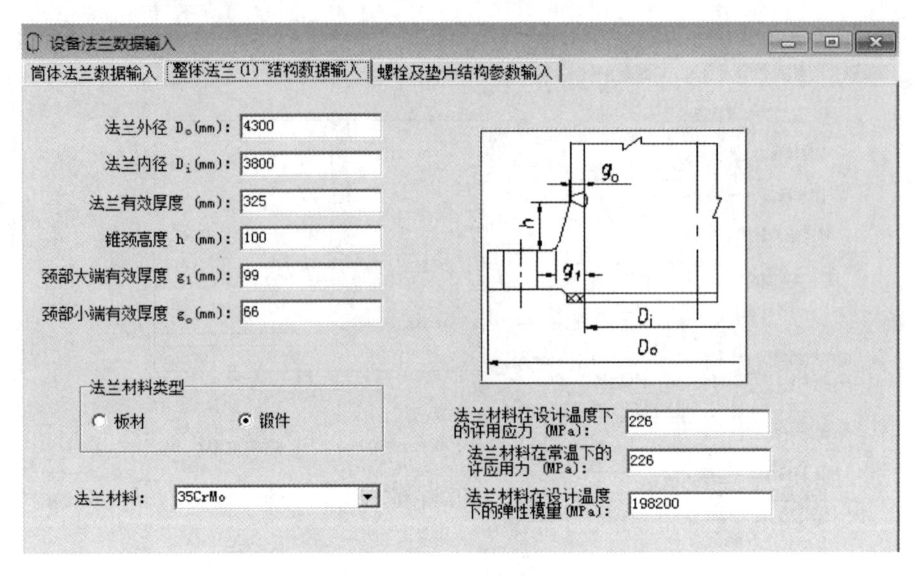

图 7-11　输入完毕法兰输入界面

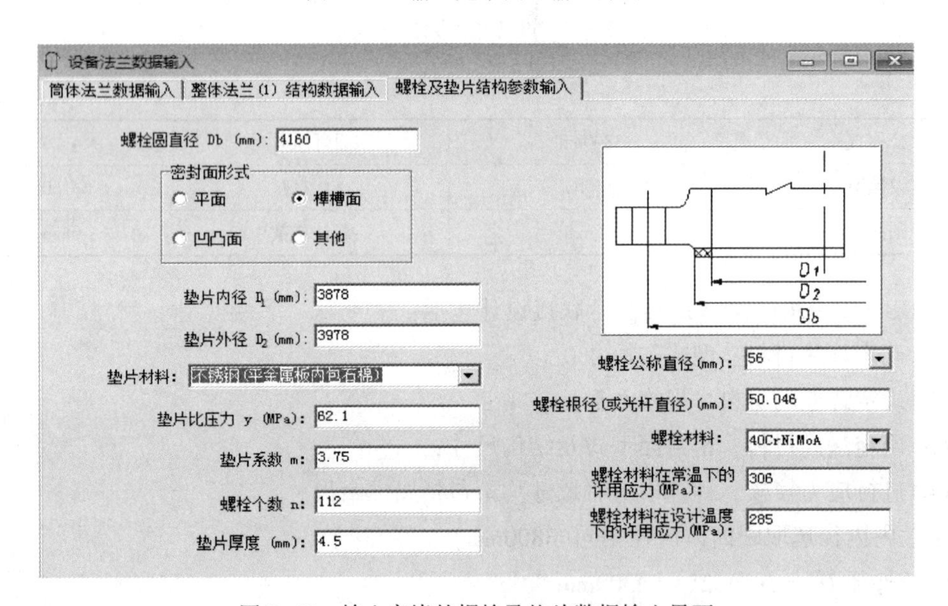

图 7-12　输入完毕的螺栓及垫片数据输入界面

$t=328.0\text{mm}$ 时：

$$
\text{应力计算：}\begin{cases}
\text{轴向应力 } \sigma_H = 238.50\text{MPa} \\
\text{切向应力 } \sigma_T = 73.22\text{MPa} \\
\text{径向应力 } \sigma_R = 26.16\text{MPa} \\
(\sigma_H+\sigma_T)/2 \text{ 或 } (\sigma_H+\sigma_R)/2 \text{ 较大者} = 155.86(\text{Pa}) \\
J = 0.999649
\end{cases}
$$

校核合格。

7.6 搅拌器设计计算

设计搅拌器需要搅拌器的设计和结构参数、搅拌轴材料参数、搅拌器和其他设计参数如图 7-13 所示。

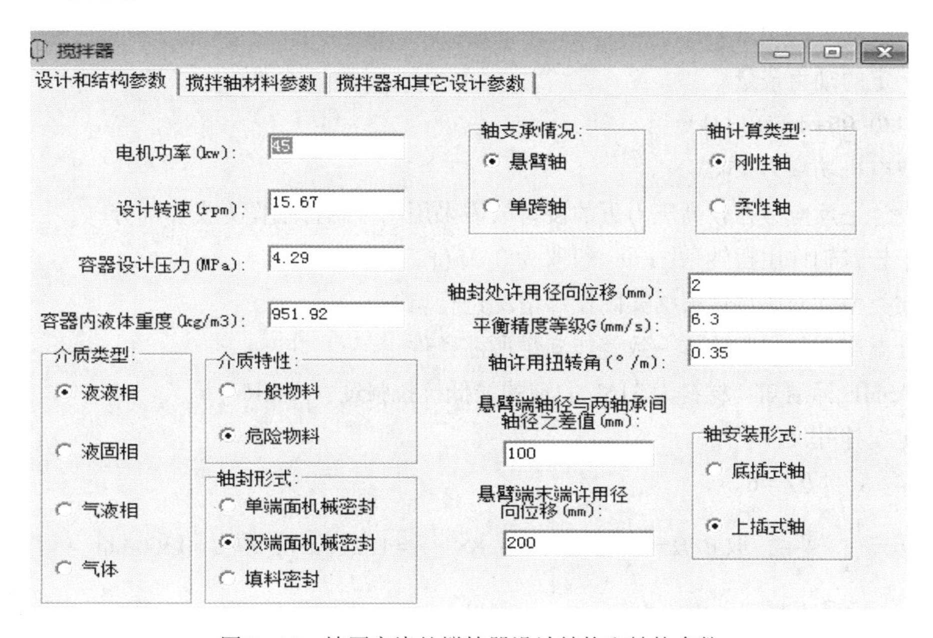

图 7-13　填写完毕的搅拌器设计结构和结构参数

在相同的工艺操作条件下，酯化釜中物料的物理性质(如黏度等)近似保持不变，在几何相似放大时常参考的有搅拌功率准数 N_p、搅拌雷诺数 N_{Re}、搅拌弗鲁德准数 N_{Fr}，每一个准数代表一种放大规则。影响酯化物质量的主要因素在于反应釜的传热、传质问题。参照《合成技术及应用》2002 年第 4 期第 11～13 页李军等通过对 15×10^4t/a 第一酯化反应釜的分析，计算放大出 8×10^4t/a 酯化反应釜的有关设计参数的几何相似放大法。

已知小釜电机额定功率 $P_1=27$kW，搅拌器转速 $N_1=1.8$r/s，酯化物密度 $\rho=951.92$kg/m^3，动力黏度 $\mu=5.45$cP。下面对与搅拌放大有关的几个重要参数进行分析。

①搅拌转速 N

因为采用叶端速度相等放大 $v_r=1$，$N_r=N_2/N_1=L_r^{-1}$，故 $N_2=(1/1.1)\times1.8=1.64$r/s。

$N=1.64\times30/\Pi=15.67$r/min。

②搅拌雷诺数 N_{Re}

根据公式有 $N_{Re}=\dfrac{\lambda N_2 D_2^2}{\mu}=\dfrac{951.92\times1.64\times1.3^2}{5.45\times10^{-3}}=4.84\times10^5>10^3$

故此操作区域为湍流区。

③搅拌功率 P

搅拌功率的放大式：$P_r = P_2/P_1 = \dfrac{N_2^3 D_2^5}{N_1^3 D_1^5} = N_r^3 L_r^5 = (1.8/1.64)^2 = 1.20$

所以，放大后的搅拌功率：$P_2 = 1.20 \times 27 = 1.20 \times 27 = 32.4(\text{kW})$

聚合釜电动机功率的选择还要考虑以下几个因素：

①减速机效率取95%；

②密封损失约4kW；

③一定的动力余量。

32.4/0.95+4=38.11kW

故取电机功率为45kW。

本设计是反应釜在较高压力下的设备故需采用刚性悬臂轴作为支撑部分

对于悬臂轴许用扭转角[r]一般取为0.35(°)/m。

介质类型和介质特性根据实际设计情况进行填写。

设计温度和材料跟筒体一致就能满足所需条件

查ASME标准知：材料为316L的轴的最低抗拉强度：75MPa。

确定搅拌叶尺寸：

$Z=4\sim8$，取 $Z=6$。

$d/D=\dfrac{1}{4}\sim\dfrac{1}{2}$，取 $d/D=\dfrac{1}{3}$，则 $d=3.8\times\dfrac{1}{3}=1.27(\text{m})$，取 $d=1300\text{mm}$。

$b/d=\dfrac{1}{8}\sim\dfrac{1}{5}$，取 $b/d=\dfrac{1}{6}$，则 $b=d\times\dfrac{1}{6}=1300\times\dfrac{1}{7}=185.7(\text{mm})$，取 $b=185\text{mm}$。

搅拌叶距釜底距离 $C=(0.5\sim1)d$，$C=0.6d=0.6\times1300=780(\text{mm})$，则取 $C=780\text{mm}$ $u_t=2\sim10\text{m/s}$。

式中：D——釜体直径；

Z——搅拌桨叶数；

C——搅拌叶距釜底距离；

d——搅拌桨叶直径；

b——搅拌桨叶宽度；

u_t——搅拌桨叶端线速度。

轴外径可以选填任何值，软件最终会给出计算值。

筒体轴线轴安装轴线之间的夹角，根据设备的条件选择0°。填写完毕的各个数据如图7-14~16所示。

由核算结果可知：设计搅拌轴的轴径应取528.1mm，圆整后的轴径为530mm。

搅拌轴校核轴径：520mm。

校核合格。

按强度校核合格

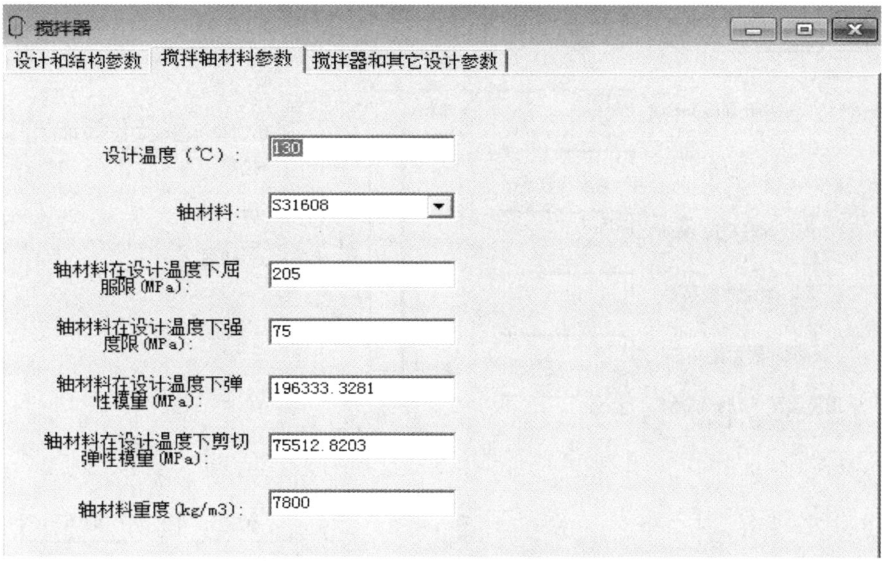

搅拌器
设计和结构参数 | 搅拌轴材料参数 | 搅拌器和其它设计参数
设计温度（℃）: 130
轴材料: S31608
轴材料在设计温度下屈服限(MPa): 205
轴材料在设计温度下强度限(MPa): 75
轴材料在设计温度下弹性模量(MPa): 196333.3281
轴材料在设计温度下剪切弹性模量(MPa): 75512.8203
轴材料重度(kg/m3): 7800

图 7-14　输入完毕的搅拌轴材料选择界面

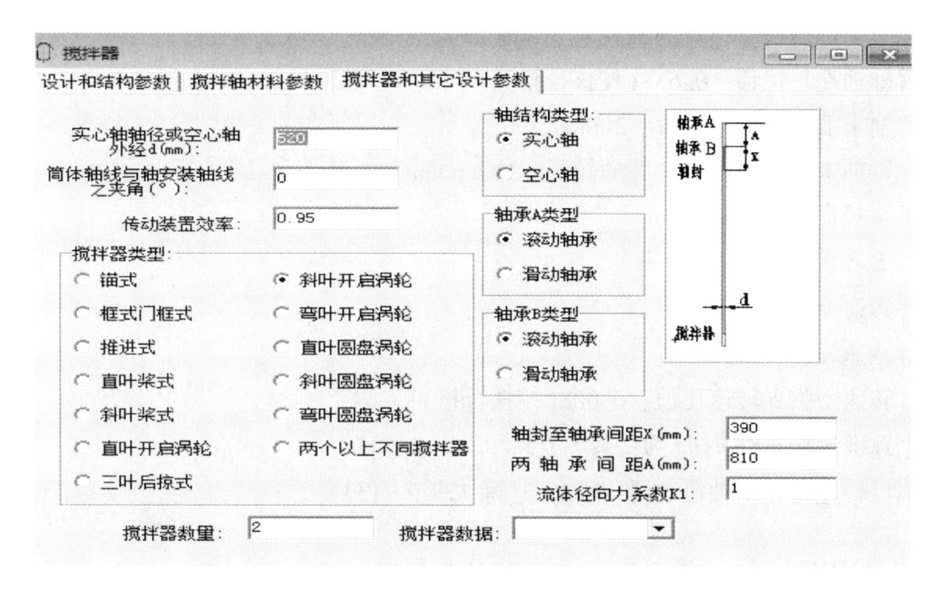

图 7-15　填写完毕的搅拌器和其他参数设置

参考轴径：528.1mm

轴扭转角 Gamm：0.01(校核合格)

许用扭转角 Gamal：0.35

按扭转变形计算的轴径 d_1：154.9mm

按强度计算的轴径 d_2：528.1mm(校核合格)

轴封处的总位移：0.07(校核合格)

轴封处许用径向位移：2(用户定义值)

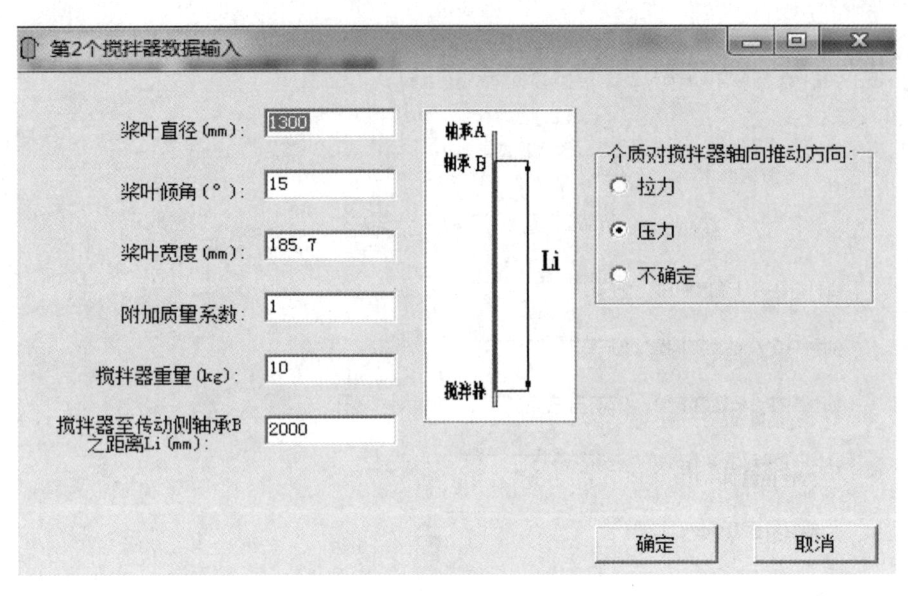

图 7-16　桨叶设计参数

按轴封处许用挠度计算的轴径 d_3：263.3mm

悬臂轴轴端总位移：0.633(校核合格)

悬臂轴末端许用径向位移：200mm

按悬臂轴末端许用挠度计算的轴径：182.6mm

轴承 A 径向游隙：0.04mm

轴承 B 径向游隙：0.06mm

临界转速 n_k：2045.77r/s

设计转速 n_r：15.67r/s

设计转速与临界转速比值：0.008(校核合格)

根据标准抗振条件 n/n_k 为：≤0.7(除 0.45~0.55)

按临界转速计算的轴径 d_{nk}：≥126.3(除 129.7~133)

7.7　开孔补强设计计算

采用 SW6 软件进行开孔补强计算时，封头的有效厚度不是直接输入的，而是程序根据输入数据计算生成的，为得到合理的计算结果，通常用两种方法对输入数据进行调整：

(1)对腐蚀裕量的值进行调整为 $c_2'=(\delta_n-c_1-\delta_{min})+c_2$；

(2)把封头的最小厚度填到壳体名义厚度的地方，并且指定壁厚负偏差为零进行计算。

SW6 软件计算椭圆开孔补强时，输入开孔直径的通常处理办法：位于封头上的椭圆人孔在确定开孔直径时应按长轴尺寸确定；位于筒体上时，按平行设备轴线方向的开孔尺寸确定。例如，椭圆开孔的短轴平行于设备的轴线，那么开孔尺寸按短轴尺寸计算。

在使用 SW6 进行计算时，焊缝金属截面积 A3 值是由软件自动生成的。但此值有时可能与实际的焊缝金属截面积有很大差别，特别是当采用厚壁补强接管进行开孔补强时。这可能会因实际的补强面积不够而对设备的安全埋下隐患。所以设计者应仔细检查软件自动生成的强度计算书，并与实际的焊缝金属截面积比较，以便采取相应措施。

对于本例，点击数据输入，选择开孔补强数据填写，其填写界面如图 7-17 所示。

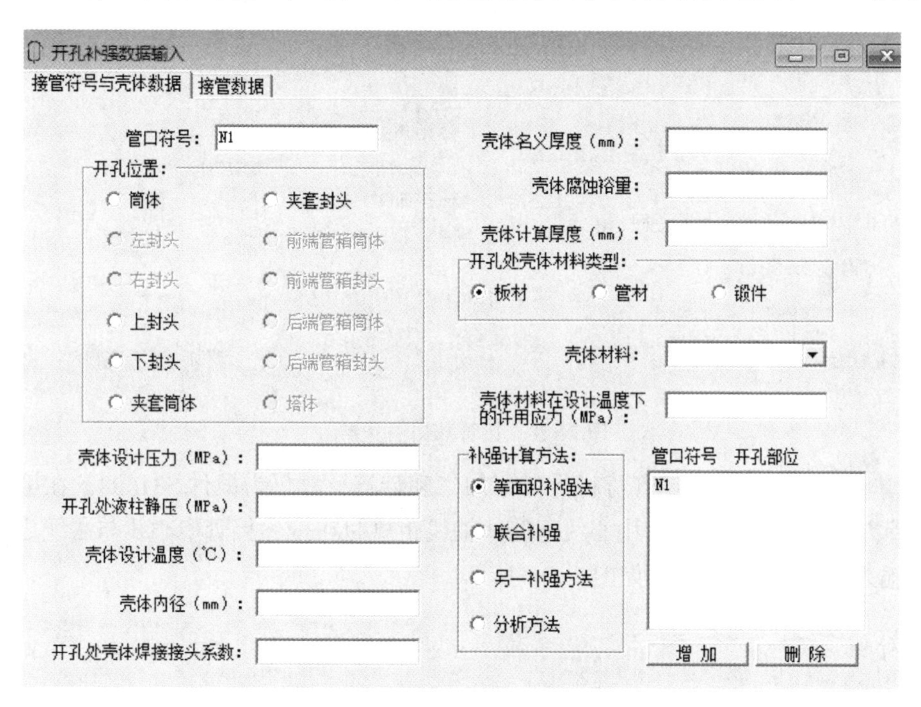

图 7-17 开孔补强输入界面

首先进行壳程进出口接管数据的填写。在开孔位置选项，选中筒体，其他空由于之前的计算结果和相关数据输入，软件已经存储，这里接直接由系统输入了。点击右下角增加选项卡，出现管口符号为 N2 的接管。再次增加选项卡，出现 N3，这里在开孔位置处选中上封头，则 N4 也是下封头。这样接管符号与壳体数据就输入完毕了如图 7-18 所示。

混合液的密度：$\rho_m = 925.92 \times 10^3 \mathrm{kg/m^3}$

质量流量：$W_{TO} = 80000 \times 0.85905 = 68724(\mathrm{kg/h})$

$$V_S = \frac{W_{TO}}{\rho_m} = \frac{58724}{925.92 \times 10^3 \times 3600} = 0.020617332(\mathrm{m^3/s})$$

混合液体在接管中的流速查表可知 $U = 2.5\mathrm{m/s}$

$$\text{管径 } d = \sqrt{\frac{4V_S}{\pi U}} = \sqrt{\frac{4 \times 0.0206}{3.14 \times 2.5}} = 57.35(\mathrm{mm})$$

在第一项中选中接管 N1 进行 N1 的结果数据填写。由前面的计算结果，接管管径这里圆整为 60mm，为使达到安全的目的，汽化后的气体其接管名义厚度应加厚，这里取为

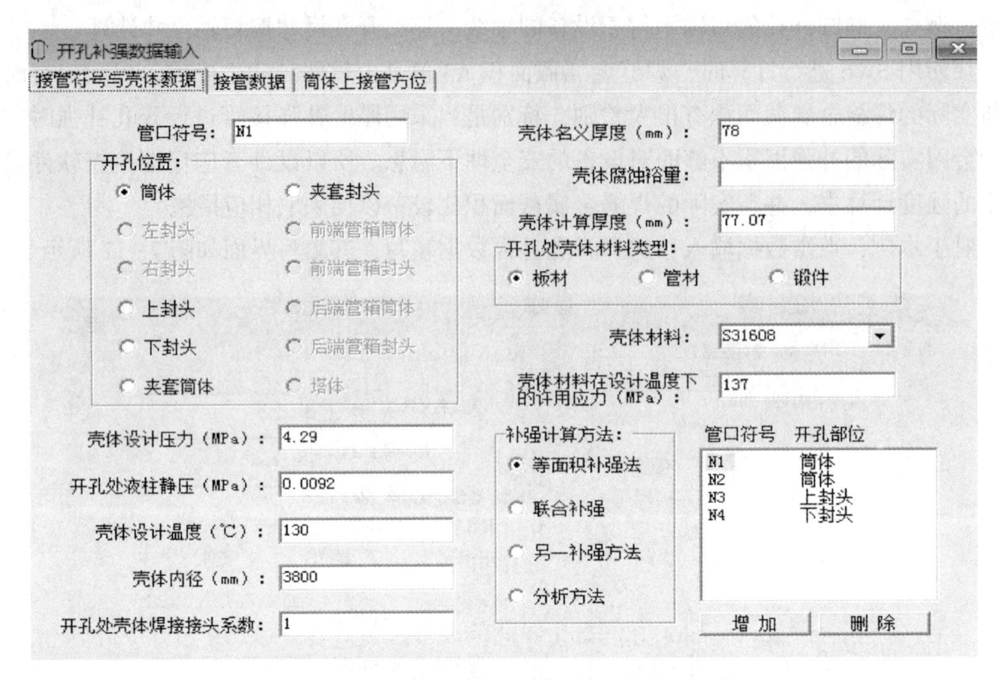

图 7-18　接管数据输入界面

16mm，其他数据可不填。接管材料为方便加工和计算，故仍为锻件 S31608，在第三项筒体上接管方位中有两项，接管中心线至筒体轴线距离为 0mm，接管中心线与法线之间夹角为 0°。输入好的 N1 接管数据如图 7-19 所示。

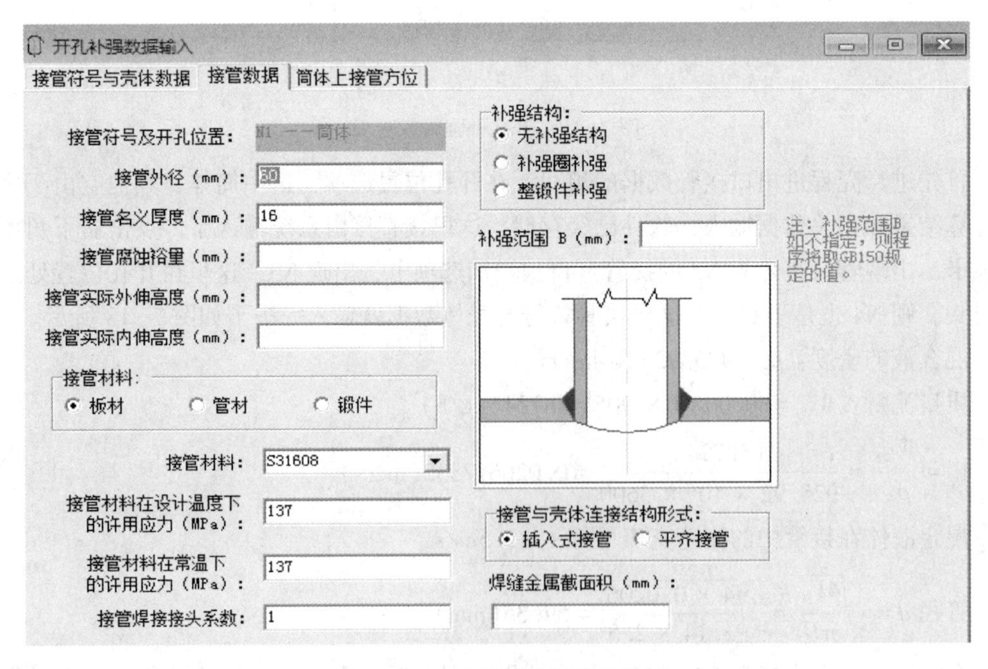

图 7-19　开孔补强数据输入界面

同样可以计算出筒体接管直径，在第一项中选中接管 N2，然后进行 N2 的结果数据填写。由前面计算计算的结果，接管管径这里圆整为 80mm，由于反应物料是混合液体取壁厚跟 N1 相同也为 16 即可，其他数据可不填。接管材料为方便加工和计算，故仍为锻件 S31608，在第三项筒体上接管方位中有两项，接管中心线至筒体轴线距为 0mm，接管中心线与法线之间夹角为 0°。输入好的 N2 接管数据如图 7-20 所示。

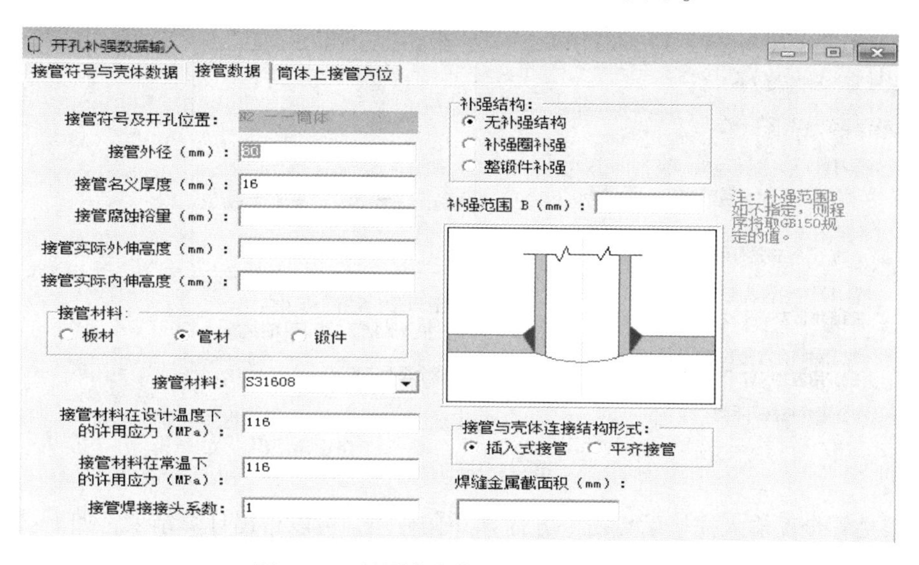

图 7-20　填写完毕的开孔补强输入界面

封头接管的算法相同，在第一项中选中接管 N3 进行 N3 的结果数据填写。由计算的结果，接管管径这里圆整为 72mm，为使达到安全的目的且方便计算，接管名义厚度这里取为 12mm，接管外伸可以不填。接管材料由同样选用 S31608，在第三项筒体上接管方位中有一项接管中心线与封头中面交点至封头轴线的距离取值为 0。输入好的 N3 接管数据如图 7-21 所示。下封头接管数据设置跟上封头相同，如图 7-22 所示。

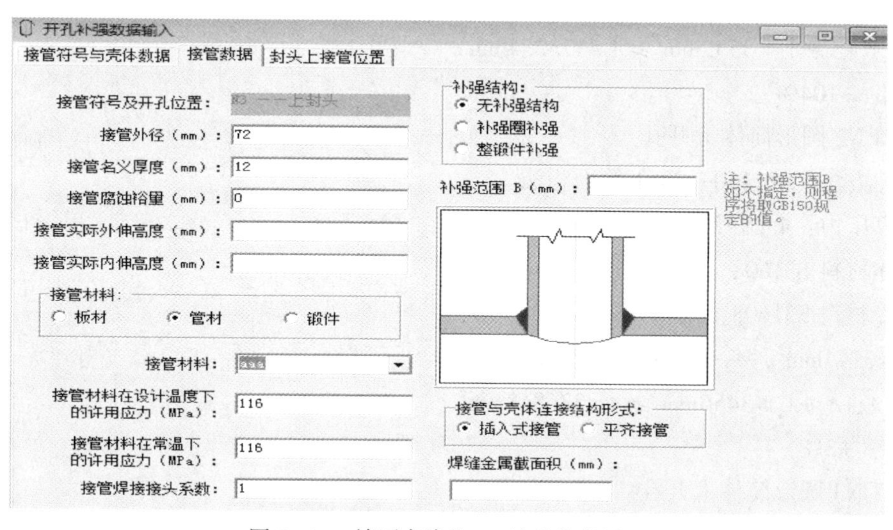

图 7-21　填写完毕的 N2 接管数据界面

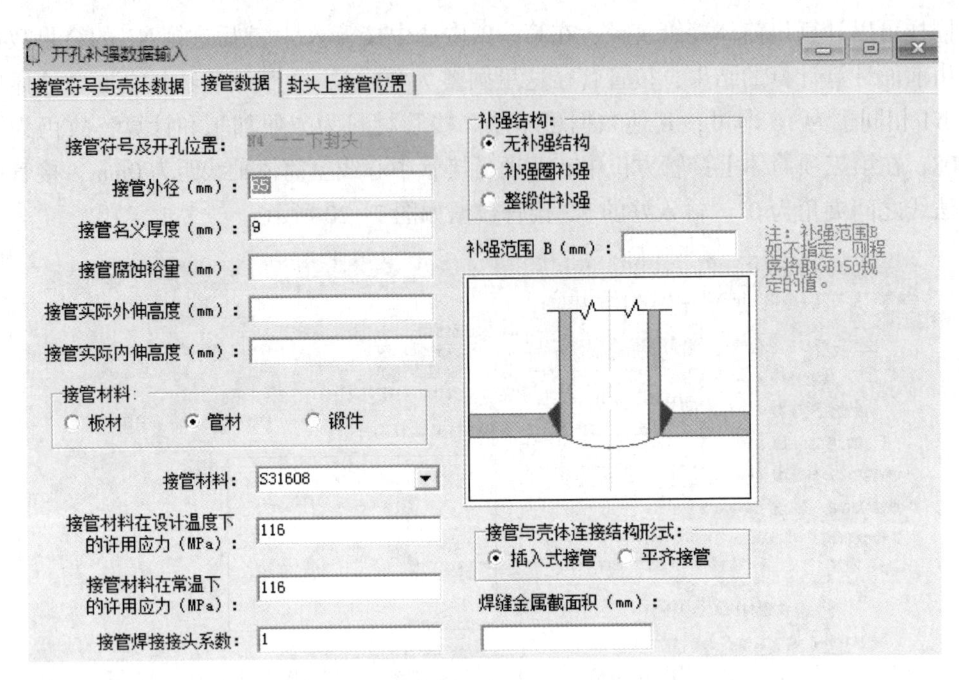

图 7-22　填写完毕的接管 N4 数据界面

四根接管全部输入完毕后点击上方计算开孔补强，可以得出计算结果，如下：

开孔补强计算结果

管口 N1 圆形筒体上开孔

计算方法：GB 150—2011 等面积法

计算压力：4.2992MPa

壳体材料 S31608，名义厚度 78 mm

接管材料 S31608，规格 φ60×16mm

$A_1=3220\text{mm}^2$，$A_2=0$，$A_3=312\text{mm}^2$，$A_4=0$

$A_1+A_2+A_3+A_4=3532\text{mm}^2\geqslant A=1732.4\text{mm}^2$

合格(+104%)

管口 N2 圆形筒体上开孔

计算方法：GB 150—2011 等面积法

计算压力：4.2992MPa

壳体材料 S31608，名义厚度 78 mm

接管材料 S31608，规格 φ80×16mm。

$A_1=3144\text{mm}^2$，$A_2=0$，$A_3=312\text{mm}^2$，$A_4=0$

$A_1+A_2+A_3+A_4=3456\text{mm}^2\geqslant A=3368.8\text{mm}^2$

合格(+3%)

管口 N3 圆形筒体上开孔：

计算方法：GB 150—2011 等面积法；

计算压力：4.2992MPa；
壳体材料 S31608，名义厚度 78mm；
接管材料 S31608，规格 φ72×12mm；
$A_1=3026mm^2$，$A_2=0$，$A_3=234mm^2$，$A_4=0$；
$A_1+A_2+A_3+A_4=3260mm^2 \geqslant A=3253.5mm^2$；
合格(+0%)。
管口 N4 圆形筒体上开孔：
计算方法：GB 150—2011 等面积法；
计算压力：4.2992MPa；
壳体材料 S31608，名义厚度 78 mm；
接管材料 S31608，规格 φ65×9mm；
$A_1=2937mm^2$，$A_2=0$，$A_3=176mm^2$，$A_4=0$；
$A_1+A_2+A_3+A_4=3113mm^2 \geqslant A=3106.4mm^2$；
合格(+0%)。

7.8 夹套设计计算

查 HG/T 20569—2013 机械搅拌设备知：
不同型式夹套的适用温度和压力范围见表 7-4。

表 7-4 不同型式夹套的适用温度和压力范围

夹套型式	温度/℃	压力/MPa
整体夹套(U 形和圆筒形)	按 GB 150.3 的规定	
半圆管夹套	按 HG/T 20582 的规定	
型钢夹套	200	2.5
蜂窝夹套(短管支撑式)	200	2.5
蜂窝夹套(折边锥体式)	250	4.0

结合设计条件，确定选用 U 形夹套。U 形夹套和釜体有两种连接方式，即可拆卸方式和不可拆卸方式。二者间的优缺点：不可拆卸式夹套的结构简单，密封可靠，主要适用碳钢制的搅拌设备。如果罐体材质是不锈钢而夹套为普通碳钢时，应在结构处理上避免不锈钢罐体与碳钢件焊接，以防止焊缝处使不锈钢产生局部腐蚀；可拆卸夹套的连接结构，用在操作条件较差，及要求定期检查罐体外部表面或者要求定期清洗夹套内部污垢的场合。此外，对于用铸铁或其他金属制造的罐体不能与夹套直接焊接时，均可采用可拆卸式连接结构的夹套。

由于夹套中盛有热媒，只是起传热作用，不需要定期检查，另外由于反应釜中流体的特殊性，为保证夹套密封可靠，本设计选择不可拆夹套。

夹套直径 D_j 可根据釜体直径的大小按表 7-5 给出的数值选用。

表 7-5　釜体不同直径范围时的夹套直径的经验值

DN/mm	500~600	700~1800	2000~3000	4000
D_j/mm	DN+50	DN+100	DN+200	DN+250

取夹套直径 D_j =3800+250=4050mm；

取夹套直径 D_j =4100mm；

其直边高度 h_2=40mm，曲面高度 h_1=1065mm，内表面积 A=18.7370m^2，容积 V=9.5498m^3。

根据上面的资料和之前的数据，填写完毕的夹套筒体数据和夹套封头数据如图 7-23、图 7-24 所示。

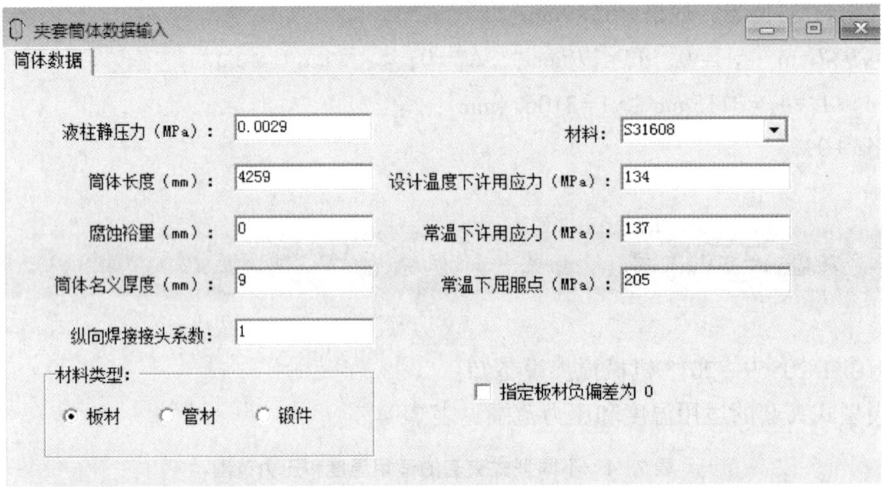

图 7-23　填写完毕的夹套筒体数据

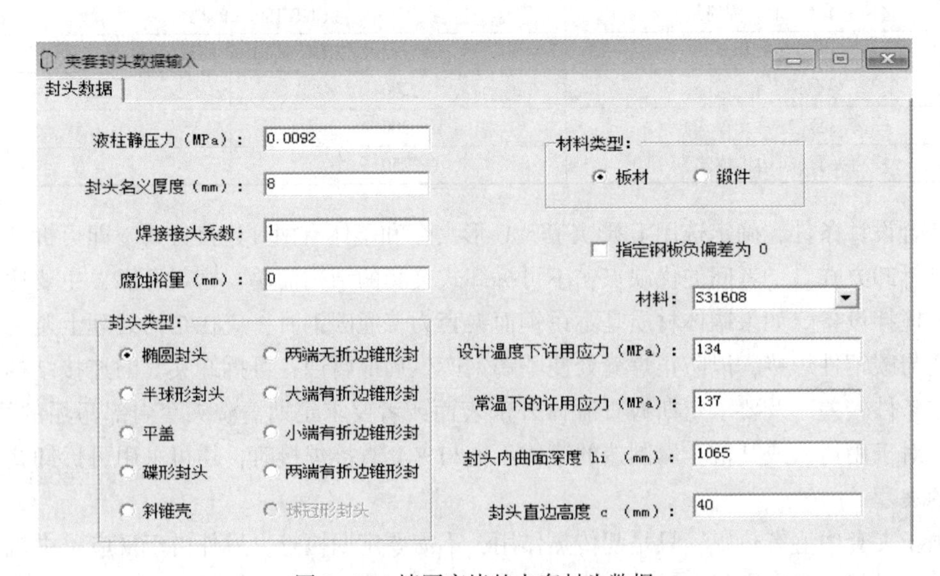

图 7-24　填写完毕的夹套封头数据

夹套数据全部输入完毕分别后点击上方计算夹套筒体和封头，可以得出计算结果，如下：

1. 内压圆筒校核

计算条件

计算压力：0.50MPa，设计温度：200.00℃，筒体内径：4100.00mm

腐蚀裕量：0，负偏差：0.30mm，焊接接头系数：1.00

材料：S31608

输入厚度：9.00mm

计算结果

应力校核：合格

许用压力：0.57σ_t=118.75MPa，$[\sigma]_t\times\phi$=134.00MPa

水压试验值：0.6250MPa，圆筒应力：147.58MPa，0.9×σ_s=184.50，压力试验合格

提示参考厚度：9.00mm。

2. 内压椭圆封头校核

计算条件

计算压力：0.51MPa，设计温度：200.00℃，筒体内径：4100.00mm。

腐蚀裕量：0，负偏差：0.30mm，焊接接头系数：1.00。

曲面高度：1065.00mm，材料：S31608。

输入厚度：8.00mm

计算结果

应力校核：合格

许用压力：0.53MPa，水压试验值：0.6250MPa，椭圆封头应力：158.38MPa，0.9×σ_s=184.50MPa，压力试验合格。

提示参考厚度：8.00mm。

第 8 章　基于 SW6 软件的浮头式换热器结构设计

以液氮汽化的浮头式换热器强度校核计算为例。双击 SW6－2011 文件夹下 Fexchan 。进入 SW6 浮头式换热器校核界面，见图 8－1。

图 8－1　SW6 浮头式换热器校核

鼠标左键点击左上角新建图标，新建一个新的校核。新建好之后会发现之前不能存盘的选项变为可以存盘，证明新建成功，如图 8－2 所示。

图 8－2　新建成功后的工具栏

8.1　主体设计参数的定义

鼠标左键点击数据输入，选择第一项“主体设计参数”，进入“主体设计参数”输入界面，如图 8－3 所示。

根据之前 HTRI 设计以及优化好的结果进行填写输入。设计压力=(绝对压力-外界大气压)×安全阀系数(1.05~1.1)，所以壳程设计压力=(2.0-0.1)×1.1=2.09(MPa)；管程设计压力=(0.5-0.1)×1.1=0.44(MPa)。壳程设计温度-196℃，管程设计温度 25℃，换热器壳程筒体内径 1000mm。壳程和管程压力试验类型都选择水压试验，那么试验压力应该是设计压力的 1.25 倍。所以壳程试验压力=2.09×1.25=2.6125(MPa)；管程试验压力=0.44×1.25=0.55(MPa)。主体设计参数输入后的界面见图 8-4 所示。

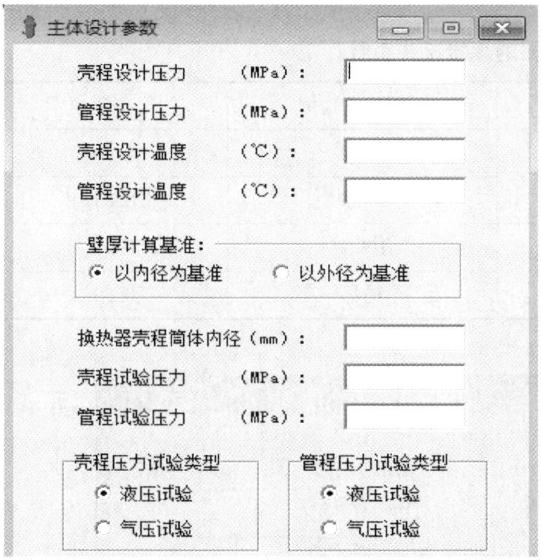

图 8-3　主体设计参数输入界面

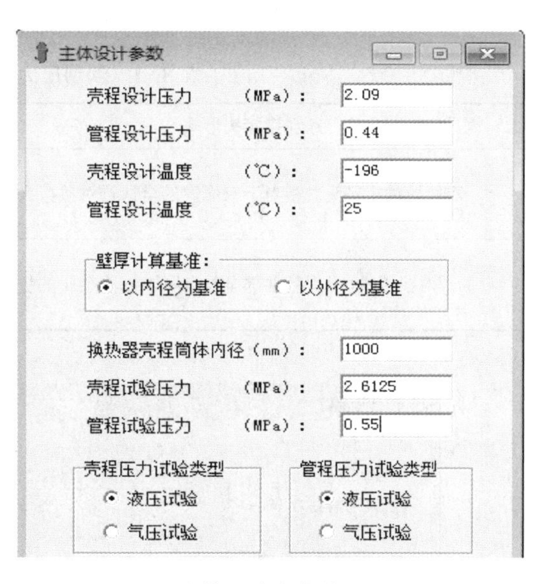

图 8-4　主体设计参数输入后的界面

8.2 筒体结构的计算

左键点击界面右上角的叉号关闭，所填数据会默认记载。筒体数据输入的界面如图 8-5 所示。

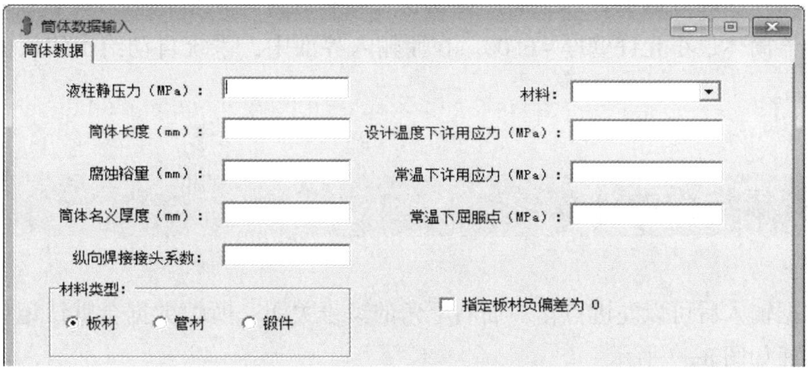

图 8-5　筒体数据输入的界面

查有关资料知道液氮的密度，故液柱静压力也就等于：

$\rho gh=808.85\times9.8\times1=7926.7025(\mathrm{Pa})$，所以液柱静压力一项填0.0079MPa，筒体长度与换热管长度相当，这里取6500mm。因为壳程走的是液氮，腐蚀性极微，所以这里的腐蚀裕量取0mm，筒体名义厚度可以先不填写，由程序计算，然后再来取值。纵向焊接接头系数ϕ值取0.85。我国钢制压力容器的焊接接头系数可按表8-1选取。因为壳程的流体是液氮，所以要选用耐低温的合金钢，这里选择S30408。填写完毕的筒体数据界面如图8-6所示。

表8-1 钢制压力容器的焊接接头系数

焊接接头形式	无损检测比例	ϕ值
双面焊对接接头盒相当于双面焊的全熔透对接接头	100%	1.00
	局部	0.85
单面焊对接接头(沿焊缝根部全长有紧贴基本金属的垫板)	100%	0.90
	局部	0.80

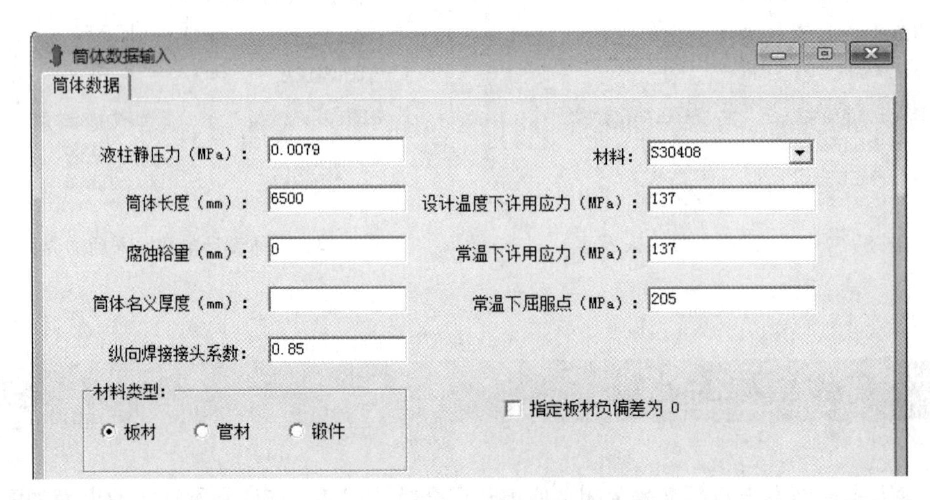

图8-6 填写完毕的筒体数据界面

此时可以点击运行选项，选中筒体选项就可以看到计算结果，压力试验合格，且给出浮头式换热器筒体最小允许壁厚=6.00。在原输入界面中，系统自动给出建议的筒体名义厚度为10mm。

8.3 管板结构的计算

筒体数据输入后可以左键点击界面右上角的叉号关闭，所填数据会默认记载。管板数据的输入界面如图8-7所示。

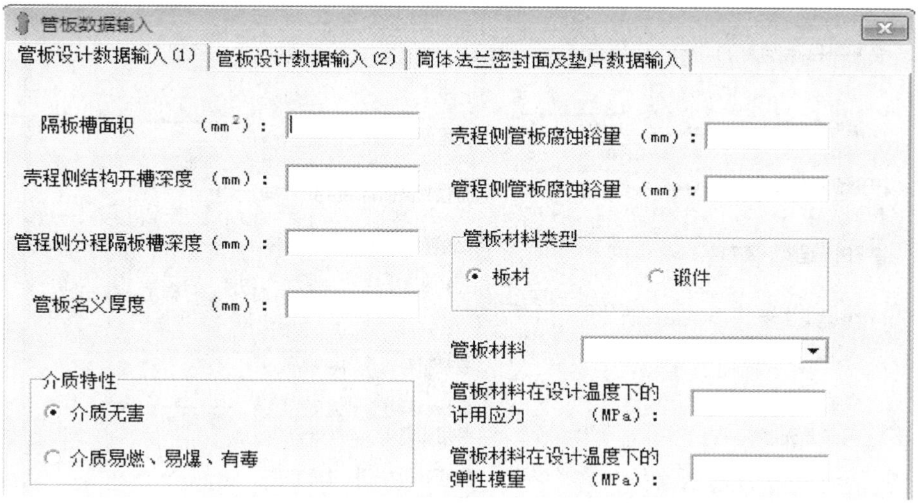

图 8-7 管板数据的输入界面

管壳式换热器中，对管程为双程或多程、或壳程为两程时，必须设置隔板，这时管板上在设置隔板槽部位不能布管，故而在管板的计算中要计算隔板槽的面积，按 GB 151—2014 中给出的隔板槽面积计算公式。

$$A_d = hD_i \text{ mm}^2$$

式中 h ——隔板槽宽度，mm；

D_i ——换热器内径，mm。

而在 GB 150 中规定，隔板槽的宽度对于不锈钢一般取 11mm，碳钢一般取 12mm。所设计的换热器隔板槽面积为 11000mm^2，对于壳程侧结构开槽深度和管程侧分程隔板槽深度，根据 GB/T 151—2014，槽深应大于垫片厚度，且不宜小于 4mm，隔板槽密封面应与环形密封面平齐；槽宽宜为 8~14mm。所以这里取槽深为 6mm，槽宽为 10mm。管板名义厚度先不填写，由程序自动计算。流体是液氮和水，所以介质特性为介质无害。壳程侧流体是液氮，管程侧液体是循环水，所以壳程侧管板腐蚀裕量为 0mm，管程侧管板腐蚀裕量为 1mm。管板材料为板材，同样要根据危险端的介质取材，故而这里仍然取为 S30408。“管板设计数据输入(1)”填写好的界面如图 8-8 所示。

然后进行“管板设计数据输入(2)”的填写。换热管根数为 1593 根，换热管外径为 16mm，换热管管壁厚度为 2mm，换热管材料仍然为 S30408。换热管与管板连接形式在 GB/T 151—2014 中第 25~29 页中有明确说明。由于篇幅关系不再赘述，本例选择其中强度胀加密封焊的形式。换热管排列方式为 30°三角形排列。管间距为 22mm。换热管受压失稳当量长度根据 GB/T 151—2014 第 56 页可计算确定为 1217mm，见图 8-9。焊接长度取 20mm 为满足换热管与管板的连接。填写好的“管板设计数据输入(2)”如图 8-10所示。

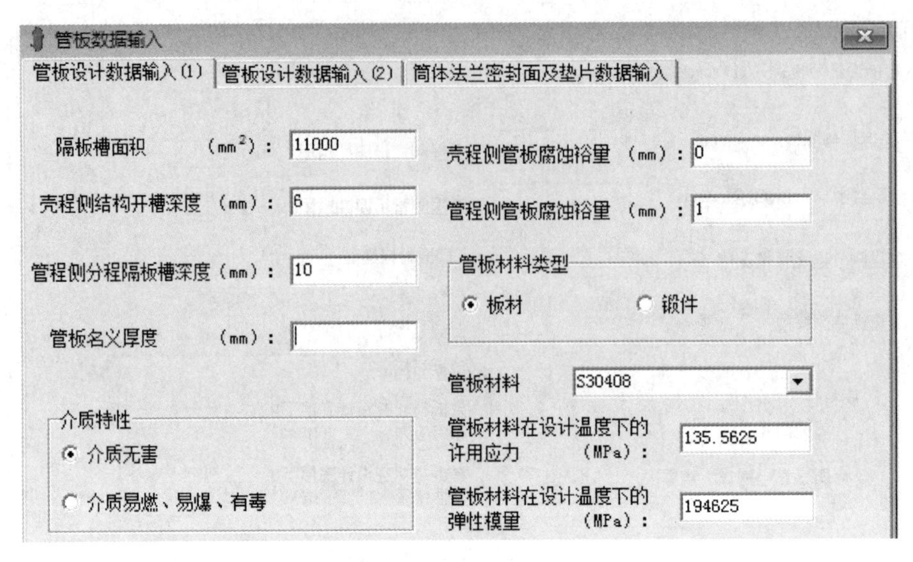

图 8-8 管板设计数据输入(1)

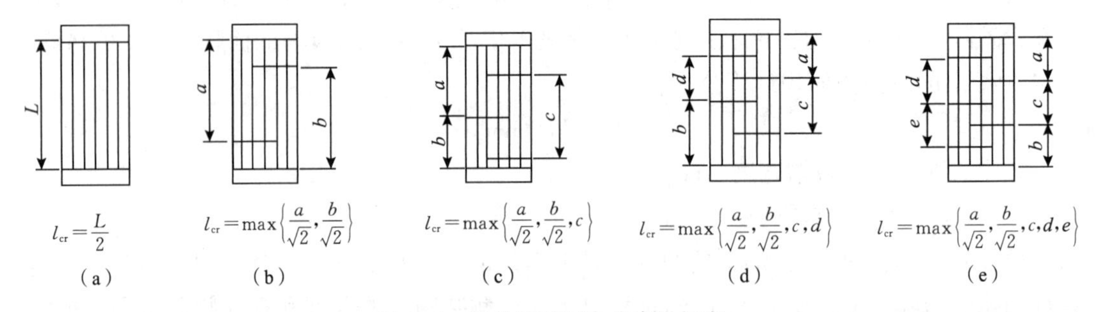

图 8-9 换热管受压失稳当量长度

管板数据输入

管板设计数据输入(1) | 管板设计数据输入(2) | 筒体法兰密封面及垫片数据输入

换热管根数： 1593

换热管外径 (mm)： 16

换热管管壁厚度 (mm)： 2

换热管材料 S30408

换热管材料在设计温度下的许用应力 (MPa)： 116

换热管材料在设计温度下的弹性模量 (MPa)： 194625

换热管材料在设计温度下的屈服点 (MPa)： 207.75

换热管与管板连接形式：不开槽胀接 / 焊接 / 开槽胀接 / 强度胀加密封焊

换热管排列方式：三角形排列 / 正方形排列

管间距 (mm)： 22

换热管长度 (mm)： 6500

换热管受压失稳当量长度 (mm)： 1217

胀接或焊接长度 (mm)： 20

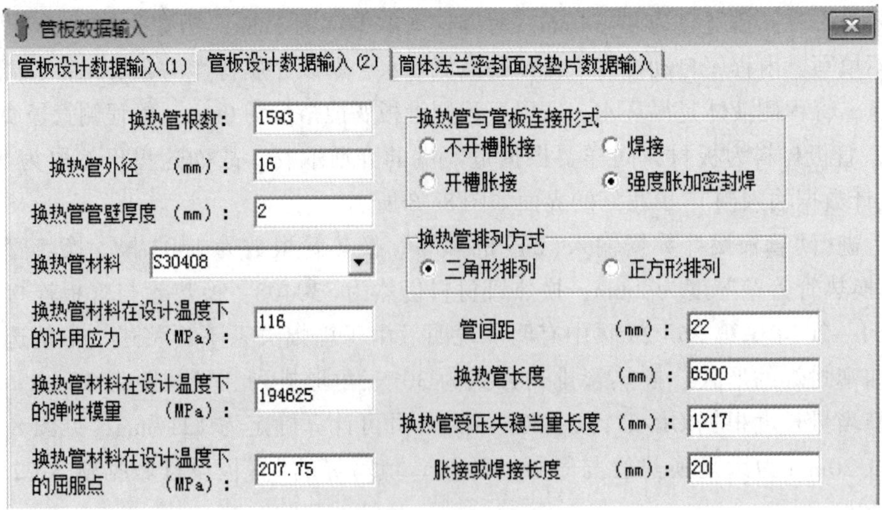

图 8-10 管板设计数据输入(2)

然后进行“筒体法兰密封面及垫片数据输入”。筒体法兰密封面形式为榫槽面。此处选择的金属包垫片数据：垫片内径为1047mm，垫片外径为1087mm，垫片厚度为3mm。填写好的“筒体法兰密封面及垫片数据输入”如图8-11所示。

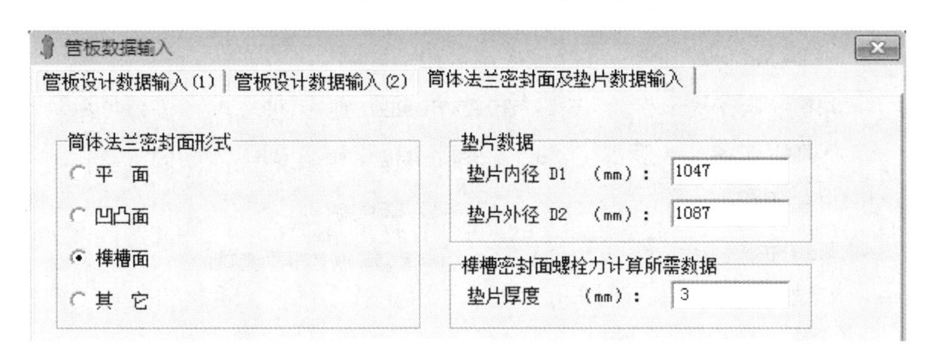

图8-11 筒体法兰密封面及垫片数据输入

点击“运行”，可得到管板允许最小名义厚度$\delta_n=76.00$mm，取圆整为80mm。将80mm填写到“管板名义厚度”处再次运行，可得知厚度校核合格，拉脱力校核合格等。

8.4 前端管箱结构的计算

管板数据输入后可以左键点击界面右上角的叉号关闭，所填数据会默认记载。前端管箱数据的输入界面如图8-12所示。

前端管箱数据输入
管箱筒体数据输入
管箱封头数据输入
筒体内径 (mm)：
筒体长度 (mm)：
腐蚀裕量 (mm)：
筒体名义厚度 (mm)：
纵向焊缝焊接接头系数：
材料类型
板材
管材
锻件
材料：
设计温度下许用应力 (MPa)：
常温下许用应力 (MPa)：
常温下屈服点 (MPa)：
指定管箱筒体材料负偏差为0

图8-12 前端管箱数据的输入界面

管箱筒体内径为1000mm，筒体长度不知道可以先不填写。前端管箱的流体是循环水，所以腐蚀裕量为1mm，筒体名义厚度可以先不填写由程序去计算，然后再取值，纵向焊缝焊接接头系数仍然取0.85。由于流体是水，所以这里材料选取Q345R。填写好的管箱筒体数据如图8-13所示。下面就要进行管箱封头数据的输入。

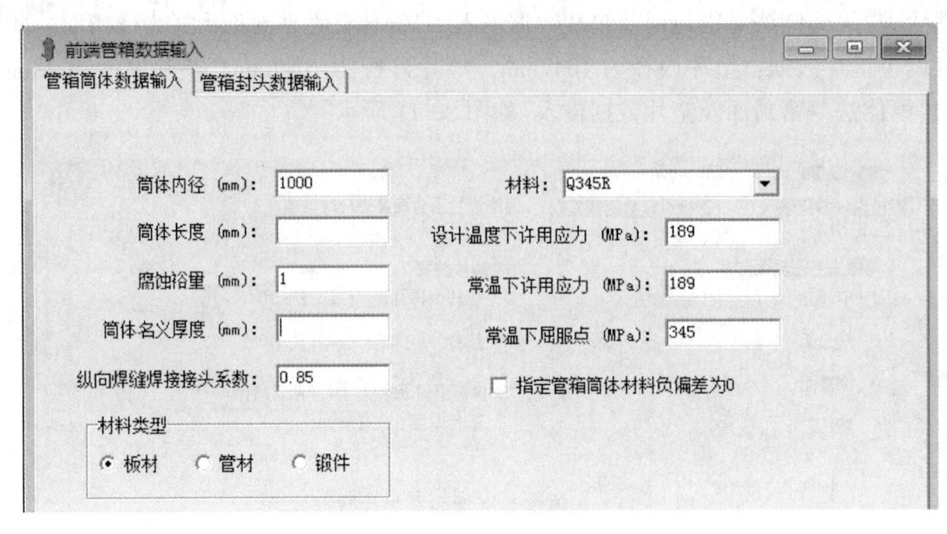

图 8-13　填写好的管箱筒体数据

封头内径和筒体内径一样为 1000mm，封头形式选择常用的标准椭圆形封头，工程上常用的标准椭圆封头的长短轴的比是 2∶1，所以封头曲面高度为 250mm。根据《压力容器封头》(GB/T 25198—2010)，200～2000mm 时，直边高度是 25mm。材料仍然选择为 Q345R。填写好的“管箱封头数据输入”如图 8-14 所示。

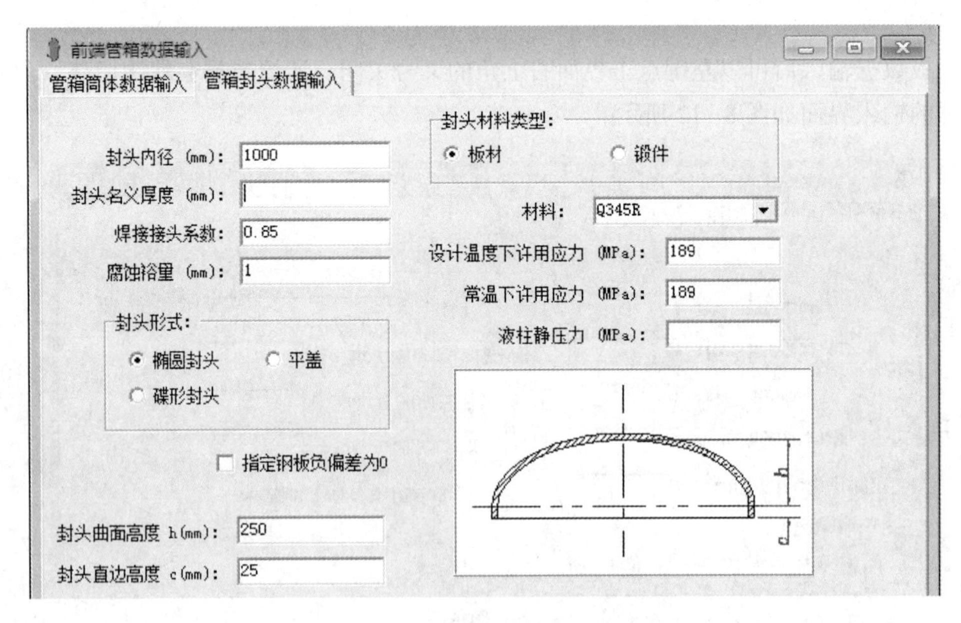

图 8-14　填写好的管箱封头数据

点击运行，设备压力试验均合格，且得到前端管箱筒体名义厚度为 10mm，标准椭圆形封头的名义厚度为 4.5mm。厚度填写完毕后再次运行前端管箱数据可以得到应力校核合格等。

8.5 后端管箱结构的计算

管板数据输入后，可以左键点击界面右上角的叉号关闭，所填数据会默认记载。“后端管箱数据的输入”界面如图 8-15 所示。

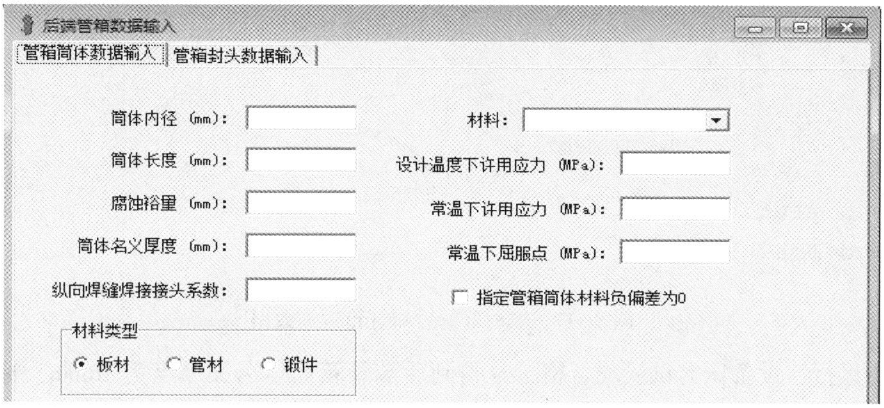

图 8-15 后端管箱数据的输入界面

筒体内径仍然为 1000mm，因为要和液氮接触，所以要考虑危险端一侧，故腐蚀裕量取 0mm。筒体名义厚度先不填由程序自动计算，纵向焊缝焊接接头系数仍然为 0.85，材料也要选择 S30408。填写好的后端管箱筒体数据如图 8-16 所示。

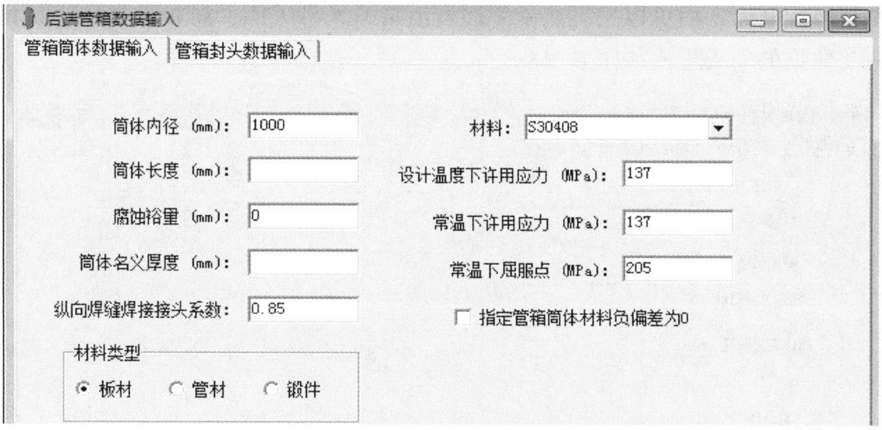

图 8-16 填写好的后端管箱筒体数据

下面进行管箱封头数据的输入。与前端管箱封头类似，封头内径为 1000mm，封头名义厚度先不填写，由程序自动计算，焊接接头系数为 0.85，腐蚀裕量为 0mm，封头形式仍然选择标准椭圆形封头，故封头曲面高度为 250mm，封头直边高度为 25mm，材料为 S30408。填写好的后端管箱封头数据如图 8-17 所示。

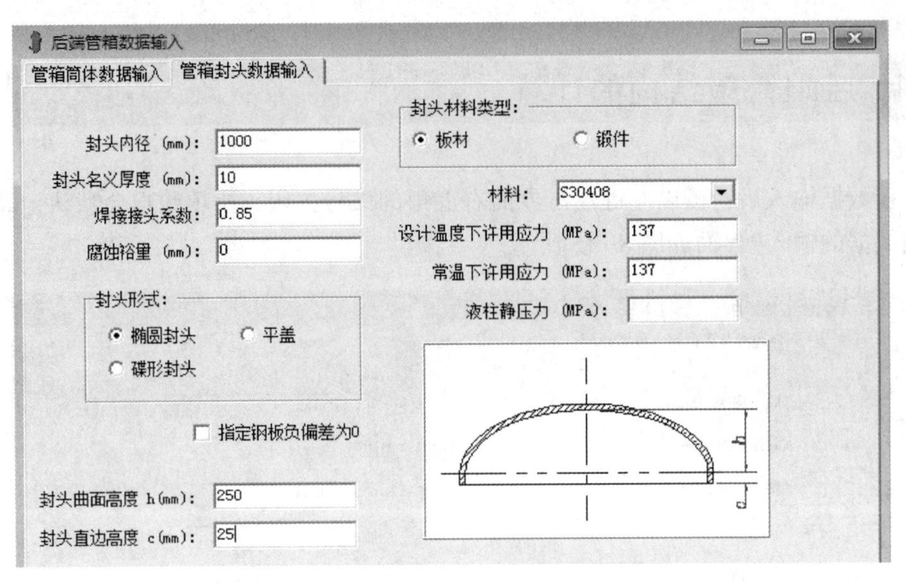

图 8-17　填写好的后端管箱封头数据

点击运行，设备压力试验均合格，且得到后端管箱筒体名义厚度为 10mm，标准椭圆形封头的名义厚度为 10mm。厚度填写完毕后，再次计算可以得到应力校核合格等。

8.6 前端管箱法兰结构的计算

后端管箱数据输入后可以左键点击界面右上角的叉号关闭，所填数据会默认记载。前端管箱法兰数据的输入界面如图 8-18 所示。

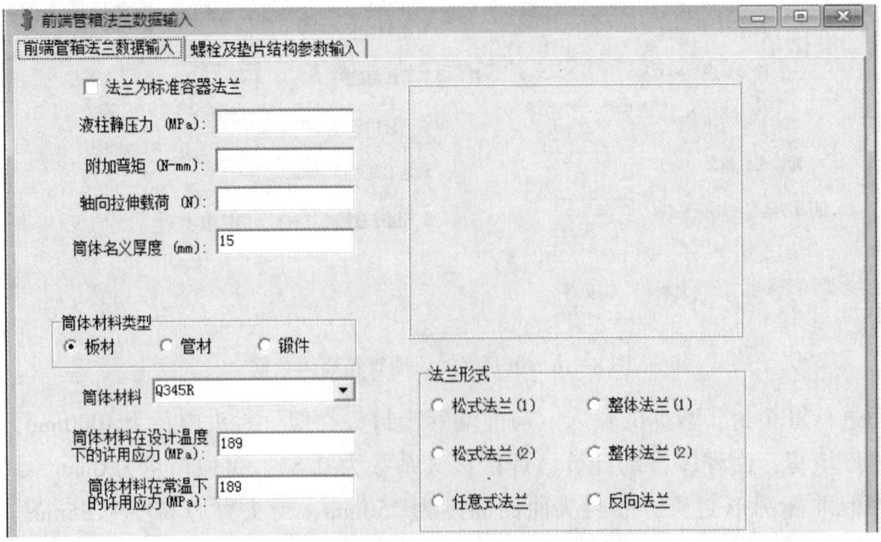

前端管箱法兰数据输入
前端管箱法兰数据输入
螺栓及垫片结构参数输入
法兰为标准容器法兰
液柱静压力 (MPa):
附加弯矩 (N-mm):
轴向拉伸载荷 (N):
筒体名义厚度 (mm): 15
筒体材料类型
板材　管材　锻件
筒体材料 Q345R
筒体材料在设计温度下的许用应力 (MPa): 189
筒体材料在常温下的许用应力 (MPa): 189
法兰形式
松式法兰(1)　整体法兰(1)
松式法兰(2)　整体法兰(2)
任意式法兰　反向法兰

图 8-18　前端管箱法兰数据的输入界面

首先选定法兰为标准容器法兰，这时会出现选择法兰类型界面如图 8-19 所示。

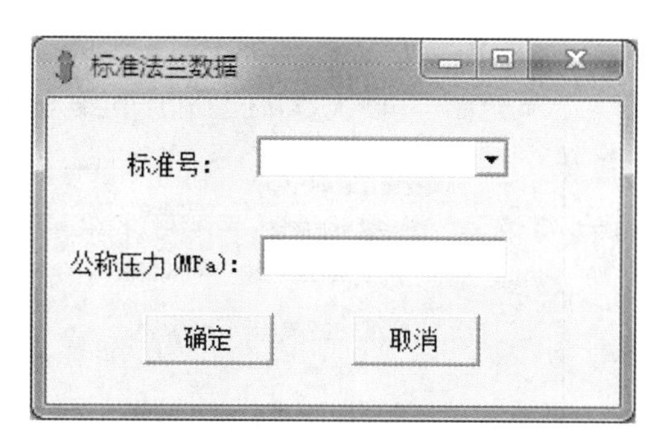

图 8-19　选择法兰类型界面

其中，标准号会有 NB/T 47021、NB/T 47022、NB/T 47023，三种不同的标准号分别对应的是甲型平焊法兰、乙型平焊法兰以及长颈对焊法兰。这里选择第三种 NB/T 47023。工程压力要考虑危险侧的压力，所以选用 2.5MPa。筒体名义厚度为 10mm，前面已经确定。筒体材料为 Q345R，选用板材。填写好的前端管箱法兰数据如图 8-20 所示。

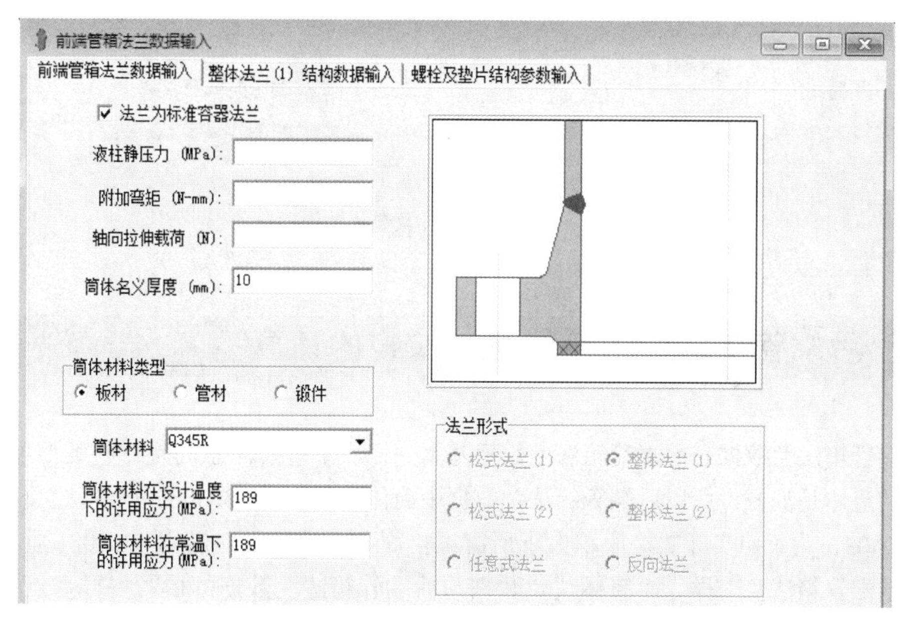

图 8-20　填写好的前端管箱法兰数据

在第二栏整体法兰(1)结构数据输入中，由于之前是按照国家标准选定好的长颈对焊法兰，所以这里法兰的尺寸是定好的不能改变的。法兰的材料类型选择板材 Q345R。

第三栏螺栓及垫片结构参数输入中，螺栓圆直径也是定好的，密封面形式仍然是榫槽面。选择的管壳式换热器用金属包垫片数据：选择内径为 1047，外径为 1087。垫片材料选择软通或黄铜，垫片厚度仍然为 3mm。螺栓的材料可以选择 40MnVB。填写好的螺栓及垫片结构参数如图 8-21 所示。

点击运行，系统会计算好后提示为校核合格。

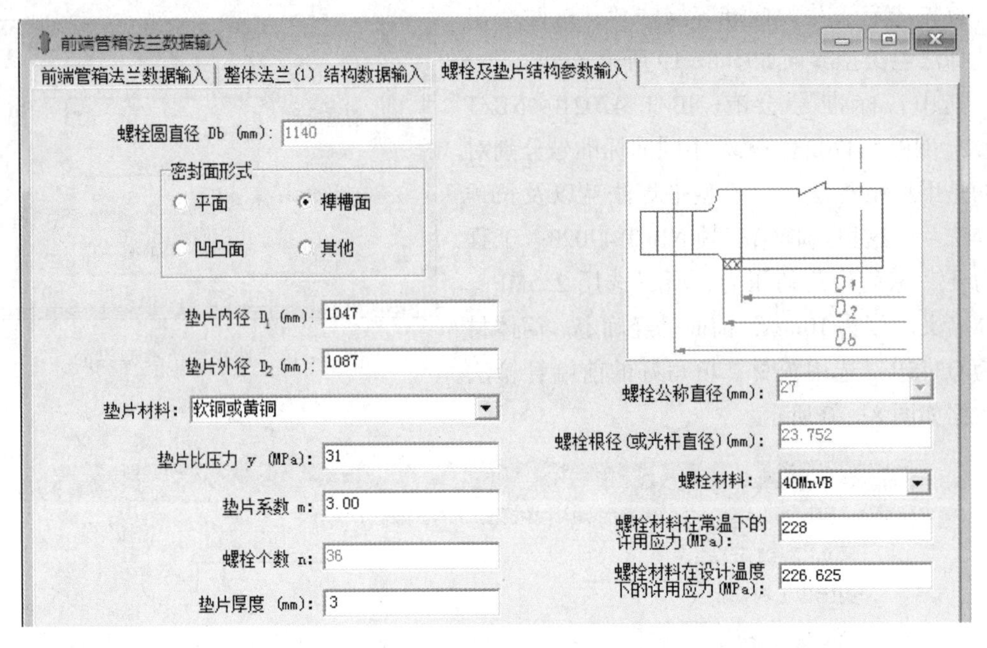

图 8-21　填写好的螺栓及垫片结构参数

8.7 后端管箱法兰与筒体法兰结构的计算

后端管箱法兰数据与前端管箱法兰数据基本一样。不过要注意的是材料类型项，因为危险端的流体是液氮，所以后端管箱法兰数据中筒体材料需是 S30408，同样法兰材料也应该是 S30408，为了使实际螺栓面积大于所需螺栓面积，螺栓材料需用 S30408(强化)，其他就同前端管箱法兰一样。而筒体法兰数据与后端管箱法兰数据的填写一样。点击运行，得到校核合格提示。

8.8 开孔补强的计算

点击数据输入，选择开孔补强数据填写。其填写界面如图 8-22 所示。

首先进行筒体上也就是壳程进出口接管数据的填写。在开孔位置选项，选中筒体，其他空由于之前的计算结果和相关数据输入，软件已经存储，这里接直接由系统输入了。点击右下角增加选项卡，出现管口符号为 N2 的接管，同样选中筒体选项。再次点增加选项卡，出现 N3，这里在开孔位置处选中前端管箱筒体。同样 N4 也是前端管箱筒体。这样接管符号与壳体数据就输入完毕了，如图 8-23 所示。

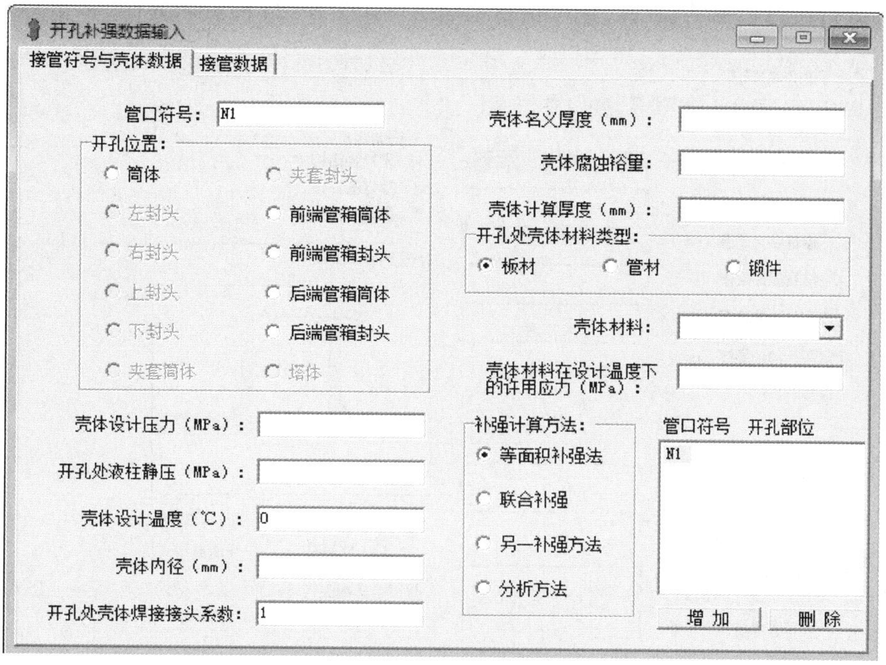

开孔补强数据输入
接管符号与壳体数据 | 接管数据

管口符号：N1
开孔位置：
简体 夹套封头
左封头 前端管箱筒体
右封头 前端管箱封头
上封头 后端管箱筒体
下封头 后端管箱封头
夹套筒体 塔体
壳体设计压力（MPa）：
开孔处液柱静压（MPa）：
壳体设计温度（℃）：0
壳体内径（mm）：
开孔处壳体焊接接头系数：1
壳体名义厚度（mm）：
壳体腐蚀裕量：
壳体计算厚度（mm）：
开孔处壳体材料类型：
板材 管材 锻件
壳体材料：
壳体材料在设计温度下的许用应力（MPa）：
补强计算方法：
等面积补强法
联合补强
另一补强方法
分析方法
管口符号 开孔部位
N1
增加 删除

图 8-22 开孔补强数据输入界面

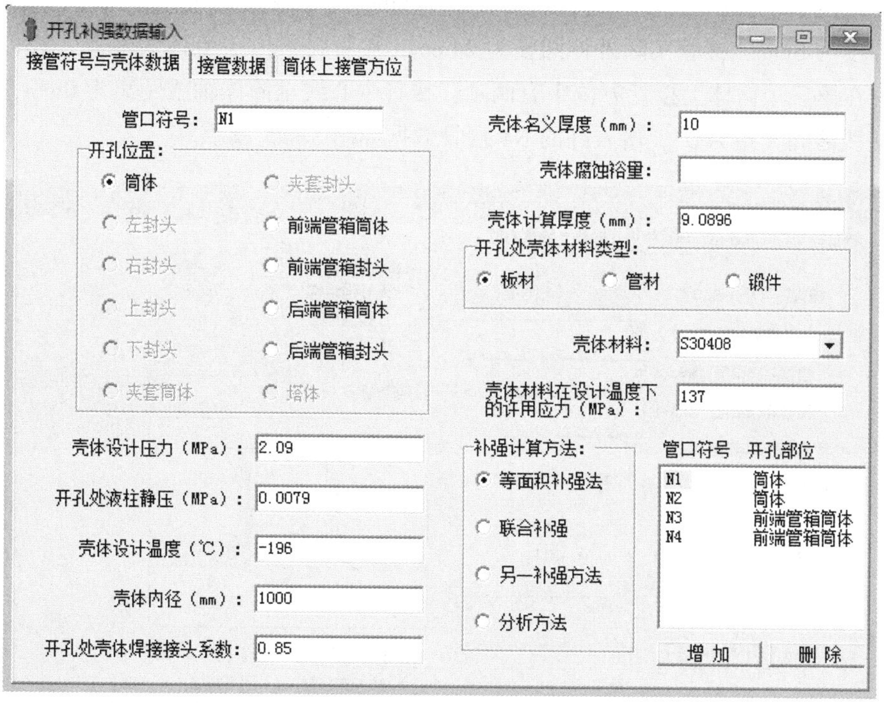

开孔补强数据输入
接管符号与壳体数据 | 接管数据 | 筒体上接管方位

管口符号：N1
开孔位置：
简体 夹套封头
左封头 前端管箱筒体
右封头 前端管箱封头
上封头 后端管箱筒体
下封头 后端管箱封头
夹套筒体 塔体
壳体设计压力（MPa）：2.09
开孔处液柱静压（MPa）：0.0079
壳体设计温度（℃）：-196
壳体内径（mm）：1000
开孔处壳体焊接接头系数：0.85
壳体名义厚度（mm）：10
壳体腐蚀裕量：
壳体计算厚度（mm）：9.0896
开孔处壳体材料类型：
板材 管材 锻件
壳体材料：S30408
壳体材料在设计温度下的许用应力（MPa）：137
补强计算方法：
等面积补强法
联合补强
另一补强方法
分析方法

管口符号	开孔部位
N1	简体
N2	简体
N3	前端管箱筒体
N4	前端管箱筒体

增加 删除

图 8-23 输入好的接管符号与壳体数据

下面进行接管数据的填写。选中接管选项出现如图 8-24 的输入界面。

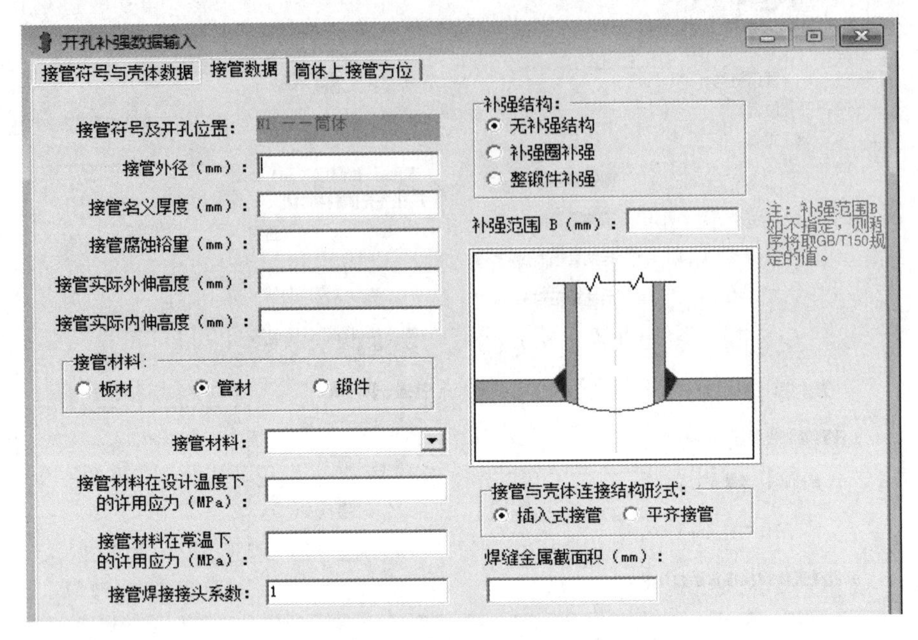

图 8-24　接管数据输入界面

这里规定 N1 为壳程进口接管，由 HTRI 计算的结果，接管管径这里圆整为 60mm，接管名义厚度为 6mm，接管实际外伸圆整为 24mm，接管材料由于流体为液氮，故仍为锻件 S30408，在第三项筒体上接管方位中有两项，接管中心线至筒体轴线距离为 0mm，接管中心线与法线之间夹角为 0°。输入好的 N1 接管数据如图 8-25 所示。

开孔补强数据输入
接管符号与壳体数据
接管数据
筒体上接管方位
接管符号及开孔位置:
N1 ——筒体
接管外径（mm）: 60
接管名义厚度（mm）: 6
接管腐蚀裕量（mm）:
接管实际外伸高度（mm）: 24
接管实际内伸高度（mm）:
接管材料:
板材
管材
锻件
接管材料: S30408
接管材料在设计温度下的许用应力（MPa）: 137
接管材料在常温下的许用应力（MPa）: 137
接管焊接接头系数: 1
补强结构:
无补强结构
补强圈补强
整锻件补强
补强范围 B（mm）:
注：补强范围B如不指定，则程序将取GB/T150规定的值。
接管与壳体连接结构形式:
插入式接管
平齐接管
焊缝金属截面积（mm）:

图 8-25　输入好的 N1 接管数据

在第一项中选中接管 N2 进行 N2 的结果数据填写。由 HTRI 计算的结果，接管管径这里圆整为 130mm。为使达到安全的目的，汽化后的气体其接管名义厚度应加厚，这里取为 16mm，接管外伸同样为 24mm。为方便加工和计算，故接管材料仍为锻件 S30408。在第三个选项卡“筒体上接管方位”中有两项，接管中心线至筒体轴线距离为 0mm，接管中心线与法线之间夹角为 0°。输入好的 N2 接管数据如图 8-26 所示。

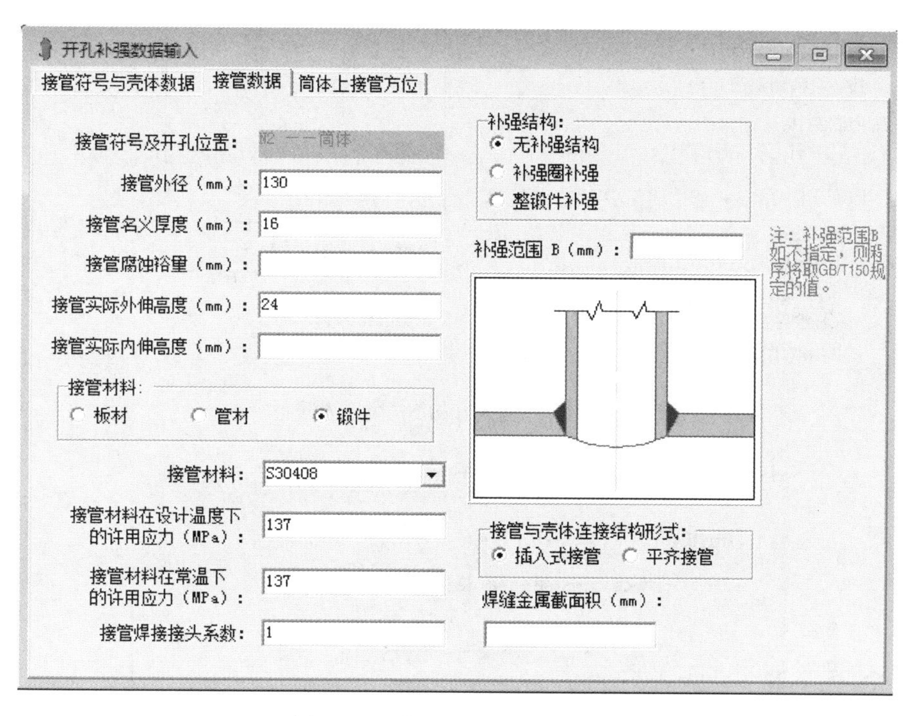

图 8-26 输入好的 N2 接管数据

在选项卡“接管符号与壳体数据”选中接管 N3，进行数据填写。由 HTRI 计算的结果，接管管径这里圆整为 80mm。为使达到安全的目的且方便计算，接管名义厚度这里取为 18mm，接管外伸同样为 24mm。由于流体为循环水，所以接管材料选用为 16Mn。在选项卡“筒体上接管方位”中有两项，接管中心线至筒体轴线距离为 0mm，接管中心线与法线之间夹角为 0°。输入好的 N3 接管数据如图 8-27 所示。

接管 N4 的数据和 N3 相同，故这里不再赘述。点击运行，这时会出现一个选项框提示 N2 结果需要开孔补强且给出了补强方案如图 8-28 所示。这里选择“方案 3”增添补强圈。

选中后点击确认按钮，可以得到计算结果。校核都合格且结果明确说出 N1、N3、N4 不需要进行补强。

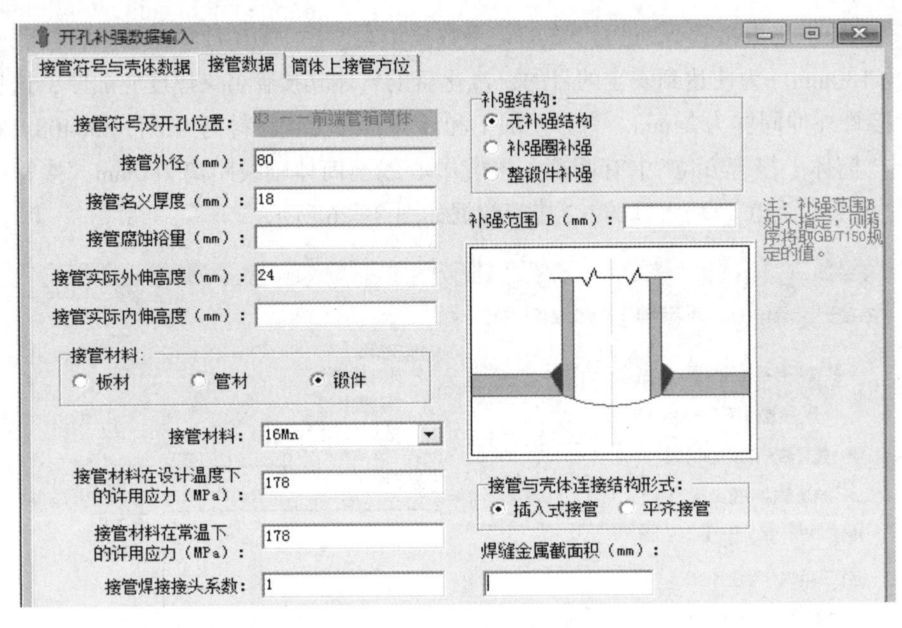

图 8-27　输入好的 N3 接管数据

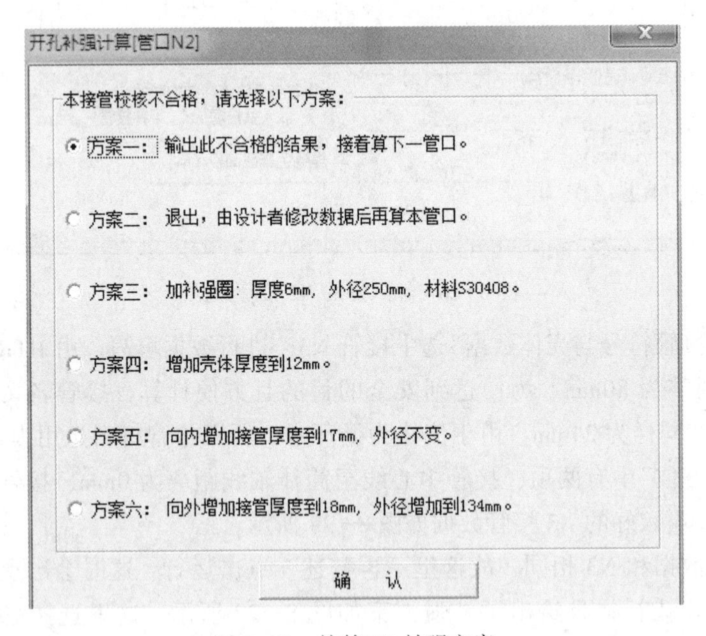

图 8-28　接管 N2 补强方案

8.9　浮头结构的计算

下面进行最后一项浮头数据的输入。点击浮头选项，得到如图 8-29 的浮头数据输入图。

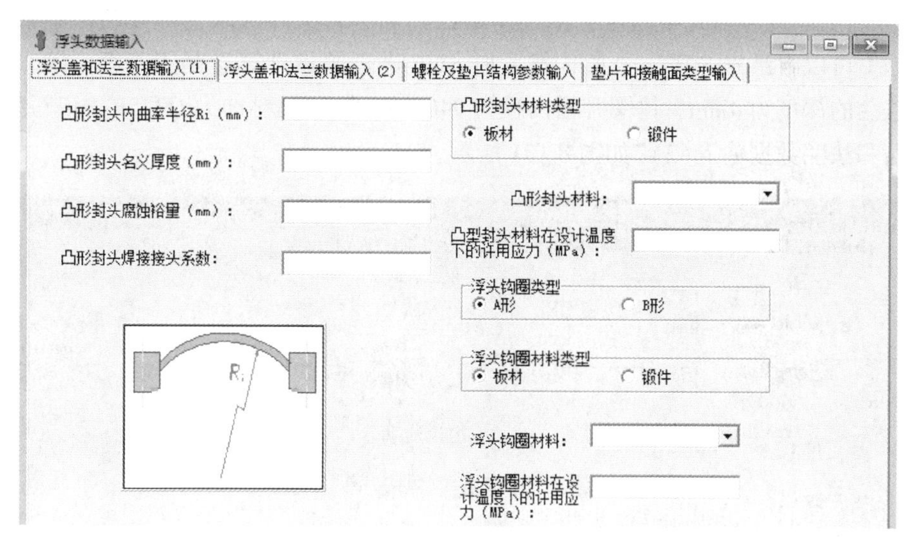

图 8-29　浮头数据输入界面

根据《热交换器》(GB/T 151—2014)第 52 页可以得知，对于 *DN*1000 的换热器，其封头内曲率半径为 R_i800mm，凸型封头名义厚度先不填写，由软件计算。凸型封头焊接接头系数为 0.85。因为浮头侧流体为循环水，所以材料选用为 Q345R，腐蚀裕量为 1mm。《热交换器》(GB/T 151—2014)有详细的对于 A 形浮头钩圈和 B 形浮头钩圈的描述，这里不再赘述。本例中选择 A 形浮头钩圈，浮头钩圈与壳程接触，故而材料应选用为 S30408。填写好的“浮头数据盖和法兰数据输入(1)”如图 8-30 所示。

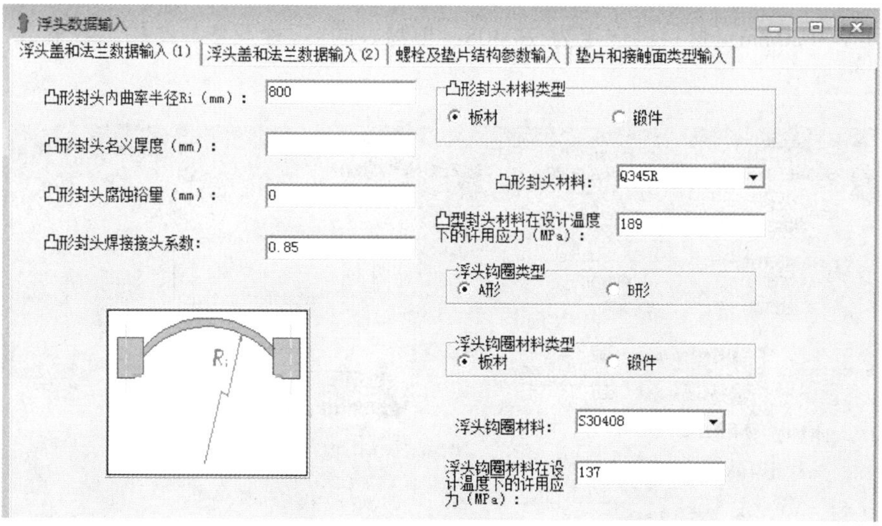

图 8-30　填写好的浮头数据盖和法兰数据输入(1)

浮头法兰没有标准法兰可以选择，所以这里需要自己输入相关法兰的数据。浮头法兰是非标法兰，所以要自己计算或者设定所需数据，然后让 SW6 进行校核。由 HTRI 计算可得管板的最小直径为 960mm，经计算得到法兰内径为 948mm，法兰外径也是钩圈的外径为

1080mm。法兰厚度可以先不选定，由程序自己计算。封头焊入法兰深度与法兰的厚度相关联，这里可以自己先选定一个值，然后由 SW6 进行校核计算看是否可行。这里选择封头焊入法兰的深度为 4mm，钩圈开槽内径为 940mm，法兰材料选为 Q345R，填写好的“浮头数据盖和法兰数据输入(2)”如图 8-31 所示。

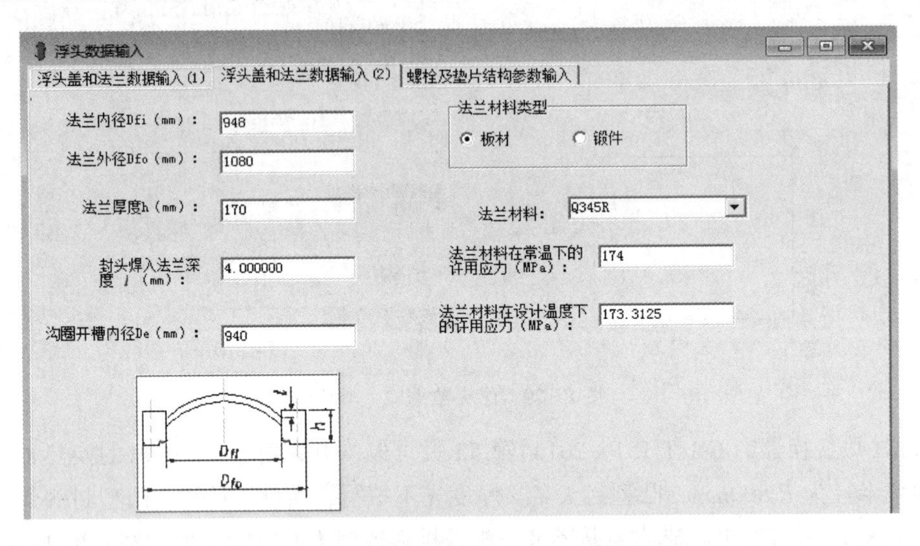

图 8-31　填写好的浮头数据盖和法兰数据输入(2)

下面进行螺栓及垫片结构参数的填写，由于浮头法兰是非标法兰，所以螺栓和垫片也要自己进行设定。经简单计算螺栓中心圆的直径为 1050mm，密封面形式仍然选择榫槽面，垫片内径为 950mm，垫片外径为 960mm，材料仍然为软铜或黄铜，厚度仍然为 3mm，螺栓公称直径为 20mm，材料仍选定为 S30408，填写好的“螺栓及垫片结构参数输入”如图 8-32 所示。

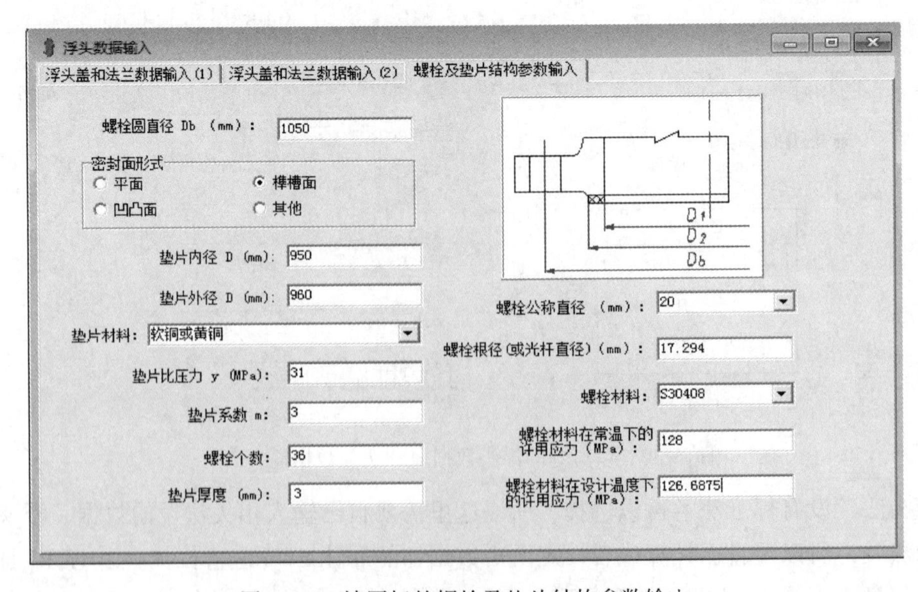

图 8-32　填写好的螺栓及垫片结构参数输入

点击运行，得到带法兰凸型封头的最小厚度为 85. 037453mm，圆整为 86mm。再次运行，得到法兰校核合格，且钩圈的最小厚度为 93mm。

至此，SW6 的校核完毕。将部分校核得到的数据总结于表 8-2。

表 8-2 SW6 部分校核数据

筒体名义厚度	10mm
垫片厚度	3mm
筒体法兰垫片内径	1047mm
筒体法兰垫片外径	1087mm
管板名义厚度	80mm
前端管箱名义厚度	10mm
前端标准椭圆形封头名义厚度	4. 5mm
后端管箱名义厚度	10mm
后端标准椭圆形封头名义厚度	10mm
接管 N1 外径	60mm
接管 N2 外径	130mm
接管 N3 外径	80mm
接管 N4 外径	80mm
前/后端管箱法兰螺栓公称直径	27mm
螺栓个数	36 个

第 9 章　基于 SW6 软件的固定管板式换热器强度计算

因本例设计的换热器为固定管板式换热器，故双击 SW6-2011 文件夹下 Fexchan 进入 SW6 固定管板式换热器设计，见图 9-1。

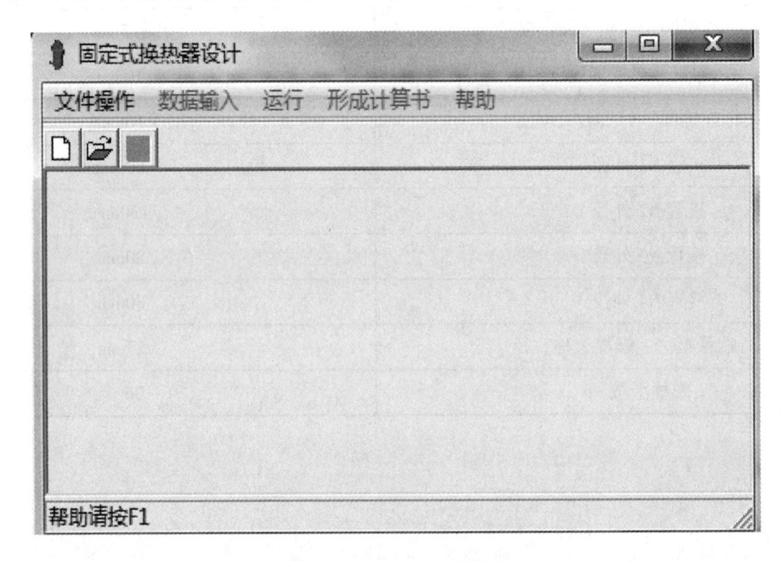

图 9-1　SW6 开始界面

鼠标左键点击左上角新建图标，新建一个新的校核。新建成功后的界面如图 9-2 所示。

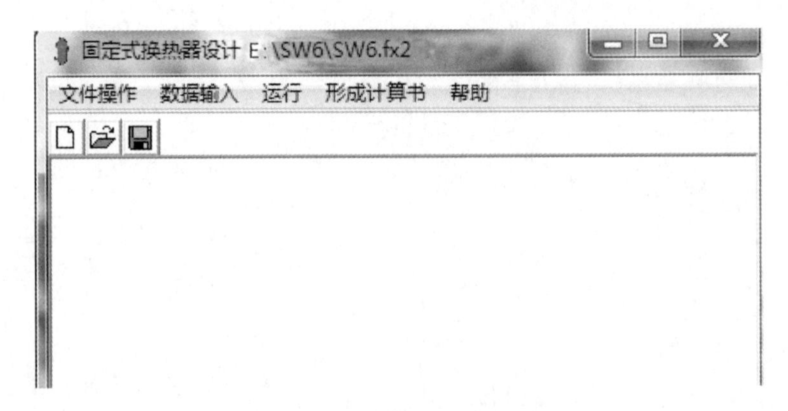

图 9-2　新建成功后的初始界面

9.1 主体的设计

下面进行数据的输入，鼠标左键点击数据输入，选择第一项“主体设计参数”，输入主体设计参数数据：根据 Aspen EDR 8.0 设计以及优化好的结果进行填写输入。壳程设计压力为 0.7MPa；管程设计压力为 3.5Pa；壳程设计温度 80℃，管程设计温度 135℃，换热器壳程筒体内径 1650mm。壳程和管程压力试验类型都选择水压试验，那么试验压力应该是设计压力的 1.25 倍。所以壳程试验压力 0.875MPa；管程试验压力为 4.375MPa。主体设计参数输入后的界面如图 9-3 所示。

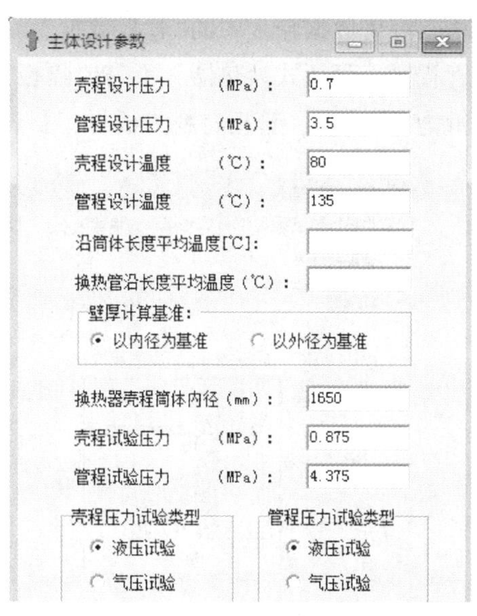

图 9-3　主体设计参数

主体设计参数输入后可以左键点击界面右上角的叉号关闭，所填数据会默认记载。点击数据输入中的“筒体数据”，输入筒体相关数据：液柱静压力一项填 0.0076MPa，筒体长度为 4494mm。因为腐蚀裕量取 1059mm，筒体名义厚度可以先不填写由程序自己计算，纵向焊接接头系数 ϕ 值取 0.85，材料选用 Q345R，材料类型为板材。填写完的筒体数据如图 9-4 所示。

此时可以点击运行选项，选中筒体选项就可以看到计算结果：压力试验合格，且给出固定管板式换热器的筒体壁厚取 13mm。且在原输入界面中系统自己给出建议的筒体名义厚度为 13mm。

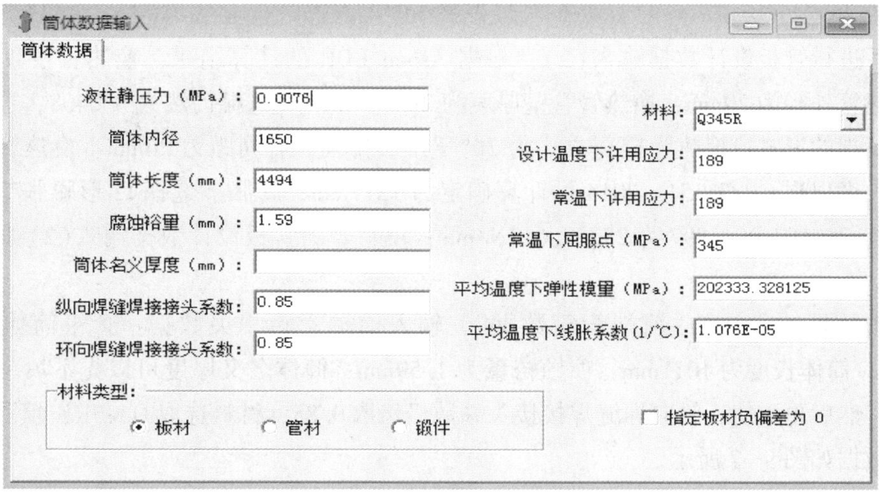

图 9-4　筒体数据

9.2 管板的设计

点击数据输入中的“管板数据”，输入管板相关数据：管板形式为 e 型；本冷凝器为单管程固定管板式换热器，不需要隔板，因此无隔板数据；管板名义厚度为 134mm；腐蚀余量为 1.59mm；管板材料为板材，材料取为 S30408，如图 9-5 所示。

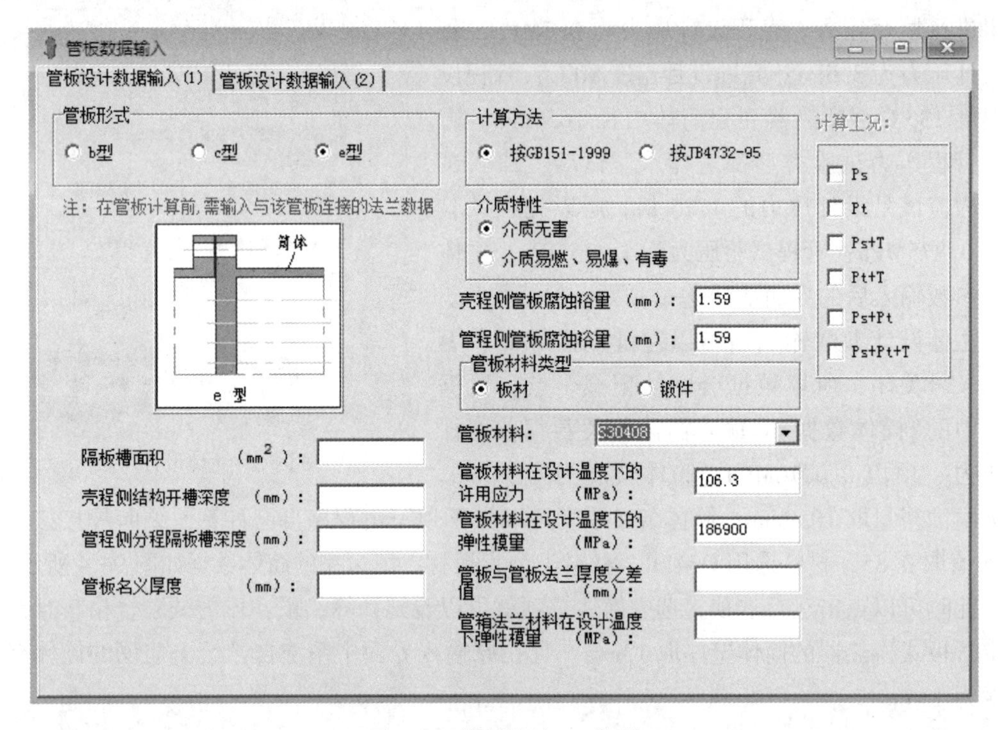

图 9-5　管板设计(1)数据

然后进行管板设计数据输入(2)：根据 Aspen EDR 的计算结果，换热管根数为 3140 根，换热管外径为 20mm，换热管管壁厚度为 2mm，换热管材料仍然为 S30408，选择强度胀加密封焊的形式；换热管排列方式为 30°三角形排列。管间距为 26mm。换热管受压失稳当量长度根据 GB/T 151—2014 可计算确定为 1217mm；膨胀节选择 Ω 形膨胀节，膨胀节刚度查 GB 16749—1997 为 25759.6.2N/mm；填写好的管板设计数据输入(2)如图 9-6 所示。

点击数据输入中的“前端管箱数据”，输入前端管箱相关数据：管箱筒体内径为 1622mm，筒体长度为 1011mm；腐蚀裕量为 1.59mm，筒体名义厚度可以先不填写由程序去计算，然后再取值，纵向焊缝焊接接头系数仍然取 0.85；材料选取 Q345R，填写好的管箱筒体数据如图 9-7 所示。

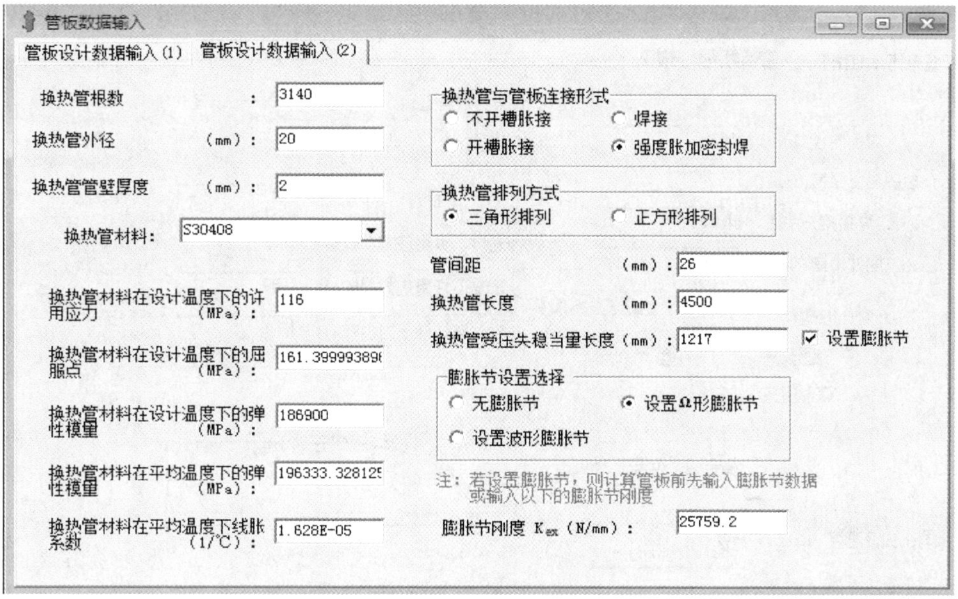

管板数据输入

管板设计数据输入(1)　管板设计数据输入(2)

换热管根数 : 3140

换热管外径 (mm) : 20

换热管管壁厚度 (mm) : 2

换热管材料: S30408

换热管材料在设计温度下的许用应力 (MPa) : 116

换热管材料在设计温度下的屈服点 (MPa) : 161.39999389(

换热管材料在设计温度下的弹性模量 (MPa) : 186900

换热管材料在平均温度下的弹性模量 (MPa) : 196333.328125

换热管材料在平均温度下线胀系数 (1/℃) : 1.628E-05

换热管与管板连接形式

不开槽胀接　焊接

开槽胀接　强度胀加密封焊

换热管排列方式

三角形排列　正方形排列

管间距 (mm) : 26

换热管长度 (mm) : 4500

换热管受压失稳当量长度 (mm) : 1217　设置膨胀节

膨胀节设置选择

无膨胀节　设置Ω形膨胀节

设置波形膨胀节

注：若设置膨胀节，则计算管板前先输入膨胀节数据或输入以下的膨胀节刚度

膨胀节刚度 K_{ex} (N/mm) : 25759.2

图 9-6　管板设计(2)数据

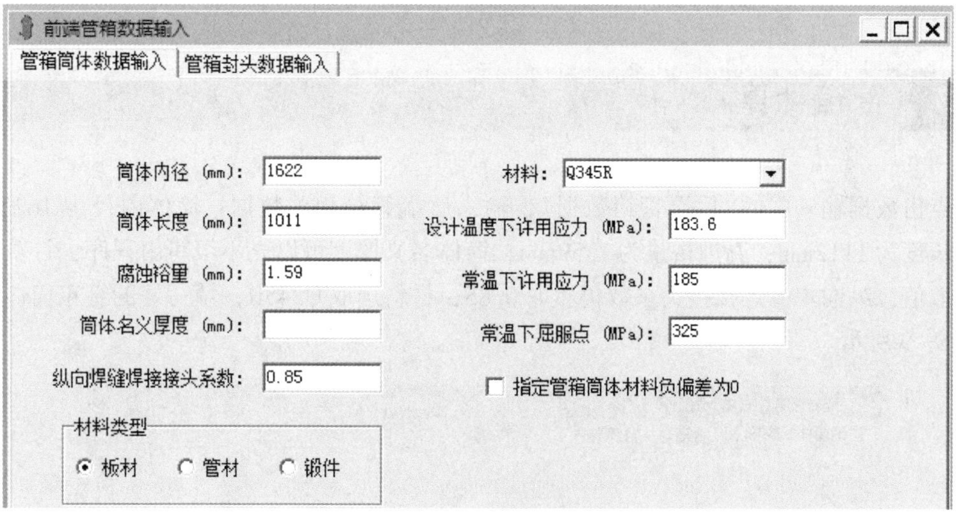

前端管箱数据输入

管箱筒体数据输入　管箱封头数据输入

筒体内径 (mm): 1622

筒体长度 (mm): 1011

腐蚀裕量 (mm): 1.59

筒体名义厚度 (mm):

纵向焊缝焊接接头系数: 0.85

材料: Q345R

设计温度下许用应力 (MPa): 183.6

常温下许用应力 (MPa): 185

常温下屈服点 (MPa): 325

指定管箱筒体材料负偏差为0

材料类型

板材　管材　锻件

图 9-7　管箱筒体数据

然后进行管箱封头数据输入：封头内径和筒体内径一样为 1622mm，封头形式选择常用的标准椭圆形封头，工程上常用的标准椭圆封头的长短轴的比是 1∶2，所以封头曲面高度为 408mm；封头直边高度填写为 50mm，材料仍然选择为 Q345R。填写好的管箱封头数据输入如图 9-8 所示。

点击运行前端管箱，设备压力试验均合格，且得到前端管箱筒体名义厚度为 27mm，标准椭圆形封头的名义厚度为 23mm。厚度填写完毕后再次运行前端管箱数据可以得到应力校核合格等。

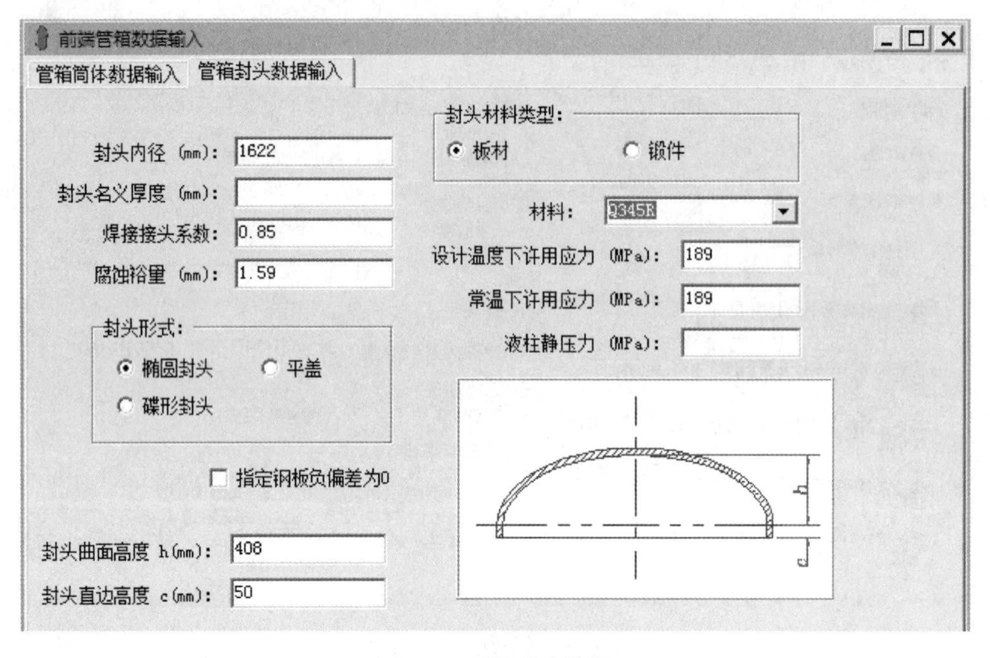

图 9-8　管箱封头数据

9.3 管箱计算

点击数据输入中的“后端管箱数据”，输入后端管箱相关数据：筒体内径为 1622mm，筒体长度为 1112mm；腐蚀裕量为 1.59mm，筒体名义厚度可以先不填写由程序去计算，然后再取值，纵向焊缝焊接接头系数仍然取 0.85；材料选取 Q345R，填写好的管箱筒体数据如图 9-9 所示。

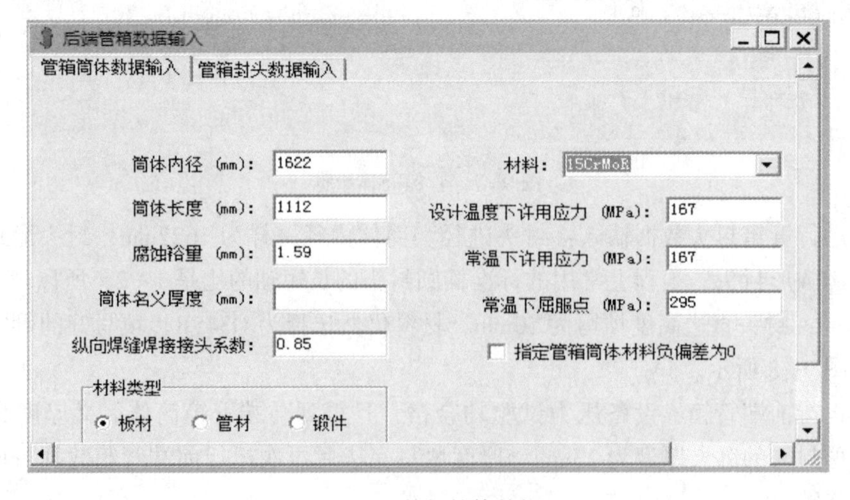

图 9-9　管箱筒体数据

然后进行管箱封头数据输入：封头内径和筒体内径一样为1622mm，封头形式选择常用的标准椭圆形封头，工程上常用的标准椭圆封头的长短轴的比是2∶1，所以封头曲面高度为408mm；封头直边高度填写为50mm，材料仍然选择为Q345R。填写好的管箱封头数据输入如图9-10所示。

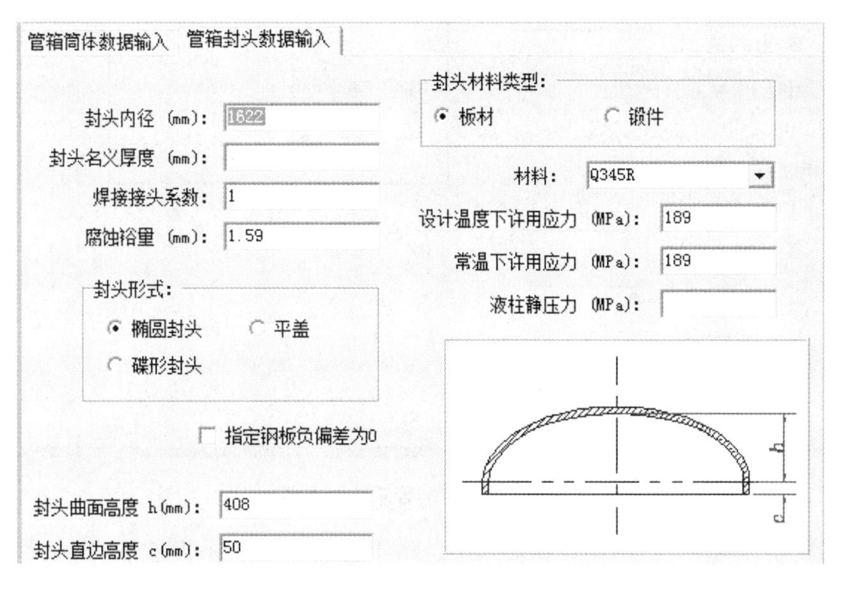

图9-10 管箱封头数据

点击运行后端管箱，设备压力试验均合格，且得到后端管箱筒体名义厚度为27mm，标准椭圆形封头的名义厚度为23mm。厚度填写完毕后再次运行后端管箱数据可以得到应力校核合格等。

9.4 法兰计算

点击数据输入中的“前端管箱法兰数据”，输入前端管箱法兰相关数据：首先选定法兰为标准容器法兰，其中，标准号分别是NB/T 47021、NB/T 47022、NB/T 47023，分别对应的是甲型平焊法兰、乙型平焊法兰以及长颈对焊法兰。这里选择第3种NB/T 47023。工程压力要考虑危险侧的压力，所以选用4MPa。筒体名义厚度为27mm，前面已经确定了。筒体材料为Q345R，选用板材。填写好的前端管箱法兰数据如图9-11所示。

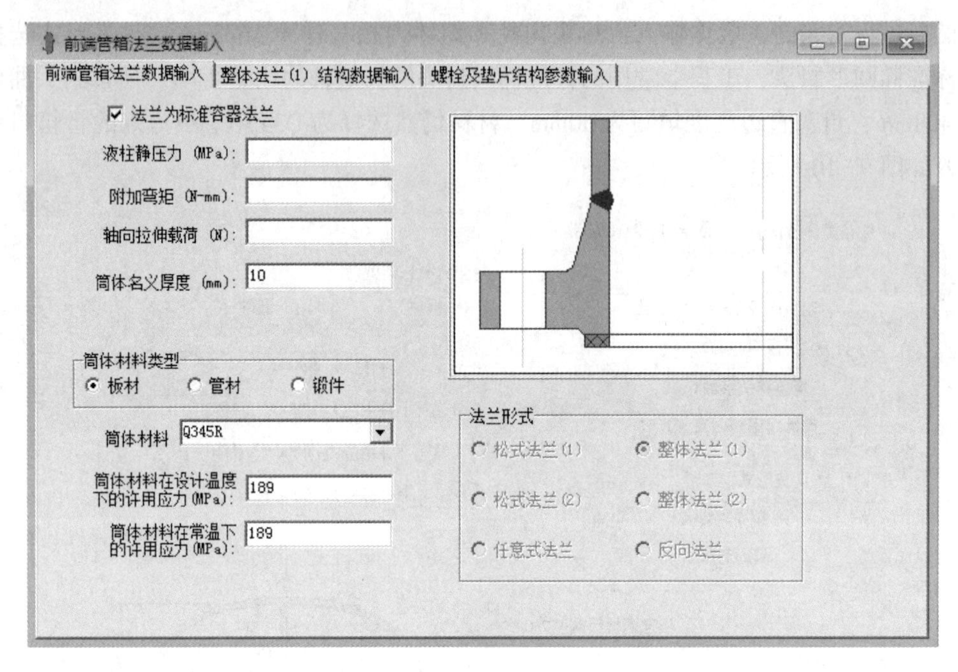

图 9-11　前端管箱法兰数据

在第二栏整体法兰(1)结构数据输入中，由于是按照国家标准选定好的长颈对焊法兰，所以这里法兰的尺寸是定好的不能改变的。法兰的材料类型选择板材 Q345R。

第三栏螺栓及垫片结构参数输入中，螺栓圆直径也是定好的，密封面形式仍然是榫槽面。垫片选择内径为 1704mm，外径为 1738mm。垫片材料选择软通或黄铜，垫片厚度仍然为 3mm。螺栓的材料可以选择 NS322。填写好的螺栓及垫片结构参数如图 9-12 所示。

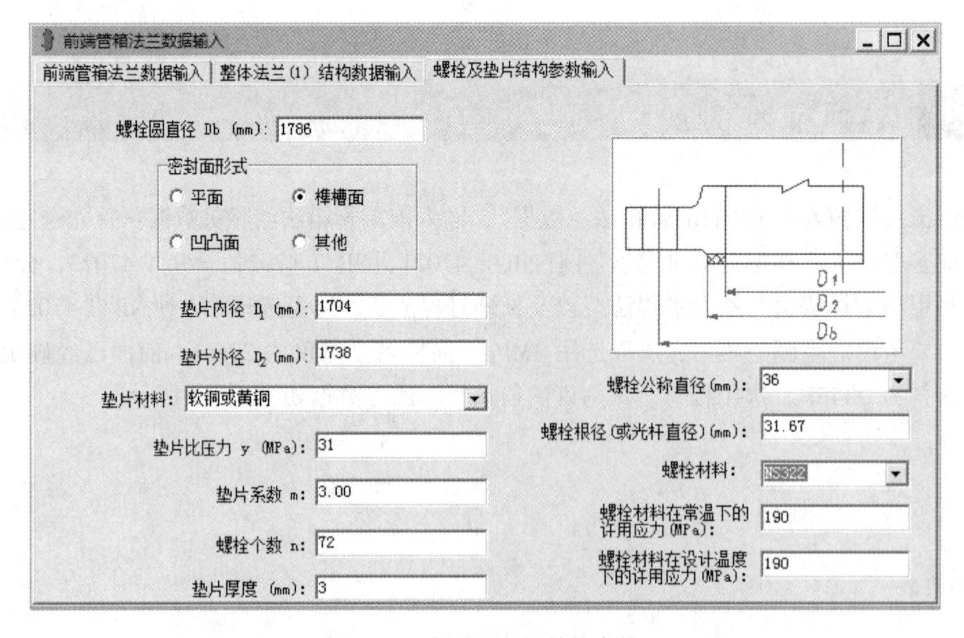

图 9-12　螺栓及垫片结构参数

点击运行，系统会计算好后提示为校核合格。

筒体法兰数据与前端管箱法兰数据的填写一样。点击运行，得到校核合格提示。

9.5 开孔补强计算

点击数据输入中的“开孔补强数据”，输入开孔补强相关数据：在开孔位置选项，选中前端管箱筒体，其他空由于计算结果和相关数据输入，软件已经存储，这里直接由系统输入了。点击右下角增加选项卡，出现管口符号为 N2 的接管，选中筒体选项；再次点增加选项卡，出现 N3，这里在开孔位置处选中筒体。同样 N4 也是后端管箱筒体。这样接管符号与前端管箱数据就输入完毕了如图 9-13 所示。

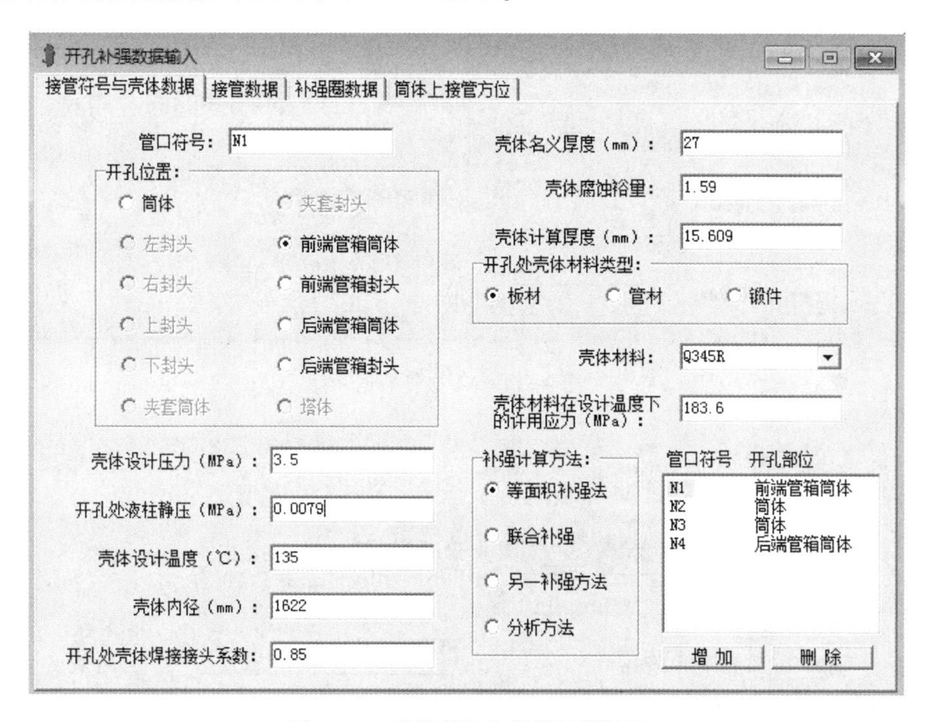

图 9-13　接管符号与前端管箱数据

接管数据的输入：由 Aspen EDR 计算的结果，接管管径这里圆整为 350mm，接管名义厚度为 10mm，接管实际外伸高度为 250mm，接管材料为板材，Q345R；在第三项中有补强圈数据，补强圈外径为 1712mm。名义厚度为 18mm；在第四项筒体上接管方位中有两项，接管中心线至筒体轴线距离为 0mm，接管中心线与法线之间夹角为 0°。输入好的 N1 接管数据如图 9-14 所示。

在第一项中选中接管 N2 进行 N2 的结果数据输入：由 Aspen EDR 计算的结果，接管管径这里圆整为 610mm，接管名义厚度为 10mm，接管实际外伸高度为 250mm，接管材料为板材，Q345R，在第三项筒体上接管方位中有两项，接管中心线至筒体轴线距离为

0mm，接管中心线与法线之间夹角为0°。输入好的N1接管数据如图9-15所示。

在第一项中选中接管N3进行N3的结果数据输入：数据与接管N2一致。

在第一项中选中接管N4进行N4的结果数据输入：由Aspen EDR计算的结果，接管管径这里圆整为400mm，其他数据与N1接管一致，输入好的N1接管数据如图9-16所示。

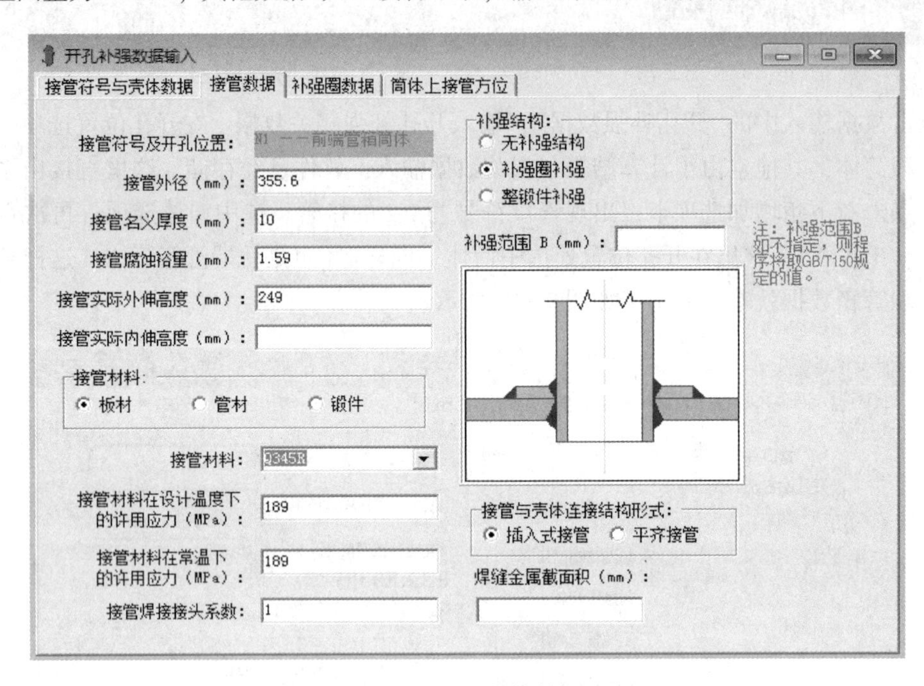

图9-14　N1接管数据

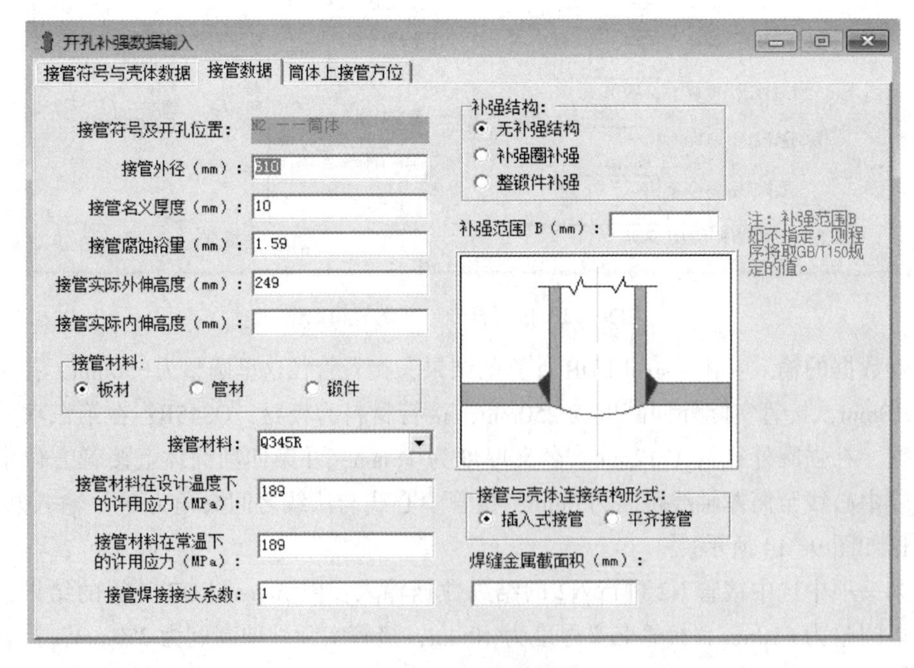

图9-15　N2接管数据

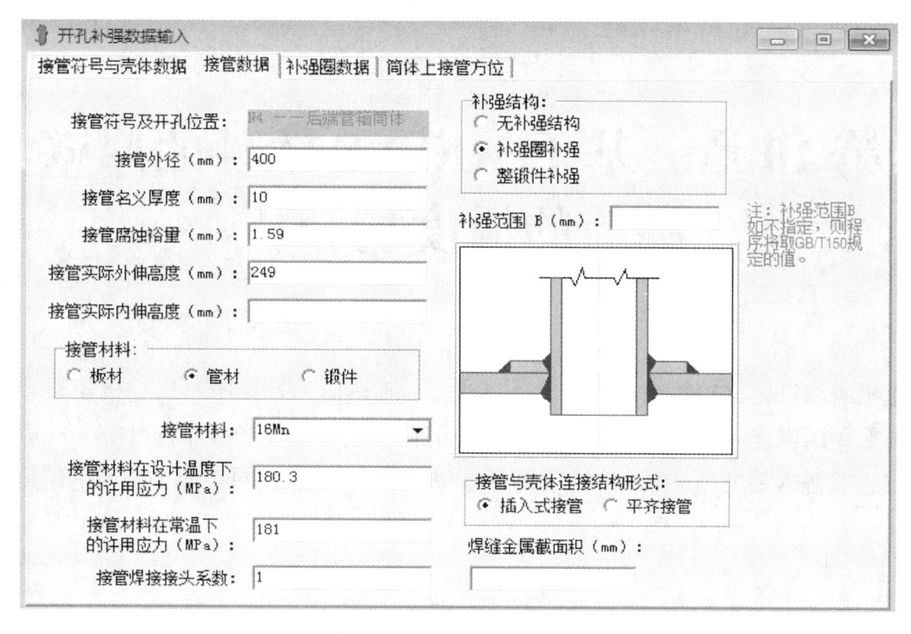

图 9-16 N4 接管数据

选中后点击确认按钮，可以得到计算结果，校核都合格。

9.6 计算结果总结

至此，SW6 的校核就校核完毕了。在满足校核合格的前提下，将部分校核得到的数据总结于表 9-1。

表 9-1 SW6 部分校核数据

筒体名义厚度	13mm
垫片厚度	3mm
筒体法兰垫片内径	1704mm
筒体法兰垫片外径	1738mm
管板名义厚度	199mm
前端管箱名义厚度	27mm
前端标准椭圆形封头名义厚度	23mm
后端管箱名义厚度	27mm
后端标准椭圆形封头名义厚度	23mm
接管 N1 外径	350mm
接管 N2 外径	610mm
接管 N3 外径	610mm
接管 N4 外径	400mm
前/后端管箱法兰螺栓公称直径	36mm
螺栓个数	72 个

第 10 章　基于 ANSYS 软件的厚壁圆筒的温度场分析

发电机组汽缸壁比较厚，在机组启动过程中，其热应力及膨胀是影响机组机动性及运行安全的重要因素之一。而实现在线监测的关键在于汽缸温度场分布的计算。一般用数值模拟的方法求解其温度场，精确度比较高。这里，基于 ANSYS 对于厚壁圆筒的温度场进行分析。

10.1　工作文件名和工作标题的定义

为了定义工作文件名，执行 Utility Menu \ File \ Change Jobname 命令，在弹出的 Change Jobname 对话框中输入 cylinder，选择 New log and error files 复选框，单击 OK 按钮，如图 10-1 所示。

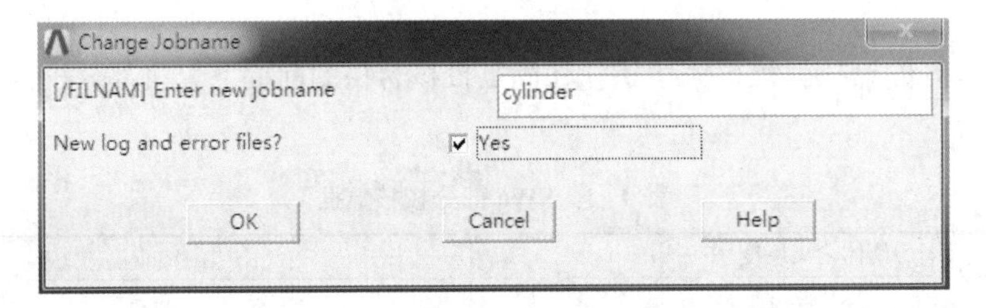

图 10-1　定义工作文件名

为了定义工作标题，执行 Utility Menu \ File \ Change Title 命令，在弹出的对话框中输入 The thermal analysis of cylinder，单击 OK 按钮，如图 10-2 所示。

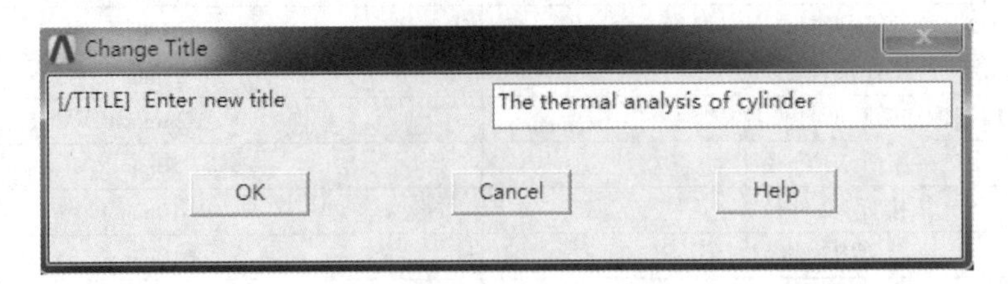

图 10-2　定义工作标题

执行 Utility Menu \ PlotCtrls \ Window Controls \ Window Options 命令，弹出 Window Options 对话框，在 Location of triad 下拉列表框中选择 Not Shown 选项，单击 OK 按钮，如图 10-3 所示。

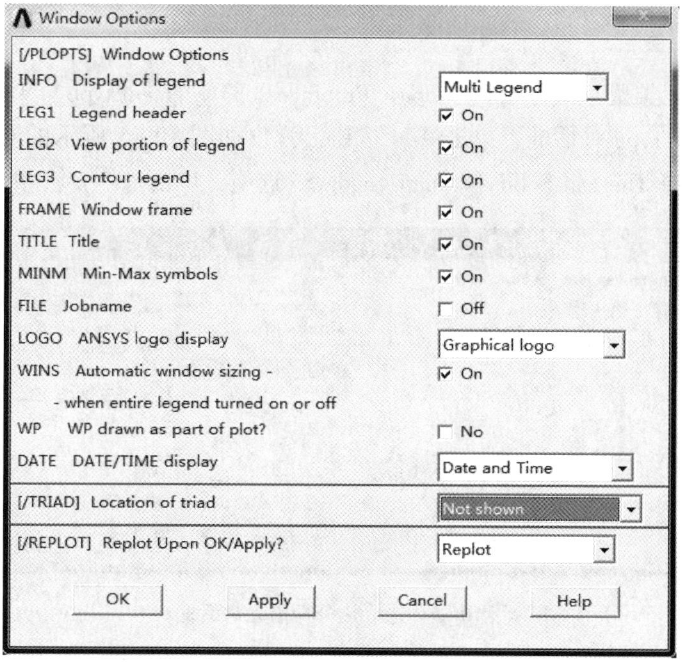

Window Options
[/PLOPTS] Window Options
INFO Display of legend — Multi Legend
LEG1 Legend header — On
LEG2 View portion of legend — On
LEG3 Contour legend — On
FRAME Window frame — On
TITLE Title — On
MINM Min-Max symbols — On
FILE Jobname — Off
LOGO ANSYS logo display — Graphical logo
WINS Automatic window sizing - — On
- when entire legend turned on or off
WP WP drawn as part of plot? — No
DATE DATE/TIME display — Date and Time
[/TRIAD] Location of triad — Not shown
[/REPLOT] Replot Upon OK/Apply? — Replot
OK Apply Cancel Help

图 10-3　操作对话框

为了设置计算类型，执行 Main Menu \ Preferences，复选 Thermal，单击 OK 按钮，如图 10-4 所示。

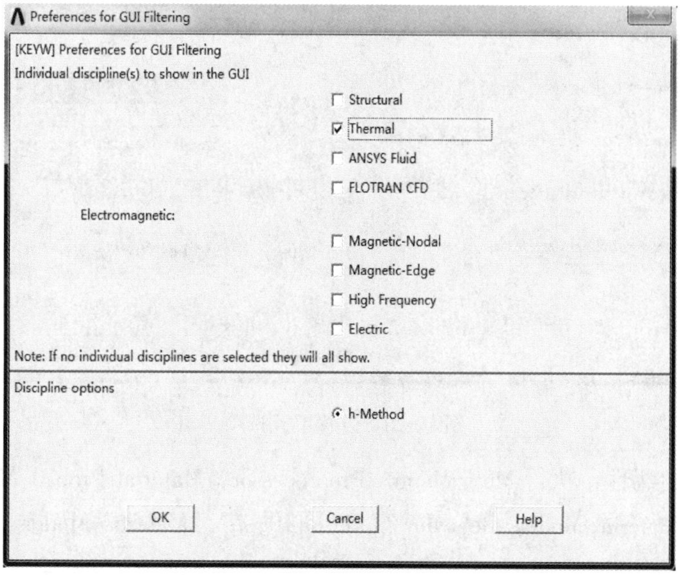

Preferences for GUI Filtering
[KEYW] Preferences for GUI Filtering
Individual discipline(s) to show in the GUI
Structural
Thermal
ANSYS Fluid
FLOTRAN CFD
Electromagnetic:
Magnetic-Nodal
Magnetic-Edge
High Frequency
Electric
Note: If no individual disciplines are selected they will all show.
Discipline options
h-Method
OK Cancel Help

图 10-4　分析类型对话框

10.2 单元类型以及材料属性的定义

为了设置单元类型，执行 Main Menu \ Preprocessor \ Element type \ Add/Edit/Delete 命令，弹出 Element Type 对话框，单击 Add 按钮，弹出如图 10-5 所示的 Library of Element Type 对话框，选择 Thermal Solid 和 Quad 4node 55 选项，单击 OK 按钮。

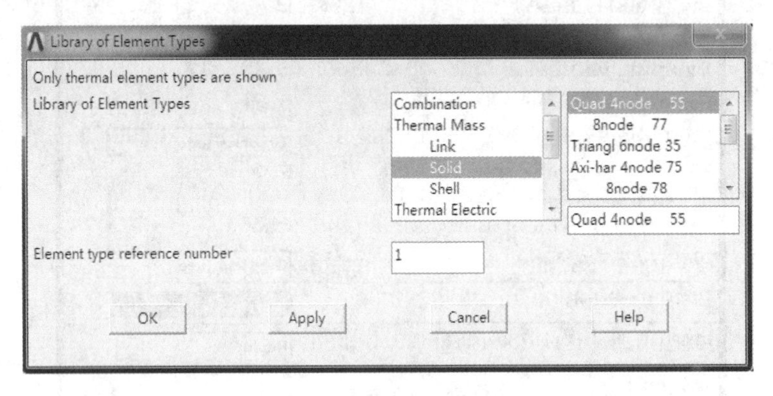

图 10-5　选取热分析单元对话框

为了设置单元选项，单击 Element Type 对话框下的 Option 按钮，弹出如图 10-6 所示的 PLANE55 element type options 对话框，设置 K3 为 Axisymmetric，单击 OK 按钮。

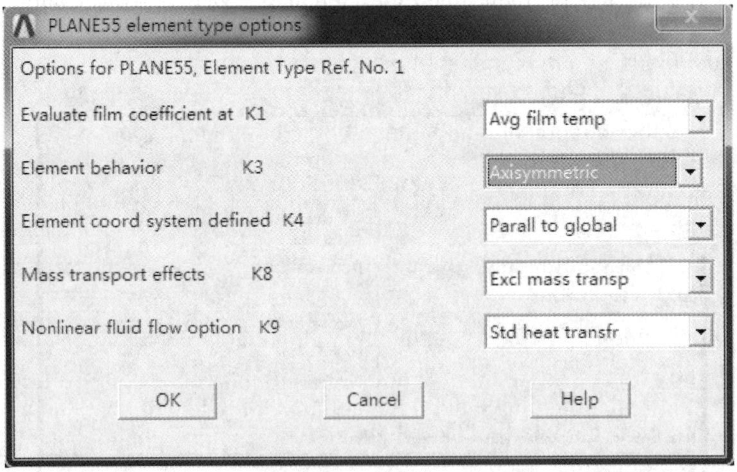

图 10-6　设置单元选项

为了设置材料属性，执行 Main Menu \ Preprocessor \ Material Props \ Material Models 命令，弹出 Define Material Models Behavior 窗口(图10-7)，Material Models Available 列表框中的 Thermal \ Conductivity \ Isotropic 选项，弹出 Conductivity for Material Number1 对话框，见图10-8。输入材料的热导率 KXX 为 7.5，单击 OK 按钮，完成材料属性的设置。

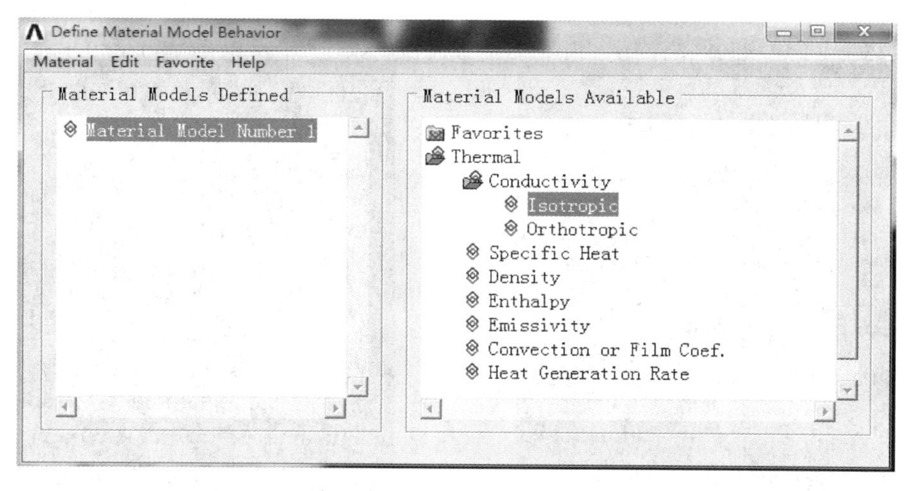

图 10-7 材料热物性对话框

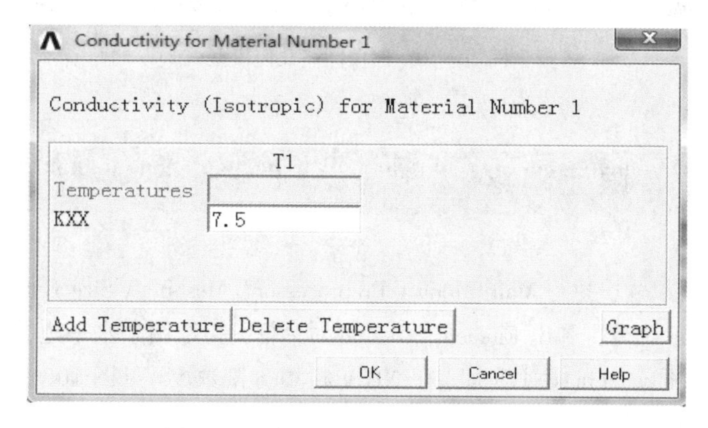

图 10-8 各向同性材料的热传导系数

10.3 几何模型的建立

为了生成圆柱体截面，执行 Main Menu \ Preprocessor \ Modeling \ Create \ Areas \ Rectangle \ By Dimensions 命令，弹出 Create Rectangle by Dimensions 对话框，见图 10-9。依次输入 X1=300、X2=500、Y1=0、Y2=1000，单击 OK 得几何模型如图 10-10 所示。

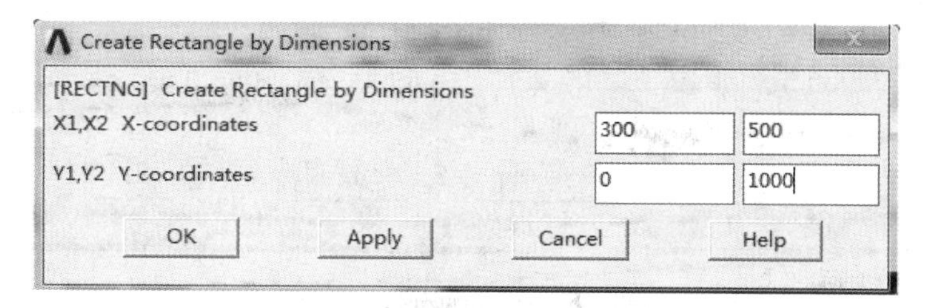

图 10-9 创建矩形截面对话框

图 10-10　厚壁圆筒几何模型

10.4　生成有限元网格

为了设置单元尺寸，执行 Main Menu \ Preprocessor \ Meshing \ Size Cntrls \ ManualSize \ Lines \ Picked Lines 命令，弹出 Element Sizes on 对话框，拾取两条水平边，点击 OK 又弹出 Element Sizes on Picked Lines 对话框，在 NDIV 栏填分割数 5，见图 10-11，单击 OK，完成水平边的划分，同理，拾取两条竖直边，在 NDIV 栏填分割数 15，单击 OK。

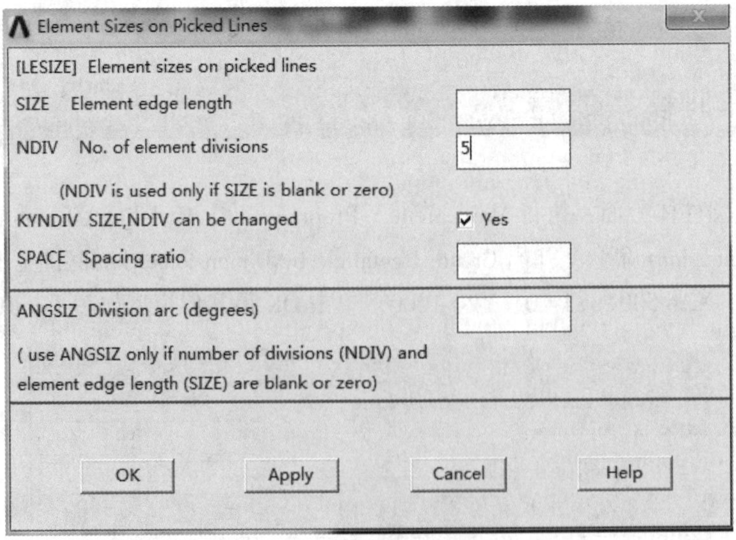

Element Sizes on Picked Lines
[LESIZE] Element sizes on picked lines
SIZE　Element edge length
NDIV　No. of element divisions　5
(NDIV is used only if SIZE is blank or zero)
KYNDIV　SIZE,NDIV can be changed　☑ Yes
SPACE　Spacing ratio
ANGSIZ　Division arc (degrees)
(use ANGSIZ only if number of divisions (NDIV) and
element edge length (SIZE) are blank or zero)
OK　Apply　Cancel　Help

图 10-11　单元分割对话框

为了划分网格，执行 Main Menu \ Preprocessor \ Meshing \ Mesh \ Areas \ Mapped/3 or 4 sided 命令，弹出 Mesh Areas 对话框，鼠标选取整个面，单击 OK 按钮，完成网格划分，有限元网格如图 10-12 所示。

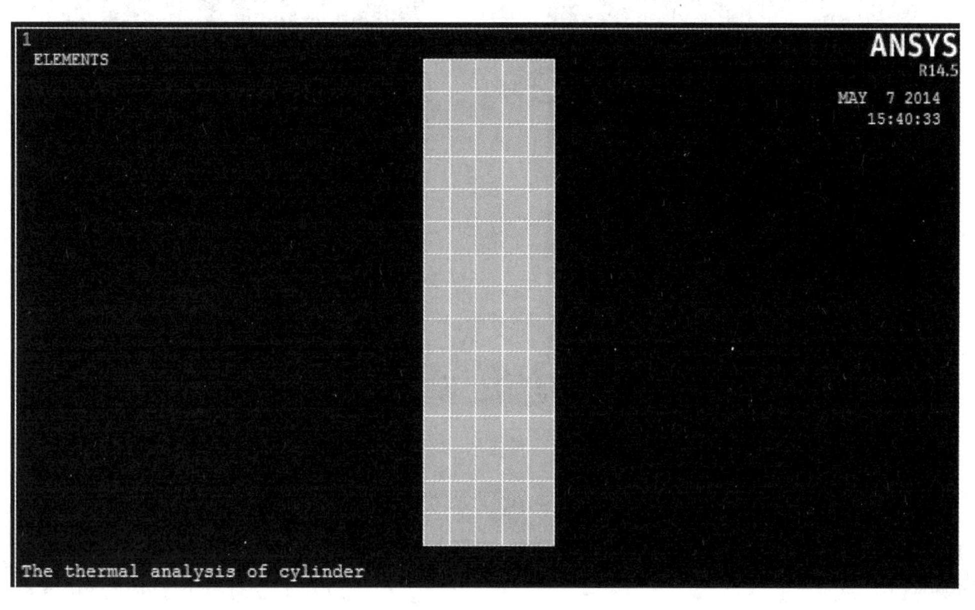

图 10-12 有限元网格图

为了保存有限元网格结果，执行 Utility Menu \ File \ Save as 命令，弹出 Save DataBase 对话框，在 Save Database to 下拉列表框中输入 mesh_Cylinder. db 单击 OK。

10.5 施加约束、载荷并求解

为了对两条直边施加约束，执行 Main Menu \ Solution \ Define Loads \ Apply \ Thermal \ Temperature \ On Lines 命令，弹出 Apply TEMP on Lines 对话框，拾取坐边的线，点击 OK，又弹出 Apply TEMP on Lines 对话框，在 VALUE 栏输入初始温度 500，见图 10-13，同理拾取右边，VALUE 处输入 100，单击 OK，完成初始温度的输入。加载后的有限元模型如图 10-14 所示。

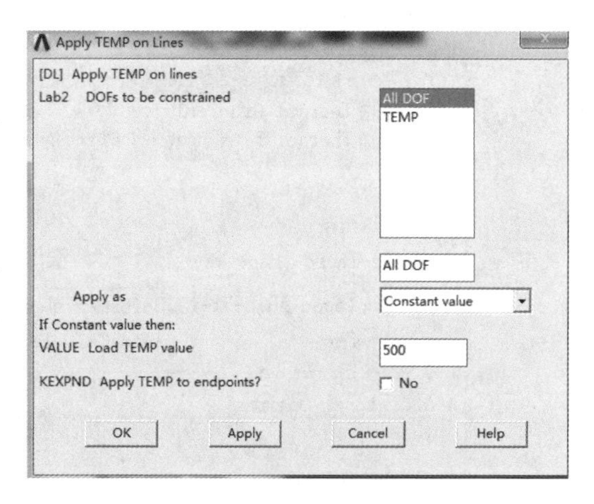

图 10-13 施加温度边界对话框

为了求解，执行 Main Menu \ Solution \ Solve \ Current LS，弹出 Solve Current Load Step 对话框，单击 OK 按钮完成求解。

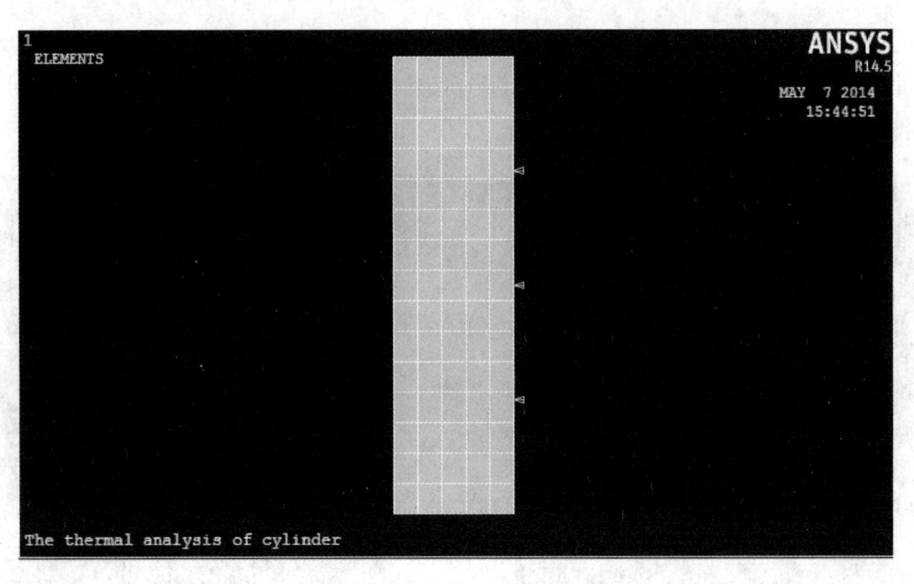

图 10-14　加载后的有限元模型

10.6　计算结果

执行 Main Menu \ General Postpoc \ Plot Results \ Contour Plot \ Nodal Solu 命令，弹出 Contour Nodal Solution Data 对话框，选择 Nodal Solution \ DOF solution \ Nodal Temperature 命令，见图 10-15，单击 OK 按钮，得到该结构的温度场分布云图见图 10-16。

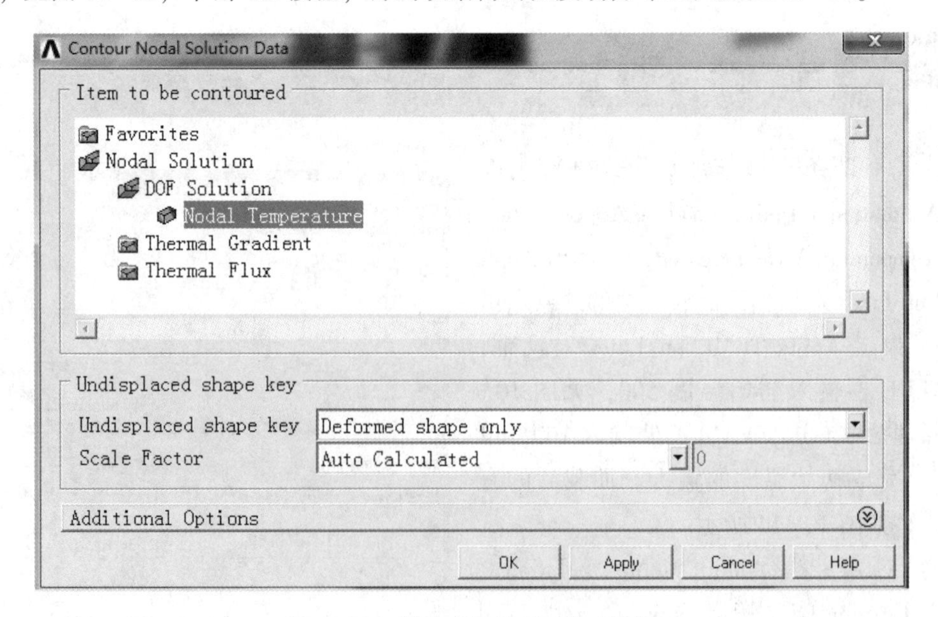

图 10-15　提取温度场云图的对话框

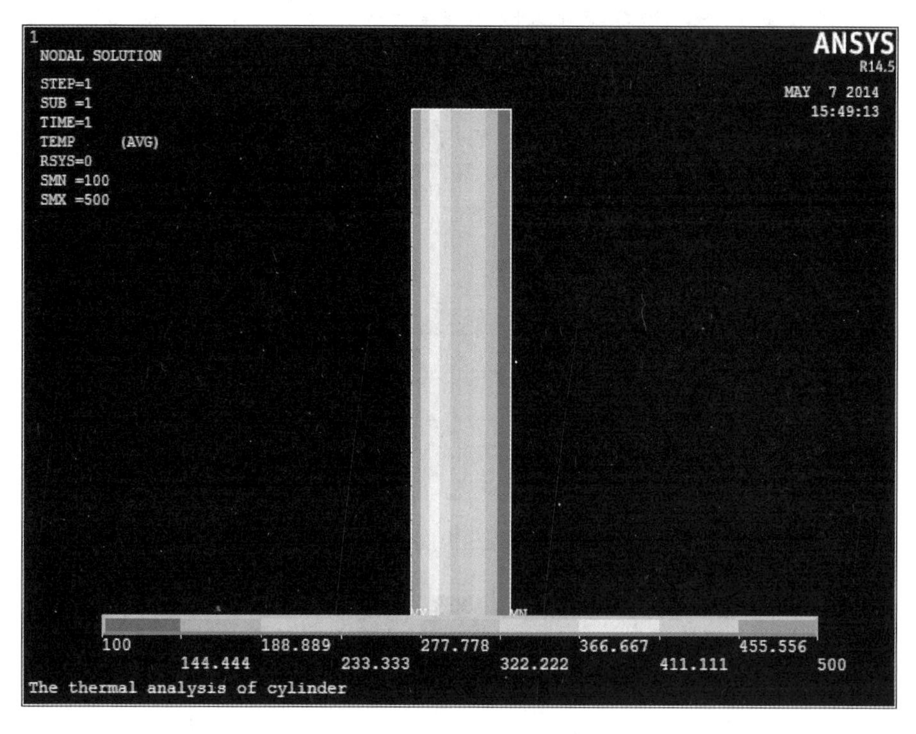

图 10-16 结构的温度场云图的分布

为了对沿壁厚的温度场分布进行路径分析，执行 Main Menu \ General Postpoc \ Path Operations \ Define Path \ By Nodes，弹出对话框，鼠标选取沿壁厚的两个节点，点击 OK，出现对话框，见图 10-17，在 Define Path Name 框中输入 1，点击 OK，出现注释框，关闭该注释框，路径定义完毕。

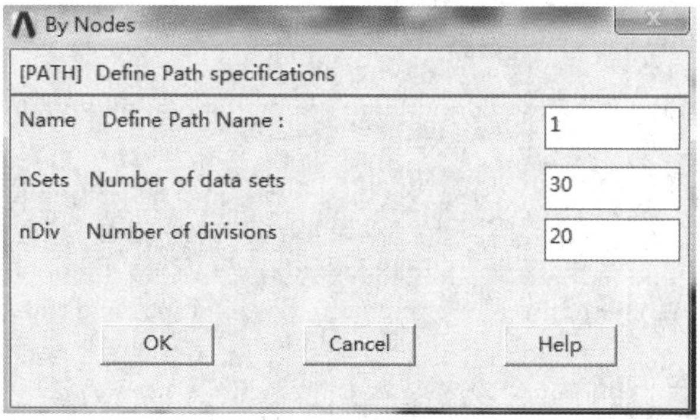

By Nodes
[PATH] Define Path specifications
Name Define Path Name : 1
nSets Number of data sets 30
nDiv Number of divisions 20
OK Cancel Help

图 10-17 结点定义路径对话框

执行 Main Menu \ General Postpoc \ Path Operations \ Map onto Path，弹出对话框，如图 10-18 所示，点击 OK 按钮。

为了显示温度沿路径的分布曲线，执行 Main Menu \ General Postpoc \ Path Operations \ Plot path Item \ on Graph，出现如图 10-19 所示的对话框，选中温度，单击 OK，得到如图 10-20 所示的温度沿壁厚的分布曲线。

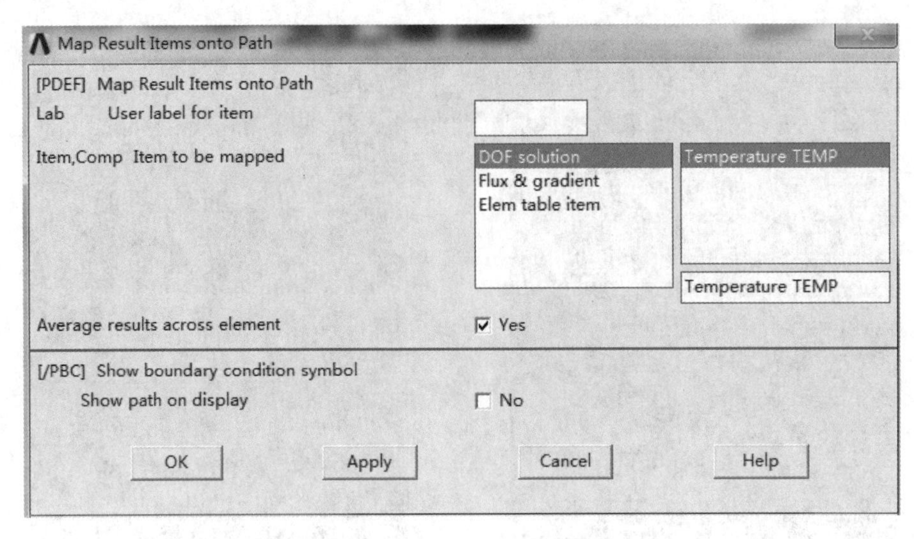

图 10-18 列出温度选择对话框

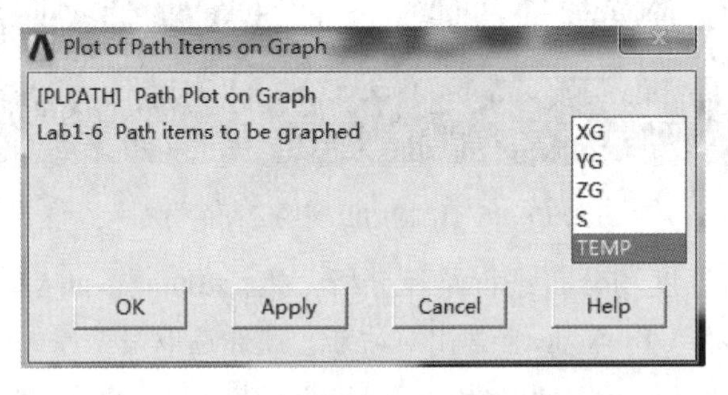

图 10-19 在路径上定义温度对话框

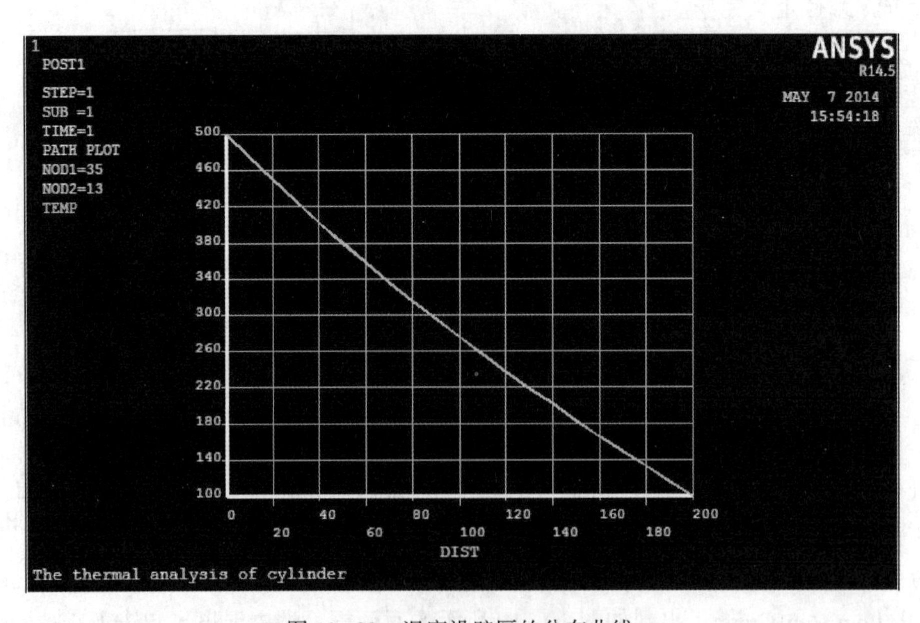

图 10-20 温度沿壁厚的分布曲线

第11章　基于ANSYS软件的厚壁圆筒的应力场分析

11.1　分析模块的选择

运行主菜单 Main Menu>Preferences，弹出 Preferences for GUI Filtering 对话框，选择 Structural(结构分析)选项，单击 OK 按钮，即可。

11.2　建立模型

运行主菜单 Main Menu>Preprocessor>Modeling>Create>Keypoints>In active Cs，弹出 Create Keypoints in Active Coordinate System 对话框。根据轴对称圆筒的结构，依次输入关键点坐标，即1(1400，0)、2(1500，0)、3(1500，5000)、4(1400，5000)。关键点1的输入数据如图11-1所示，其他点参照输入。完成关键点坐标的输入后，图形窗口显示4个关键点，见图11-2。

运行主菜单 Main Menu>Preprocessor>Modeling>Create>Lines>Lines>Straight Line，见图11-3，弹出“Create Straight Line”对话框，见图11-4，通过对话框在图形窗口拾取关键点，连接4个关键点，画直线，见图11-5。

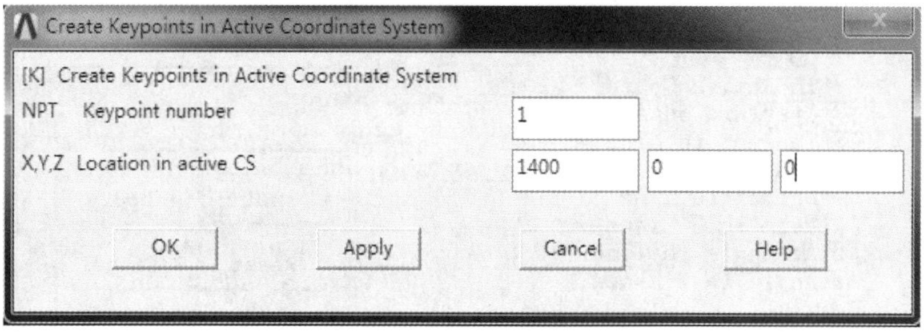

图11-1　关键点输入对话框

图 11-2　关键点显示

⊟ Create
⊞ Keypoints
⊟ Lines
⊟ Lines
Straight Line
In Active Coord
Overlaid on Area
Tangent to Line
Tan to 2 Lines
Normal to Line
Norm to 2 Lines
At angle to line
Angle to 2 Lines
⊞ Arcs
⊞ Splines
Line Fillet

图 11-3　创建直线主菜单

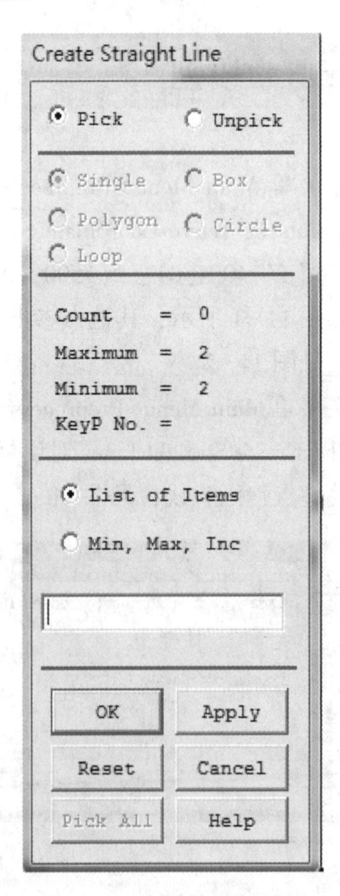

图 11-4　创建直线对话框

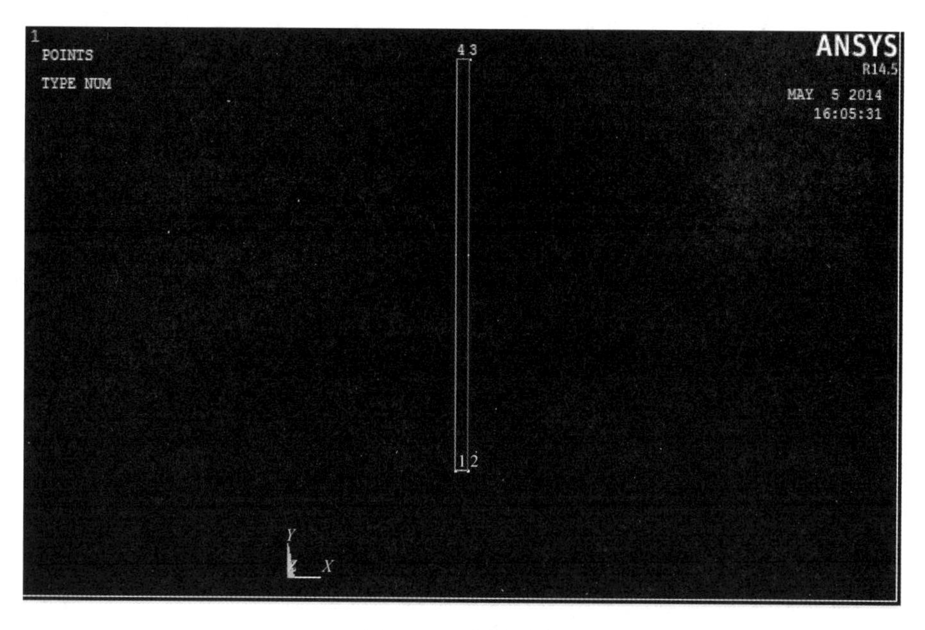

图 11-5 创建直线

运行主菜单 Main Menu>Preprocessor>Modeling>Create>Areas>Arbitrary>By Lines，见图 11-6，弹出 Create Area by Lines 对话框，见图 11-7，点击 Pick 复选框，然后在图形窗口拾取 4 条线，再点击 OK 按钮，由 4 条直线形成 1 个平面，见图 11-8，即形成对称截面，保存。

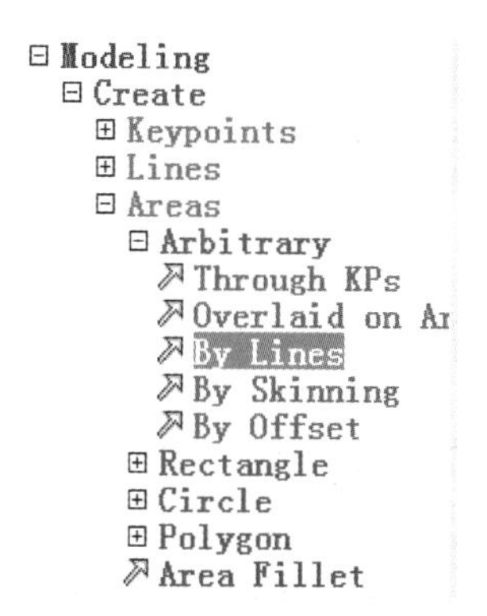

图 11-6 建立平面

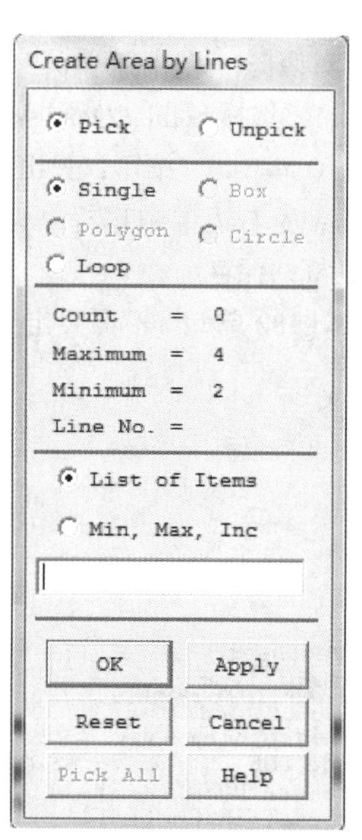

图 11-7 建立平面对话框

图 11-8　轴对称截面

11.3 单元的选择

运行主菜单 Main Menu>Preprocessor>Element Type>Add/Edit/Delete，见图 11-9。弹出 Element Types 对话框，见图 11-10，单击 Add... 按钮，弹出 Library of Element Types 对话框，见图 11-11，选择 Solid、Quad 4node 182 单元。接着，在 Element Types 对话框中(图 11-10)，单击 Options... 按钮，弹出 PLANE 182 element type options 对话框，见图11-12，在 Element behavior 右边框中选择 Axisymmetric，单击 OK 按钮后，回到图 11-10，选择 Close 关闭对话框。保存。

对于 PLANE182 单元，不需要定义实常数。

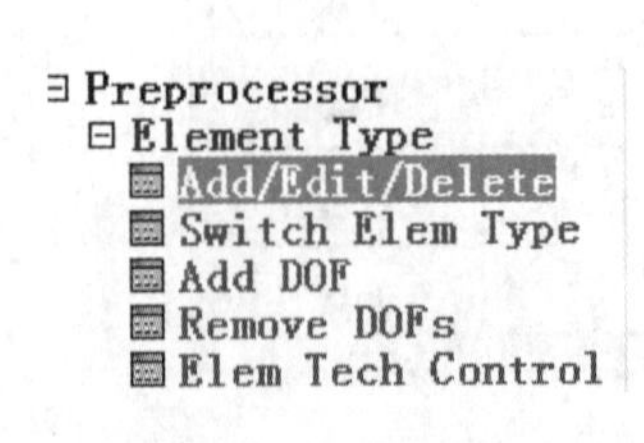

图 11-9　主菜单

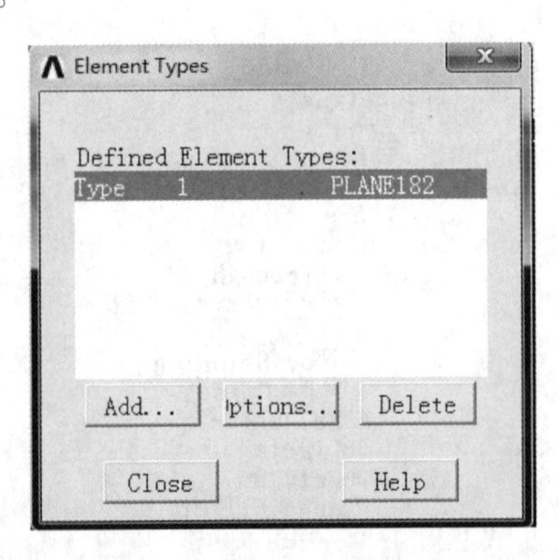

图 11-10　Element Types 对话框

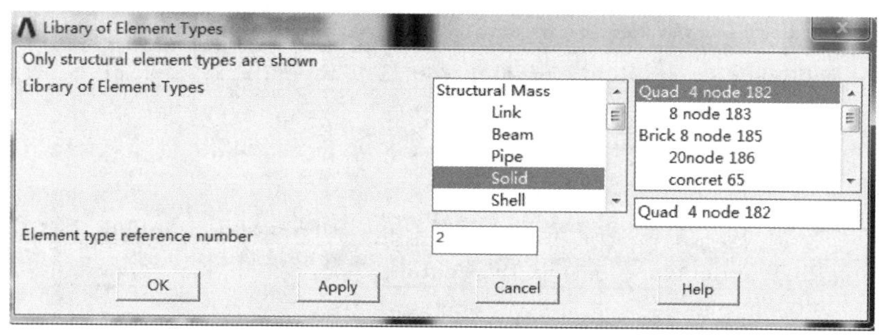

图 11-11 Library of Element Types 对话框

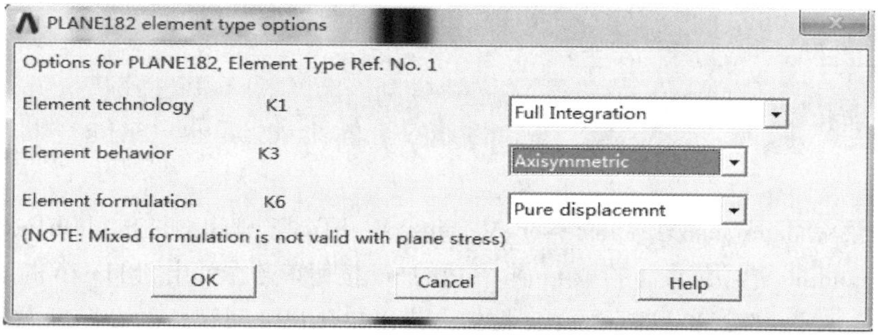

图 11-12 PLANE 182 element type options 对话框

11.4 材料属性的设置

运行主菜单 Main Menu > Preprocessor > Material Props > Material Models，弹出 Define Material Model Behavior 对话框，见图 11-13。在材料属性设置对话框右侧依次双击选择 Structural>Linear>Elastic>Isotropic 选项，弹出 Linear Isotropic Properties for Material Number1 对话框，见图 11-14，在 EX 栏输入“2. 1e5”，在 PRXY 栏输入“0. 3”，单击 OK 按钮关闭对话框，然后，在 Define Material Model Behavior 对话框中选择 Material>Exit 命令，退出该对话框。保存。

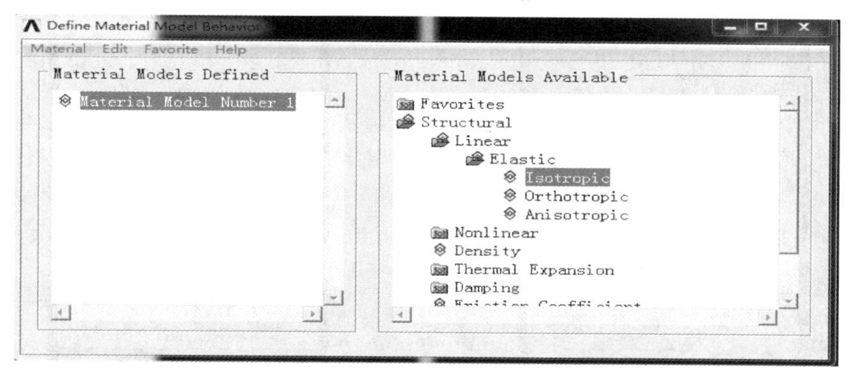

图 11-13 Define Material Behavior(材料属性设置)对话框

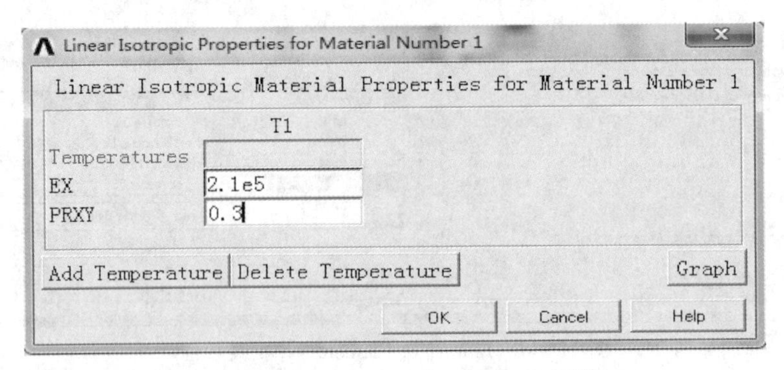

图 11-14 弹性模量、泊松比设置对话框

11.5 网格的划分

运行主菜单 Main Menu>Preprocessor>Meshing>MeshTool，弹出对话框 MeshTool，见图 11-15。在 Size Controls 选项组中，拾取 Lines 右边的 Set 按钮单击，弹出图 11-16 的 Element Size on Pick…(单元尺寸选择)对话框的 OK 按钮，弹出单元尺寸对话框，在厚度方向选择 5 等分，见图 11-17，在高度方向选择 20 等分，单击 OK 按钮完成单元尺寸的确定。

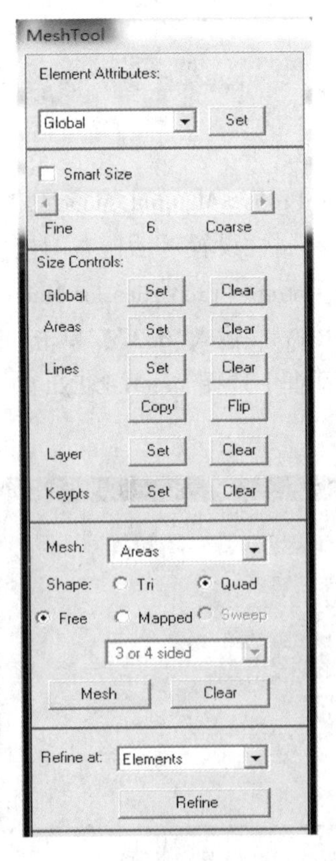

图 11-15 MeshTool 对话框

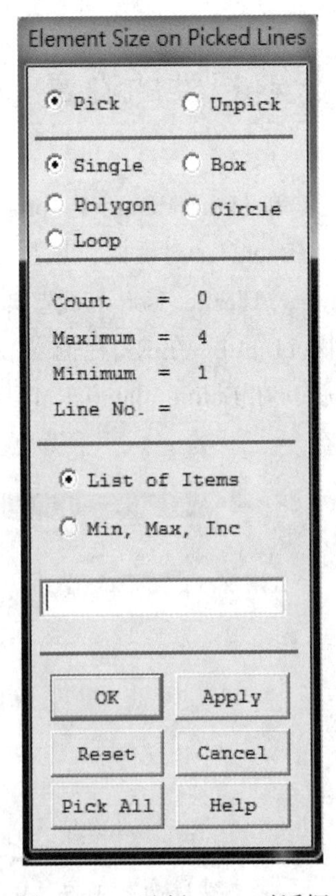

图 11-16 选择 Lines 对话框

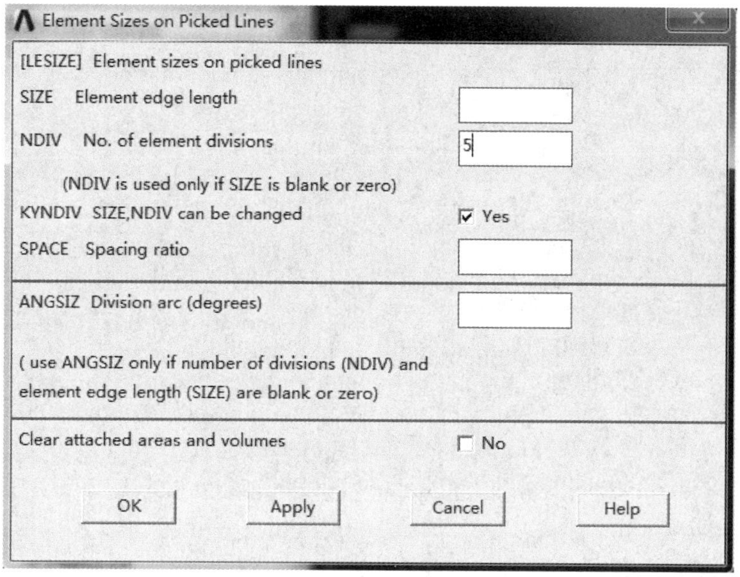

Element Sizes on Picked Lines
[LESIZE] Element sizes on picked lines
SIZE Element edge length
NDIV No. of element divisions
5
(NDIV is used only if SIZE is blank or zero)
KYNDIV SIZE,NDIV can be changed
Yes
SPACE Spacing ratio
ANGSIZ Division arc (degrees)
(use ANGSIZ only if number of divisions (NDIV) and
element edge length (SIZE) are blank or zero)
Clear attached areas and volumes
No
OK
Apply
Cancel
Help

图 11-17　选择厚度方向单元尺寸

按图 11-15Mesh 选项中的 Shape 项选择复选框 Mapped，见图 11-18，单击 Mesh 按钮，弹出 Mesh Areas 对话框，见图 11-19，在图形窗口拾取轴对称截面后，见图 11-20，单击对话框中的 OK 按钮，完成单元划分，见图 11-21，SAVE。

Mesh:
Areas
Shape:
Tri
Quad
Free
Mapped
Sweep
3 or 4 sided
Mesh
Clear

图 11-18　Shape 项选择复选框 Mapped

Mesh Areas
Pick
Unpick
Single
Box
Polygon
Circle
Loop
Count = 1
Maximum = 1
Minimum = 1
Area No. = 1
List of Items
Min, Max, Inc
OK
Apply
Reset
Cancel
Pick All
Help

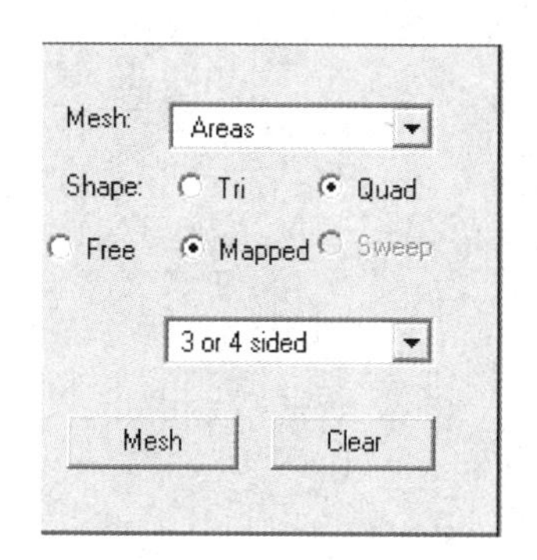

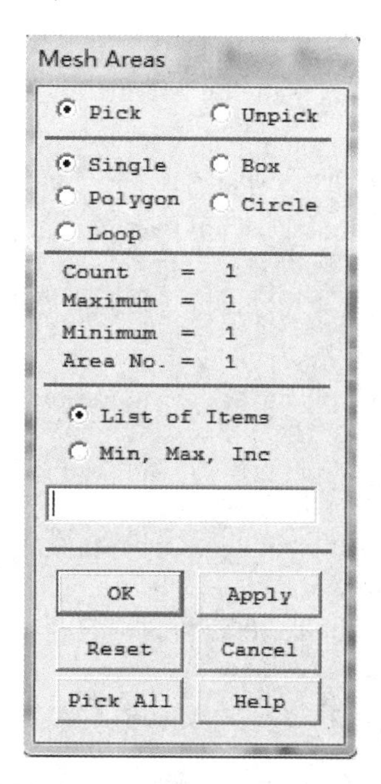

图 11-19　Mesh Areas 对话框

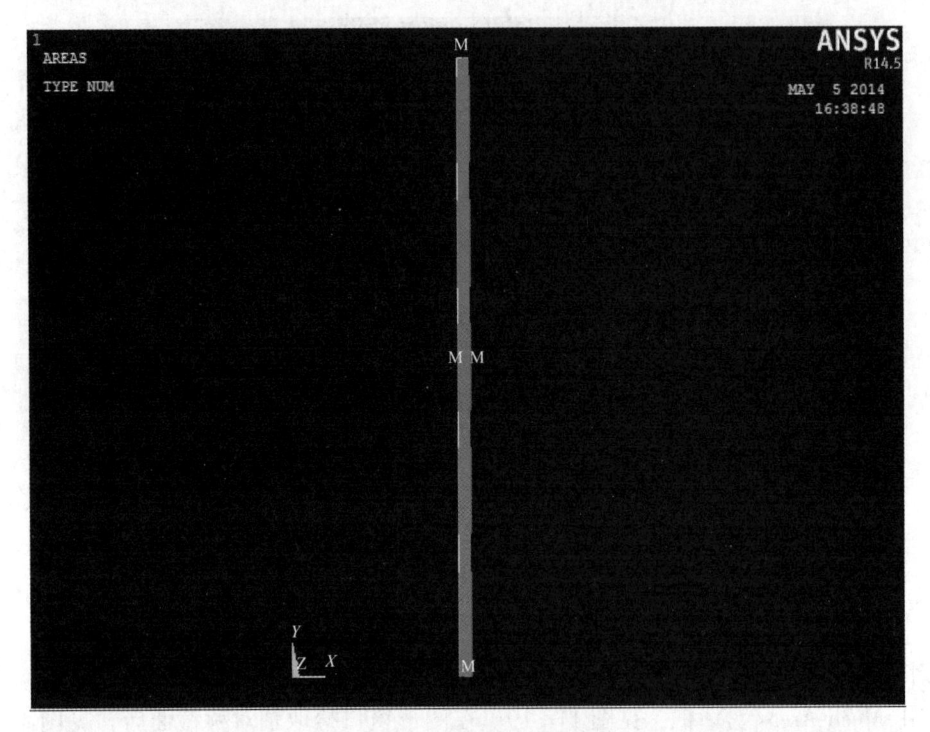

图 11－20　拾取轴对称截面

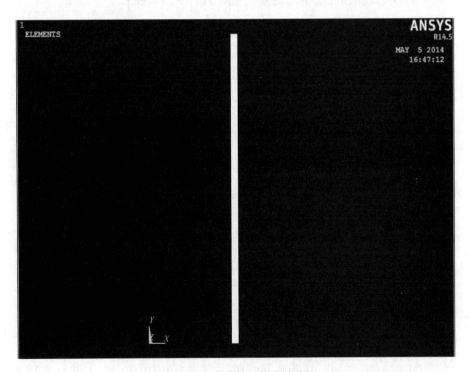

图 11－21　完成单元划分的截面

11.6 载荷及约束的施加

运行主菜单 Main Menu>Solution>Define Loads>Apply>Structual>Pressure>On Lines，弹出 Apply PRES on Lines 对话框，见图 11-22，在图形窗口拾取加载线，见图 11-23，之后，单击图 11-22 对话框的 Apply 按钮，弹出对话框，见图 11-24。在对话框中，选择加载线上载荷为常数，输入载荷为 10MPa，然后单击 OK 按钮，完成载荷设置，如图 11-25 所示，将出现示意压力的箭头。保存。

运行主菜单 Main Menu>Solution>Apply>Pressure>On Lines，弹出 Apply PRES on Lines 对话框，在图形窗口拾取加载线，见图 11-26，之后，单击图 11-27 对话框 Apply 按钮，弹出对话框，见图 11-27。在对话框中，选择加载线上载荷为常数，输入轴向拉力载荷为 -67.5862MPa。然后，单击 OK 按钮，完成载荷设置，如图 11-28 所示，将出现拉力的箭头。保存。

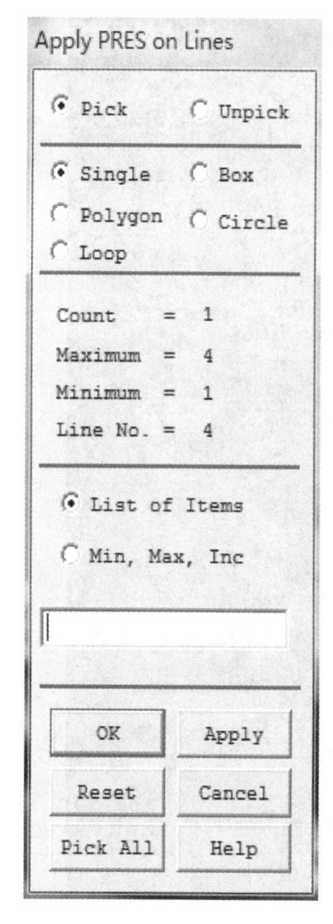

图 11-22 “拾取压力(Apply PRES on Lines)”对话框

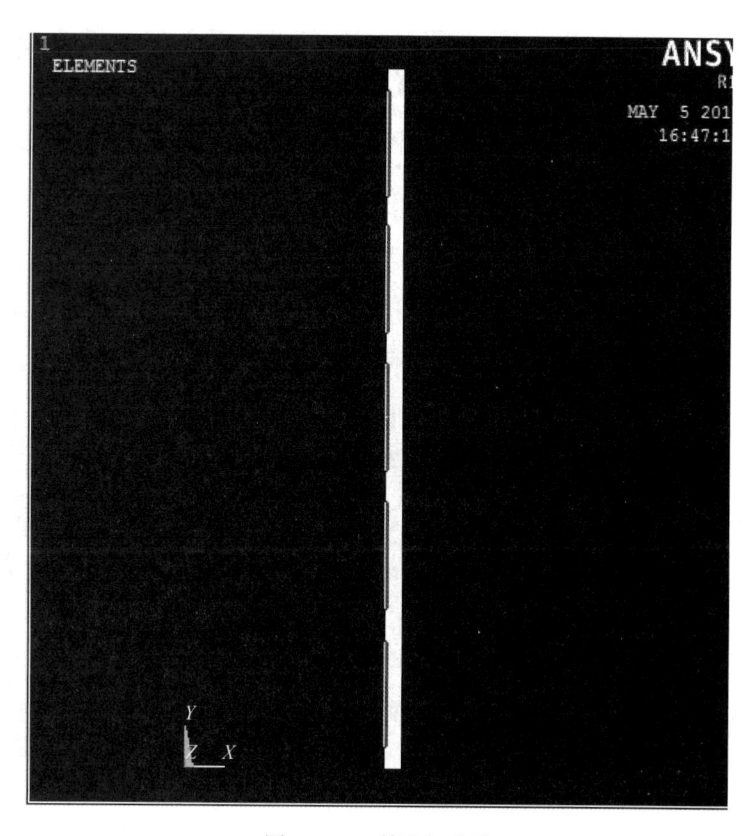

图 11-23 拾取加载线

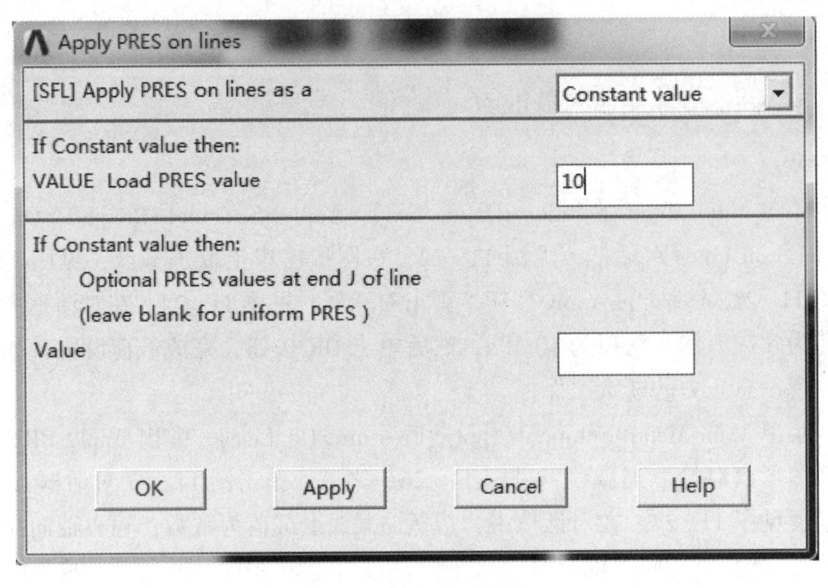

图 11-24　加载对话框

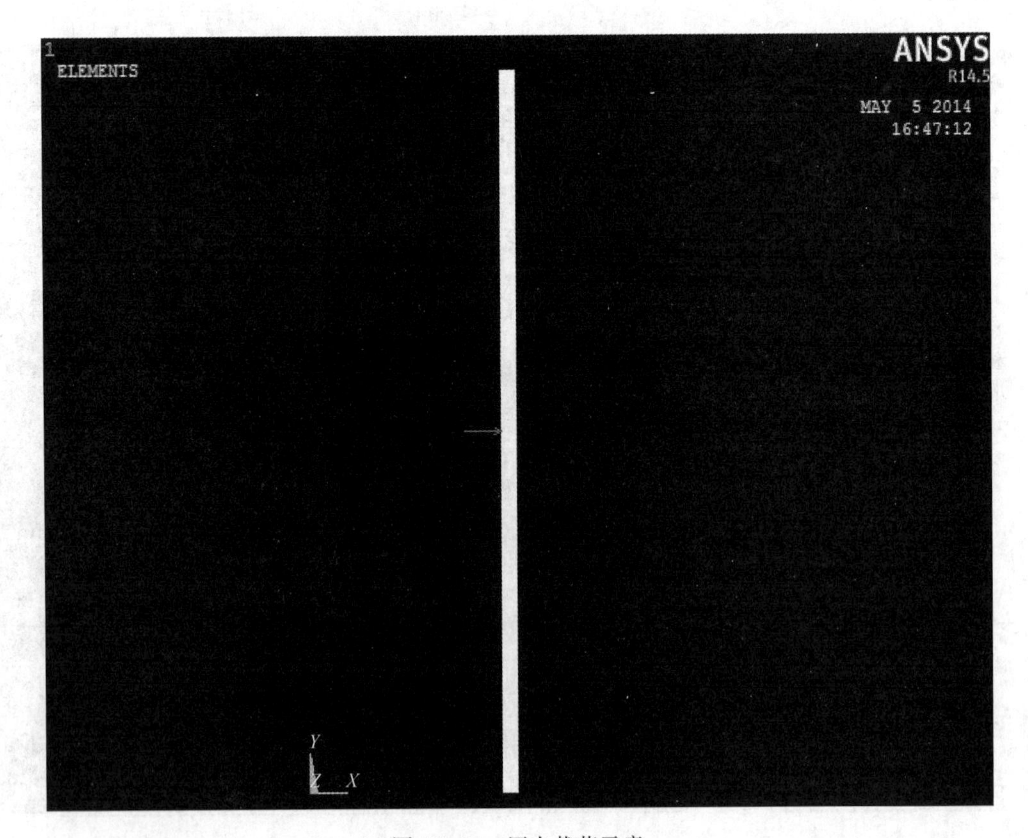

图 11-25　压力载荷示意

图 11-26 轴向加载线

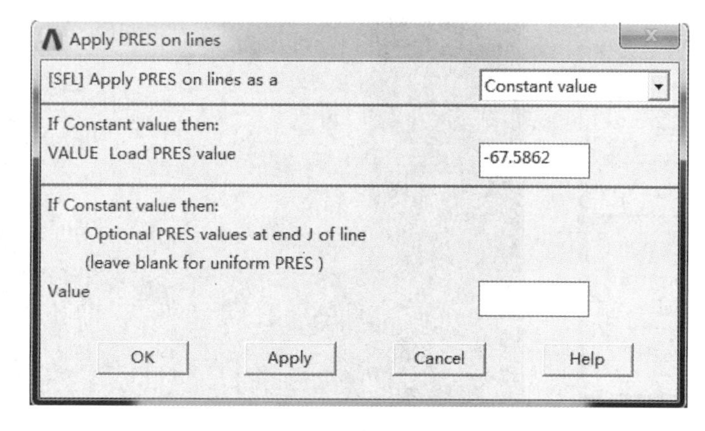

图 11-27 加载对话框

图 11-28 轴向载荷示意

运行主菜单 Main Menu>Solution>Define Loads>Apply>Structural>Displacement>On Lines，弹出 Apply U，ROT on Lines 对话框，见图 11-29，在图形窗口拾取加载线，见图 11-30，之后，单击图 11-29 对话框的 Apply 按钮，弹出对话框，见图 11-31。在对话框中，选择在 *Y* 方向的约束，然后，在图形窗口拾取截面下端的直线，对其 *Y* 方向约束，单击 OK 按钮，完成位移设置，如图 11-32 所示，将出现位移约束示意箭头。保存。

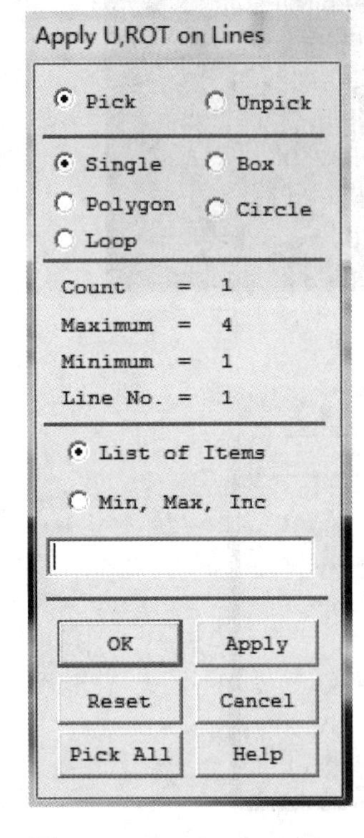

图 11-29　Apply U，ROT on Lines（设置位移）对话框

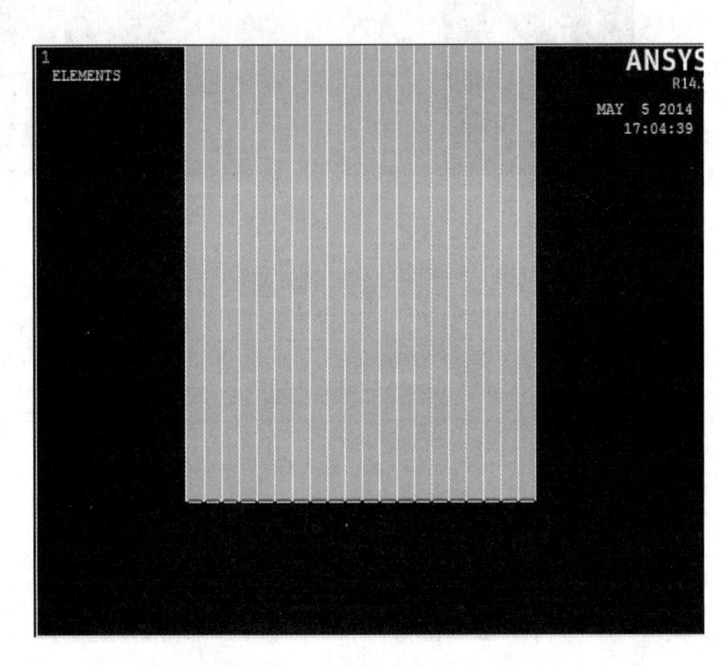

图 11-30　拾取位移约束线

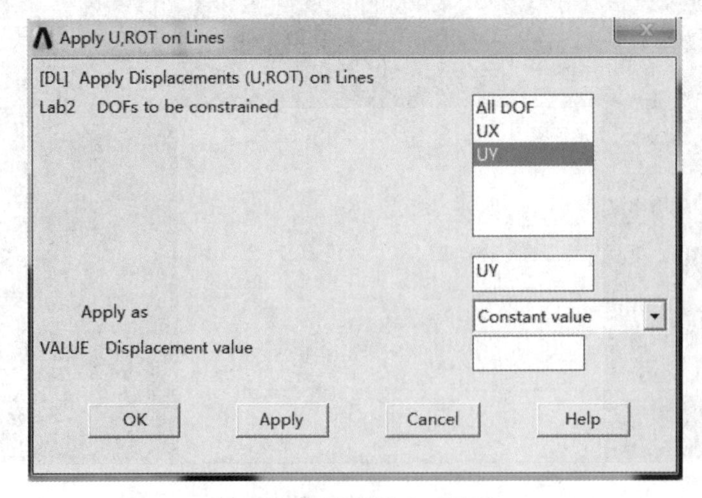

图 11-31　位移输入对话框

图 11-32　位移约束图

11.7 求解过程

运行主菜单 Main Menu>Solution>Solve>Current LS，弹出 Solve Current Load Step 对话框，单击 OK 按钮，即开始有限元的求解，分析完成后，出现信息提示计算完成，见图 11-33。SAVE。

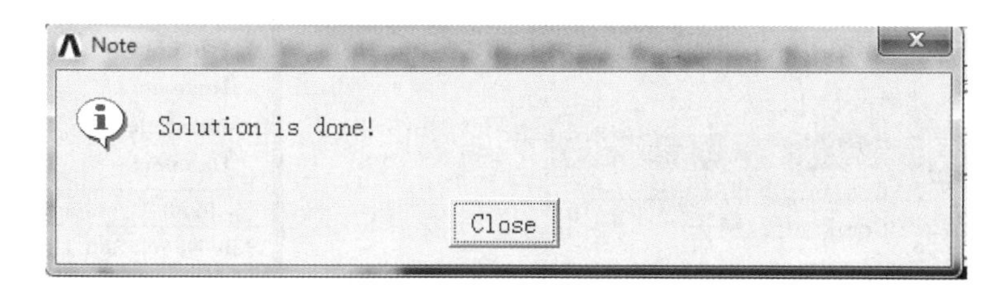

图 11-33　完成计算提示

11.8 结果分析

运行主菜单 Main Menu>General Postproc>Plot Results>Contour Plot>Nodal，获得位移云图，见图 11-34。

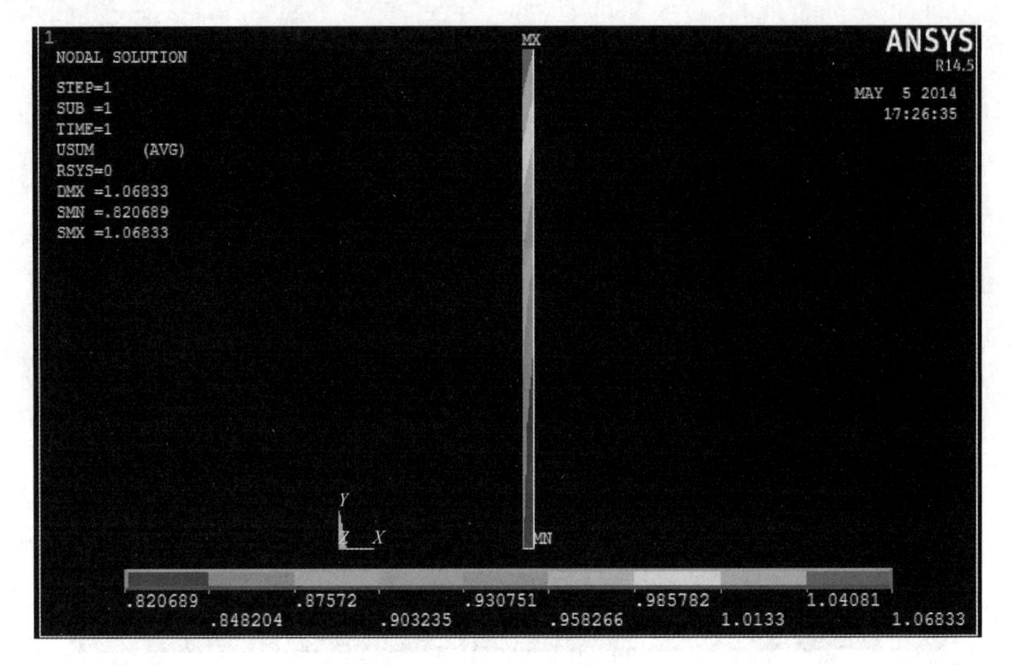

图 11-34 位移云图

运行应用菜单 Utility Menu>Select>Entities…见图 11-35，弹出 Select Entities 对话框，见图 11-36，在选择 Elements 选项下，单击 Apply 按钮，弹出 Select elements 对话框，见图 11-37，在对话框中，选择 Box 复选按钮，在图形窗口选择不受边界条件影响的单元，以显示单元受力情况。

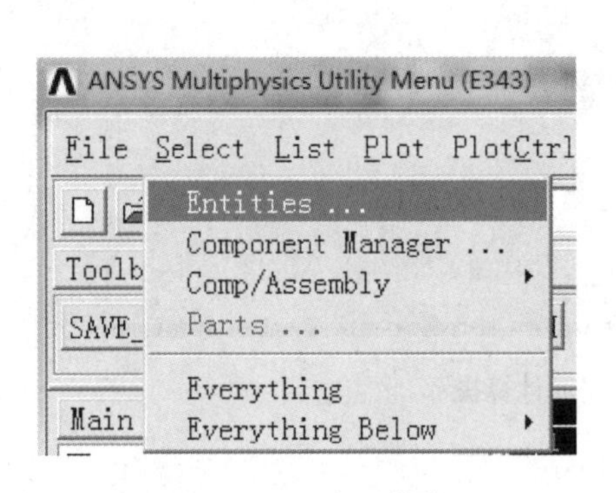

图 11-35 应用菜单

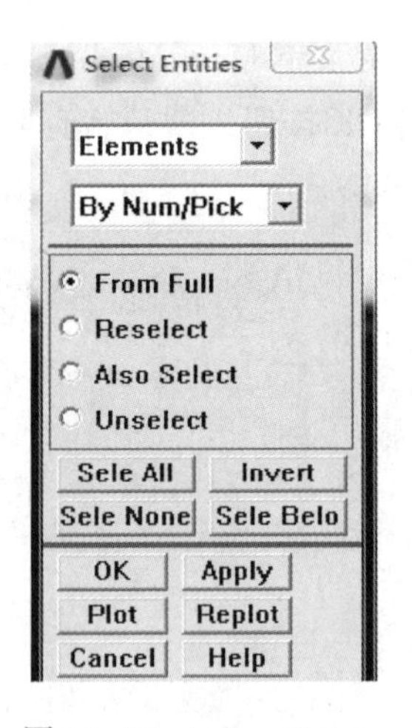

图 11-36 Select Entities 对话框

运行主菜单 Utility Menu>Plot>Elements，图形窗口变为剩余部分单元。

运行主菜单 Main Menu>General Postproc>Plot Results>Contour Plot>Nodal Solu，获得应力云图，见图 11-38~40。

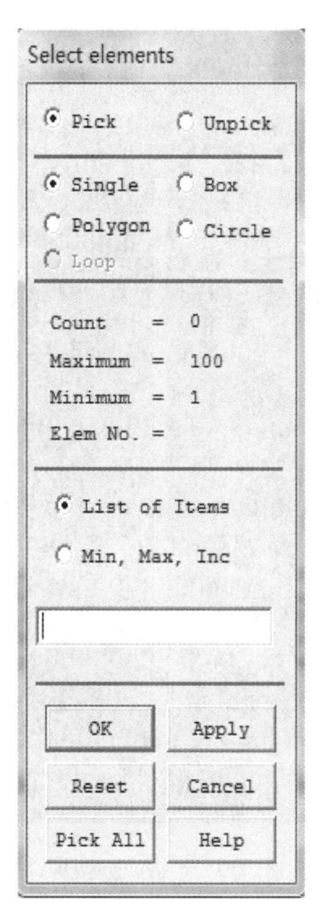

图 11-37 Select element 对话框

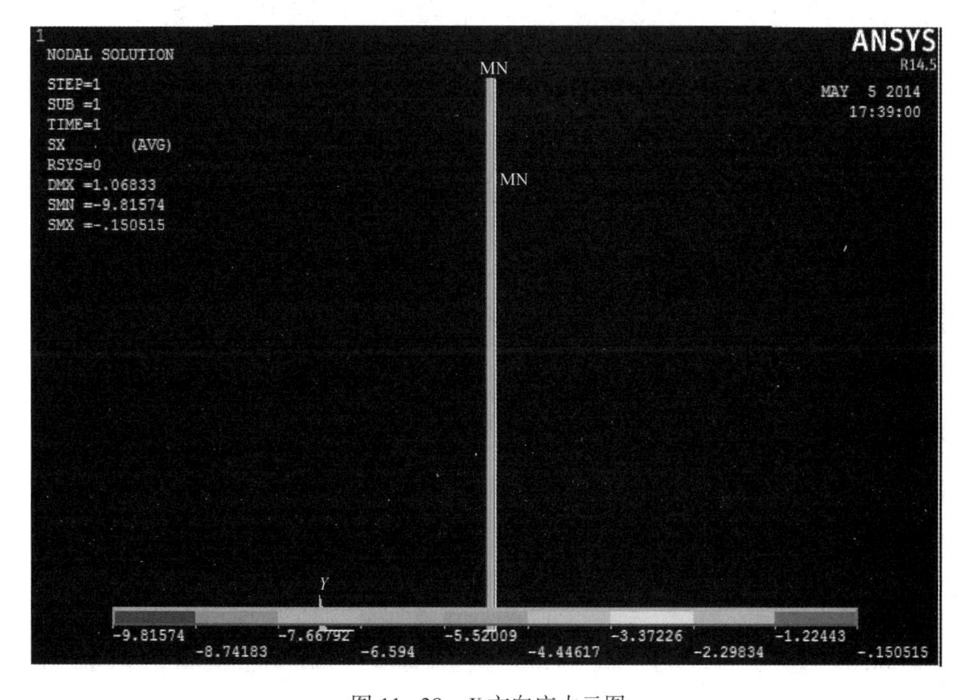

图 11-38 *X* 方向应力云图

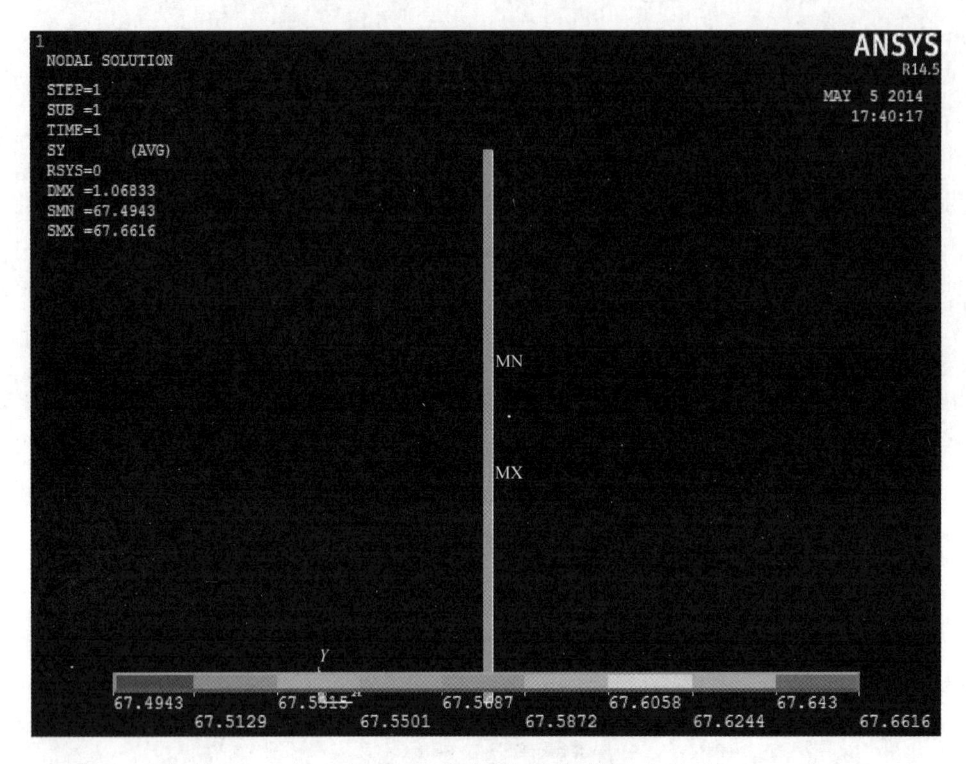

图 11-39 *Y* 方向应力云图

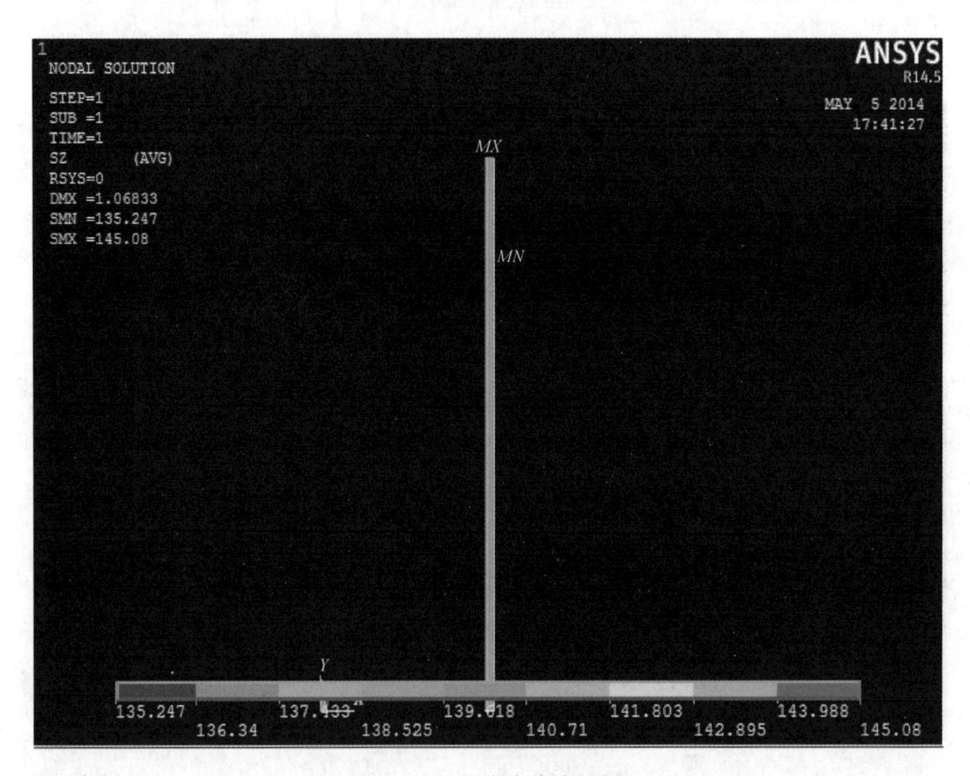

图 11-40 *Z* 方向应力云图

运行应用菜单 Utility Menu>PlotCtrls>Style>Symmetry Expansion>2D Axi-Symmetric，弹出 2D Axi-Symmetric Expansion 对话框，见图 11-41，选择 3/4 expansion，单击 OK 按钮。

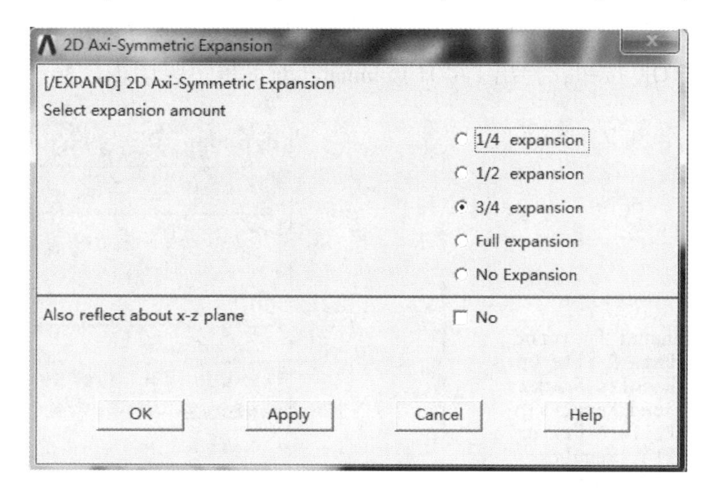

图 11-41 2D Axi-Symmetric Expansion 对话框

运行应用菜单 Utility Menu>PlotCtrls>Pan-Zoom-Rotate，弹出"Pan-Zoom-Rotate"对话框，在其中选择 ISO 按钮，得到三维应力云图，见图 11-42。

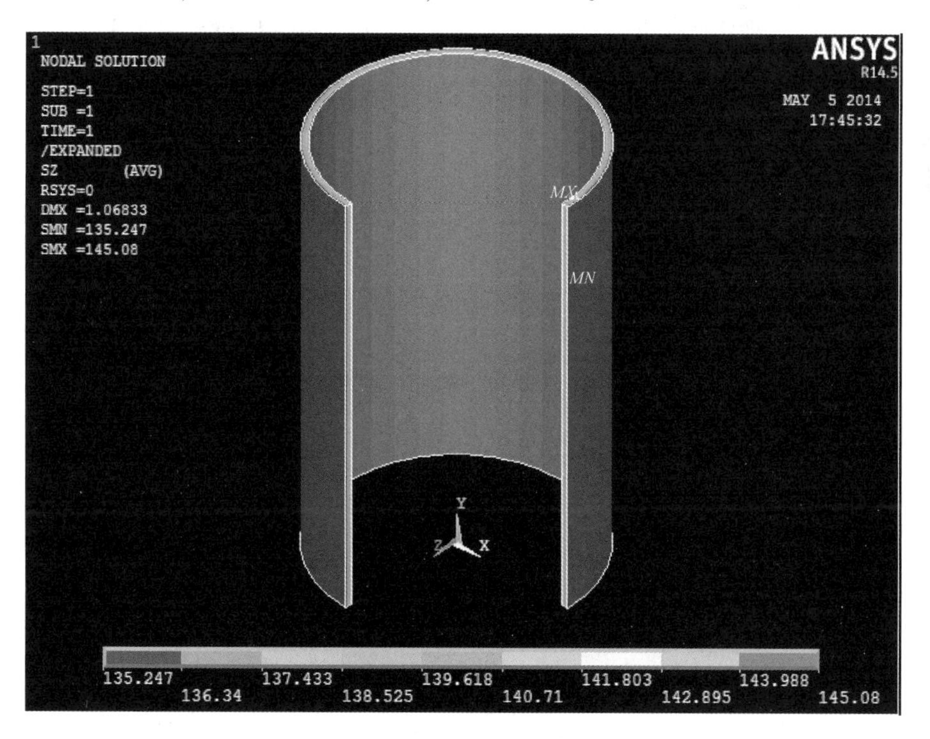

图 11-42 三维应力云图

运行主菜单 Main Menu>General Postproc>Path Operations>Define Path>By Nodes，见图 11-43，弹出 By Nodes 拾取对话框，见图 11-44。在图形窗口的快捷菜单，单击放大按钮，沿厚度方向拾取节点。在 By Nodes 对话框中(图 11-45)，输入定义的路径名称(THICK)等，单击 OK 按钮，弹出 PATH Command 对话框，见图 11-46。

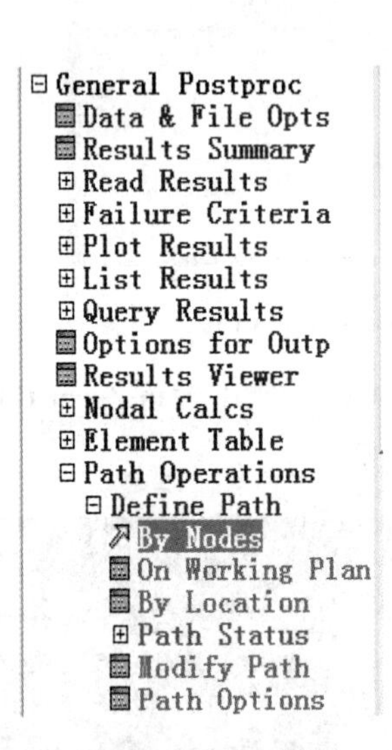

图 11-43　主菜单

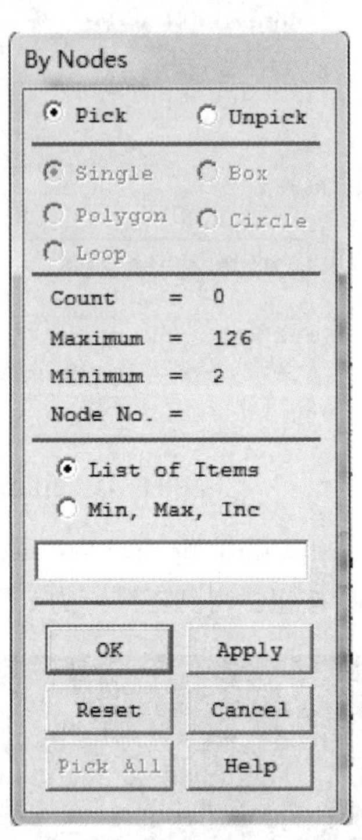

图 11-44　By Nodes 拾取对话框

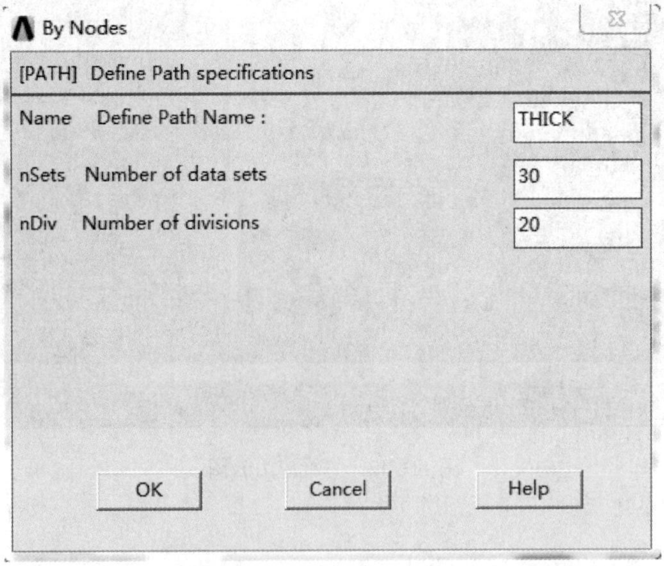

By Nodes

[PATH] Define Path specifications

Name　Define Path Name :　THICK

nSets　Number of data sets　30

nDiv　Number of divisions　20

OK　Cancel　Help

图 11-45　By Nodes 对话框

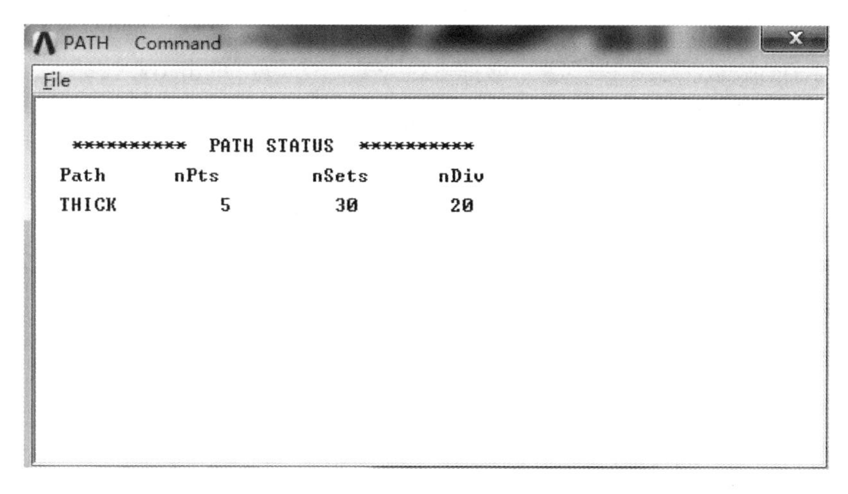

图 11-46 Path Command 对话框

运行主菜单 Main Menu>General Postproc>Path Operations>Plot Paths，图形窗口显示拾取路径的节点及其名称“THICK”等。

运行主菜单 Main Menu>General Postproc>Path Operations>Map onto Path，弹出 Map Results Items onto Path 对话框，在左边框选择应力 Stress，在右边框选择 X-direction SX，定义名称为“sx”(图 11-47)。单击 Apply 按钮后，再次弹出对话框，在左边框选择应力 Stress，在右边框选择 Y-direction SY，定义名称为“sy”，同样，在右边框选择 Z-direction SZ，定义名称为“sz”。

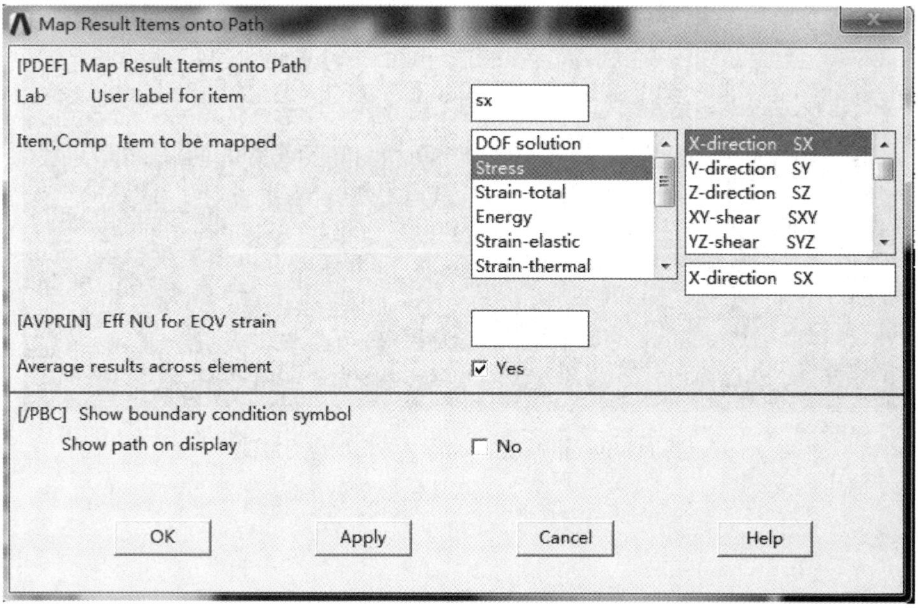

Map Result Items onto Path
[PDEF] Map Result Items onto Path
Lab User label for item sx
Item,Comp Item to be mapped
DOF solution / Stress / Strain-total / Energy / Strain-elastic / Strain-thermal
X-direction SX / Y-direction SY / Z-direction SZ / XY-shear SXY / YZ-shear SYZ
X-direction SX
[AVPRIN] Eff NU for EQV strain
Average results across element ☑ Yes
[/PBC] Show boundary condition symbol
Show path on display ☐ No
OK Apply Cancel Help

图 11-47 应力(sx)显示定义

运行主菜单 Main Menu>General Postproc>Path Operations>Plot Path Item>On Graph，弹出绘图 11-对话框，见图 11-48，选择 SX、SY、SZ 后，单击 OK 按钮。图形窗口显示沿路径 THICK 的 SX 方向(径向)、SY 方向(轴向)应力和 SZ 方向(环向)应力，见图 11-49。

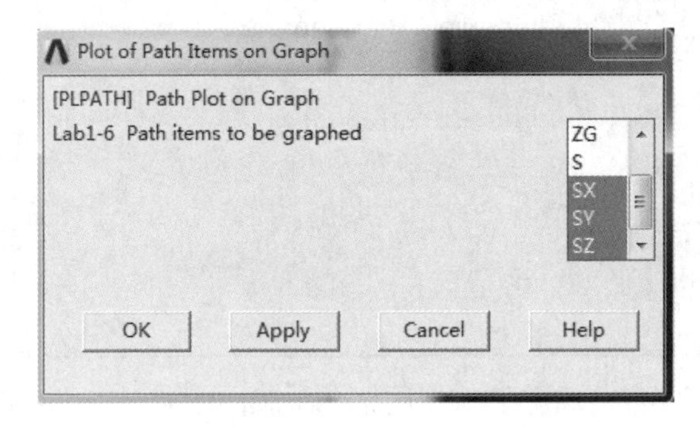

图 11-48　选择显示应力项对话框

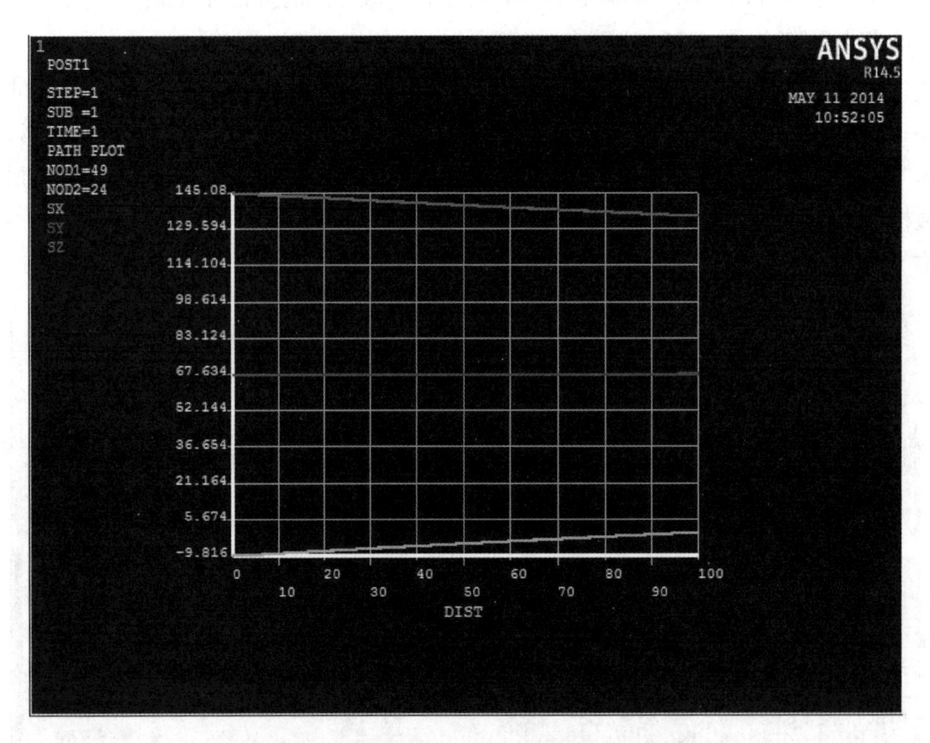

图 11-49　沿厚度 X、Y、Z 方向的应力线图

第12章　基于ANSYS软件的塔设备裙座支撑区的应力分析

12.1　环境设置

以交互模式进入ANSYS，在总路径下面建立子路径ANSYS_WORK，工作文件名取为E341，进入ANSYS界面，见图12-1。

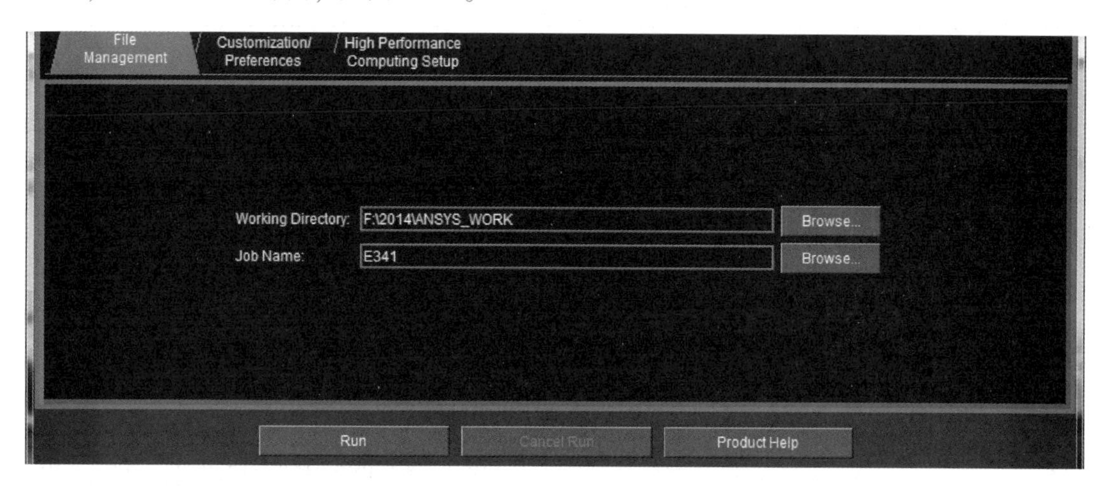

图12-1　设置工作路径

为了设置标题，执行Utility Menu>File>Change Title命令，弹出Change Title对话框，输入mechanical stress analysis of skirt supporting zone of hydrogenation，单击OK按钮，见图12-2。

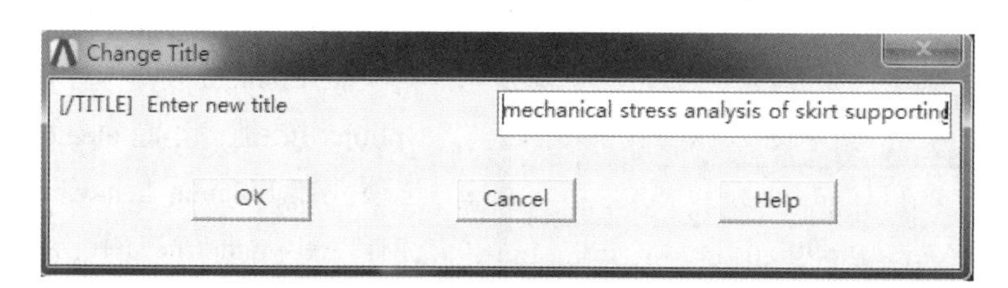

图12-2　设置标题

为了初始化设计变量，执行 Utility Menu>Parameters>Scalar Parameters 命令，弹出 Scalar Parameters 对话框，对照表12-1，在 Selection 框栏里输入各参数量，见图12-3。

表12-1　参数表

参　数	参数意义	参　数	参数意义
pi=3. 1415926	圆周率	h2=1000	筒体长度
tongt_ di=2813	筒体内径	xqunz_ h=70	H 形锻件裙座连接侧直边高渡
tongt_ t=87	定义筒体壁厚	qunz_ t=22	裙座壁厚
tongq_ h=615	筒体到裙座支撑处的高度	fengt_ do=fengt_ di+ 2 * fengt_ t	封头外径
fengt_ t=52	封头壁厚	presi=8. 83	内压
fengt_ di=2833	封头内径	mass=270000	设备总重
xyhr1=20	内侧圆弧半径	EXX1=2e5	材料的弹性模量
xyhr2=20	外侧圆弧半径	NUXY1=0. 3	材料的泊松比
h1=1500	裙座体高度		
presg=4 * mass * 9. 8/(pi * ((tongt_ di+2 * tongt_ t) * * 2-tongt_ di * * 2))		设备重力在筒体端部产生的应力	
presa=presi * (tongt_ di * * 2)/ ((tongt_ di+2 * tongt_ t) * * 2-tongt_ di * * 2)		内压引起的筒体端部轴向平衡面力	

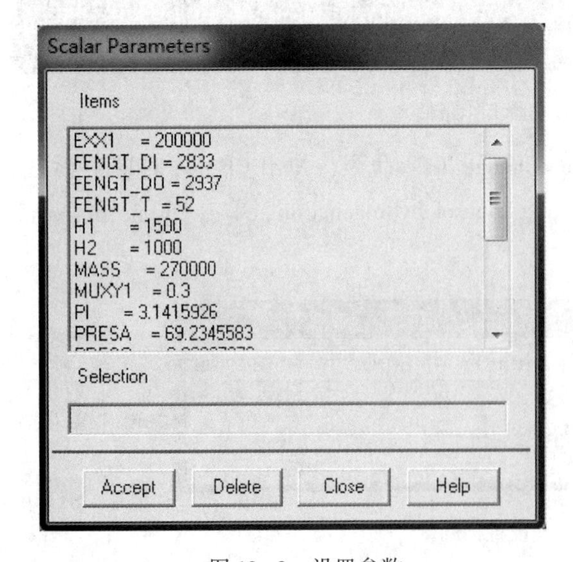

图12-3　设置参数

为了定义单元类型，执行 Main Menu>Preprocessor>Element Type>Add/Edit/Delete 命令，弹出 Element Type 对话框：单击 Add… 按钮，弹出 Library of Element Type 对话框。在列表左侧选择 Solid 项，在右列表中选择 8node 183 项，单击 OK 按钮，见图12-4。

在 Element Type 对话框中。单击 Options 按钮，设置 element type options 选项，在 Element behavior K3 下拉框中选择 Axisymmetric，单击 OK 按钮，如图 12-5 所示。

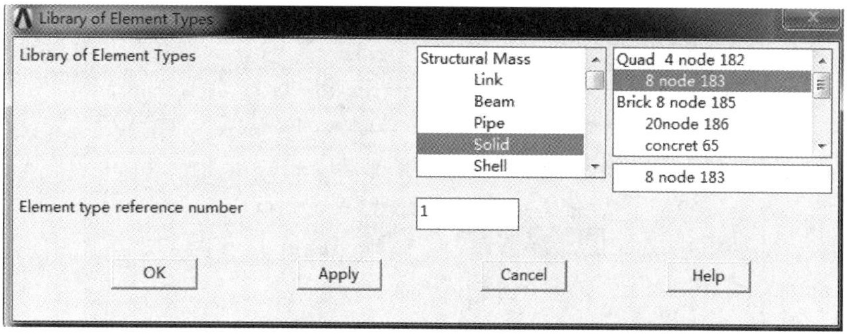

图 12-4　定义单元类型

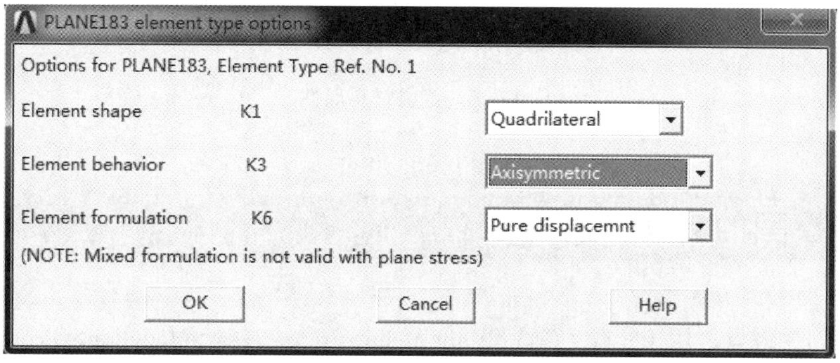

图 12-5　设置轴对称选项

执行 Main Menu>Preprocessor>Material Props>Material Models 命令，弹出 Define Material Model Behavior 对话框，在右边的可选材料模型 Material Models Available 框中选择 Structural >Linear>Elastic>Isotropic，弹出 Linear Isotropic Properties for Material Number1 对话框，在 EX 文本框中输入 EXX1，PRXY 文本框中输入 NUXY1，单击 OK 按钮，如图 12-6 所示。

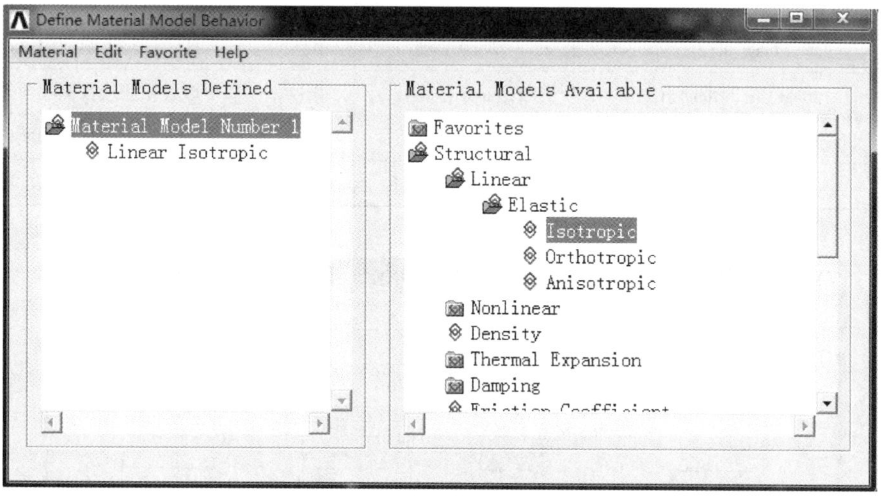

（1）材料模型定义

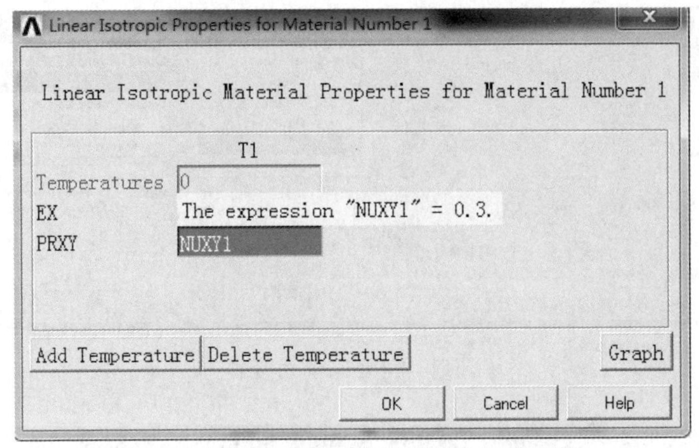

（2）编号为1的线性各项同性材料的特性常数

图 12-6　定义材料属性

12.2　模型的创建

创建系列关键点，用于定位：执行 Main Menu>Preprocessor>Modeling>Create>Keypoints >In Active CS 命令，弹出对话框，按照表 12-2 对应 NPT 与 X、Y、Z 坐标，输入数据，单击 Apply 按钮，如图 12-7 所示，依次生成关键点。

表 12-2　关键点定位

NPT	X	Y	Z	关键点说明
1	0	0	0	球壳中心点
2	tong_ di/2+tongt_ t	0	0	H 形锻件上端面外侧点
3	tong_ di/2	0	0	H 形锻件上端面内侧点
5	tongt_ di/2+tongt_ t	-tongq_ h	0	H 形锻件裙座连接侧端面外侧点
6	tongt_ di/2+tongt_ t-qunz_ t	-tongq_ h	0	H 形锻件裙座连接侧端面内侧点
7	kx(6)-xyhr1	xqunz_ h-tongq_ h	0	H 形锻件裙座连接侧过渡圆弧中心

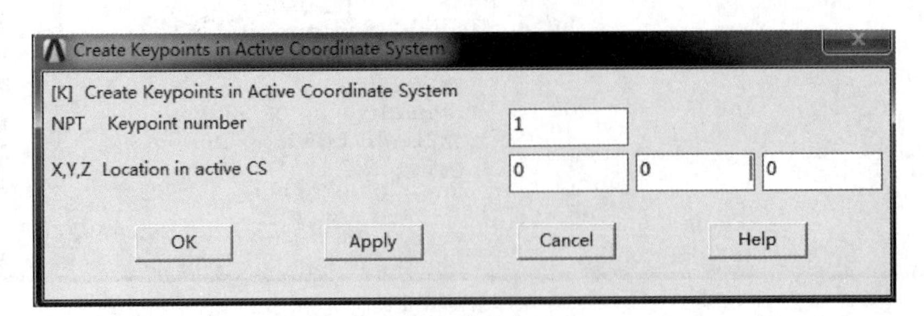

图 12-7　生成关键点

执行 Main Menu>Preprocessor>Modeling>Create>Lines>Lines>In Active Coord 命令，弹出选择框，选中编号为 2、3 的两点，自动生成线段 1，再选择点 2、5，生成线段 2，再选择 5、6 两点，生成线段 3，单击 OK 按钮，如图 12-8 所示。

画包含裙座连接侧过渡圆弧的圆：首先获取关键点 7 坐标，执行 Utility Menu>List>Keypoints>Coordinates + Attributes 命令，弹出显示文本，记录关键点 7 坐标(1451.5, -545, 0)，关闭文本。再执行 Main Menu>Preprocessor>Modeling>Create>Lines>Arcs>By Cent & Radius 命令，弹出圆心位置拾取框，单击 Global Cartesian，在文本框中输入“1451.5, -545, 0”，单击 Apply 按钮，弹出圆周任一点位置拾取框，在文本框中输入“1451.5, -545+xyhr1, 0”，单击 Apply 按钮，弹出 Arc by Cent&radius 对话框，直接单击 OK 按钮生成以关键点 7 为圆心，半径为 xyhr1 的圆，如图 12-9 所示。

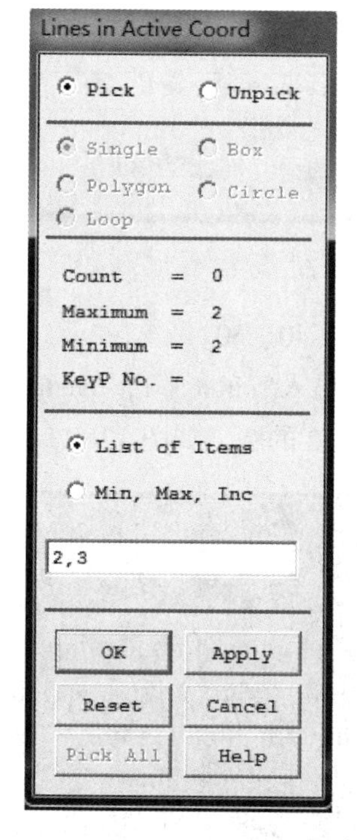

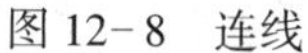
图 12-8 连线

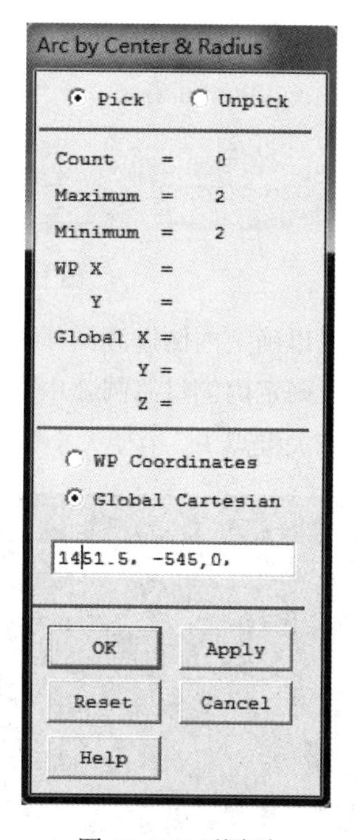

图 12-9 画圆弧

删除多余的圆弧：执行 Main Menu>Preprocessor>Modeling>Delete>Line and Below 命令，弹出拾取框，选择编号为 5、6、7 的三条多余的圆弧，单击 OK 按钮。

依次选择编号为 6、4 的两个关键点，单击 OK 按钮。

重新定义关键点 7 为与过渡圆弧等高的点：在命令窗口输入“k, 7, 0, ky(8)”。

生成 H 形锻件两过渡圆弧连接线的母体：连接关键点 7、8。

画球壳外壁对应的圆：在命令窗口输入“circle, 1, fengt_do/2”，生成圆心位置在关键点 1、半径大小为 fengt_do/2 的圆。

删除多余的圆弧：删除编号为 7、8、9 的三条圆弧。

线段相减：执行 Main Menu>Preprocessor>Modeling>Operate>Booleans>Divide>Line by Line 命令，弹出拾取框，首先选择被减线段，编号为 10，单击 Apply 按钮，再选择相减线段，编号为 6，单击 OK 按钮。

删除多余的线段：删除编号为 7 的线段。

再次生成两过渡圆弧连接线的母体：连接关键点 8、10。

定义辅助关键点：执行 Main Menu >Preprocessor>Modeling>Create>Keypoints>In Active CS 命令，弹出如图 12-10 所示的对话框，设定 NPT 为"30，X，Y，Z"坐标为"kx(10)-xyhr2，ky(8)-xyhr2，0"。单击 Apply 按钮：再设定 NPT 为 4，X，Y，Z 坐标为"kx(8)，ky(30)，0"，生成关键点 40。

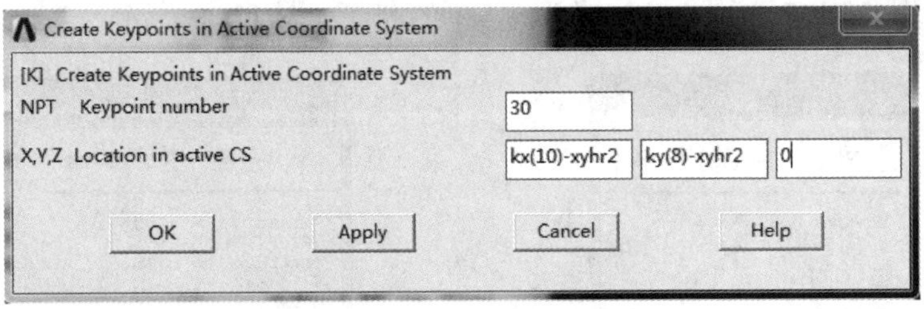

Create Keypoints in Active Coordinate System

[K] Create Keypoints in Active Coordinate System

NPT Keypoint number 30

X,Y,Z Location in active CS kx(10)-xyhr2 ky(8)-xyhr2 0

OK Apply Cancel Help

图 12-10 定义辅助关键点

生成辅助线以确定内侧过渡圆弧中心：连接关键点 40、30。

画辅助圆以确定内侧过渡圆弧中心：在命令窗口输入"circle，1，fengt_do/2+xyhr2"，生成圆心位置在关键点 1、半径大小为 fengt_do/2+xyhr2 的圆，如图 12-11 所示。

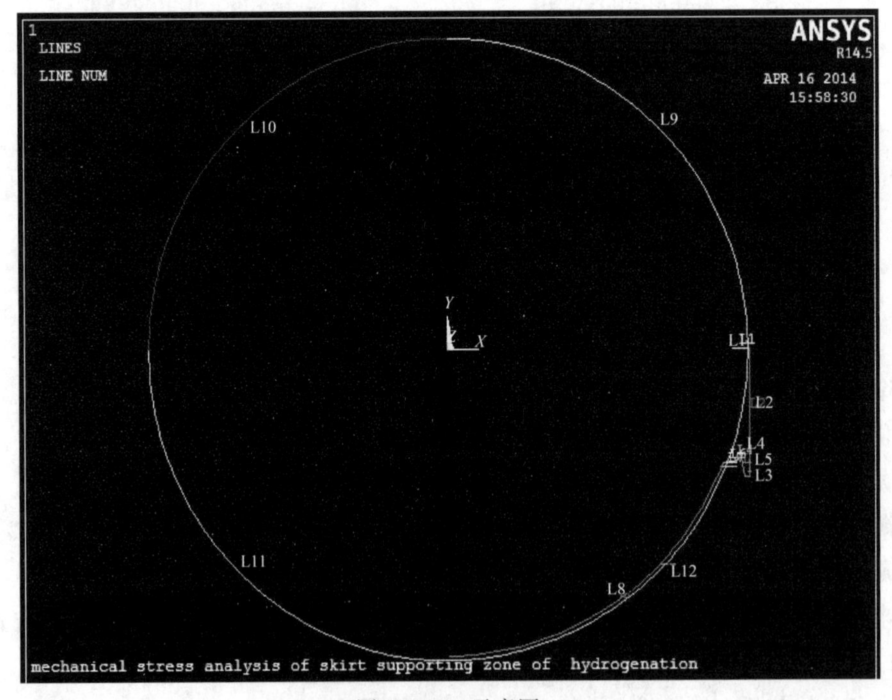

图 12-11 示意图

求交点确定内侧过渡圆弧中心：被减线段选择编号为7的线段，想减线段选择编号为12的线段，单击OK按钮。

删除多余的线段：执行Main Menu>Preprocessor>Modeling>Delete>Lines Only命令，弹出拾取框，选择编号为13、14的线段，单击OK按钮。

删除多余的关键点：执行Main Menu>Preprocessor>Modeling>Delete>Keypoints命令，弹出拾取框，选择编号为30的关键点，单击OK按钮。

删除多余的线段：Main Menu>Preprocessor>Modeling>Delete>Line and Below命令，弹出拾取框，选择编号为9、10、11的线段，单击OK按钮。

画包含内侧过渡圆弧的圆：在命令窗口输入“circle，14，xyhr2”，生成圆心位置在点14、半径大小为xyhr2的圆。

删除多余的线段：将编号为7、10、11的三条线段及其附属删除。

生成辅助线：执行Main Menu>Preprocessor>Modeling>Create>Lines>Lines>In Active Coord命令，弹出选择框，选择Min，Max，Inc选项，在文本框中输入1、14、13，单击Apply按钮，生成辅助线1，再在文本框中输入“9，14，5”，生成辅助线2，如图12-12所示。

再定义内侧圆弧中心：NPT设为5000，X，Y，Z分别输入“kx(14)，ky(14)，0”，单击OK按钮。

线段相减：被减线段选择编号为9的线段，相减线段选择编号为7的线段，单击OK按钮。

删除多余的线段：将编号为12的线段及其附属删除。

生成辅助线：选择Min，Max，Inc选项，在文本框中输入“7，14，7”，单击OK按钮。

线段相减：被减线段选择编号为6的线段，相减线段选择编号为10的线段，单击OK按钮。

删除多余的线段：将编号为12的线段及其附属删除。

线段相减：被减线段选择编号为8的线段，相减线段选择编号为10的线段，单击OK按钮。

删除多余的线段：将编号为6的线段及其附属删除。

重新定义球壳中心：执行Main Menu>Preprocessor>Modeling>Create>Keypoints>In Active CS命令，弹出对话框，设定NPT为1，X，Y，Z坐标为“0，0，0”，单击OK按钮。

画包含球壳内壁的圆：在命令窗口输入“circle，1，fengt_di/2”，生成圆心位置在关键点1、半径大小为fengt_di/2的圆。

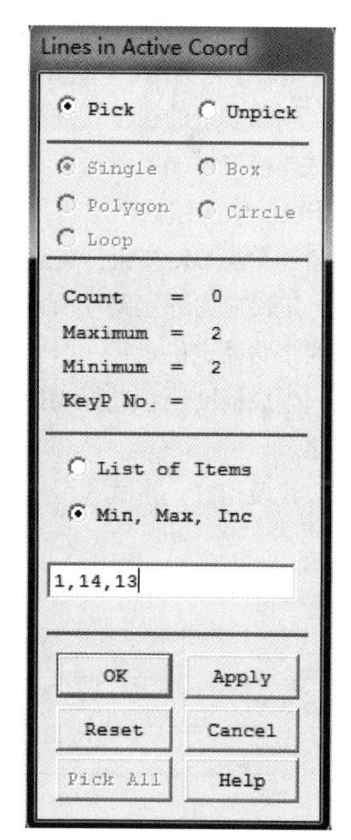

图12-12 生成辅助线

删除多余的线段：Main Menu>Preprocessor>Modeling>Delete>Line and Below命令，弹出拾取框，选择编号为6、7、8

三条线段，单击 OK 按钮。

定义辅助关键点：设定 NPT 为 40，X，Y，Z 坐标为“kx(3)，ky(7)，0”，单击 OK 按钮。

生成辅助线：执行 Main Menu > Preprocessor > Modeling > Create > Lines > Lines > In Active Coord 命令，弹出选择框，选择 Min，Max，Inc 选项，在文本框中输入“3，40，37”，单击 Apply 按钮，生成辅助线 1；再在文本框中输入 12，14，2，生成辅助线 2。

线段相减：被减线段选择编号为 12 的线段，相减线段选择编号为 6 的线段，单击 OK 按钮。

删除多余线段及其附属：删除编号为 8 的线段及其附属。

删除多余的线段：执行 Main Menu>Preprocessor>Modeling>Delete>Lines Only 命令，弹出拾取框，选择编号为 3 的线段，单击 OK 按钮。

生成裙座底面线段的关键点：设定 NPT 为 100，X，Y，Z 坐标为“kx(5)，ky(5)-h1，0”，单击 Apply 按钮生成关键点 100；再设定 NPT 为 200，X，Y，Z 坐标为“kx(6)，ky(6)-h1，0”，单击 OK 按钮。

生成裙座底面线段：选择 Min，Max，Inc 选项，在文本框中输入“100，200，100”，单击 OK 按钮。

生成筒体端面线段的关键点：设定 NPT 为 300，X，Y，Z 坐标为“kx(3)，ky(3)+h2，0”，单击 Apply 按钮生成关键点 300；再设定 NPT 为 400，X，Y，Z 坐标为“kx(2)，ky(2)+h2，0”，单击 OK 按钮。

删除多余的线段：选择编号为 1 线段，单击 OK 按钮。

连接筒体端面线段：选择 Min，Max，Inc 选项，在文本框中输入“300，400，100”，单击 Apply 按钮，再次输入“11，300，289”、“2，400，398”、“5，100，95”、“6，200，194”，单击 OK 按钮，构建筒体端面。

定义应力评定路径所需关键点：依次输入表 12-3 所设定 NPT 及 X，Y，Z 坐标，生成四个路径定位点。

生成辅助线：选择 Min，Max，Inc 选项，在文本框中输入“1，5000，4999”，单击 OK 按钮。

线段相减：被减线段选择编号为 13 的线段，想减线段选择编号为 15 的线段。

表 12-3 应力评定路径所需关键点定位

NPT	X	Y	Z
800	kx(2)	ky(11)	0
900	kx(5)	ky(4)	0
6000	kx(300)	ky(300)-400	0
7000	kx(400)	ky(6000)	0

删除多余的线段：选择编号为 2 的线段，单击 OK 按钮。

定义面域：执行 Main Menu>Preprocessor>Modeling>Create> Areas>Arbitrary>Through KPs 命令，弹出拾取框，从关键点 12 开始，沿着内壁到外壁的顺序逐个连接关键点 12、14、10、11、300、400、2、800、900、5、100、200、6、4、8、9、7，全部选择完之后，单击 OK 按钮，形状如图 12-13 所示。

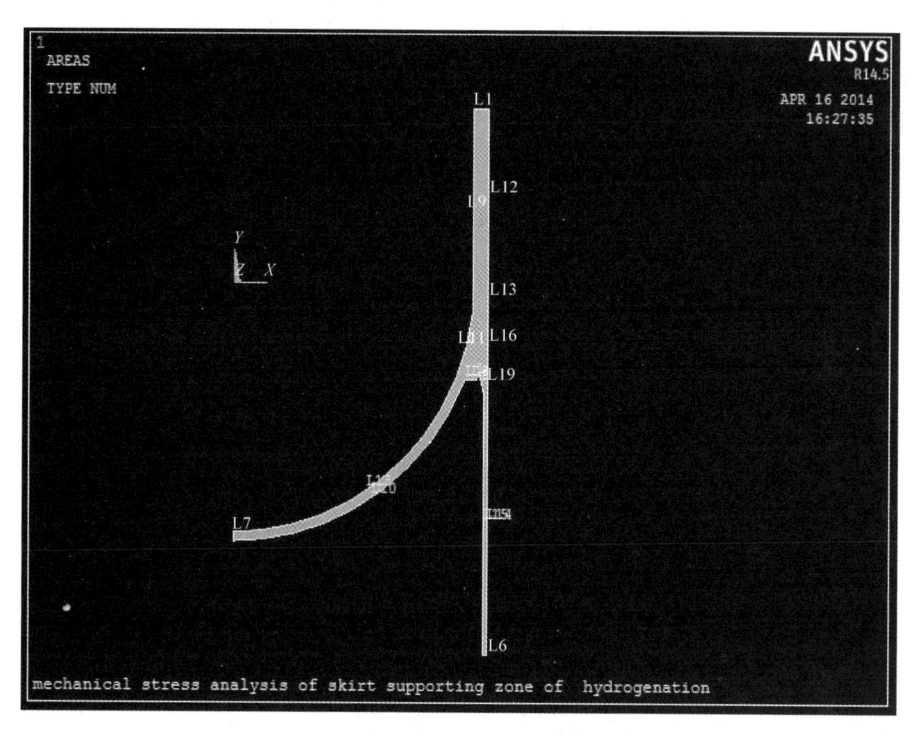

图 12-13　面域定义

12.3 网格的划分

定义单元尺寸：执行 Main Menu>Preprocessor>Meshing>Size Cntrls>ManualSize>Areas>All Areas 命令，弹出 Element Size on All Areas 对话框，在 Size 一栏输入 10，单击 OK 按钮，如图 12-14 所示。

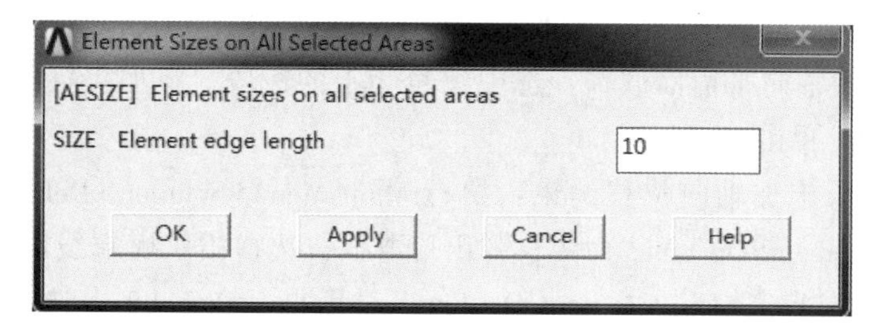

图 12-14　定义单元尺寸

剖分网格：执行 Main Menu>Preprocessor>Meshing>Mesh>Areas>Free 命令，弹出拾取框，单击 Pick All 按钮完成。

外侧圆弧网格加密：执行 Main Menu>Preprocessor>Meshing>Modify Mesh>Refine At>Lines 命令，弹出拾取框，选中外、内侧圆弧，对应线段编号分别为 4、11，单击 OK 按钮，弹出对话框设定 Level 为 1，单击 OK 按钮，网格形状如图 12-15 所示。

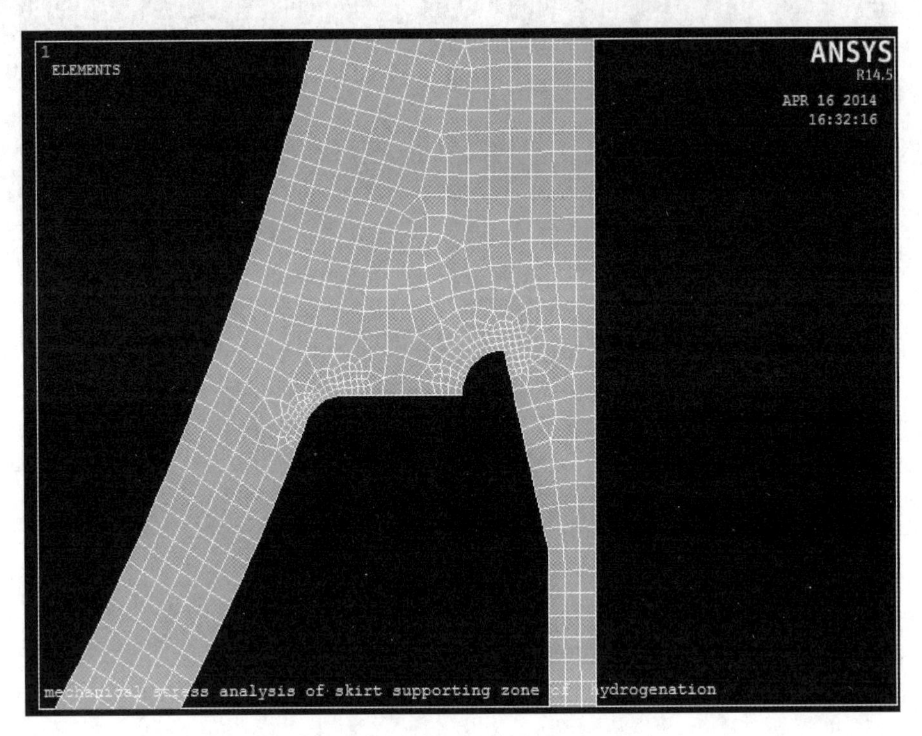

图 12-15　网格划分

12.4 加载与求解

内表面施加内压：执行 Main Menu>Solution>Define Loads>Apply>Structural>Pressure>On Lines 命令，弹出拾取框，选择内表面编号为 6、16、17 的三条线段，单击 OK 按钮，弹出如图 12-16 所示对话框，在 VALUE 一栏输入 presi，单击 Apply 按钮。

筒体端部施加轴向平衡面载荷：选中编号为 1 的线段，施加 VALUE 大小为 presg-presa 的均布压力，单击 OK 按钮。

裙座底端线段施加轴向位移约束：执行 Main Menu>Solution>Define Loads>Apply>Structural>Displacement>On Lines 命令，弹出拾取框，选择裙座底端线段，编号为 3，单击 OK 按钮，弹出 Apply Displacement On Lines 对话框，在 Lab2 中选择 UY，单击 OK 按钮。

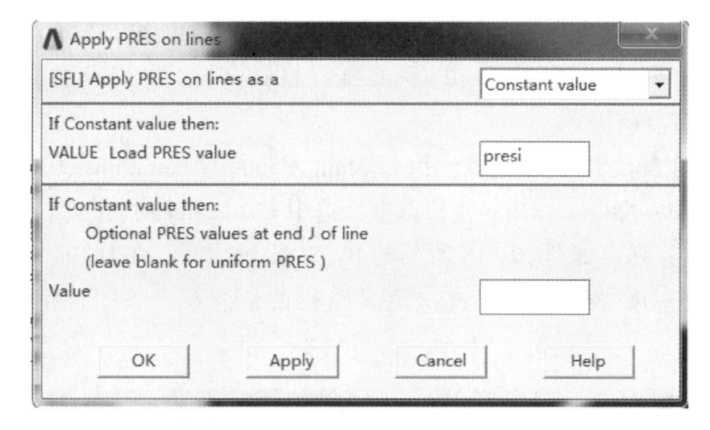

图 12-16 均布载荷施加

封头对称面施加 X 方向位移约束：选择封头对称面编号为 7 的线段，在 Lab2 中选择 UX，单击 OK 按钮。

求解：执行 Main Menu>Solution>Solve>Current LS 命令，进行求解。

12.5 结果后处理

查看节点应力云图：执行 Main Menu>General Postproc>Plot Results>Contour Plot>Nodal Solu 命令，弹出 Contour Nodal Solution Data 对话框，单击 Stress，在其下拉列表中选择 Von Mises Stress，显示结果，如图 12-17 所示。

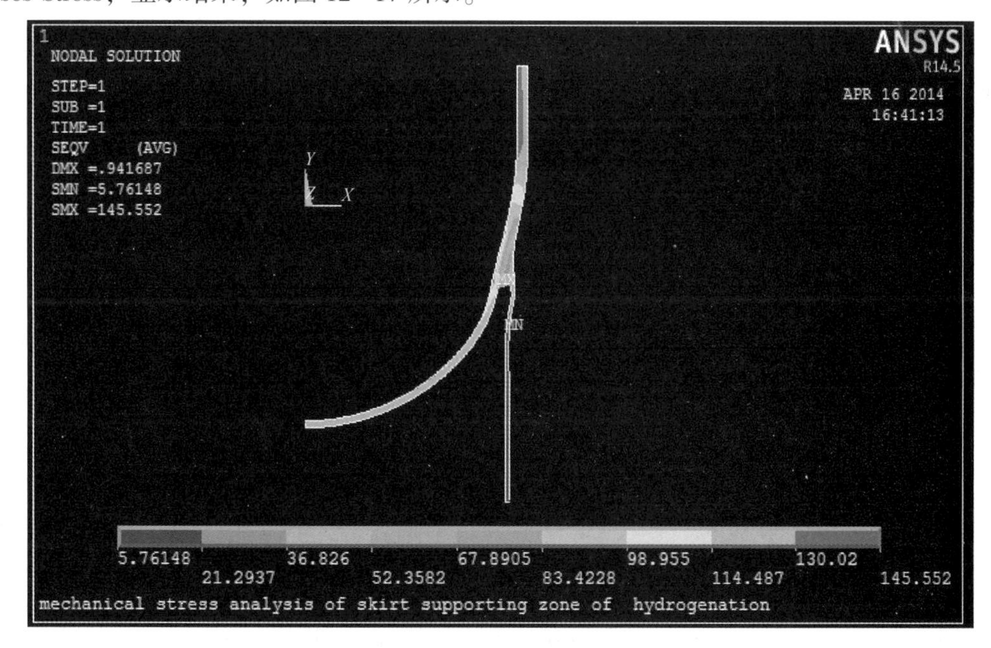

图 12-17 节点应力云图

应力评定路径 1-1：首先定义内外壁节点，通过在命令流窗口输入“node11 = node(kx(800)，ky(800)，kz(800)) $ node12 = node(kx(11)，ky(11)，kz(11))”，获得关键点 800 与 11 处对应节点的编号。

定义路径名称及路径参数设置：执行 Main Menu>General Postproc>Path Oprations>Define Path>By Nodes 命令，弹出一个拾取框，选中 List of Items，在文本框中输入编号 11、12，单击 OK 按钮，弹出如图 12-18 所示的 By Node 对话框，在 Define Path Name 文本框中输入 Set1，单击 OK 按钮，弹出此次定义路径的信息框。关闭该信息框，完成路径定义。

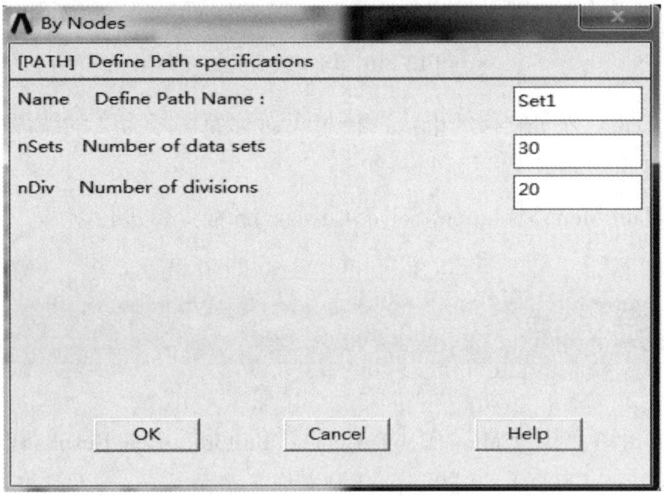

By Nodes
[PATH] Define Path specifications
Name Define Path Name : Set1
nSets Number of data sets 30
nDiv Number of divisions 20
OK Cancel Help

图 12-18 路径定义对话框

列出路径线性化处理结果：执行 Main Menu>General Postproc>Path Oprations>List Linearized 命令，弹出如图 12-19 所示对话框，在 RHO 中输入-1，单击 OK 按钮。

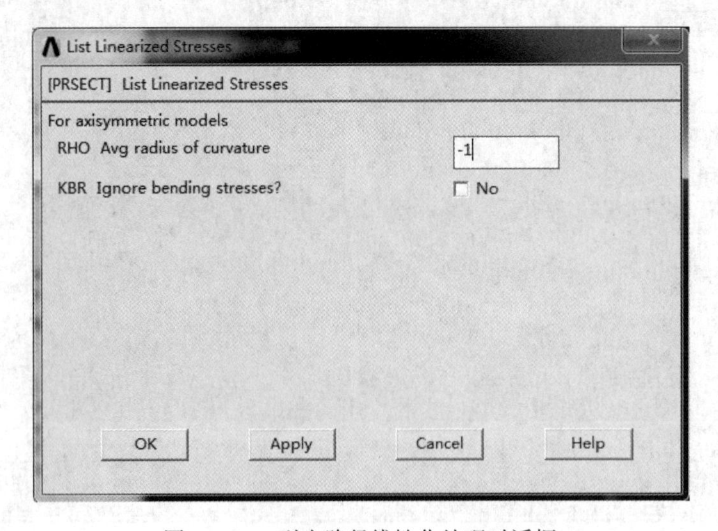

图 12-19 列出路径线性化处理对话框

随后出现如下信息：

```
PRINT LINEARIZED STRESS THROUGH A SECTION DEFINED BY PATH= SET1          DSYS=0
                 ***** POST1 LINEARIZED STRESS LISTING *****
                      INSIDE NODE =11   OUTSIDE NODE=12

LOAD STEP   1   SUBSTEP=1
TIME=1.0000   LOAD CASE=0
** AXISYMMETRIC OPTION **   RHO=0.34228E+12
THE FOLLOWING X, Y, Z STRESSES ARE IN SECTION COORDINATES.
                        ** MEMBRANE **
        SX           SY           SZ           SXY          SYZ          SXZ
      -6.898       119.3        119.3      -0.1072E-01     0.000        0.000
        S1           S2           S3           SINT         SEQV
       119.3        119.3       -6.898        126.2        126.2
              ** BENDING **   I=INSIDE C=CENTER O=OUTSIDE
        SX           SY           SZ           SXY          SYZ          SXZ
I     0.3839      -0.1721      -0.1721        0.000        0.000        0.000
C   0.2753E-13  -0.3632E-12  -0.3632E-12      0.000        0.000        0.000
O    -0.3839       0.1721       0.1721        0.000        0.000        0.000
        S1           S2           S3           SINT         SEQV
I     0.3839      -0.1721      -0.1721       0.5560       0.5560
C   0.2753E-13  -0.3632E-12  -0.3632E-12   0.3908E-12   0.3908E-12
O     0.1721       0.1721      -0.3839       0.5560       0.5560
        ** MEMBRANE PLUS BENDING **   I=INSIDE C=CENTER O=OUTSIDE
        SX           SY           SZ           SXY          SYZ          SXZ
I     -6.514       119.1        119.1      -0.1072E-01     0.000        0.000
C     -6.898       119.3        119.3      -0.1072E-01     0.000        0.000
O     -7.282       119.5        119.5      -0.1072E-01     0.000        0.000
        S1           S2           S3           SINT         SEQV
I      119.1        119.1       -6.514        125.7        125.7
C      119.3        119.3       -6.898        126.2        126.2
O      119.5        119.5       -7.282        126.8        126.8
              ** PEAK **   I=INSIDE C=CENTER O=OUTSIDE
        SX           SY           SZ           SXY          SYZ          SXZ
I  -0.8882E-15  -0.7475E-04  -0.7474E-04   0.1021E-02     0.000        0.000
C   0.1510E-13     0.000     -0.1421E-13   0.2262E-14     0.000        0.000
O     0.000      0.7475E-04   0.7474E-04  -0.1021E-02     0.000        0.000
        S1           S2           S3           SINT         SEQV
I   0.9844E-03  -0.7474E-04  -0.1059E-02   0.2044E-02   0.1770E-02
```

C	0.1543E-13	-0.3316E-15	-0.1421E-13	0.2964E-13	0.2569E-13
O	0.1059E-02	0.7474E-04	-0.9844E-03	0.2044E-02	0.1770E-02

* * TOTAL * * I=INSIDE C=CENTER O=OUTSIDE

	SX	SY	SZ	SXY	SYZ	SXZ
I	-6.514	119.1	119.1	-0.9701E-02	0.000	0.000
C	-6.898	119.3	119.3	-0.1072E-01	0.000	0.000
O	-7.282	119.5	119.5	-0.1174E-01	0.000	0.000
	S1	S2	S3	SINT	SEQV	TEMP
I	119.1	119.1	-6.514	125.7	125.7	0.000
C	119.3	119.3	-6.898	126.2	126.2	
O	119.5	119.5	-7.282	126.8	126.8	0.000

第13章　基于ANSYS软件的塔设备裙座支撑区的热应力分析

13.1　环境设置

以交互模式进入ANSYS，在总路径下面建立子路径ANSYS_WORK，工作文件名取为E342，进入ANSYS界面，见图13-1。

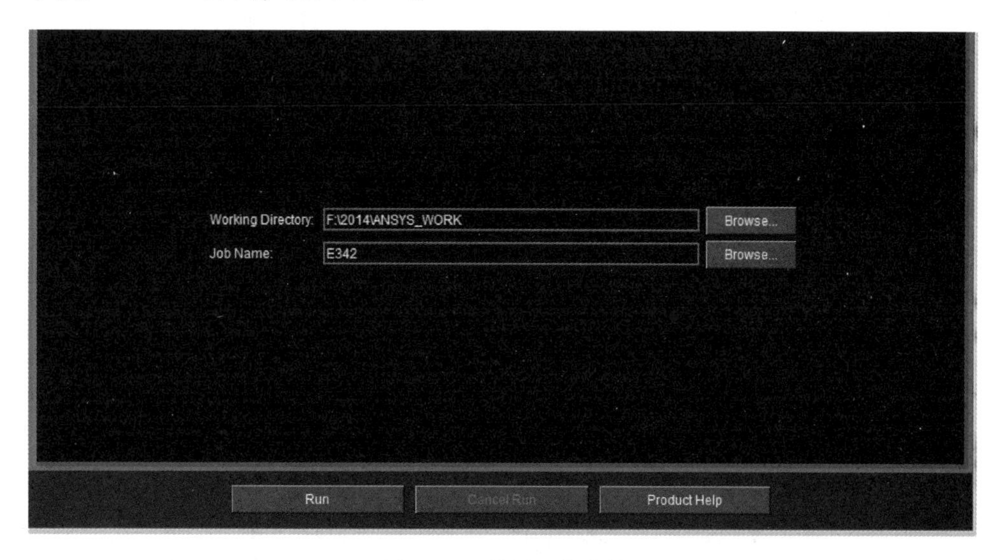

图13-1　设置工作路径

设置标题：执行Utility Menu>File>Change Title命令，弹出Change Title对话框，输入Thermal analysis of skirt supporting zone of hydrogenation reactor，单击OK按钮，见图13-2。

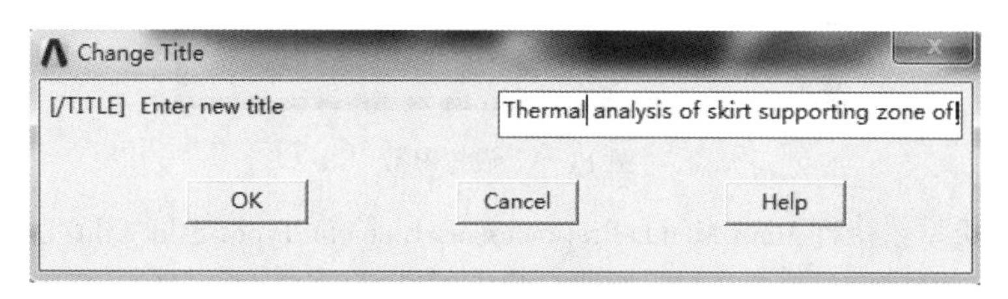

图13-2　设置标题

初始化设计变量：执行 Utility Menu>Parameters>Scalar Parameters 命令，弹出 Scalar Parameters 对话框，对照表 13-1，在 Selection 框栏里输入各参数量，见图 13-3。

表 13-1　参数表

参　数	参数意义	参　数	参数意义
pi=3. 1415926	圆周率	h2=1000	筒体长度
tongt_di=2813	筒体内径	xqunz_h=70	H 形锻件裙座连接侧直边高渡
tongt_t=87	定义筒体壁厚	qunz_t=22	裙座壁厚
tongq_h=615	筒体到裙座支撑处的高度	fengt_do=fengt_di+2 * fengt_t	封头外径
fengt_t=52	封头壁厚	yqunz_h=690	封头与裙座间保温层位置
fengt_di=2833	封头内径	baowen_t=180	保温层厚度
xyhr1=20	内侧圆弧半径	Ktt=35 * 1e-3	筒体的传热系数
xyhr2=20	外侧圆弧半径	Kbw=0. 134 * 1e-6	保温层传热系数
h1=1500	裙座体高度	Hair=12 * 1e-6	空气对流传热系数
Hyt=1000 * 1e-6	物料对流传热系数	Tyt=347	物料温度
Tair=20	空气温度		

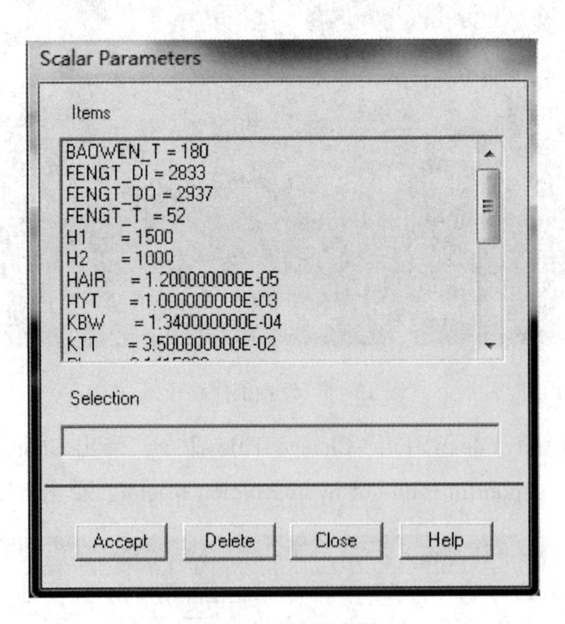

图 13-3　设置参数

定义单元类型：执行 Main Menu>Preprocessor>Element Type>Add/Edit/Delete 命令，弹出 Element Type 对话框：单击 Add…按钮，弹出 Library of Element Type 对话框。在列表左侧选择 Solid 项，在右列表中选择 8node 77 项，单击 OK 按钮，见图 13-4。

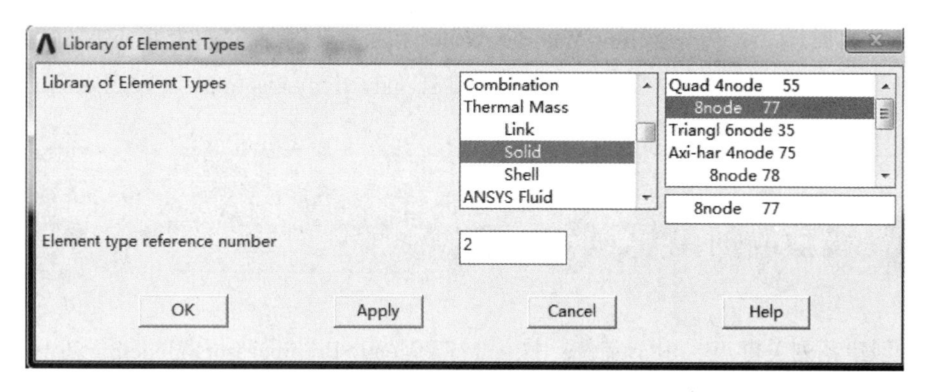

图 13-4 定义单元类型

设置轴对称选项：在 Element Type 对话框中。单击 Options 按钮，设置 element type options 选项，在 Element behavior K3 下拉框中选择 Axisymmetric，单击 OK 按钮，如图 13-5 所示。

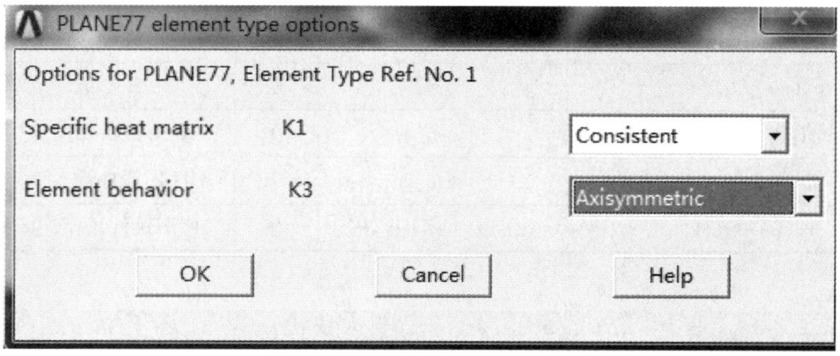

PLANE77 element type options

Options for PLANE77, Element Type Ref. No. 1

Specific heat matrix K1 Consistent

Element behavior K3 Axisymmetric

OK Cancel Help

图 13-5 设置轴对称选项

定义材料属性 1：执行 Main Menu>Preprocessor>Material Props>Material Models 命令，弹出 Define Material Model Behavior 对话框，在右边的可选材料模型 Material Models Available 框中选择 Thermal>Conductivity>Isotropic，弹出 Conductivity for Material Number1 对话框，在 KXX 文本框中输入 Ktt，如图 13-6 所示，单击 OK 按钮。

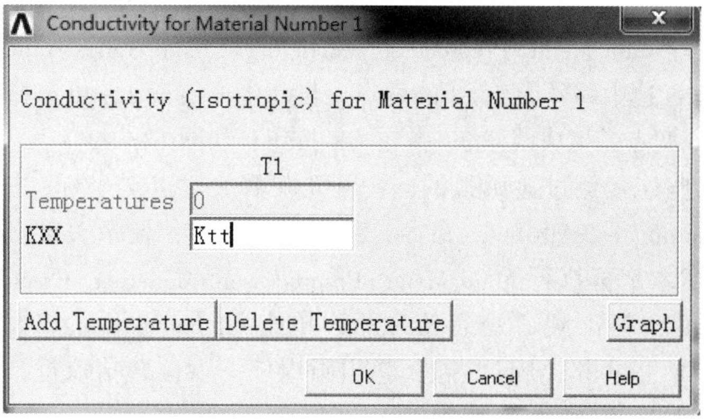

Conductivity for Material Number 1

Conductivity (Isotropic) for Material Number 1

T1

Temperatures 0

KXX Ktt

Add Temperature Delete Temperature Graph

OK Cancel Help

图 13-6 定义材料 1 属性

定义材料属性 2：单击 Define Material Model Behavior 对话框左上角下拉框 Material>New Model，设定新材料 ID 为 2，进入 Thermal>Conductivity>Isotropic，设定 KXX 为 Kbw，单击 OK 按钮，关闭对话框。

13.2 模型的创建

(1)创建系列关键点，用于定位：执行 Main Menu>Preprocessor>Modeling>Create>Keypoints>In Active CS 命令，弹出对话框，按照表 13-2，输入关于 NPT 与 X，Y，Z 坐标的数据，单击 Apply 按钮，如图 13-7 所示，依次生成关键点。

表 13-2　关键点定位

NPT	X	Y	Z	关键点说明
1	0	0	0	球壳中心点
2	tong_ di/2+tongt_ t	0	0	H 形锻件上端面外侧点
3	tong_ di/2	0	0	H 形锻件上端面内侧点
5	tongt_ di/2+tongt_ t	-tongq_ h	0	H 形锻件裙座连接侧端面外侧点
6	tongt_ di/2+tongt_ t-qunz_ t	-tongq_ h	0	H 形锻件裙座连接侧端面内侧点
7	kx(6)-xyhr1	xqunz_ h-tongq_ h	0	H 形锻件裙座连接侧过渡圆弧中心

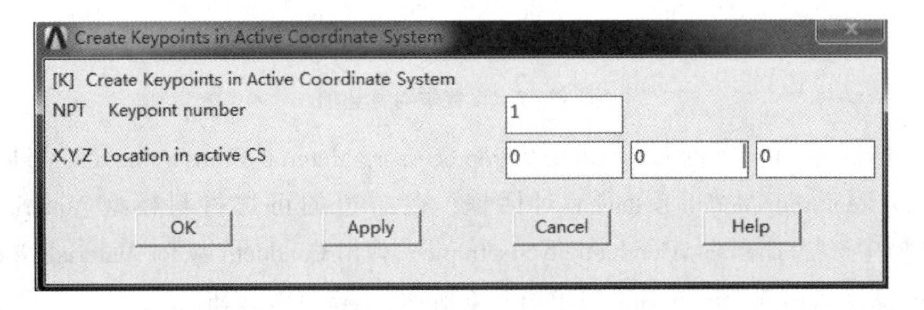

图 13-7　生成关键点

(2)连线：执行 Main Menu>Preprocessor>Modeling>Create>Lines>Lines>In Active Coord 命令，弹出选择框，选中编号为 2、3 的两点，自动生成线段 1，再选择点 2、5，生成线段 2，再选择 5、6 两点，生成线段 3，单击 OK 按钮，如图 13-8。

(3)画包含裙座连接侧过渡圆弧的圆：首先获取关键点 7 坐标，执行 Utility Menu>List>Keypoints>Coordinates+Attributes 命令，弹出显示文本，记录关键点 7 坐标(1451.5，-545，0)，关闭文本。再执行 Main Menu>Preprocessor>Modeling>Create>Lines>Arcs>By Cent & Radius 命令，弹出圆心位置拾取框，单击 Global Cartesian，在文本框中输入“1451.5，-545，0”，单击 Apply 按钮，弹出圆周任一点位置拾取框，在文本框中输入“1451.5，-545+xyhr1，0”，单击 Apply 按钮，弹出 Arc by Cent&radius 对话框，直接单击 OK 按钮生成以关键点 7 为圆心，半径为 xyhr1 的圆，如图 13-9 所示。

(4)删除多余的圆弧：执行 Main Menu>Preprocessor>Modeling>Delete>Line and Below 命令，弹出拾取框，选择编号为5、6、7的三条多余的圆弧，单击 OK 按钮。

(5)连线：重复执行步骤(2)，依次选择编号为6、4的两个关键点，单击 OK 按钮。

(6)重新定义关键点7为与过渡圆弧等高的点：在命令窗口输入“k，7，0，ky(8)”。

(7)生成H形锻件两过渡圆弧连接线的母体：重复执行步骤(2)，连接关键点7、8。

(8)画球壳外壁对应的圆：在命令窗口输入“circle，1，fengt_do/2”，生成圆心位置在关键点1、半径大小为 fengt_do/2 的圆。

(9)删除多余的圆弧：重复执行步骤(4)，删除编号为7、8、9的三条圆弧。

(10)线段相减：执行 Main Menu>Preprocessor>Modeling>Operate>Booleans>Divide>Line by Line 命令，弹出拾取框，首先选择被减线段，编号为10，单击 Apply 按钮，再选择相减线段，编号为6，单击 OK 按钮。

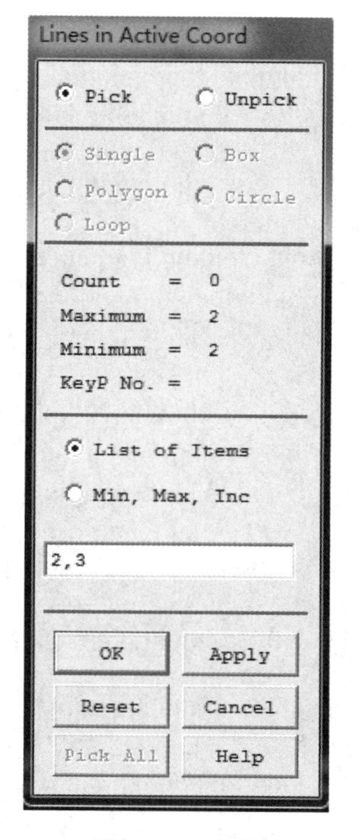

图13-8 连线

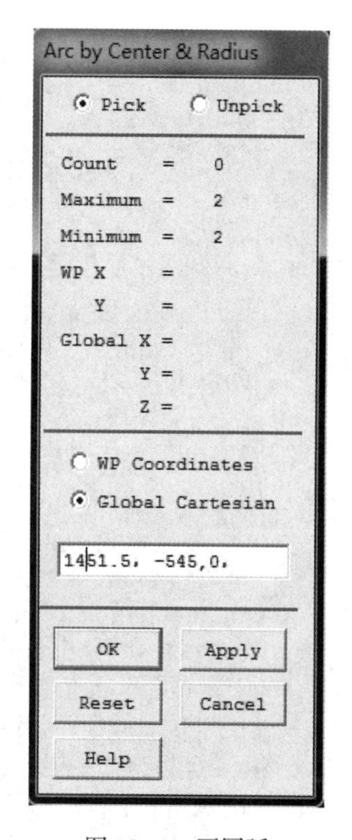

图13-9 画圆弧

(11)删除多余的线段：重复执行步骤(4)，删除编号为7的线段。

(12)再次生成两过渡圆弧连接线的母体：重复步骤(2)，连接关键点8、10。

(13)定义辅助关键点：执行 Main Menu >Preprocessor>Modeling>Create>Keypoints>In Active CS 命令，弹出如图13-10对话框，设定 NPT 为30，X，Y，Z 坐标为“kx(10)-xyhr2，ky(8)-xyhr2，0”，单击 Apply 按钮；再设定 NPT 为4，X，Y，Z 坐标为“kx(8)，ky(30)，0”，生成关键点40。

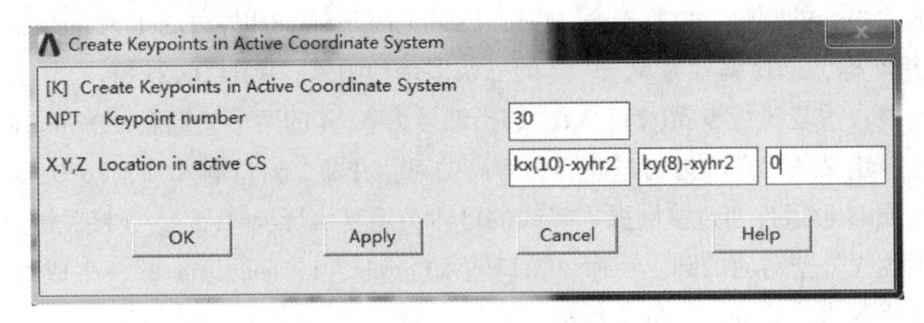

图 13-10　定义辅助关键点

(14)生成辅助线以确定内侧过渡圆弧中心：重复步骤(2)，连接关键点 40、30。

(15)画辅助圆以确定内侧过渡圆弧中心：在命令窗口输入“circle，1，fengt_do/2+xyhr2”，生成圆心位置在关键点 1，半径大小为 fengt_do/2+xyhr2 的圆，如图 13-11 所示。

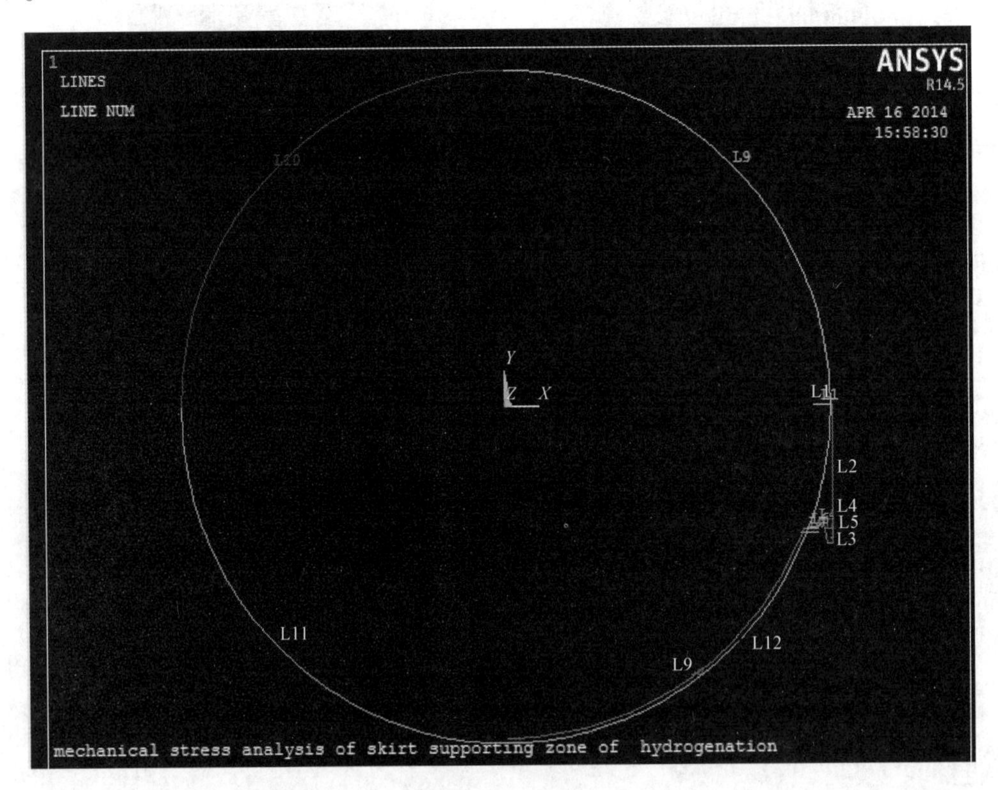

图 13-11　示意图

(16)求交点确定内侧过渡圆弧中心：重复步骤(10)，被减线段选择编号为 7 的线段，想减线段选择编号为 12 的线段，单击 OK 按钮。

(17)删除多余的线段：执行 Main Menu>Preprocessor>Modeling>Delete>Lines Only 命令，弹出拾取框，选择编号为 13、14 的线段，单击 OK 按钮。

(18)删除多余的关键点：执行 Main Menu>Preprocessor>Modeling>Delete>Keypoints 命

令，弹出拾取框，选择编号为30的关键点，单击OK按钮。

(19)删除多余的线段：Main Menu>Preprocessor>Modeling>Delete>Line and Below命令，弹出拾取框，选择编号为9、10、11的线段，单击OK按钮。

(20)画包含内侧过渡圆弧的圆：在命令窗口输入“circle，14，xyhr2”，生成圆心位置在点14，半径大小为xyhr2的圆。

(21)删除多余的线段：重复步骤(19)，将编号为7、10、11的三条线段及其附属删除。

(22)生成辅助线：执行Main Menu>Preprocessor>Modeling>Create>Lines>Lines>In Active Coord命令，弹出选择框，选择Min、Max、Inc选项，在文本框中输入1，14，13，单击Apply按钮，生成辅助线1，再在文本框中输入9、14、5，生成辅助线2，如图13-12所示。

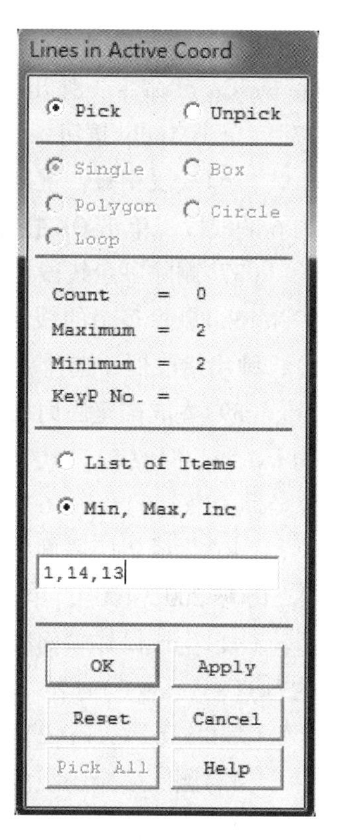

图13-12 生成辅助线

(23)再定义内侧圆弧中心：重复步骤(13)，NPT设为5000，X，Y，Z输入“kx(14)，ky(14)，0”，单击OK按钮。

(24)线段相减：重复步骤(10)，被减线段选择编号为9的线段，相减线段选择编号为7的线段，单击OK按钮。

(25)删除多余的线段：重复步骤(19)，将编号为12的线段及其附属删除。

(26)生成辅助线：重复步骤(22)，选择Min，Max，Inc选项，在文本框中输入“7，14，7”，单击OK按钮。

(27)线段相减：重复步骤(10)，被减线段选择编号为6的线段，相减线段选择编号为10的线段，单击OK按钮。

(28)删除多余的线段：重复步骤(19)，将编号为12的线段及其附属删除。

(29)线段相减：重复步骤(10)，被减线段选择编号为8的线段，相减线段选择编号为10的线段，单击OK按钮。

(30)删除多余的线段：重复步骤(19)，将编号为6的线段及其附属删除。

(31)重新定义球壳中心：执行Main Menu>Preprocessor>Modeling>Create>Keypoints>In Active CS命令，弹出对话框，设定NPT为1，X，Y，Z坐标为0，0，0，单击OK按钮。

(32)画包含球壳内壁的圆：在命令窗口输入circle，1，fengt_di/2，生成圆心位置在关键点1、半径大小为fengt_di/2的圆。

(33)删除多余的线段：Main Menu>Preprocessor>Modeling>Delete>Line and Below命令，弹出拾取框，选择编号为6、7、8三条线段，单击OK按钮。

(34)定义辅助关键点：重复步骤(31)设定NPT为40，X，Y，Z坐标为“kx(3)，ky(7)，0”，单击OK按钮。

(35)生成辅助线：执行 Main Menu > Preprocessor > Modeling > Create > Lines > Lines > In Active Coord 命令，弹出选择框，选择 Min，Max，Inc 选项，在文本框中输入“3，40，37”，单击 Apply 按钮，生成辅助线 1，再在文本框中输入“12，14，2”，生成辅助线 2。

(36)线段相减：重复步骤(10)，被减线段选择编号为 12 的线段，相减线段选择编号为 6 的线段，单击 OK 按钮。

(37)删除多余线段及其附属：重复步骤(33)，删除编号为 8 的线段及其附属。

(38)删除多余的线段：执行 Main Menu>Preprocessor>Modeling>Delete>Lines Only 命令，弹出拾取框，选择编号为 3 的线段，单击 OK 按钮。

(39)生成裙座底面线段的关键点：重复步骤(31)，设定 NPT 为 100，X，Y，Z 坐标为 kx(5)，“ky(5)-h1，0”，单击 Apply 按钮生成关键点 100，再设定 NPT 为 200，X，Y，Z 坐标为“kx(6)，ky(6)-h1，0”，单击 OK 按钮。

(40)生成裙座底面线段：重复步骤(35)，选择 Min，Max，Inc 选项，在文本框中输入“100，200，100”，单击 OK 按钮。

(41)生成筒体端面线段的关键点：重复步骤(39)，设定 NPT 为 300，X，Y，Z 坐标为“kx(3)，ky(3)+h2，0”，单击 Apply 按钮生成关键点 300，再设定 NPT 为 400，X，Y，Z 坐标为“kx(2)，ky(2)+h2，0”，单击 OK 按钮。

(42)删除多余的线段：重复步骤(38)，选择编号为 1 线段，单击 OK 按钮。

(43)连接筒体端面线段：重复步骤(35)，选择 Min，Max，Inc 选项，在文本框中输入“300，400，100”，单击 Apply 按钮，再依次输入“11，300，289”、“2，400，398”、“5，100，95”、“6，200，194”，单击 OK 按钮，构建筒体端面。

(44)定义应力评定路径所需关键点：重复步骤(31)，依次输入表 13-3 所设定 NPT 及 X，Y，Z 坐标，生成四个路径定位点。

(45)生成辅助线：重复步骤(35)，选择 Min，Max，Inc 选项，在文本框中输入“1，5000，4999”，单击 OK 按钮。

(46)线段相减：重复步骤(36)，被减线段选择编号为 13 的线段，想减线段选择编号为 15 的线段。

表 13-3　应力评定路径所需关键点定位

NPT	X	Y	Z
800	kx(2)	ky(11)	0
900	kx(5)	ky(4)	0
6000	kx(300)	ky(300)-400	0
7000	kx(400)	ky(6000)	0

(47)删除多余的线段：重复步骤(38)，选择编号为 2 的线段，单击 OK 按钮。

(48)定义面域：执行 Main Menu > Preprocessor > Modeling > Create > Areas > Arbitrary > Through KPs 命令，弹出拾取框，从关键点 12 开始，沿着内壁到外壁的顺序逐个连接关键

点 12、14、10、11、300、400、2、800、900、5、100、200、6、4、8、9、7，全部选择完之后，单击 OK 按钮形状如图 13-13 所示。

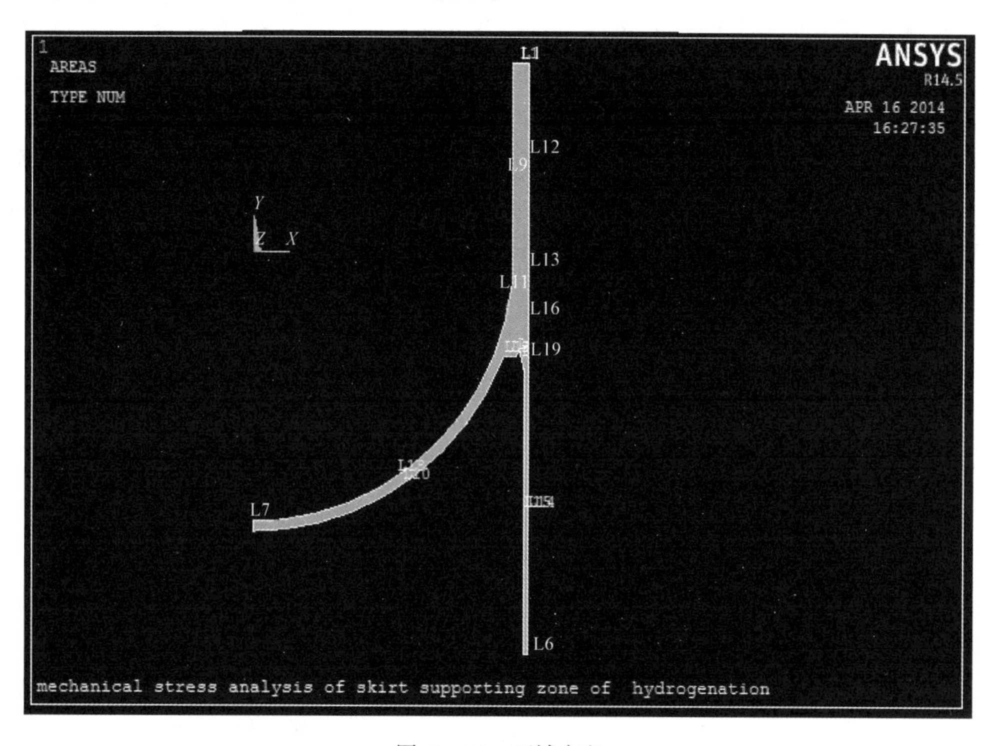

图 13-13 面域定义

(49)创建筒体端面位置保温层关键点：执行 Main Menu >Preprocessor>Modeling>Create >Keypoints>In Active CS 命令，弹出对话框，设定 NPT 为 8000，X，Y，Z 坐标分别输入"kx(4000)+baowen_t，ky(4000)，0"，单击 OK 按钮完成。

(50)连接筒体端面位置保温层线段：执行 Main Menu>Preprocessor>Modeling>Create> Lines>Lines>In Active Coord 命令，弹出选择框，选中编号为 400、8000 的两点，单击 OK 按钮完成。

(51)拉伸筒体裙座的外表面，生成保温层：执行 Main Menu>Preprocessor>Modeling> Operate>Extrude>lines>Along Lines 命令，弹出图 13-14 拾取框，选中筒体裙座的外表面，编号分别为 8、2、13、15、12 的五条线段，单击 OK 按钮，弹出拉伸方向线段拾取框，单击 Min，Max，Inc 按钮，在文本框中输入 18。

(52)创建封头与裙座间保温层位置辅助点：重复步骤(49)，设定 NPT 为 8100，X，Y，Z 坐标输入"kx(8000)+100，ky(8)-yqunz_h，0"，单击 Apply 按钮；再设定 NPT 为 8200，X，Y，Z 坐标输入"0，ky(8)-yqunz_h，0"，单击 OK 按钮完成。

(53)创建封头与裙座间保温层位置辅助线：重复步骤(50)，连接 8100、8200 两点。

(54)重新定义球壳中心：重复步骤(49)，设定 NPT 为 8300，X，Y，Z 坐标分别输入"0，0，0"，单击 OK 按钮完成。

(55)生成包含封头保温层线段的圆：在命令窗口输入“circle，8300，fengt_do/2+baowen_t”，创建圆心位置在关键点8300，半径大小为fengt_do/2+baowen_t的圆。

(56)删除多余的线段：执行Main Menu>Preprocessor>Modeling>Delete>Line and Below命令，弹出拾取框，选择编号为31、32、33的三条线段，单击OK按钮，将线段机器附属删除。

(57)选择参与分割操作的线段：执行Utility Menu>Select>Entities命令，弹出对话框，依次选择Lines、By Num/pick、From Full，如图13-15所示，单击Apply按钮，选中编号为12、14、28、34、30的五条线段，单击OK按钮完成。

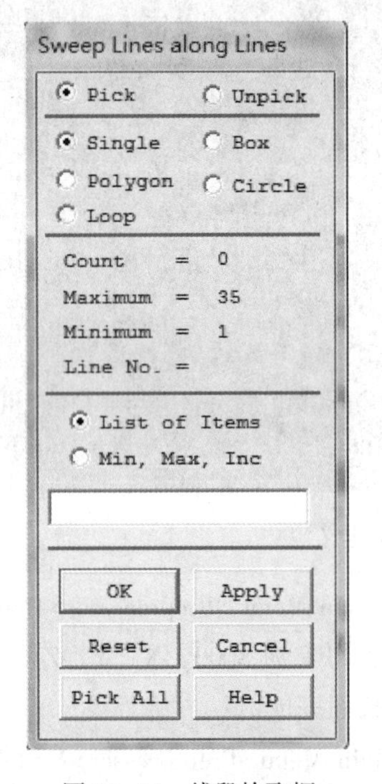

图13-14　线段拾取框

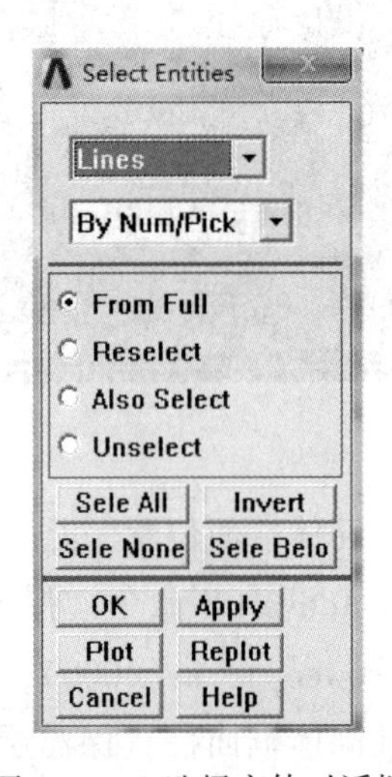

图13-15　选择实体对话框

(58)分割线段：执行Main Menu>Preprocessor>Modeling>Operate>Booleans >Divide>Line By Line命令，弹出拾取框，首先选择被减线段，单击Pick All按钮确认，再选择相减线段，编号为30，单击OK按钮完成。

(59)删除多余线段：重复步骤(56)，删除编号为36的线段及其附属。

(60)生成封头与裙座间保温层位置线段：重复步骤(50)，连接24、21两点。

(61)全选择：执行Utility Menu>Select>Everything命令。

(62)连接对称面上的线：重复步骤(50)，连接22、12两点。

(63)定义封头与裙座保温层：执行Main Menu>Preprocessor>Modeling>Create> Areas> Arbitrary>Through KPs命令，弹出拾取框，从关键点12开始，沿着内壁到外壁的顺序逐个连接关键点12、7、9、8、4、6、21、24、22，全部选择完之后，单击OK按钮完成，形状如图13-16所示。

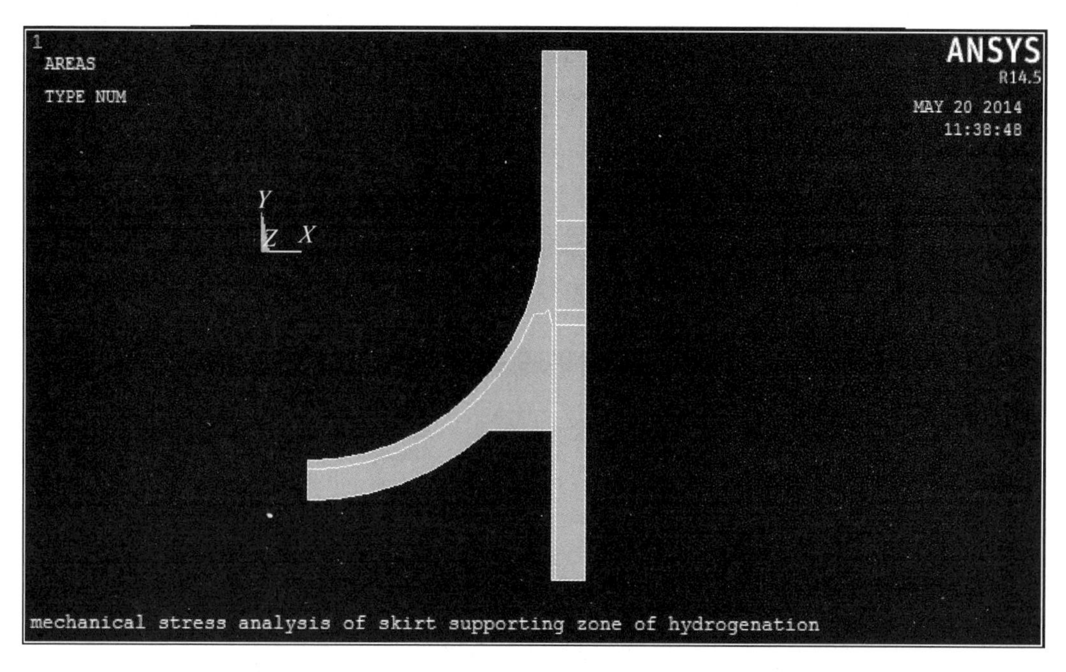

图 13-16　裙座与保温层模型

13.3　网格的划分

(1) 粘接所有面：执行 Main Menu > Preprocessor > Modeling > Operate > Booleans > Glue > Areas 命令，弹出如图 13-17拾取框，单击 Pick All 按钮完成。

(2) 定义单元尺寸：执行 Main Menu > Preprocessor > Meshing>Size Cntrls>ManualSize>Areas>All Areas 命令，弹出 Element Size on All Areas 对话框，在 SIZE 一栏输入 10，单击 OK 按钮，如图 13-18 所示。

(3) 剖分主体结构：执行 Main Menu > Preprocessor > Meshing>Mesh>Areas>Free 命令，弹出拾取框，选中编号为 1 的主体结构，单击 OK 按钮完成。

(4)外侧圆弧网格加密：执行 Main Menu>Preprocessor> Meshing>Modify Mesh>Refine At>Lines 命令，弹出拾取框，选中外、内侧圆弧，对应线段编号分别为 4、11，单击 OK 按钮，弹出对话框设定 Level 为 1，如图 13-19 所示，单击 OK 按钮完成。

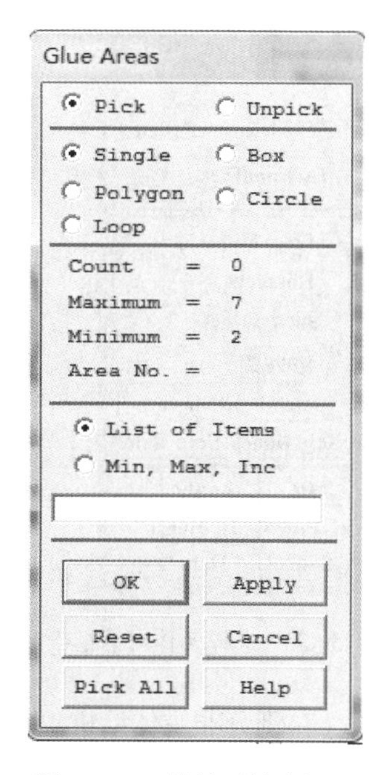

图 13-17　粘接面拾取框

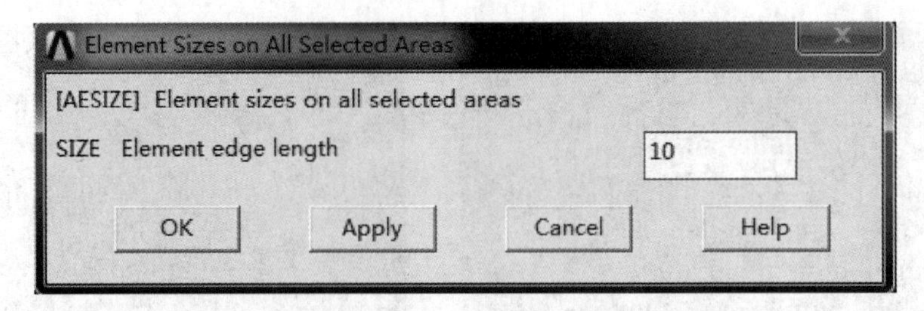

图 13-18　定义单元尺寸

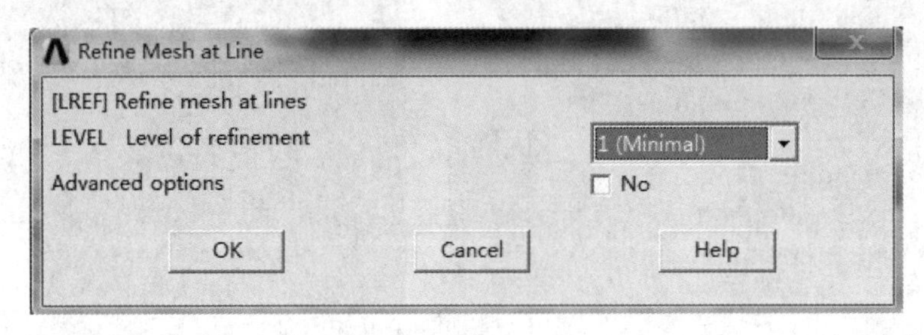

图 13-19　网格加密对话框

(5)选中非主体结构：执行 Utility Menu>Select>Entities 命令，弹出对话框，如图 13-20 所示，依次选择 Areas、By Num/pick、Unselect，单击 Apply 按钮，选中编号为 1 的面，单击 OK 按钮完成。

(6)激活材料属性 2：执行 Main Menu>Preprocessor>Modeling>Create>Elements>Elem Attributes 命令，弹出如图 13-21 所示对话框，在 Mat 下拉框中选择 2，单击 OK 按钮完成。

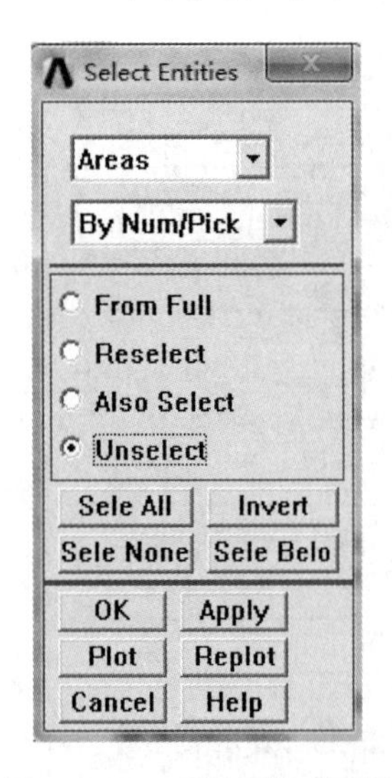

图 13-20　选择实体对话框

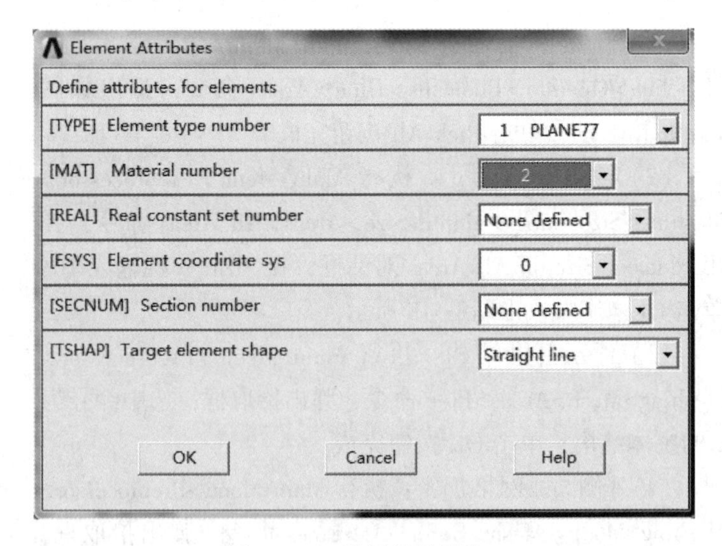

图 13-21　激活材料属性 2

(7)剖分非主体结构：重复步骤(2)，弹出拾取框，单击 Pick All 按钮完成，网格划分如图 13-22 所示。

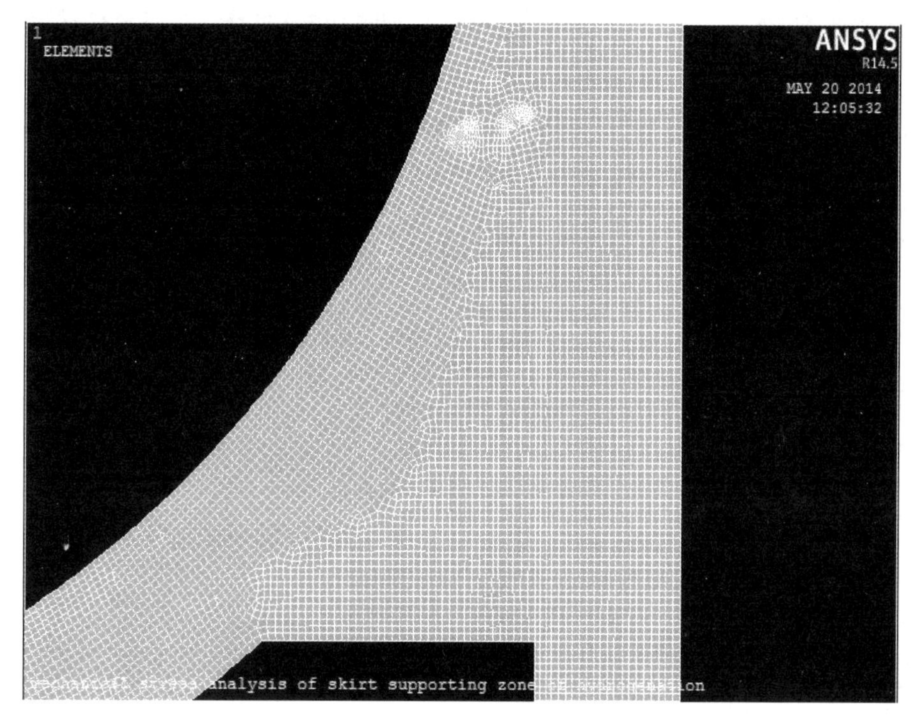

图 13-22 网格划分

13.4 加载与求解

(1)选择空气与对流边界线段：执行 Utility Menu>Select>Entities 命令，在下拉框中分别选择 Lines、By Location、X coordinates、Min，Max 一栏输入 kx(8000)，如图 13-23 所示，单击 Apply 按钮；再依次选择 Lines、By Num/pick、Also select，单击 Apply 按钮，选中编号为 37、39、12 的三条线段，单击 OK 按钮完成。

(2)施加空气对流边界：执行 Main Menu>Solution>Define Loads>Apply>Thermal>Convection> On Lines 命令，弹出拾取框，单击 Pick All 按钮，弹出如图 13-24 所示对话框，设定 VAL1 为 Hair，VAL2 为 Tair，单击 OK 按钮完成。

(3)选择物料对流边界线段：执行 Utility Menu>Select>Entities 命令，在下拉框分别选择 Lines、By Num/pick、From Full，单击 Apply 按钮，选中编号为 6、16、17 的三条线段，单击 OK 按钮完成。

(4)施加物料对流边界：重复步骤(2)，弹出拾取框，单击 Pick All 按钮，弹出如图 13-24 所示对话框设定 VAL1 为 Hyt，VAL2 为 Tyt，单击 OK 按钮完成。

(5)全选择：执行 Utility Menu>Select>Everything 命令。

(6)求解：执行 Main Menu>Solution>Solve>Current LS 命令，进行求解。

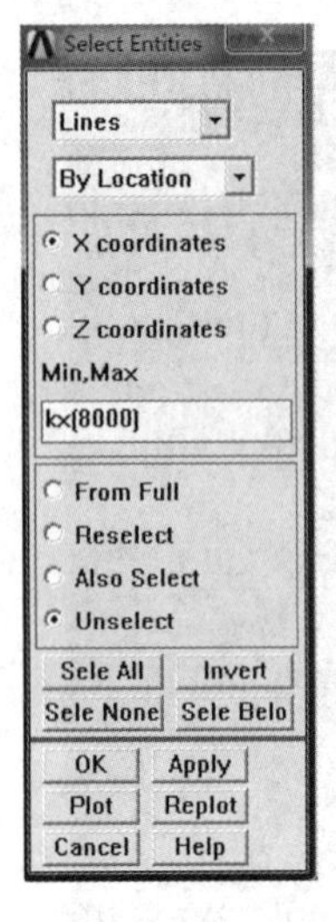

图 13-23　选择实体对话框

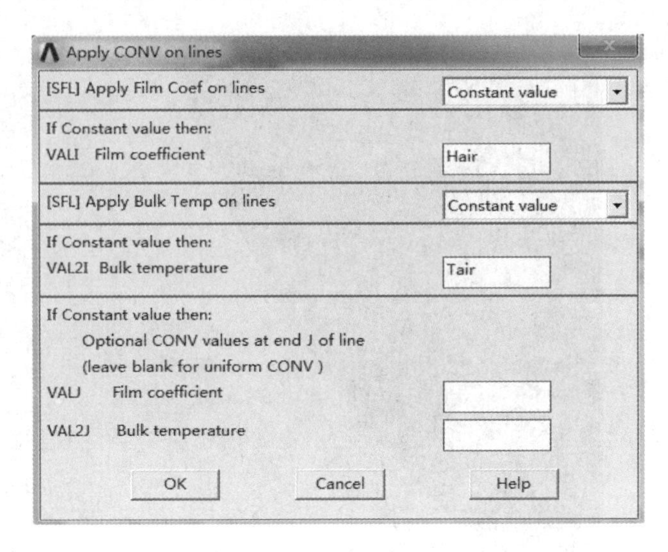

图 13-24　对流加载设置

13.5 后处理

显示温度场分布：执行 Main Menu>General Postproc>Plot Results>Contour Plot>Nodal Solu 命令，弹出 Contour Nodal Solution Data 对话框，单击 Nodal Solution>DOF solution>Temperature，显示温度分布，如图 13-25 所示。

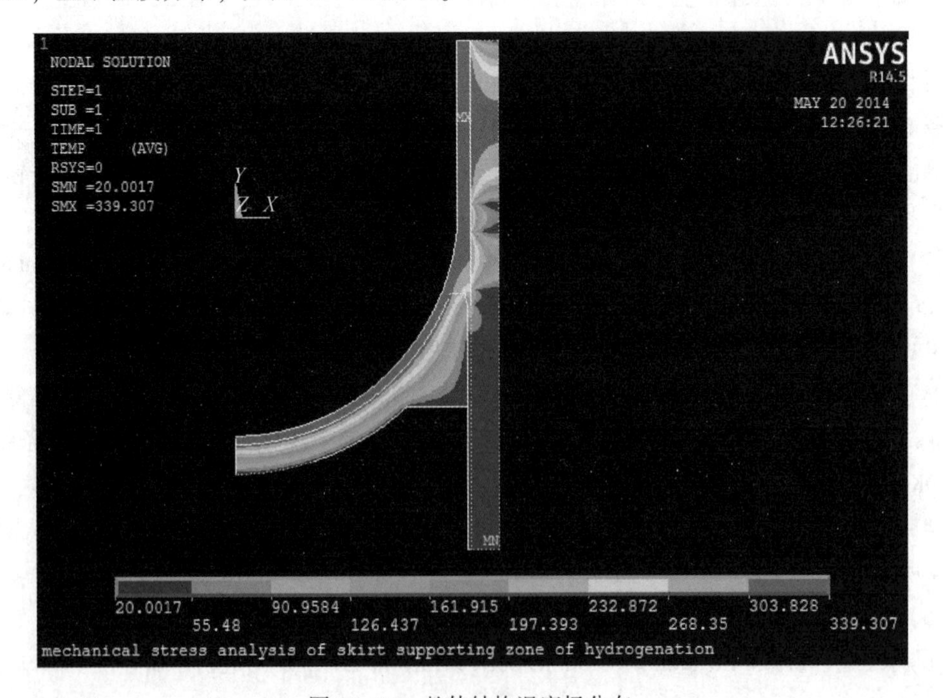

图 13-25　整体结构温度场分布

13.6 重新进入前处理

（1）将热单元转化为结构单元：执行 Main Menu>Preprocessor>Element Type>Switch Elem Type 命令，弹出如图 13-26 所示对话框，在下拉框中选择 Thermal to Struc，单击 OK 按钮完成。

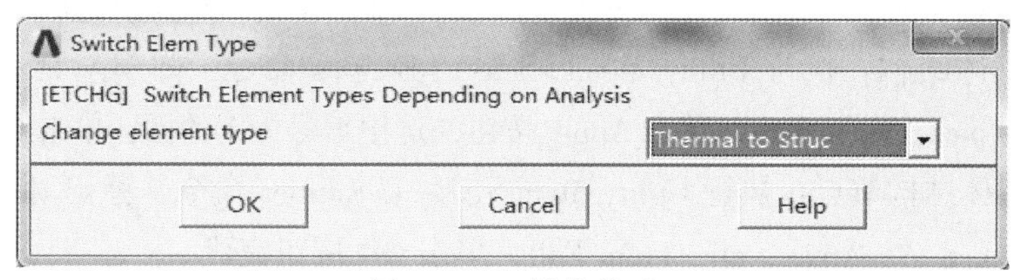

图 13-26　转换单元

（2）设置轴对称选项：执行 Main Menu \ Preprocessor \ Element type \ Add/Edit/Delete 命令，弹出 Element Type 对话框，单击 Options 按钮，设置 Element type options 选项，在 Element behavior K3 下拉框中选择 Axisymmetric，单击 OK 按钮完成。

（3）定义材料常数：执行 Main Menu \ Preprocessor \ Material Props \ Material Models 命令，弹出 Define Material Models Behavior 对话框，在右边的可选材料模型 Material Models Available 框中 Structural>Linear>Elastic>Isotropic 选项。

（4）单击 Isotropic 标示，弹出 Linear Isotropic Properties for Material Number1 对话框，在 EX 文本中输入“2 e5”，PRXY 文本框中输入“0. 3”；单击 Thermal Expension>Secant coefficient>Isotropic，在 ALPX 一栏输入“1. 01e-5”，关闭该对话框。

13.7 重新进入求解器

（1）读入先前求解的温度场分布：执行 Main Menu>Solution>Define Loads>Apply>Structural>Temperature>From Therm Analy 命令，弹出如图 13-27 所示对话框，在 Fname 一栏输入“e342. rth”，单击 OK 按钮。

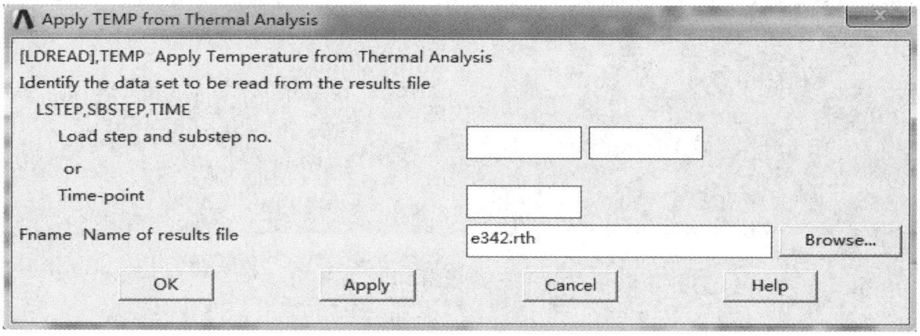

图 13-27　读取温度场分布

(2)定义参考温度：执行 Main Menu>Solution>Settings>Reference Temp 命令，弹出 Reference Temp 设定框，在 TREF 一栏输入 Tair，单击 OK 按钮完成。

(3)裙座底端线段施加轴向位移约束：执行 Main Menu>Solution>Define Loads>Apply>Structural>Displacement>On Lines 命令，弹出拾取框，选中底端编号为 3 的线段，单击 OK 按钮，弹出设定框，在 Lab2 一栏中选中 UY，单击 OK 按钮完成。

(4)封头对称面施加 X 方向位移约束：重复步骤(3)，选中封头对称面编号为 7 的线段，单击 OK 按钮，弹出设定框，在 Lab2 一栏选中 UX，单击 OK 按钮完成。

(5)选择主体结构：执行 Utility Menu>Select>Entities 命令，弹出对话框，依次选择 Areas、By Num/pick、From Full，单击 Apply 按钮，选中编号为 1 的面，单击 OK 按钮完成。

(6)选择主体结构节点：执行 Utility Menu>Select>Entities 命令，弹出对话框，依次选择 Nodes、Attached to、Areas、all、From Full，单击 OK 按钮完成。

(7)选择主体结构单元：执行 Utility Menu>Select>Entities 命令，弹出对话框，依次选择 Elements、Attached to、Nodes、all、From Full，单击 OK 按钮完成。

(8)求解：执行 Main Menu>Solution>Solve>Current LS 命令，进行求解。

13.8 最终的后处理

显示应力分布：执行 Main Menu>General Postproc>Plot Results>Contour Plot>Nodal Solu 命令，弹出 Contour Nodal Solution Data 对话框，单击 Stress，在其下拉列表中选择 Von Mises Stress，显示热应力计算结果如图 13-28 所示。

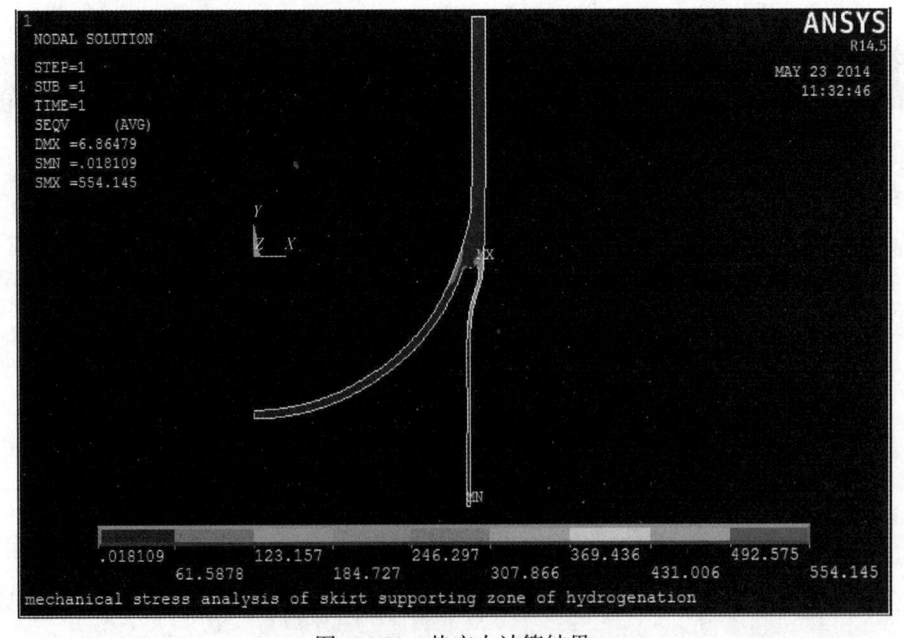

图 13-28 热应力计算结果

13.9 本章小结

本章基于 ANSYS 软件的塔设备裙座支撑区进行了热应力分析。其中，两次进行前处理、求解、后处理，需要读者注意。

第 14 章　基于 ANSYS 软件的 O 形密封环的变形分析

14.1　环境设置

（1）定义工作文件名：执行 Utility Menu \ File \ Change Jobname 命令，在弹出的 Change Jobname 对话框中输入 Springback，选择 New log and error files 复选框，单击 OK 按钮，如图 14-1 所示。

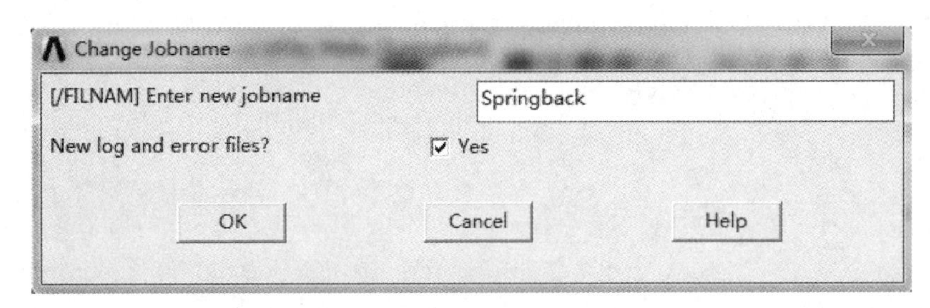

图 14-1　定义工作文件名

（2）定义工作标题：执行 Utility Menu \ File \ Change Title 命令，在弹出的对话框中输入 O-ring，单击 OK 按钮，如图 14-2 所示。

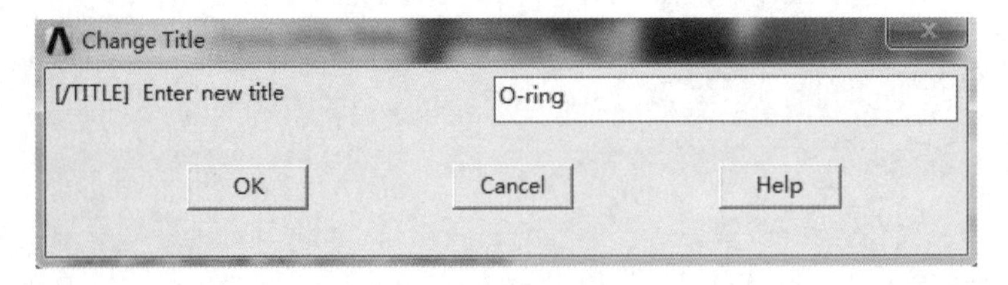

图 14-2　定义工作标题

（3）初始化设计变量：执行 Utility Menu \ Parameters \ Scalar Parameters 命令，弹出 Scalar Parameters 对话框，在 Selection 框栏里输入 O 形环半径 rad=6.4，单击 Accept，再输入壁厚 th=1.28，如图 14-3 所示，完成后单击 Close 按钮，关闭对话框。

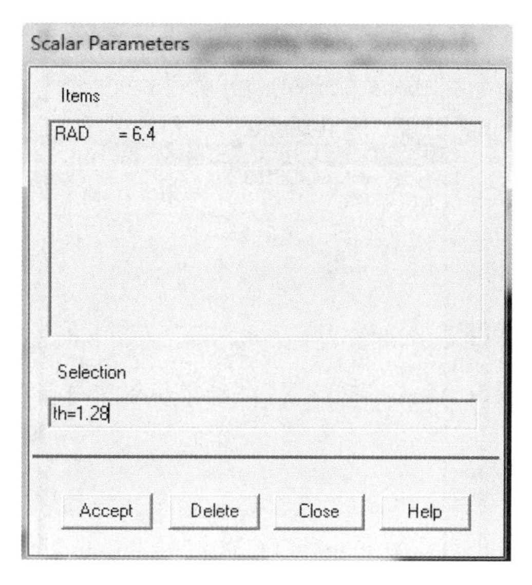

图 14-3 初始化设计变量

14.2 单元及材料的定义

(1)定义单元类型：执行 Main Menu \ Preprocessor \ Element type \ Add/Edit/Delete 命令，弹出 Element Type 对话框，单击 Add 按钮，弹出如图 14-4 所示的 Library of Element Type 对话框，选择 Structural Solid 和 Quad 4node 182 选项，单击 Apply 按钮，再在 Contact 项依次添加 3nd surf 172 单元与 2D target 169 单元，完成后单击 OK 按钮。

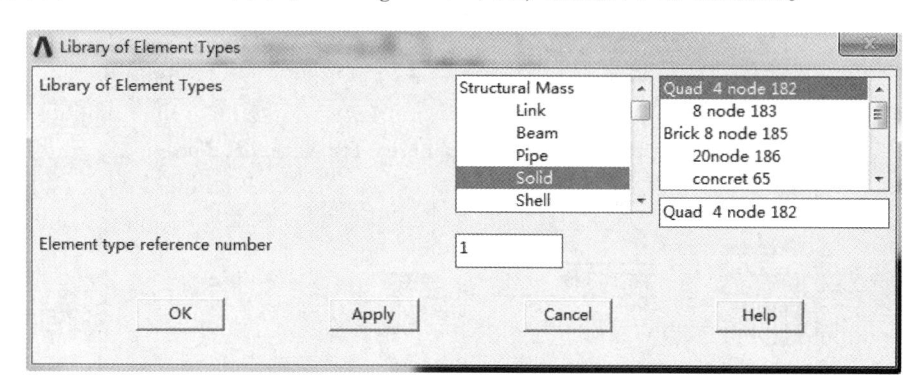

图 14-4 单元类型对话框

(2)设定实常数：执行 Main Menu \ Preprocessor \ Real Constants \ Add/Edit/Delete 命令，弹出 Real Constants 对话框，单击 Add 按钮，选中 Type 2 Conta172 单元，如图 14-5 所示，单击 OK 按钮，进入 Real Constant Set Number 1 对话框，不做任何操作，单击 OK 按钮退出。

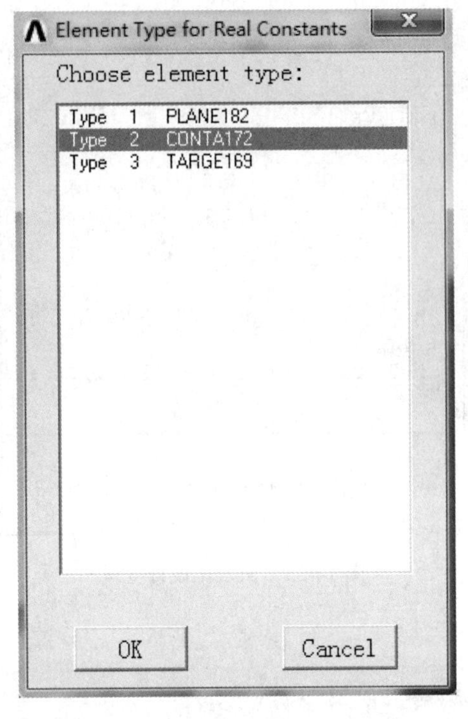

图 14-5　设置实常数对话框

(3)定义材料 1 属性：执行 Main Menu \ Preprocessor \ Material Props \ Material Models 命令，弹出 Define Material Models Behavior 窗口，Material Models Available 列表框中的 Structural \ Linear \ Elastic \ Isotropic 选项，弹出 Linear Isotropic Properties for Material Number1 对话框，见图 14-6，在 EX 文本框中输入 2.148E5，PRXY 文本框中输入 0.3，单击 OK 按钮。

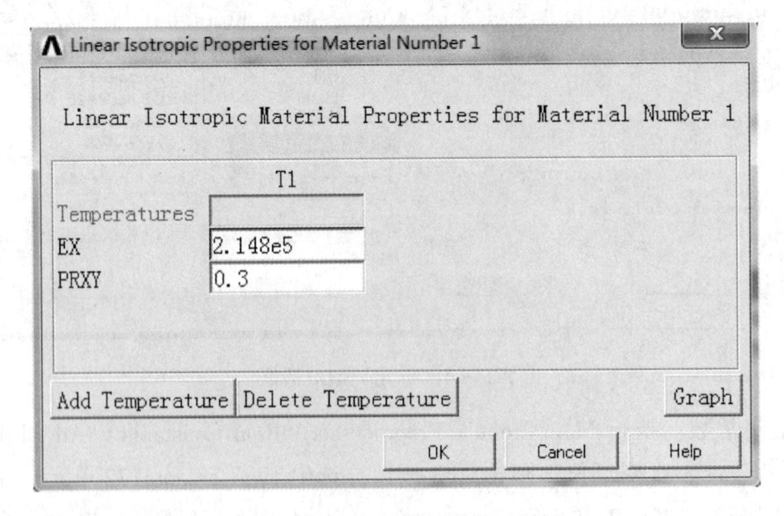

图 14-6　定义材料 1 属性对话框

(4)定义材料2属性：在 Define Material Models Behavior 对话框中，在 Material 下拉框中选中 New Model，再按照步骤(3)的输入方法，定义材料 2 属性。其中 EX = 210E6、PRXY = 0.3。

(5)定义应力应变关系：执行 Main Menu \ Preprocessor \ Material Props \ Material Models 命令，选中 Nonlinear \ Inelastic \ Rata Independent \ Isotropic Hardening Plasticity \ Mises Plasticity \ Nonlinear，见图 14-7，弹出 Nonlinear Isotropic Hardning for Material Number 1 对话框，如图 14-8 所示，在窗口依次输入 Nliso 模型参数。

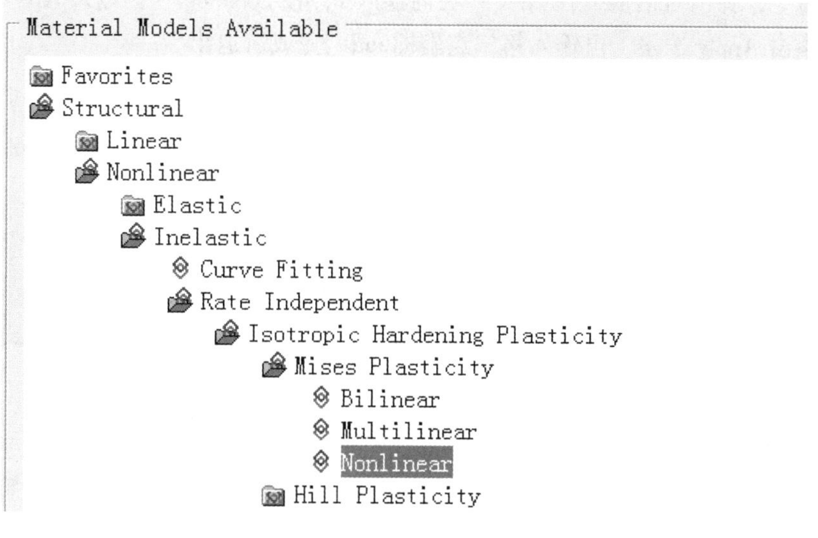

图 14-7 Nliso 模型路径

Nonlinear Isotropic Hardening for Material Number 2

Nonlinear Isotropic Hardening for Material Number 2

	T1
Temperature	
Sigy0	730
R0	4000
Rinf	300
b	800

Add Temperature | Delete Temperature | Add Row | Delete Row | Graph

OK | Cancel | Help

图 14-8 Nliso 模型数据输入

14.3 创建 O 形环模型

（1）激活极坐标系：执行 Utility Menu \ WorkPlane \ Change Active CS to \ Global Cylindrical 命令。

（2）定义关键点：执行 Main Menu \ Preprocessor \ Modeling \ Create \ Keypoints \ In Active CS 命令，弹出对话框，在 NPT 一栏内输入 1，在 Location 一栏输入 rad-th，如图 14-9 所示，单击 Apply 按钮，再输入第二点坐标 rad。完成后退出。

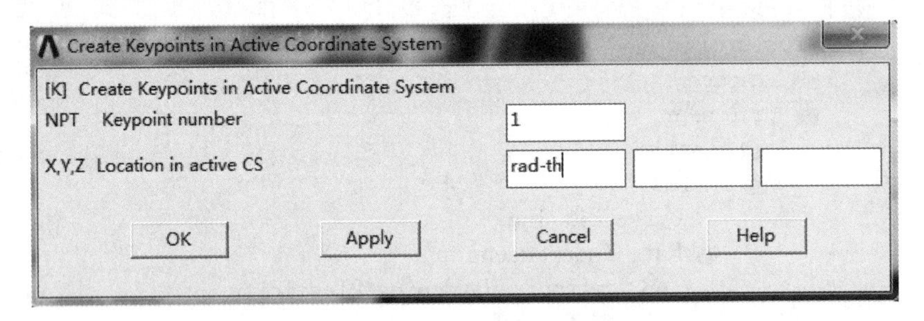

图 14-9　定义关键点对话框

（3）复制关键点：执行 Main Menu \ Preprocessor \ Modeling \ Copy \ Keypoints 命令，弹出对话框，单击 Pick All 按钮，弹出如图 14-10 所示对话框，在 Number 一栏输入 36，DY 一栏输入 10，单击 OK 按钮退出，完成后图形如图 14-11 所示。

Copy Keypoints
[KGEN] Copy Keypoints
ITIME Number of copies - 36
- including original
DX X-offset in active CS
DY Y-offset in active CS 10
DZ Z-offset in active CS
KINC Keypoint increment
NOELEM Items to be copied Keypoints & mesh
OK Apply Cancel Help

图 14-10　复制关键点对话框

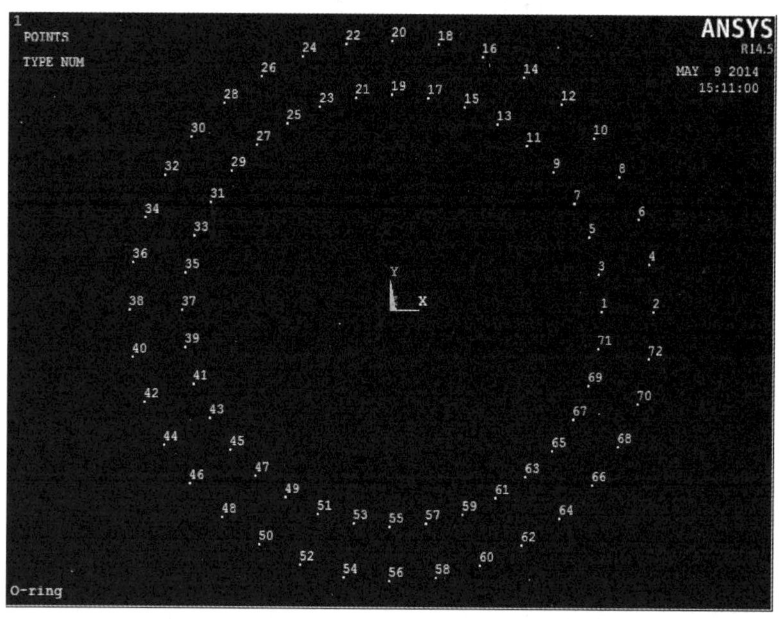

图 14-11　关键点建立

(4)通过关键点连线：由于点的个数比较多，因此通过 apdl 循环语句完成，在命令流窗口输入“ * do，j，1，69，2 $，j，j+1，j+3，j+2 $ * enddo”。

最后再连接剩余的线段，执行 Main Menu \ Preprocessor \ Modeling \ Create \ Areas \ Arbitrary \ Through KPs 命令，弹出拾取框，依次选择 71、72、2、1 四点，单击 OK 按钮，完成面积创建，如图 14-12 所示。

提示：$ 表示续行。

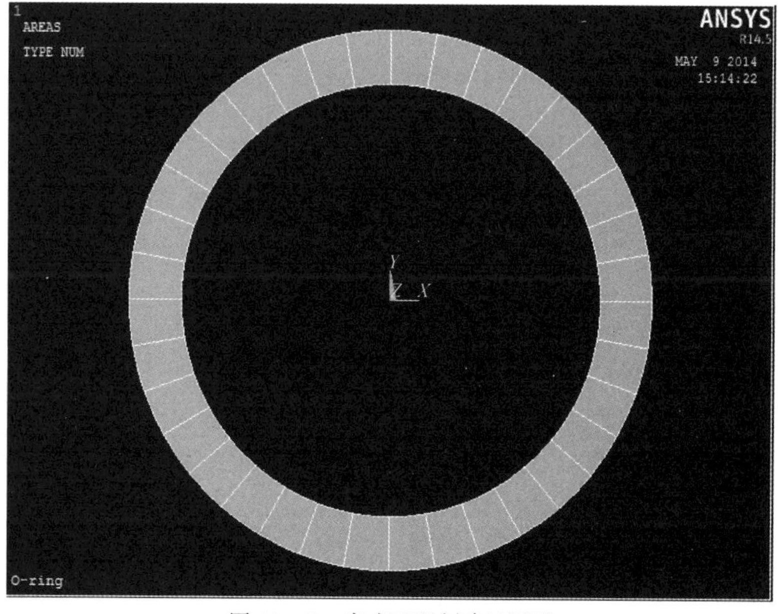

图 14-12　完成面积创建的图形

14.4 对 O 形环划分网格

(1)设定线段分段数：执行 Main Menu \ Preprocessor \ Meshing \ Size Cntrls \ ManualSize \ Lines \ All Lines 命令，弹出如图 14-13 对话框，在 NDIV 一栏输入 4，单击 OK 按钮完成。

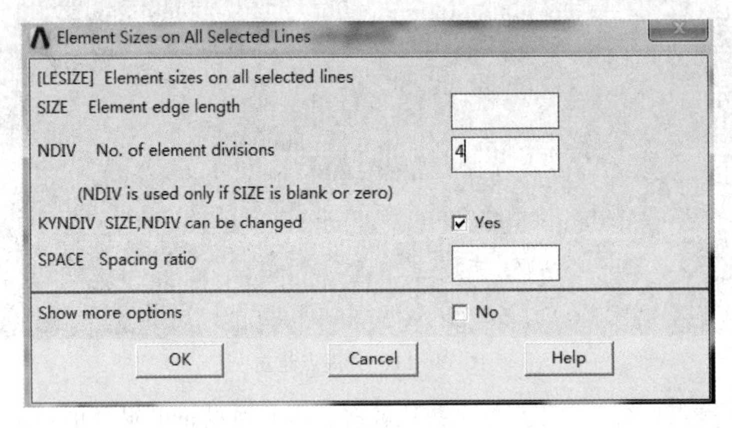

图 14-13 设定分段数对话框

(2)划分 O 形环：执行 Main Menu \ Preprocessor \ Meshing \ Mesh \ Areas \ Mapped/3 or 4 sided 命令，在弹出的拾取框中单击 Pick All 按钮，如图 14-14 所示，实现网格划分。

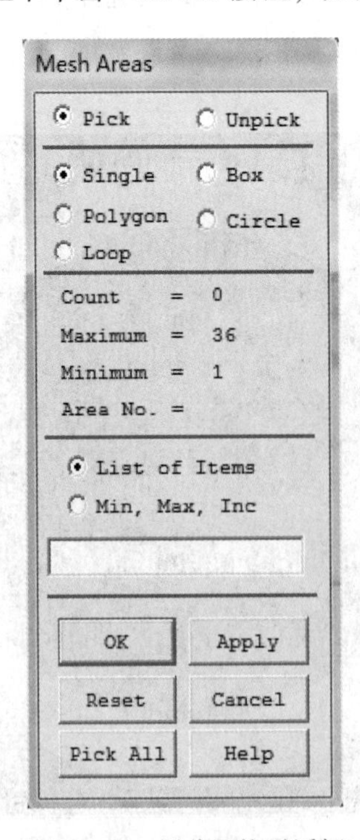

图 14-14 划分网格对话框

(3)合并同类项：执行 Main Menu \ Preprocessor \ Numbering Ctrls \ Merge Items 命令，弹出如图 14-15 所示对话框，在 Type of item to be merge 下拉框中选择 All，单击 OK 按钮退出。

Merge Coincident or Equivalently Defined Items

[NUMMRG] Merge Coincident or Equivalently Defined Items

Label Type of item to be merge All

TOLER Range of coincidence

GTOLER Solid model tolerance

ACTION Merge items or select?

Merge items

Select w/o merge

SWITCH Retain lowest/highest? LOWest number

OK Apply Cancel Help

图 14-15 合并同类项对话框

(4)压缩各元素编号：执行 Main Menu \ Preprocessor \ Numbering Ctrls \ Compress Numbers 命令，弹出如图 14-16 所示对话框，在 Item to be compressed 下拉框中选中 All，单击 OK 按钮退出。

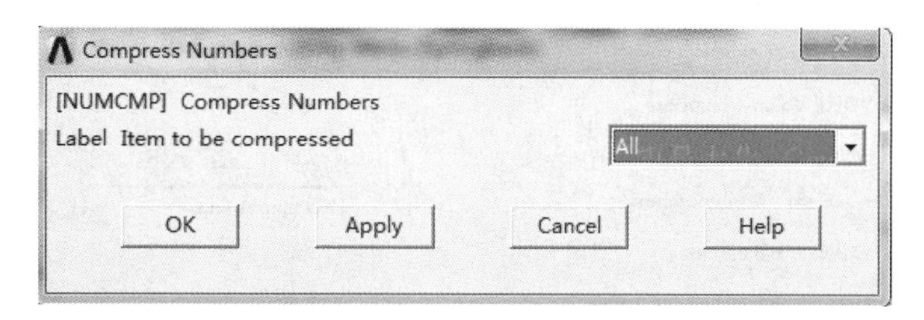

图 14-16 压缩编号对话框

14.5 创建上、下法兰模型

(1)激活笛卡尔坐标系：执行 Utility Menu \ WorkPlane \ Change Active CS to \ Global Cartesian 命令。

(2)创建上下法兰：执行 Main Menu \ Preprocessor \ Modeling \ Create \ Areas \ Rectangle \ By Dimensions 命令，弹出如图 14-17 所示的对话框，在 X1，X2 一栏分别输入“-5 * rad，5 * rad”，Y1，Y2 一栏分别输入“rad，5 * rad”，单击 Apply 按钮，再输入第二个矩形对角坐标：在 X1，X2 一栏分别输入“-5 * rad，5 * rad”，Y1，Y2 一栏分别输入“-rad，-5 * rad”，单击 OK 按钮退出。

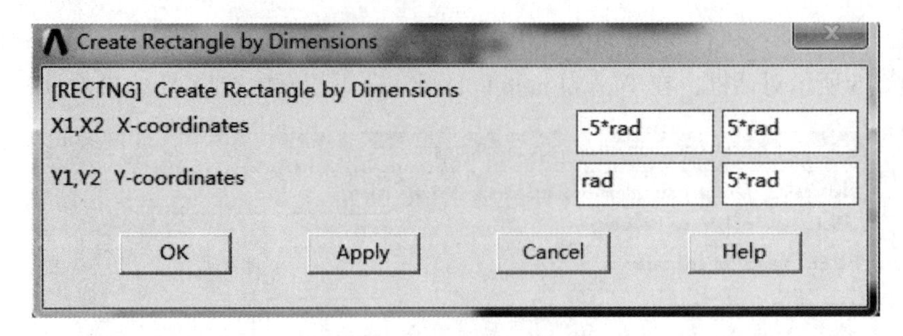

图 14-17 创建法兰对话框

14.6 对上、下法兰划分网格

(1)打开线段编号：执行 Utility Menu \ PlotCtrls \ Numbering 命令，在弹出的对话框中，勾选 Line 选项，如图 14-18 所示。

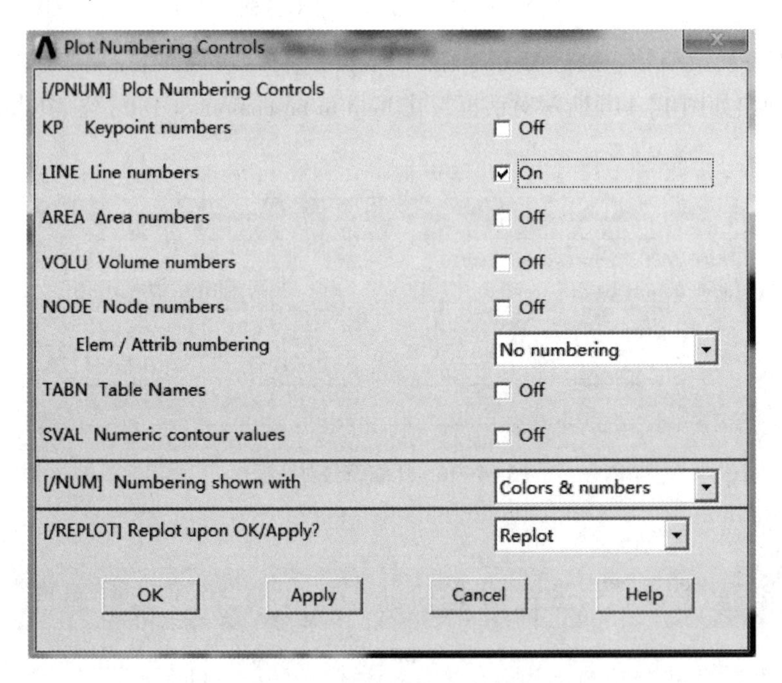

图 14-18 显示编号对话框

(2) 设定线段分段数：执行 Main Menu \ Preprocessor \ Meshing \ Size Cntrls \ ManualSize \ Lines \ Picked Lines 命令，弹出拾取框，在屏幕中选中编号为 109 和 115 的两条线段，单击 Apply 按钮，如图 14-19 所示，在 NDIV 一栏输入 26，Space 一栏输入-0.2，KYNDIV 勾选项设为 No，单击 Apply 按钮。

(3)重复执行步骤(2)，将编号为 111 和 113 的线段划 10 等分，比例系数为 1；将 110 和 116 划分 6 份，比例系数为 2；将 112 和 114 的线段划分 6 份，比例系数为 0.5。

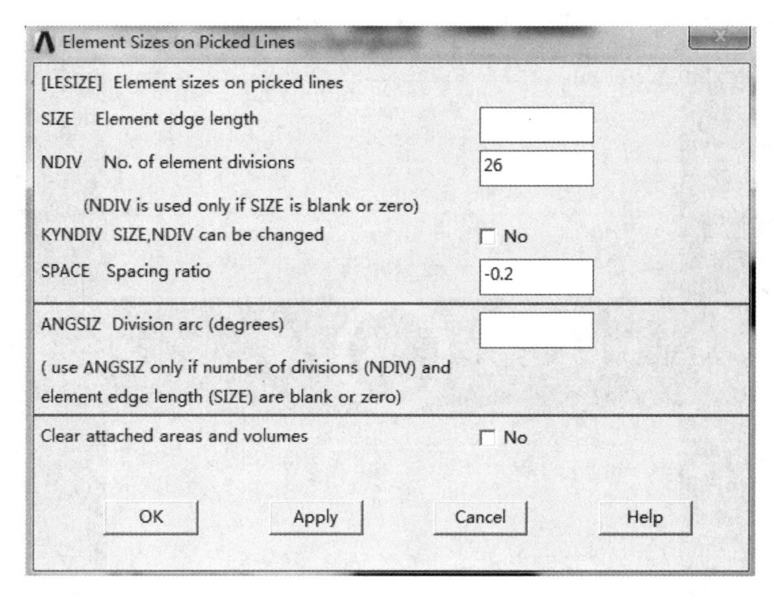

图 14-19 单元尺寸对话框

提示：之所以将对应线段的比例系数设定为不同值，是由于线段具有方向性。

(4)激活材料 2：执行 Main Menu \ Preprocessor \ Modeling \ Create \ Elements \ Elem Attributes 命令，弹出如图 14-20 所示对话框，在 Mat 下拉框中选择 2，单击 OK 按钮完成。

Element Attributes
Define attributes for elements
[TYPE] Element type number 1 PLANE182
[MAT] Material number 2
[REAL] Real constant set number 1
[ESYS] Element coordinate sys 0
[SECNUM] Section number None defined
[TSHAP] Target element shape Straight line
OK Cancel Help

图 14-20 激活材料 2 对话框

(5)划分上、下法兰：执行 Main Menu \ Preprocessor \ Meshing \ Mesh \ Areas \ Mapped/3 or 4 sided 命令，弹出拾取框，选中上下矩形面，单击 OK 按钮。完成后图形如图 14-21 所示。

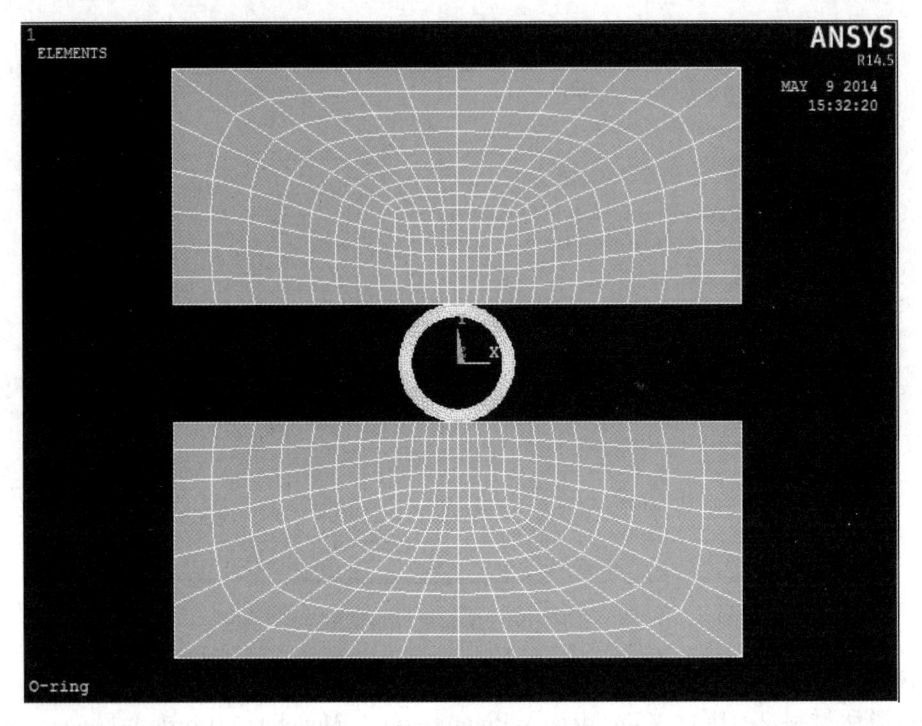

图 14-21　网格划分示意图

14.7 上法兰与 O 形环之间的接触的处理

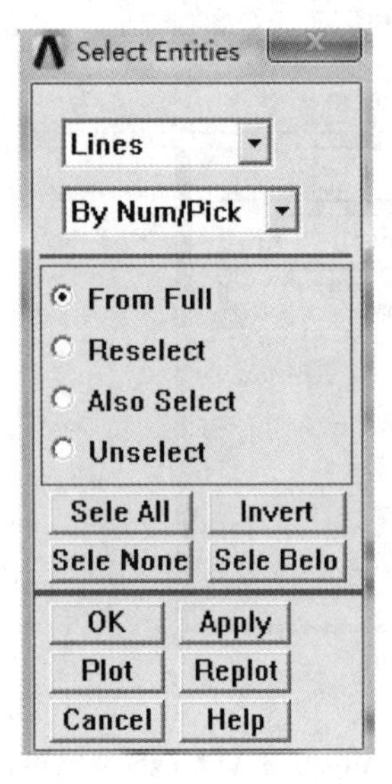

图 14-22　拾取线段对话框

(1) 选中上法兰与圆环相接触线段：执行 Utility Menu \ Select \ Entities 命令，弹出如图 14-22 所示选项框，选择 Lines、By Num/Pick，单击 Apply 按钮，弹出 Select Lines 拾取框，单击选中上法兰底端编号为 109 的线段，单击 OK 按钮完成操作。

(2) 激活目标单元：执行 Main Menu \ Preprocessor \ Modeling \ Create \ Elements \ Elem Attributes 命令，弹出如图 14-23 所示对话框，在 Type 下拉框中选择 3，real 指定 1，单击 OK 按钮完成。

(3) 选中依附于所选线段上的节点：执行 Utility Menu \ Select \ Entities 命令，在如图 14-24 所示的 Select Entities 选项框中，选择 Nodes、Attached to、Lines，all，单击 OK 按钮完成。

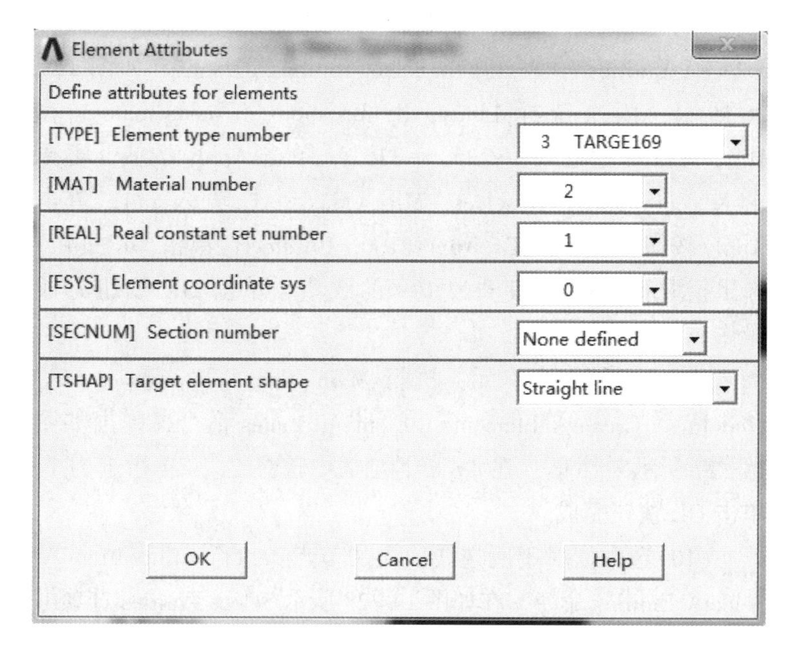

图 14-23 激活单元对话框

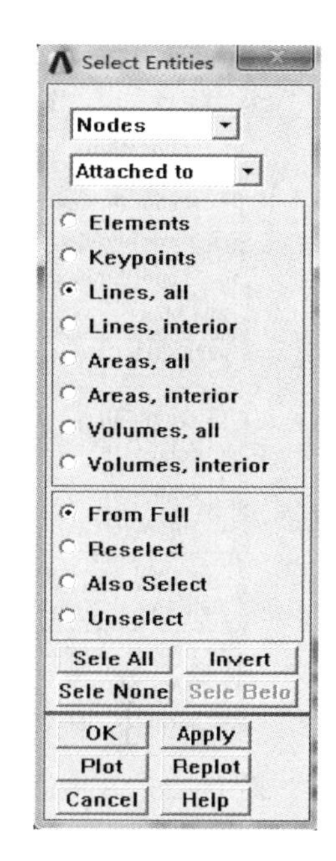

图 14-24 Select Entities 选项框

(4)选中依附于所选节点上的单元：在 Select Entities 选项框中，选择 Elements，Attached to、Nodes、From Full，单击 OK 按钮完成操作。

注意：Nodes 不能替换为 Nodes All 选项。

(5)创建目标单元：执行 Main Menu \ Preprocessor \ Modeling \ Create \ Elements \ Surf/Contact \ Surf to Surf 命令，弹出如图 14-25 所示对话框，在 Tlab 一栏选择 Top surface，单击 OK 按钮，弹出 Mesh Free Surfaces 拾取框，单击 Pick All 按钮，完成操作。

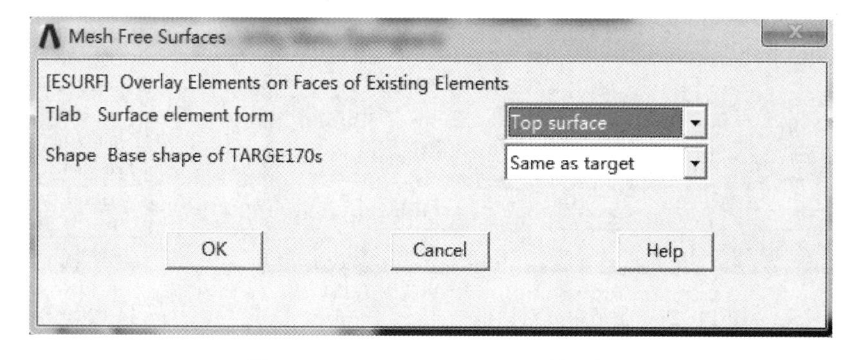

图 14-25 Mesh Free Surfaces 拾取框

(6)全选择：执行 Utility Menu \ Select \ Everything 命令。

(7)激活极坐标系：执行 Utility Menu \ WorkPlane \ Change Active CS to \ Global Cylindrical 命令。

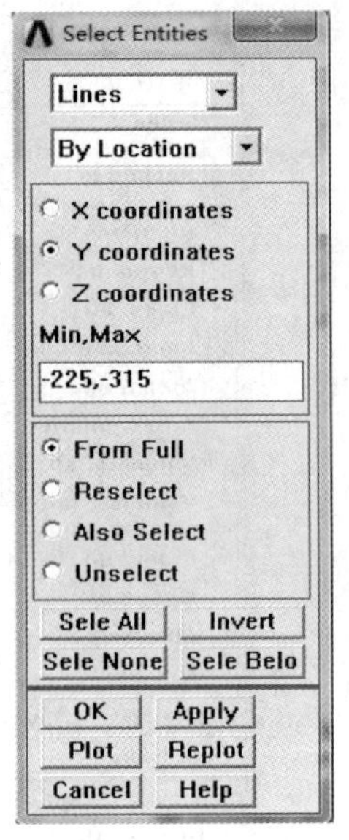

图 14-26 Select Entities 选项框

(8)选中圆环与上法兰相接触线段：执行 Utility Menu \ Selece \ Entities 命令，弹出 Select Entities 选项框，如图 14-26 所示，依次选择 Lines、By Location、Y coordinates，在 Min，Max 一栏输入“-225，-315”，单击 Apply 按钮。再单击 X coordinates，Reselect，Min，Max 一栏输入 rad，单击 Apply 按钮；再单击 By Num/Pick，Unselect，单击 OK 按钮，弹出拾取框，拾取编号为 109 的线段，单击 OK 按钮完成操作。

(9)激活接触单元：执行 Main Menu \ Preprocessor \ Modeling \ Create \ Elements \ Elem Attributes 命令，弹出如图 14-27 所示对话框，在 Type 下拉框中选择 2，real 指定为 1，单击 OK 按钮完成。

(10)选中依附于所选线段上的节点：执行 Utility Menu \ Select \ Entities 命令，在如图 14-28 所示 Select Entities 选项框中，选择 Nodes、Attached to、All Lines，单击 OK 按钮完成。

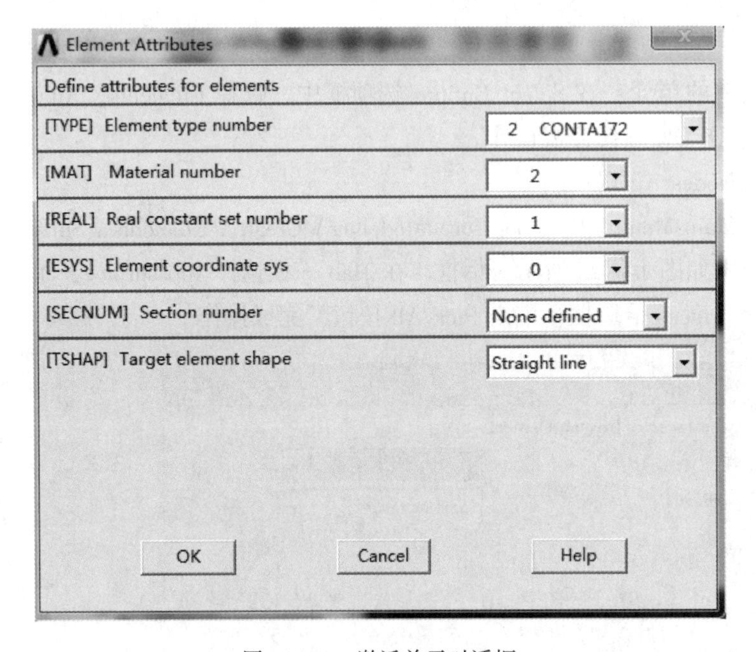

图 14-27 激活单元对话框

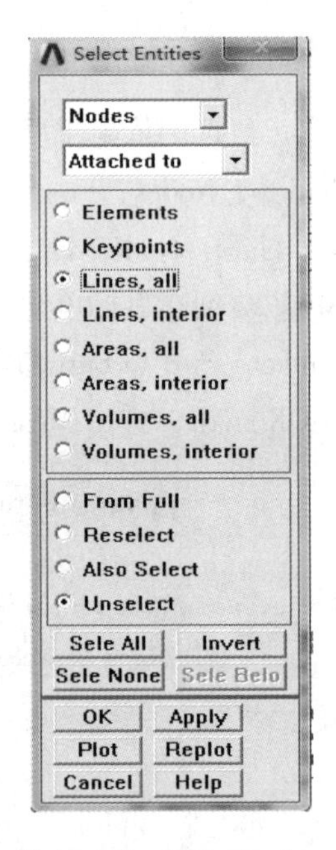

图 14-28 Select Entities 选项框

(11)选中依附于所选节点上的单元：在 Select Entities 选项框中，选择 Elements，Attached to，Nodes，From Full，单击 OK 按钮完成操作。

(12)创建接触单元：执行 Main Menu \ Preprocessor \ Modeling \ Create \ Elements \ Surf/Contact \ Surf to Surf 命令，弹出如图 14-29 所示对话框，在 Tlab 一栏

选择 Top surface，单击 OK 按钮，弹出 Mesh Free Surfaces 拾取框，单击 Pick All 按钮，完成操作。

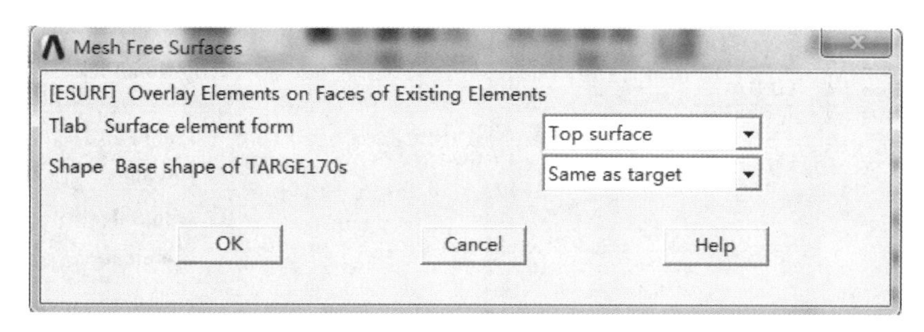

图 14-29 Mesh Free Surfaces 对话框

14.8 下法兰与 O 形环之间的接触的处理

(1)添加接触单元：执行 Main Menu \ Preprocessor \ Element type \ Add/Edit/Delete 命令，弹出 Element Type 对话框，单击 Add 按钮，弹出如图 14-30 所示的 Library of Element Type 对话框。在列表左侧选择 Contact 项，依次添加 3nd surf 172 单元与 2D target 169 单元，完成后单击 OK 按钮。

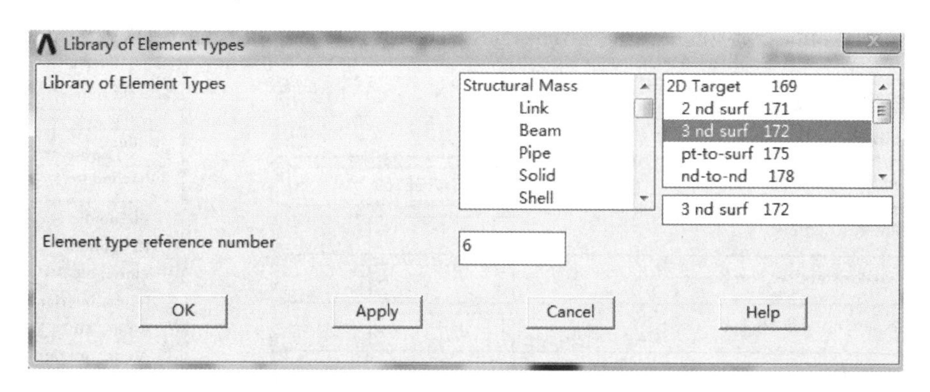

图 14-30 Library of Element Type 对话框

(2)添加实常数：执行 Main Menu \ Preprocessor \ Real Constants \ Add/Edit/Delete 命令，弹出 Real Constants 对话框，单击 Add 按钮，选中 Type 2 Conta172 单元，如图 14-31 所示，单击 OK 按钮，进入 Real Constant Set Number 2 对话框，不做任何操作，单击 OK 按钮退出。

(3)全选择：执行 Utility Menu \ Select \ Everything 命令。

(4)选中下法兰与圆环相接触线段：执行 Utility Menu \ Select \ Entities 命令，弹出如图 14-32 选项框，选择 Lines、By Num/Pick，单击 Apply 按钮，弹出 Reselect Lines 拾取框，单击选中上法兰底端编号为 115 的线段，单击 OK 按钮完成操作。

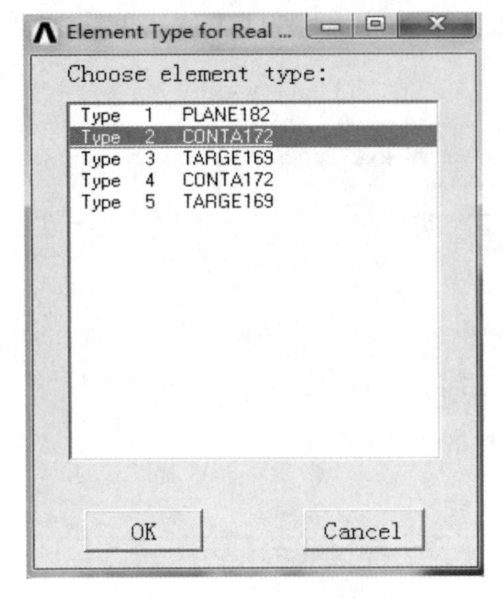

图 14-31　实常数对话框

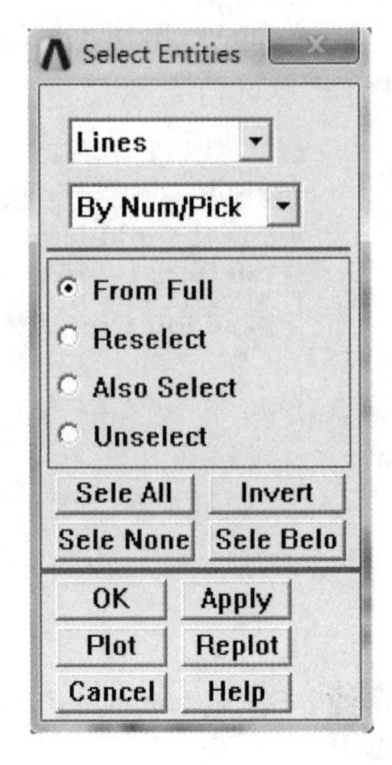

图 14-32　Select Entities 对话框

(5)激活目标单元：执行 Main Menu \ Preprocessor \ Modeling \ Create \ Elements \ Elem Attributes 命令，弹出如图 14-33 所示对话框，在 Type 下拉框中选择 5，real 指定 2，单击 OK 按钮完成。

(6)选中依附于所选线段上的节点：执行 Utility Menu \ Select \ Entities 命令，在如图 14-34 所示的 Select Entities 选项框中，选择 Nodes、Attached to、Lines，all，单击 OK 按钮完成。

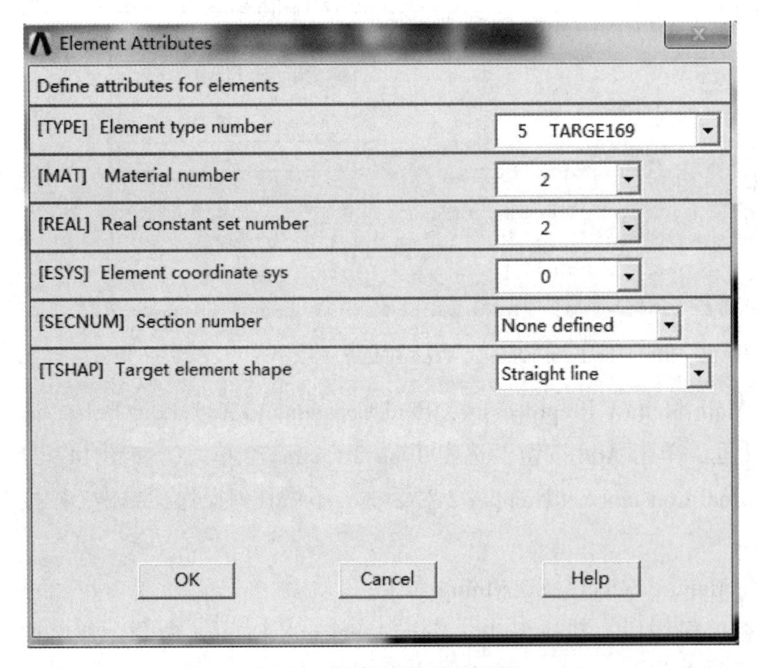

图 14-33　激活单元对话框

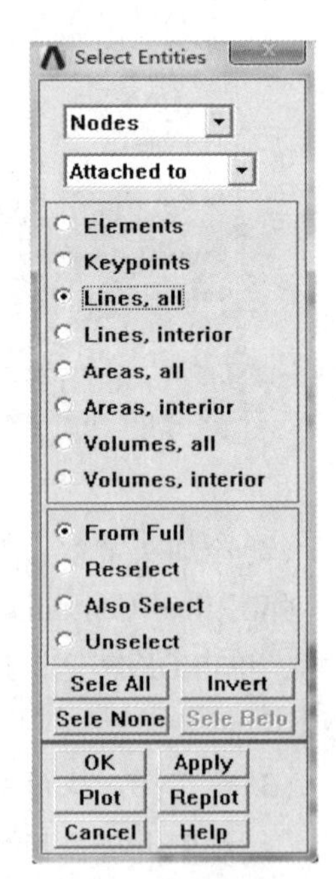

图 14-34　Select Entities 选项框

(7)选中依附于所选节点上的单元：在 Select Entities 选项框中，选择 Elements，Attached to，Nodes，From Full，单击 OK 按钮完成操作。

(8)创建目标单元：执行 Main Menu \ Preprocessor \ Modeling \ Create \ Elements \ Surf/Contact \ Surf to Surf 命令，弹出如图 14-35 所示对话框，在 Tlab 一栏选择 Top surface，单击 OK 按钮，弹出 Mesh Free Surfaces 拾取框，单击 Pick All 按钮，完成操作。

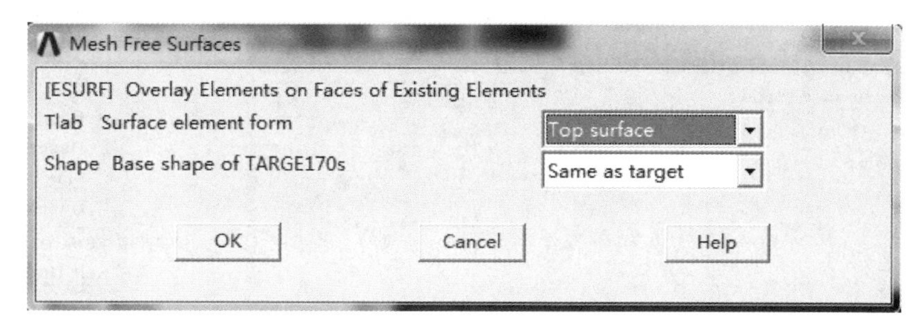

图 14-35 Mesh Free Surfaces 对话框

(9)全选择：执行 Utility Menu \ Select \ Everything 命令。

(10)激活极坐标系：执行 Utility Menu \ WorkPlane \ Change Active CS to \ Global Cylindrical 命令。

(11)选中圆环与下法兰相接触线段：执行 Utility Menu \ Selece \ Entities 命令，弹出 Select Entities 选项框，如图 14-36 所示，依次选择 Lines、By Location、Y coordinates，在 Min，Max 一栏输入“-225，-315”，单击 Apply 按钮。再单击 X coordinates、Reselect，Min，Max 一栏输入 rad，单击 Apply 按钮；再单击 By Num/Pick、Unselect，单击 OK 按钮，弹出拾取框，拾取编号为 115 的线段，单击 OK 按钮完成操作。

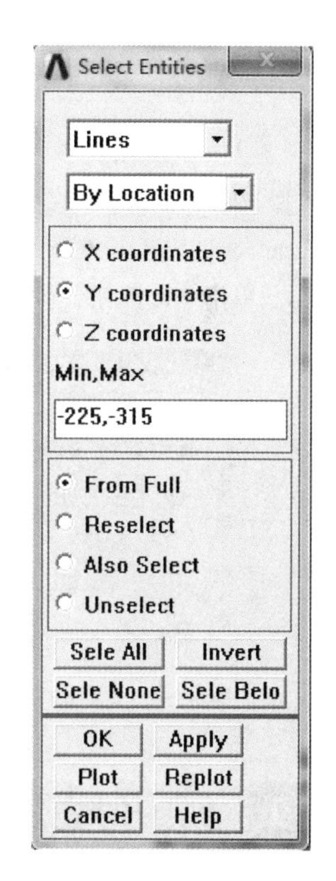

图 14-36 Select Entities 选项框

(12)激活接触单元：执行 Main Menu \ Preprocessor \ Modeling \ Create \ Elements \ Elem Attributes 命令，弹出如图 14-37 所示对话框，在 Type 下拉框中选择 4，real 指定为 2，单击 OK 按钮完成。

(13)选中依附于所选线段上的节点：执行 Utility Menu \ Select \ Entities 命令，在如图 14-38 所示 Select Entities 选项框中，选择 Nodes、Attached to、Lines，all，单击 OK 按钮完成。

(14)选中依附于所选节点上的单元：在 Select Entities 选项框中，选择 Elements，Attached to，Nodes，From Full，单击 OK 按钮完成操作。

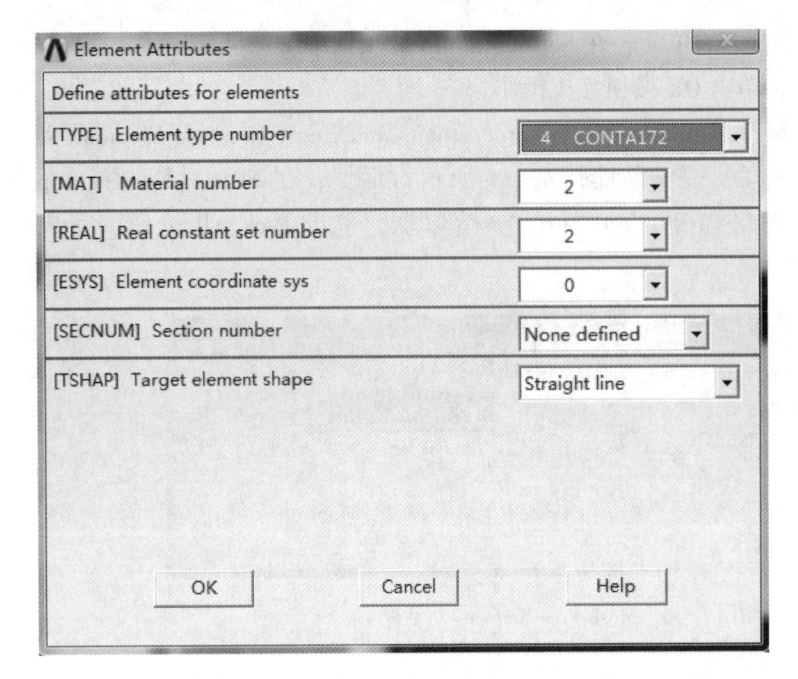

图 14-37 激活单元对话框

图 14-38 Select Entities 选项框

(15)创建接触单元：执行 Main Menu \ Preprocessor \ Modeling \ Create \ Elements \ Surf/Contact \ Surf to Surf 命令，弹出如图 14-39 所示对话框，在 Tlab 一栏选择 Top surface，单击 OK 按钮，弹出 Mesh Free Surfaces 拾取框，单击 Pick All 按钮，完成操作。

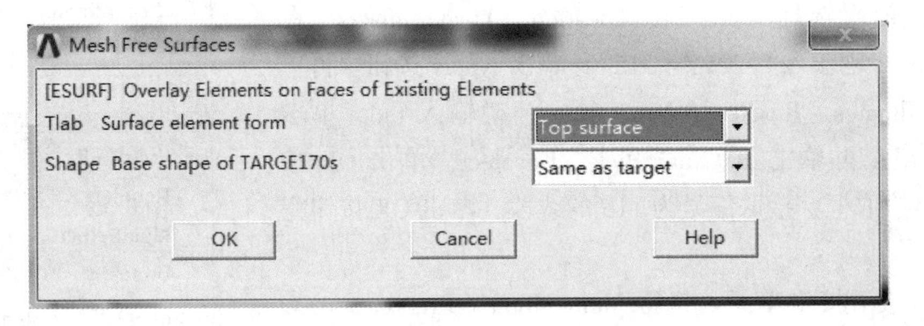

图 14-39 Mesh Free Surfaces 对话框

14.9 约束的施加

(1)选中 O 形环与下法兰接触点：执行 Utility Menu \ Select \ Entities 命令，弹出如图 14-40 所示选项框，依次选择 Nodes、By Location、Y coordinates，在 Min，Max 一栏输入 270，单击 Apply 按钮。再单击 X coordinates、Reselect，Min，Max 一栏输入 rad，单击 OK 按钮完成操作。

(2)约束选中点Y向位移：执行 Main Menu \ Solution \ Define Loads \ Apply \ Structural \ Displacement \ On Nodes 命令，弹出选择框，单击 Pick All 按钮，在弹出的 Apply U，Rot on Nodes 对话框中，如图 14-41 所示，DOFS to be constrained 中选中 UY 项，单击 OK 按钮退出。

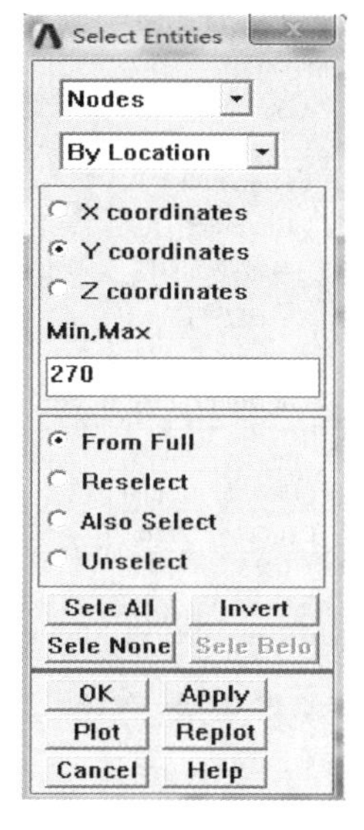

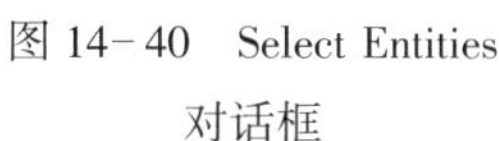

图 14-40 Select Entities 对话框

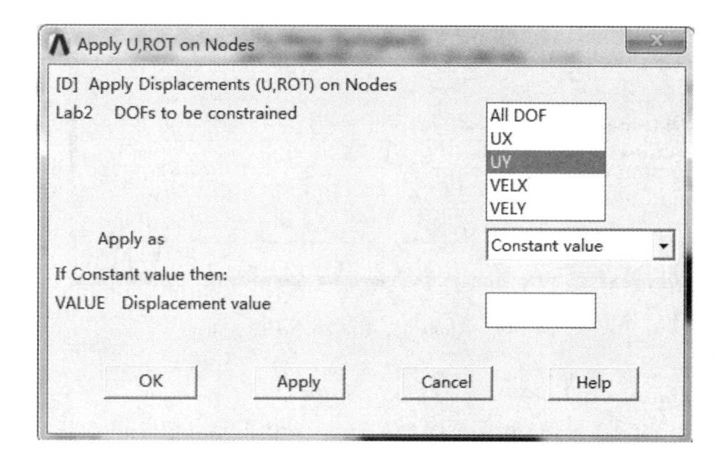

图 14-41 Apply U，Rot on Nodes 对话框

(3)激活笛卡尔坐标系：执行 Utility Menu \ WorkPlane \ Change Active CS to \ Global Cartesian 命令。

(4)选中下法兰底端所有节点：执行 Utility Menu \ Select \ Entities 命令，弹出如图 14-42 所示选项框，依次选择 Nodes、By Location、Y coordinates，在 Min，Max 一栏输入-5 * rad，单击 Apply 按钮。

(5)对选中点施加全约束：执行 Main Menu \ Solution \ Define Loads \ Apply \ Structural \ Displacement \ On Nodes 命令，弹出选择框，单击 Pick All 按钮，在弹出的 Apply U，Rot on Nodes 对话框中，如图 14-43 所示，DOFS to be constrained 中选中 All DOF UY 项，单击 OK 按钮退出。

(6)选中上法兰顶端所有节点：执行 Utility Menu \ Select \ Entities 命令，弹出如图 14-44 所示选项框，依次选择 Nodes、By Location、Y coordinates，在 Min，Max 一栏输入 5 * rad，单击 Apply 按钮。

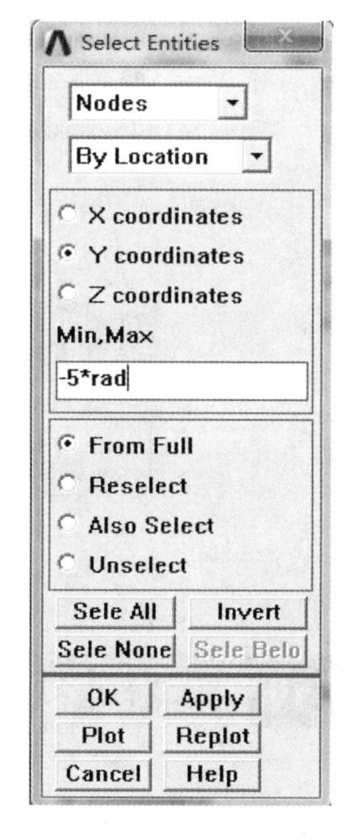

图 14-42 Select Entities 对话框

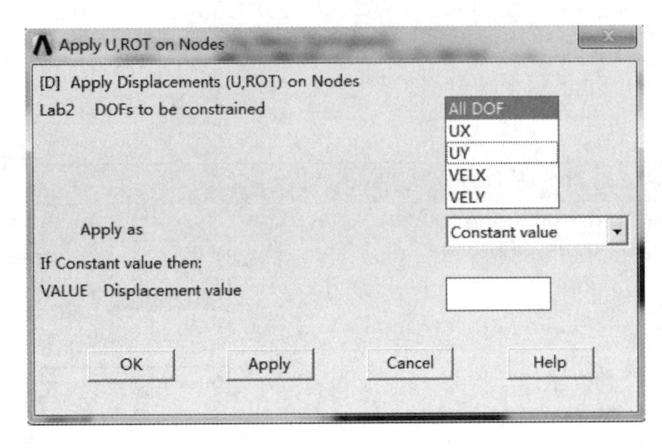

图 14-43 Apply U，Rot on Nodes 对话框

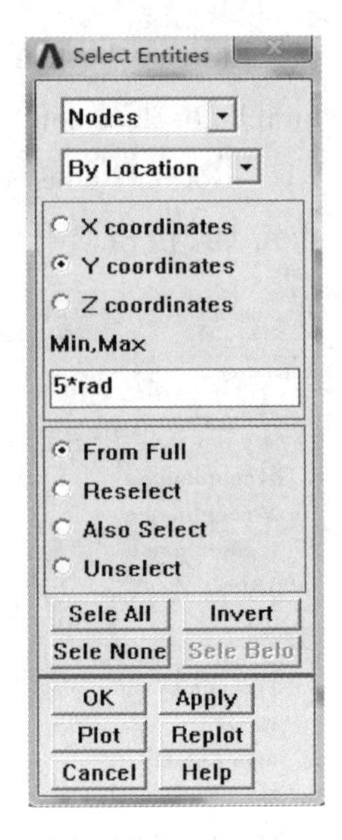

图 14-44 Select Entities 对话框

(7)对选中点施加 X 向约束：执行 Main Menu \ Solution \ Define Loads \ Apply \ Structural \ Displacement \ On Nodes 命令，弹出选择框，单击 Pick All 按钮，在弹出的 Apply U，Rot on Nodes 对话框中，如图 14-45 所示，DOFS to be constrained 中选中 UX 项，单击 OK 按钮退出。

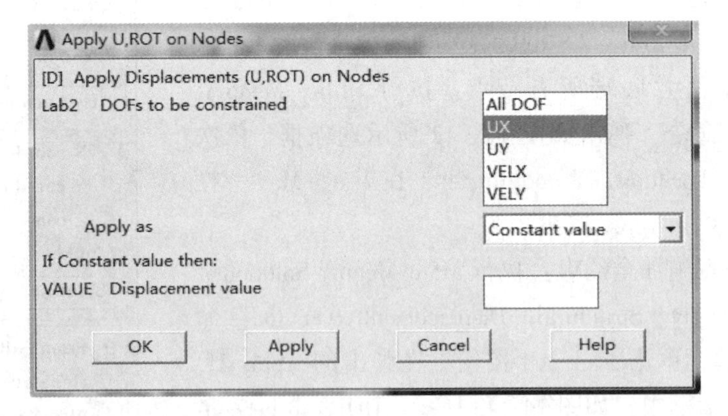

图 14-45 Apply U，Rot on Nodes 对话框

14.10 求解选项的设置

设定输出结果：执行 Main Menu \ Solution \ Analysis Type \ Sol'n Controls \ Basic 命令，弹出如图 14-46 所示选项框，在 Basic 项目栏中，Analysis Options 选择 Large Displacement

Static，Time Control 中设定 Time 为 1，Number of substeps 设定为 200，Write Items to Results Files 设定 All solution items，Frequency 设定为 Write every substep；再切换到 Nonlinear 选项卡，如图 14-47 所示，在 Nonlinear Options 中设置 Line search 为 On。

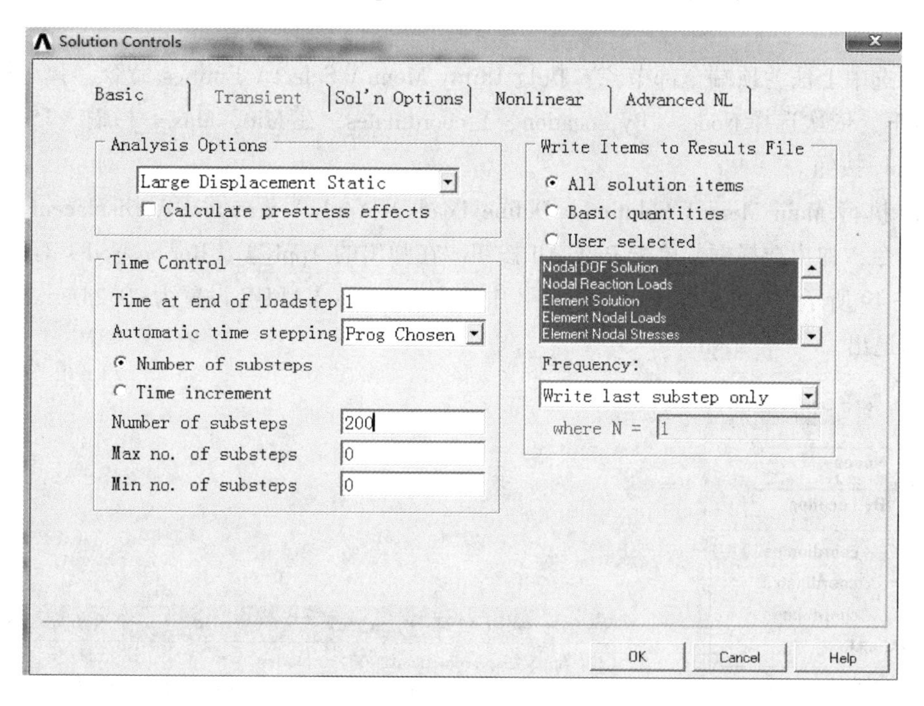

图 14-46　求解设置对话框

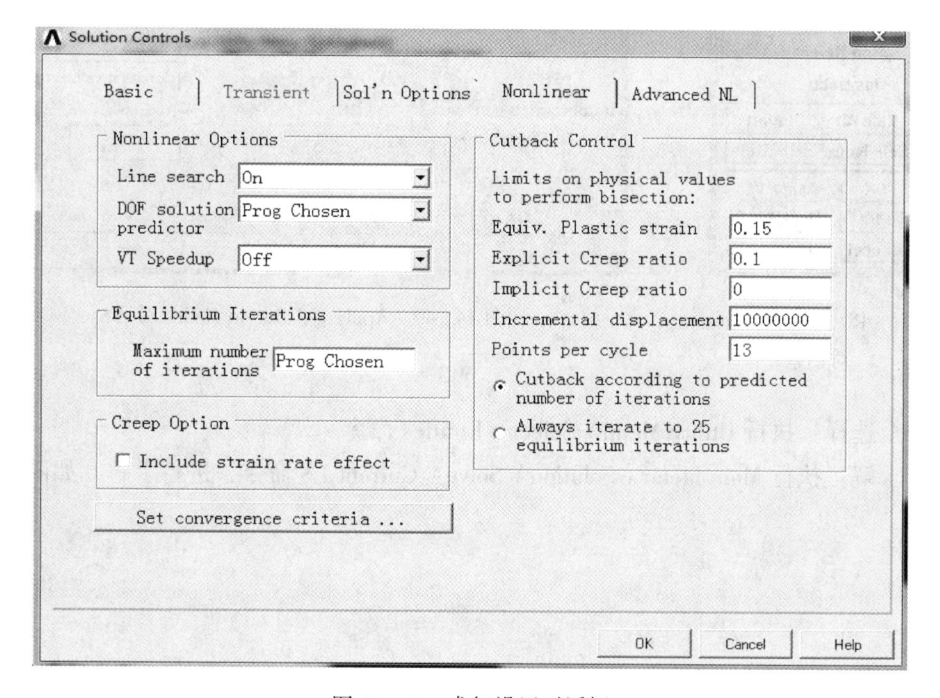

图 14-47　求解设置对话框

14.11 加载与求解

(1)选中上法兰顶端全部节点：执行 Utility Menu \ Select \ Entities 命令，弹出图 14-48 选项框，依次选择 Nodes、By Location、Y coordinates，在 Min，Max 一栏输入“5 * rad”，单击 Apply 按钮。

(2)执行 Main Menu \ Solution \ Define Loads \ Apply \ Structural \ Displacement \ On Nodes 命令，弹出选择框，单击 Pick All 按钮，在弹出的 Apply U，Rot on Nodes 对话框中，如图 14-49 所示，DOFS to be constrained 中选中 UY 项，VALUE 设置为-0.24 * rad，单击 OK 按钮退出。

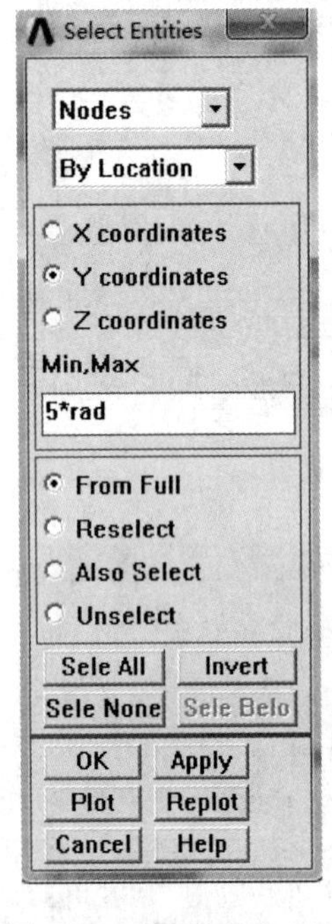

图 14-48 Select Entities 对话框

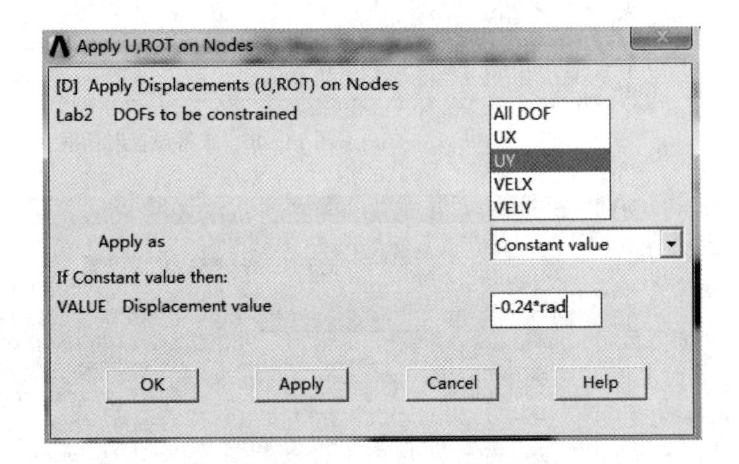

图 14-49 Apply U，Rot on Nodes 对话框

(3)全选择：执行 Utility Menu \ Select \ Entities 命令。

(4)求解：执行 Main Menu \ Solution \ Solve \ Current LS 命令，进行求解，如图 14-50 所示。

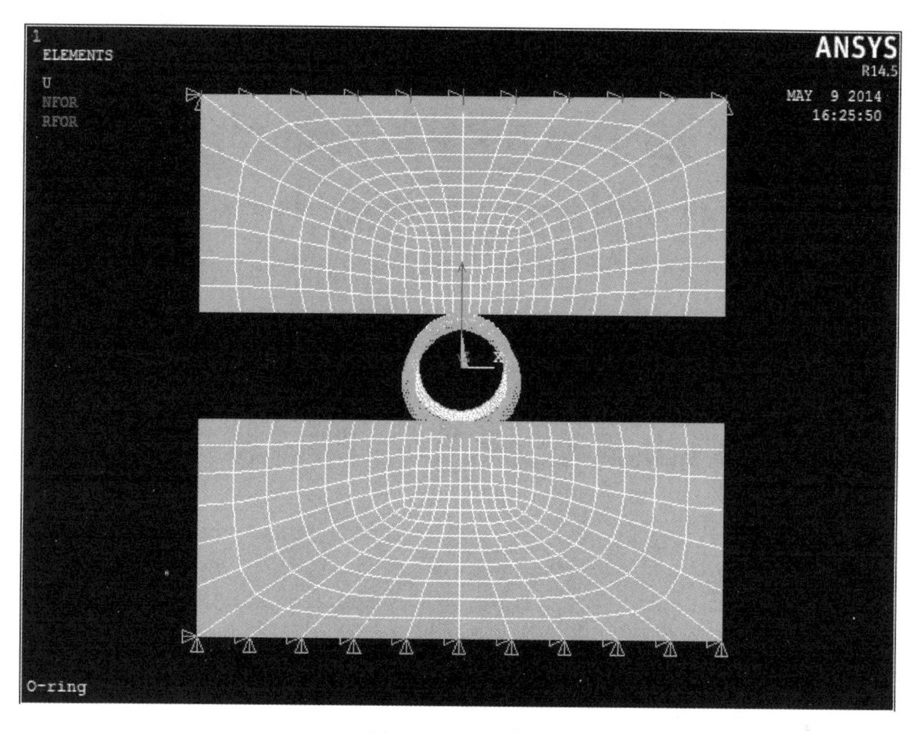

图 14-50 示意图

14.12 本章小结

本章对基于 ANSYS 软件的 O 形密封环的变形分析给出了完整的操作过程。其中，对接触的处理，是需要读者注意的地方。

第 15 章　基于 ANSYS 软件的压力容器开孔部位的三维应力分析

15.1　有限元模型的建立过程

15.1.1　问题描述

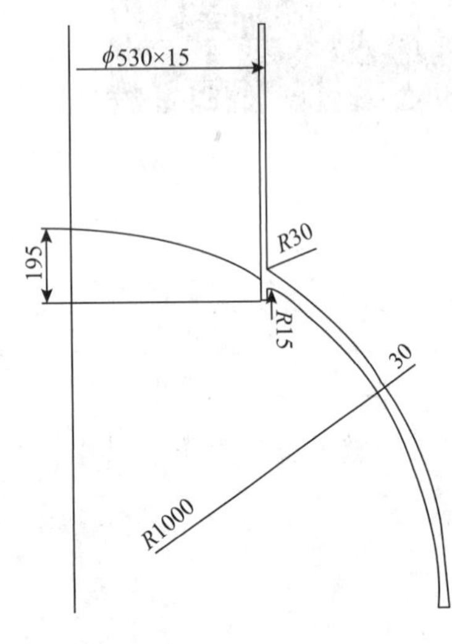

图 15-1　柱壳开孔接管几何尺寸示意图

压力容器筒体内径 $D_i=2000$mm，壁厚 $t_c=30$mm，接管外径 $d_o=530$mm，壁厚 = 15mm，压力容器与接管的材料为 16MnR。接管内伸长度 = 195mm，外侧过渡圆角半径 = 30mm，内侧过渡圆角 $r_2=15$mm；内压 $p=1.2$MPa，设计温度为 $t=70$℃，盛装液体介质，介质密度为 $\rho=1000\text{kg/m}^3$，圆筒材料为 Q345R，腐蚀余量 C_2 取 2mm，焊接接头系数 $\phi=0.85$。已知设计温度下 Q345R 的许用应力在厚度为 6～16mm 时，$[\sigma]^t=189$MPa；厚度为16～36mm时，$[\sigma]^t=185$MPa。材料弹性模量 $E=2.0\times10^5$MPa，泊松比 $\mu=0.3$。圆柱壳开孔接管的几何尺寸如图 15-1 所示。任务是对该容器的开孔接管区进行应力分析。

由于仅考虑内压作用下的应力状况，为此有限元模型可利用结构的对称性取开孔接管区的 1/4 建模。筒体长度及接管外伸长度应远大于各自的边缘应力衰减长度，取柱壳长度 $L_c=4000$mm，接管外伸长度 $L_n=500$mm。

选择 Brick 8 node 185 对结构进行离散化，对称面施加对称约束，接管端部约束轴向位移，筒体端面施加轴向平衡面载荷 $p_c=pD_i^2/[(D_i+2t_c)^2-D_i^2]$。

15.1.2　建立几何模型

以交互模式进入 ANSYS。在总路径下面建立子路径 WORK，工作文件名取为 Pressure vessel，如图 15-2 所示窗口，进入 ANSYS 界面。

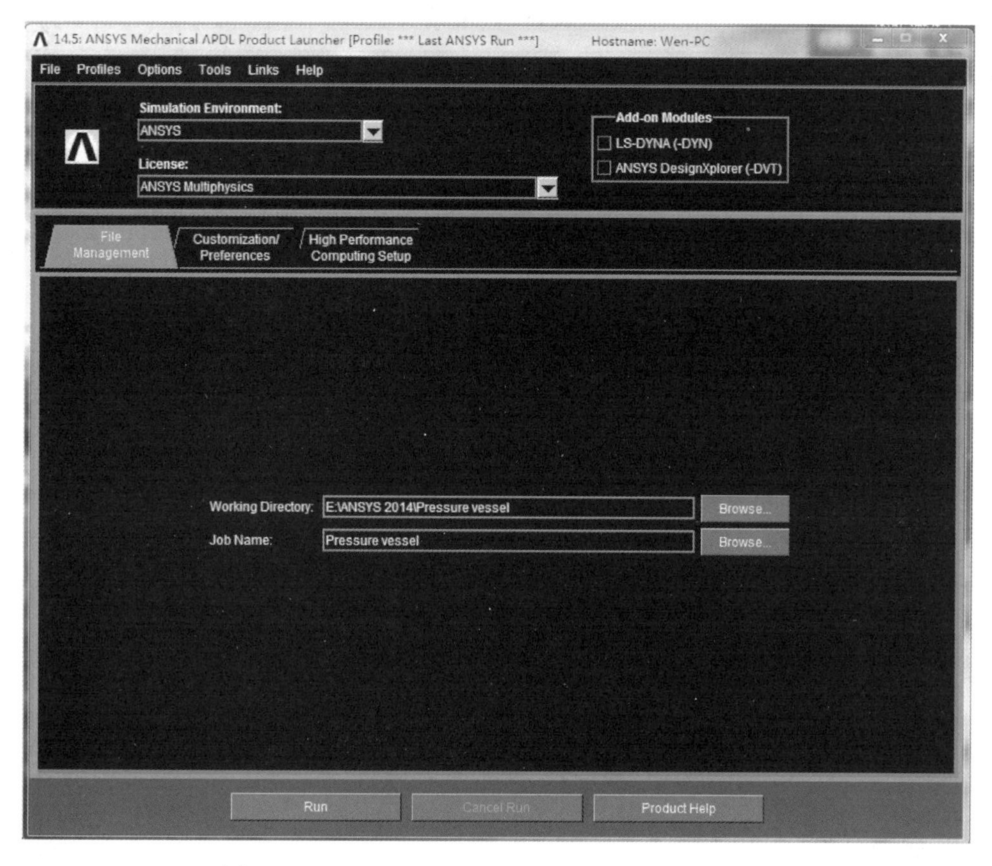

图 15-2　Mechanical APDL Product Launcher 14.5 窗口

执行 Utility Menu>Change Title... 命令，弹出如图 15-3 所示的对话框，在【/TITLE】文本框中输入“FEA of connecting zone of nozzle to cylinder”，单击 OK 按钮，关闭对话框。

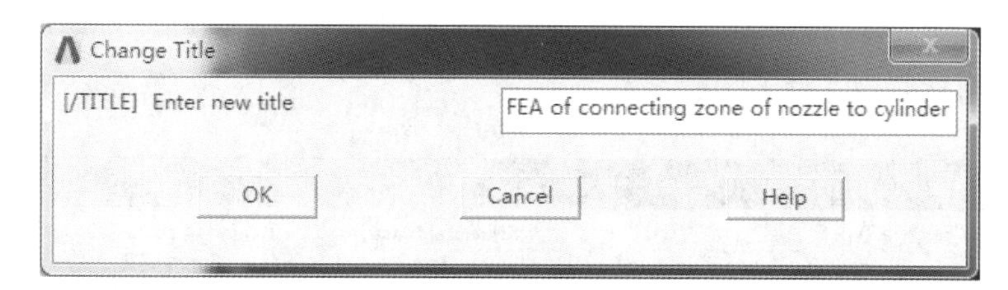

图 15-3　定义工作标题对话框

选择菜单 Utility Menu>Plot>Replot，上面所定义的工作标题在图形输出窗口中显示出来。

执行 Utility Menu>Parameters>Scalar paramerers... 命令，弹出 Scalar Parameters 对话框，如图 15-4 所示，输入表 15-1 所列参数。每输入一个变量后单击 Accept，检查无误后，单击 Close，单击 Save-DB。

表 15-1　参数

参　数	参数意义	参　数	参数意义
Rci = 1000	筒体内半径	Hmin = sqrt(Rci * * 2-Rni * * 2)	接管最小内伸长度
tc = 30	筒体厚度	Lni = 50	接管内伸长度
Rco = Rci+tc	筒体外半径	Ln = 500	接管外伸长度
Lc = 4000	筒体长度	rr1 = 30	焊缝外侧过渡圆角半径
Rno = 530	接管外半径	rr2 = 15	焊缝内侧过渡圆角半径
tn = 15	接管厚度	pi = 1.2	内压
Rni = Rno-tn	接管内半径	pc = pi * Rci * * 2/(Rco * * 2-Rci * * 2)	筒体端部轴向平衡面载荷
		pn = pi * Rni * * 2/(Rno * * 2-Rni * * 2)	接管端部纵向平衡面载荷

本步骤的作用是定义单元及材料。单击 Main Menu>Preprocessor>Element Type>Add/Edit/Delete，弹出 Element Types 对话框，如图 15-5 所示，单击 Add...，又弹出 Library of Element Typeset 对话框，如图 15-6 所示，Structural Solid，在其右列表中选择 Brick 8 node 185 项，单击 OK。注意：新版本中若无此选项，可通过输入命令流解决。

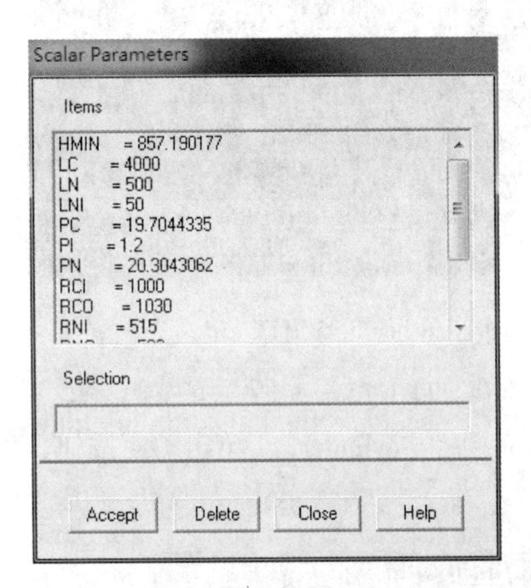

图 15-4　输入设计变量

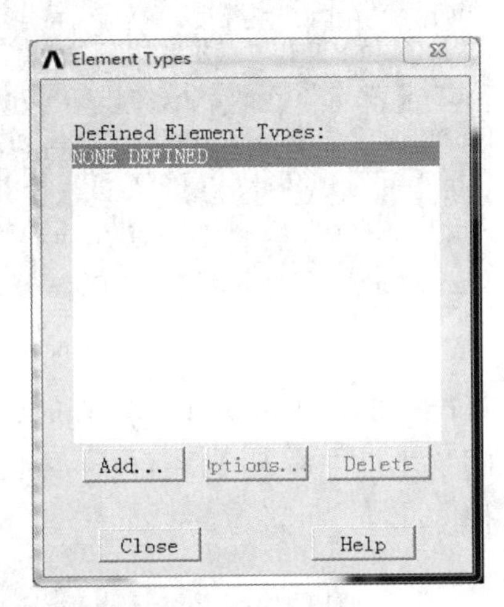

图 15-5　单元类型选项

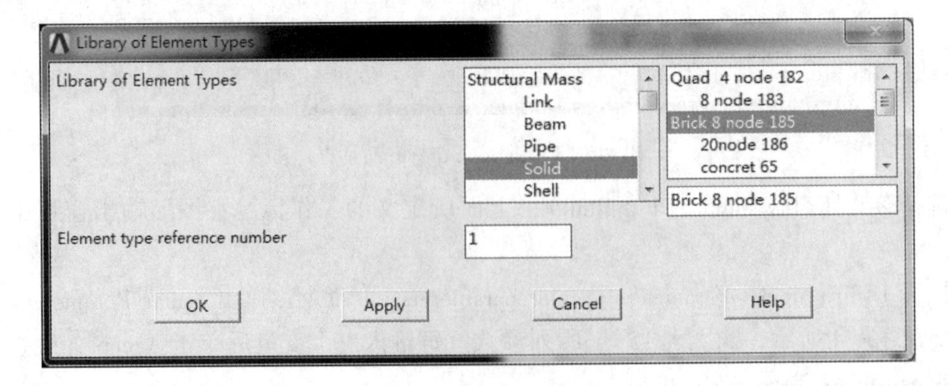

图 15-6　定义单元类型

执行 Main Menu>Preprocessor>Material Props>Material Models 命令，弹出 Define Material Model Behavior 对话框，如图 15-7 所示，在右边的可选材料模型 Material Models Available 框中选择 Structural > Linear > Elastic > Isotropic。单击 Linear Isotropic Properties for Material Number 1 对话框，在 EX 文本框中输入 2e5，PRXY 文本框中输入 0.3，如图 15-8 所示，单击 OK 按钮确定。

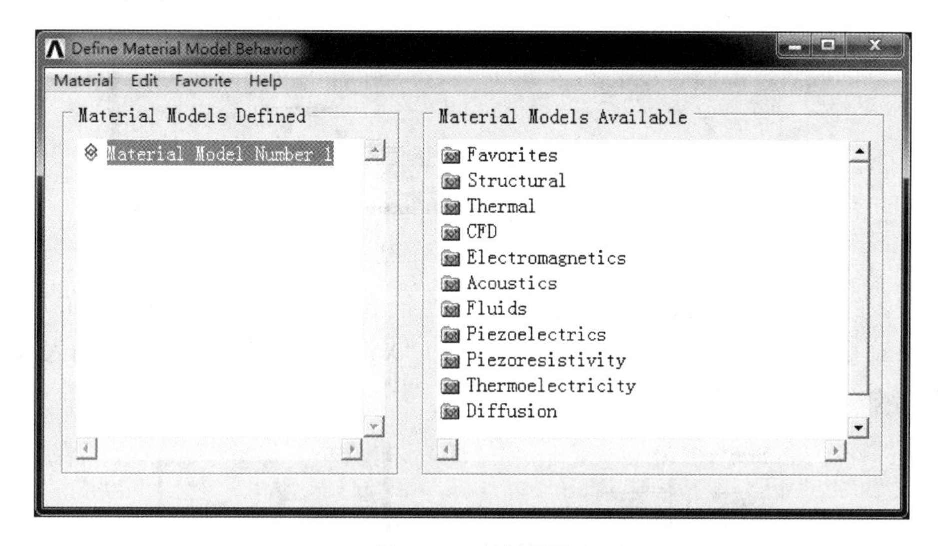

图 15-7　材料属性

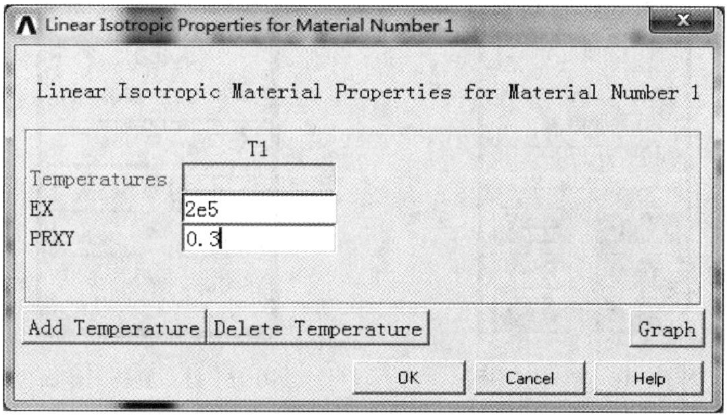

Linear Isotropic Properties for Material Number 1

Linear Isotropic Material Properties for Material Number 1

T1

Temperatures

EX　2e5

PRXY　0.3

Add Temperature　Delete Temperature　Graph

OK　Cancel　Help

图 15-8　材料特性

本步骤的作用是创建筒体与接管模型。执行 Main Menu>Preprocessor>Modeling>Create>Volumes>Cylinder>By Dimensions 命令，弹出如图 15-9 所示设置框，在 RAD1 一栏输入 Rco，RAD2 一栏输入 Rci，Z2 设定为-Lc/2，THETA1 一栏输入 90，THETA2 一栏输入 270，单击 OK 按钮结束。

本步骤的作用是将工作面沿-Z 向移动 Lc/2。执行 Utility Menu>WorkPlane>Offset WP by Increment 命令，弹出执行框，如图 15-10 所示，在 Snap 一栏输入“0，0，-Lc/2”，完成偏移，单击 Apply 按钮。

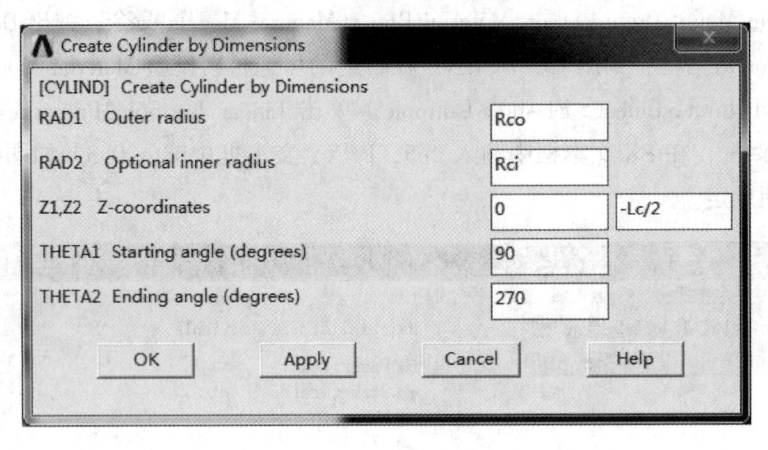

图 15-9 筒体创建

本步骤的作用是将工作面沿 YZ 旋转 90°。执行 Utility Menu>WorkPlane>Offset WP by Increment 命令，弹出执行框，如图 15-11 所示，“XY，YZ，ZX Angle”一栏输入“0，90，0”，单击 OK 按钮完成操作。

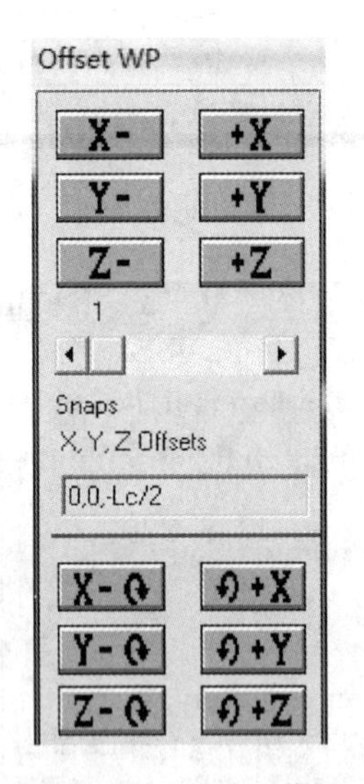

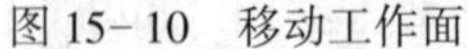

图 15-10 移动工作面

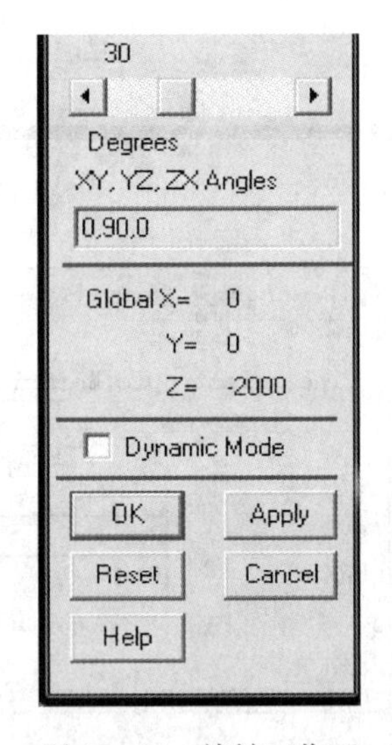

图 15-11 旋转工作面

本步骤的作用是创建接管。重复执行设计变量设定的步骤，在 RAD1 一栏输入 Rno，RAD2 一栏输入 Rni，Z1 输入-Ln-Rci-tc ，Z2 设定为-Hmin+Lni，THETA1 一栏输入 90，THETA2 一栏输入 180，如图 15-12 所示，单击 OK 按钮结束。

进行布尔操作：执行 Main Menu>Preprocessor>Modeling>Operate>Blooleans>overlap>Volumes 命令，弹出拾取框，如图 15-13 所示，单击 Pick All 按钮，完成操作退出。

删除筒体上开孔失去的部分。执行 Main Menu>Preprocessor>Modeling>Delete>volume and Below 命令，删除筒体上开孔失去的部分(编号为 3)，如图 15-14 所示。

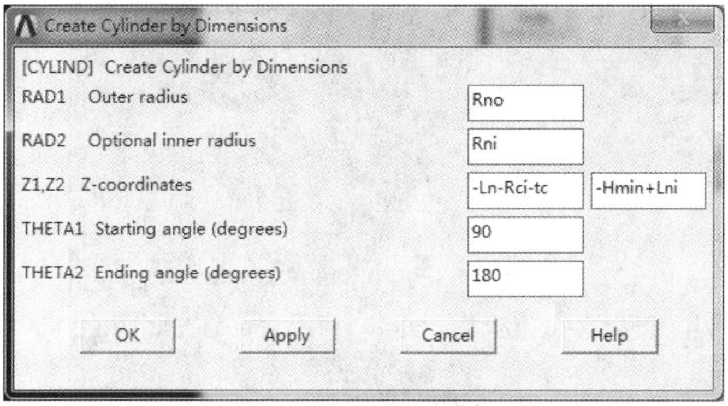

Create Cylinder by Dimensions
[CYLIND] Create Cylinder by Dimensions
RAD1 Outer radius: Rno
RAD2 Optional inner radius: Rni
Z1,Z2 Z-coordinates: -Ln-Rci-tc　-Hmin+Lni
THETA1 Starting angle (degrees): 90
THETA2 Ending angle (degrees): 180
OK　Apply　Cancel　Help

图 15-12　创建接管

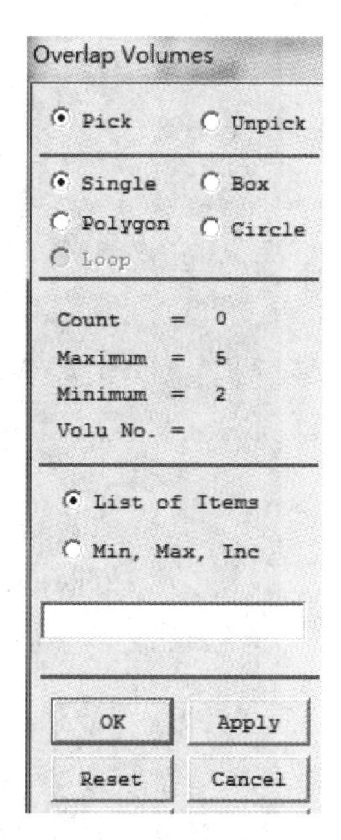

图 15-13　搭接(Overlap)布尔运算

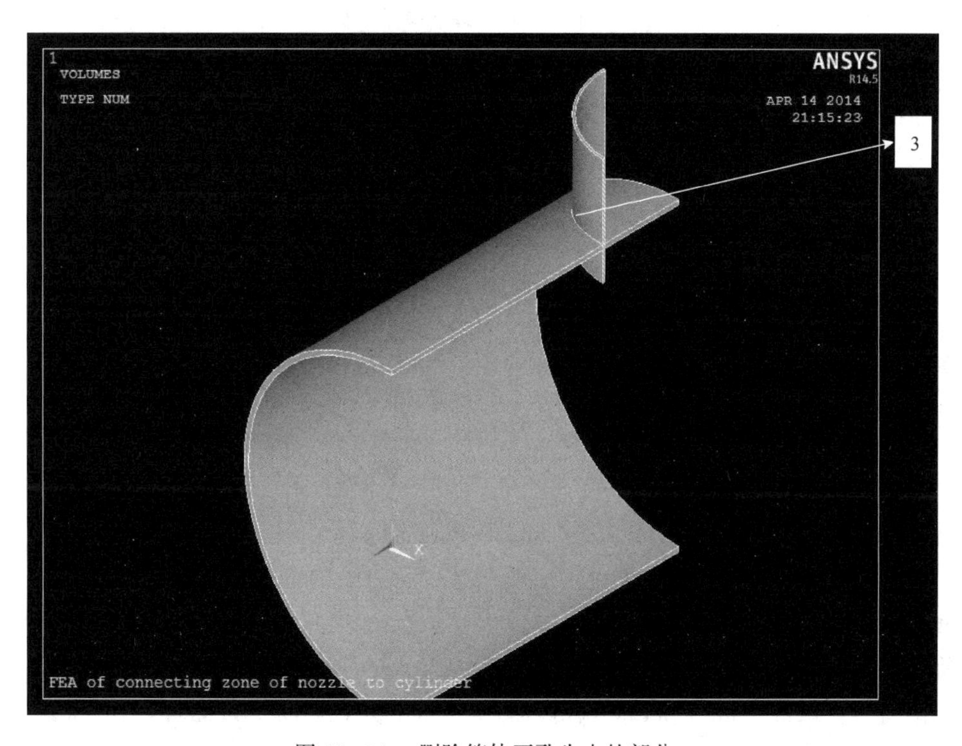

图 15-14　删除筒体开孔失去的部分

选择筒体：执行 Utility Meum>Select >Entities 命令，弹出设定下拉框，选择 Volume，单击 Apply 按钮，被选择的编号为 7 的筒体，如图 15-15 所示。

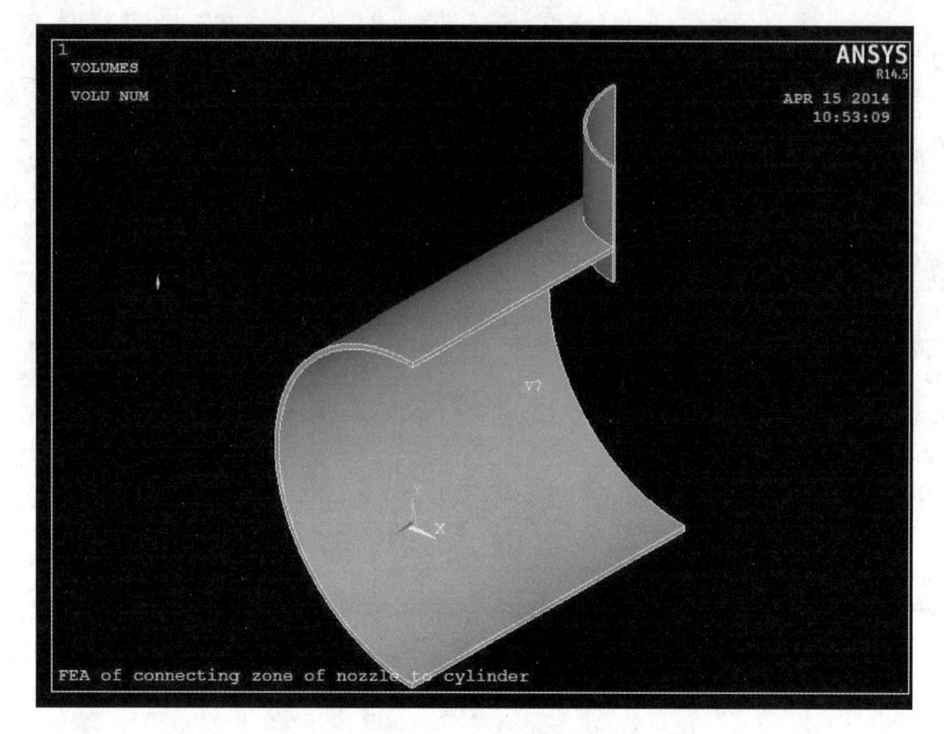

图 15-15 选择筒体

设定角度函数中单位为角度。执行 Utility Menu>Parameters>Angular Units 命令，弹出对话框，如图 15-16 所示，在 Units 下拉框中选择 Degrees DEG 模式，单击 OK 按钮结束。

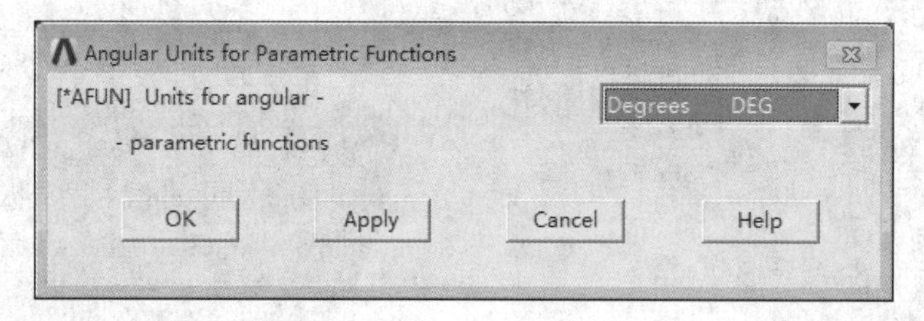

图 15-16 设定角度函数单位

计算接管区切割角度：执行 Utility Menu>Parameters>Scalar Parameters... 命令，弹出 Scalar Parameters 对话框，如图 15-17 所示，输入“ang1=2 * nint(asin(Rno/Rci))”，单击 Accept 按钮，完成后再单击 Close 按钮退出。

旋转坐标系：旋转坐标系时，在 XY，YZ，ZX Angle 一栏输入“0，0，-90+ang1”。

切割筒体：执行 Main Menu>Preprocessor>Modeling>Operate>Blooleans>Divide>Volu by WrkPlane 命令，在弹出的选择框中，单击 Pick All 按钮，如图 15-18 所示，完成操作。提示：此处切割筒体是为划分网格作准备。

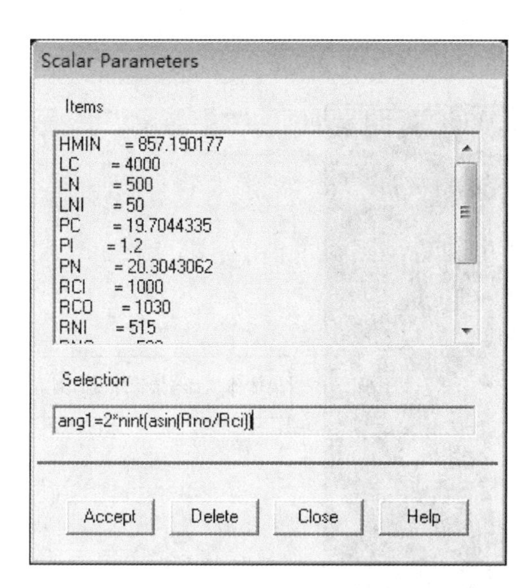

图 15-17 计算接管区切割角度

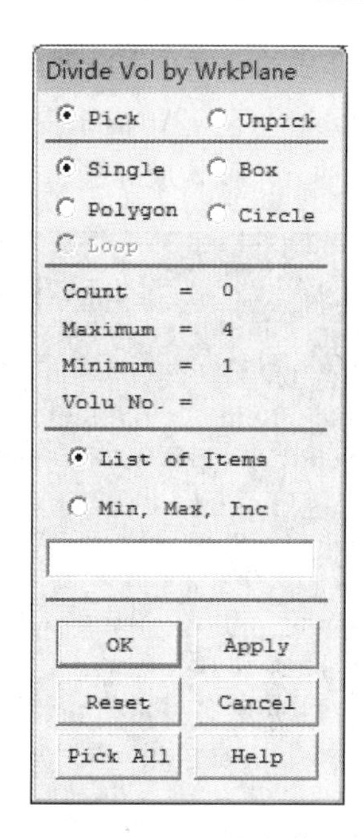

图 15-18 切割筒体

创建筒体与接管外表面圆角。执行 Main Menu>Preprocessor>Modeling>Create>Areas>Area Fillet 命令，弹出拾取框，选中接管与筒体相交的两个面，编号为 21 和 12，单击 OK 按钮，弹出 Area fillet 对话框，在 RAD 一栏输入“rr1”，单击 OK 按钮退出。

本步骤的作用是创建生成圆角区所需的面。执行 Main Menu>Preprocessor>Modeling>Create>Areas>Arbitrary>By Lines 命令，依次选中外轮廓编号为 33、60、5 与 37、61、7 的线段，分别构成两个面，如图 15-19 所示。

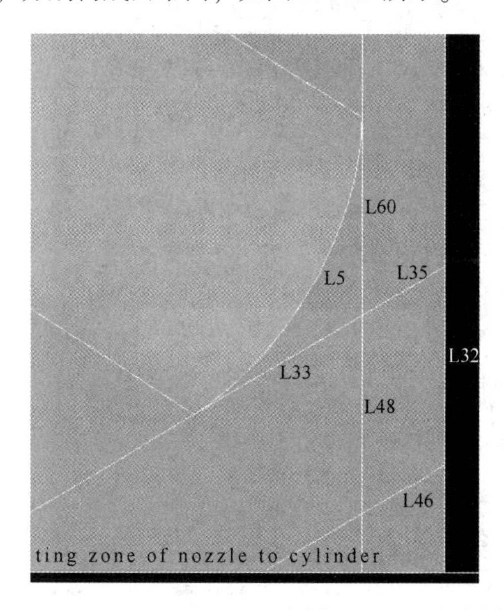

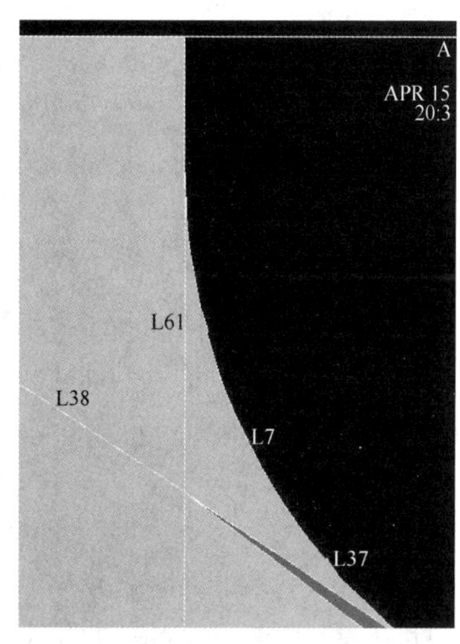

图 15-19 生成圆角区所需的面

本步骤的作用是生成倒角区域体。执行 Main Menu>Preprocessor>Modeling>Create>Volumes>Arbitrary>By Areas 命令，选中图 15-20 所示中标示的倒角面，编号为 12、14、16、34、35 的五个面构成焊缝。

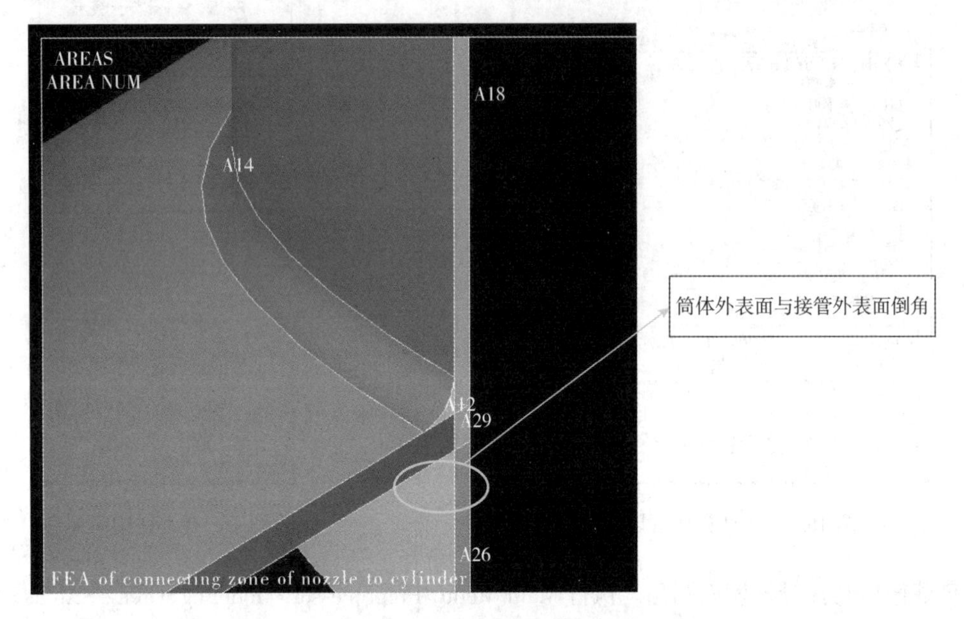

图 15-20　创建筒体外表面与接管外表面倒角

本步骤的作用是创建筒体内表面与接管外表面圆角。对于被选择的编号为 23、13 的两个面生成倒角，倒角半径为 rr2，效果如图 15-21 所示。

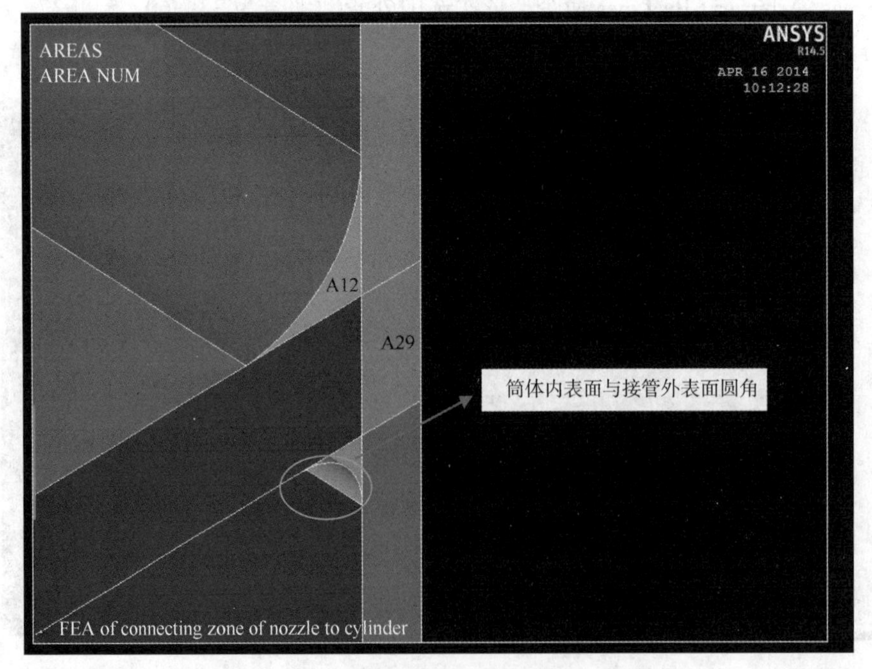

图 15-21　创建筒体内表面与接管表面倒角

依次选中 24、40、68 与 25、41、69 的线段，分别构成内焊缝的两个面。

构成内焊缝实体：对于倒角面，选择编号为 13、23、31、39、40 的五个面构成焊缝。

全选中，执行 Utility Menu>Select>Everything 命令。

根据内外圆角边界蒙皮生成切割面。执行 Main Menu>Preprocessor>Modeling>Create>Areas>Arbitrary>By Skinning 命令，弹出拾取框，单击被选择的编号为 62、70 的内外圆角边界线，单击 OK 按钮，生成蒙皮。

切割筒体：执行 Main Menu>Preprocessor>Modeling>Operate>Blooleans>Divide>Volume by Area 命令，弹出拾取框，选中编号为 2 的筒体，单击 OK 按钮，选中蒙皮面，编号为 36，单击 OK 按钮，生成的图形如图 15-22 所示。

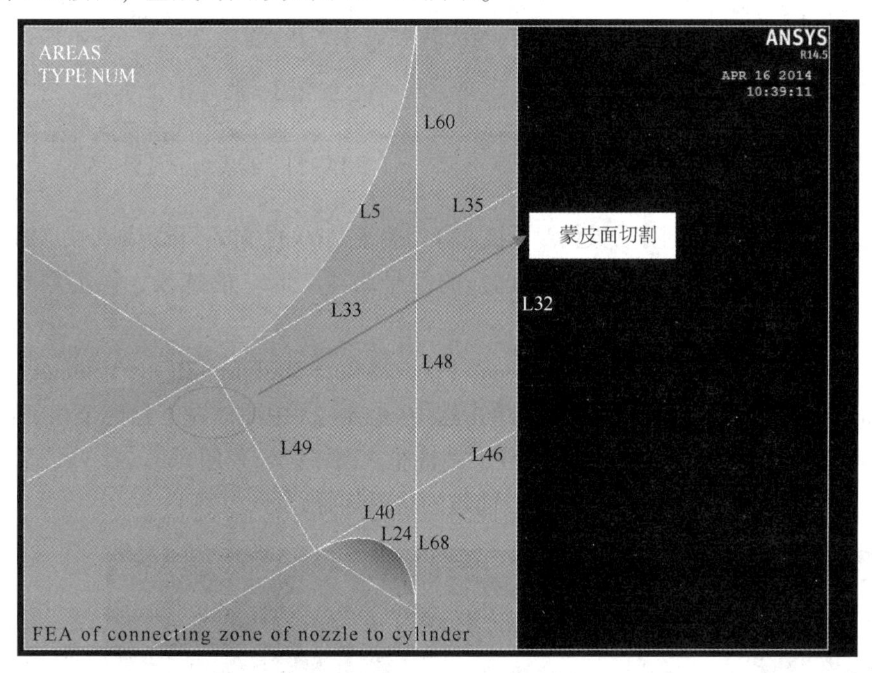

图 15-22　蒙皮面切割筒体

旋转坐标系：在 XY，YZ，ZX Angle 一栏输入“0，0，90-ang1”。在 XY，YZ，ZX Angle 一栏输入“0，90，0”。

移动坐标系至接管区轴向切割位置，在 Snap 一栏输入“0，0，-2 * Rni”。

采用工作平面切割筒体：对于被选择的编号为 9 的筒体上部，单击 Apply 按钮完成第一步，再选中编号为 1 的筒体下部，单击 OK 按钮完成。

15.1.3　划分单元

设定接管端部线段划分份数：执行 Main Menu>Preprocessor>Meshing>Size cntrls>ManualSize>Lines>Picked Lines 弹出拾取框，如图 15-23 所示，单击选中选中接管端部编号为 14 和 16 的两条纬线，单击 Apply 按钮，弹出如图 15-24 所示对话框，在 NDIV 中设置 20，单击 Apply 按钮。

Element Size on Picked Lines
Pick Unpick
Single Box
Polygon Circle
Loop
Count = 0
Maximum = 78
Minimum = 1
Line No. =
List of Items
Min, Max, Inc
14,16
OK Apply
Reset Cancel
Pick All Help

图 15-23　接管端部线段划分

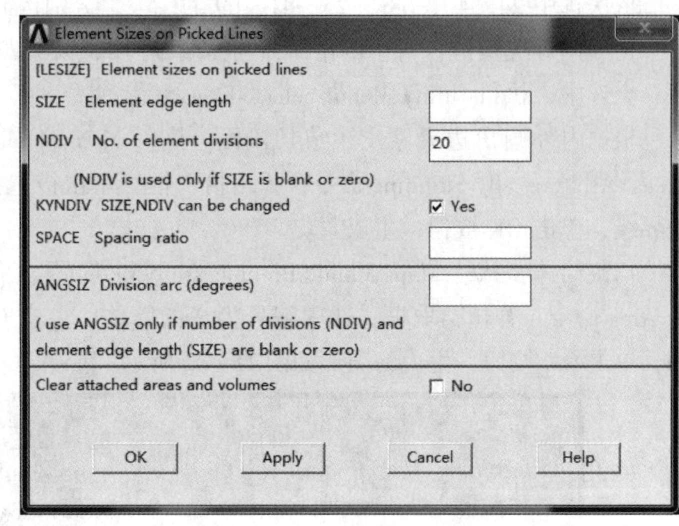

图 15-24　线段划分设置

设定外圆角直角边的剖分份数：对于被选择的编号为 60 的线段，设定划分段 NDIV 为 4。

设定内接管边剖分份数：对于被选择的编号为 45 和 57 的线段，设定划分段 NDIV 为 12。

组合连接相邻面域。执行 Main Menu>Preprocessor>Meshing>Mesh>Volumes>Mapped>Concatenate>Areas 命令，弹出拾取框，单击选中图 15-25 中筒体左下角两个相邻面，单击 OK 按钮完成。提示：为了进行映射剖分，需将非六面体区域采用 accat 命令将适当的相邻面域连接在一起，类似的命令 lccat 用于面域的映射剖分。

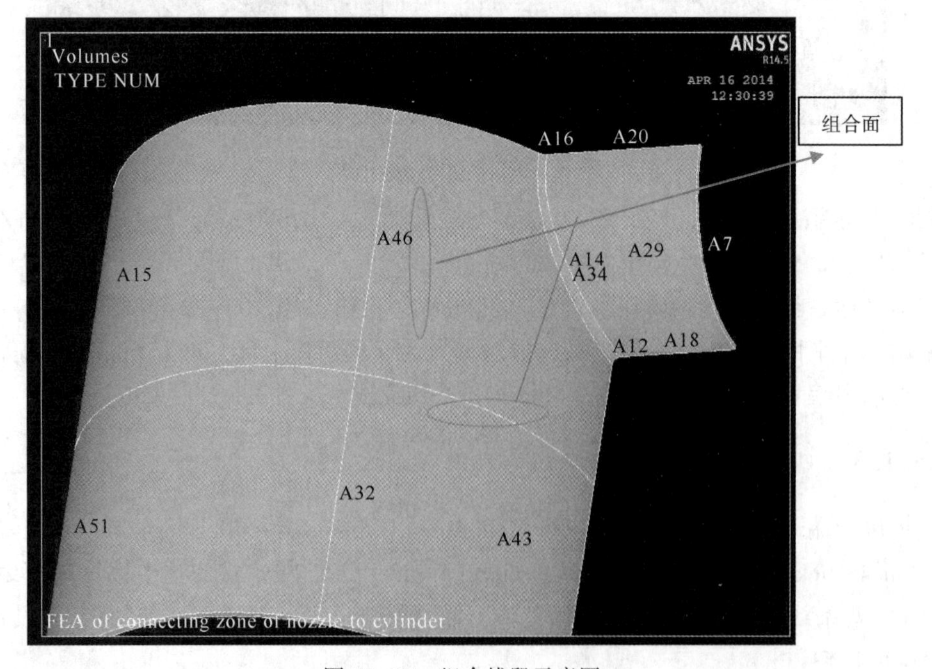

图 15-25　组合线段示意图

映射划分单元：执行 Main Menu>Preprocessor>Meshing>Mesh>Volume Sweep>Sweep 命令，弹出拾取框，单击 Pick All 按钮，完成操作，效果如图 15-26 所示。

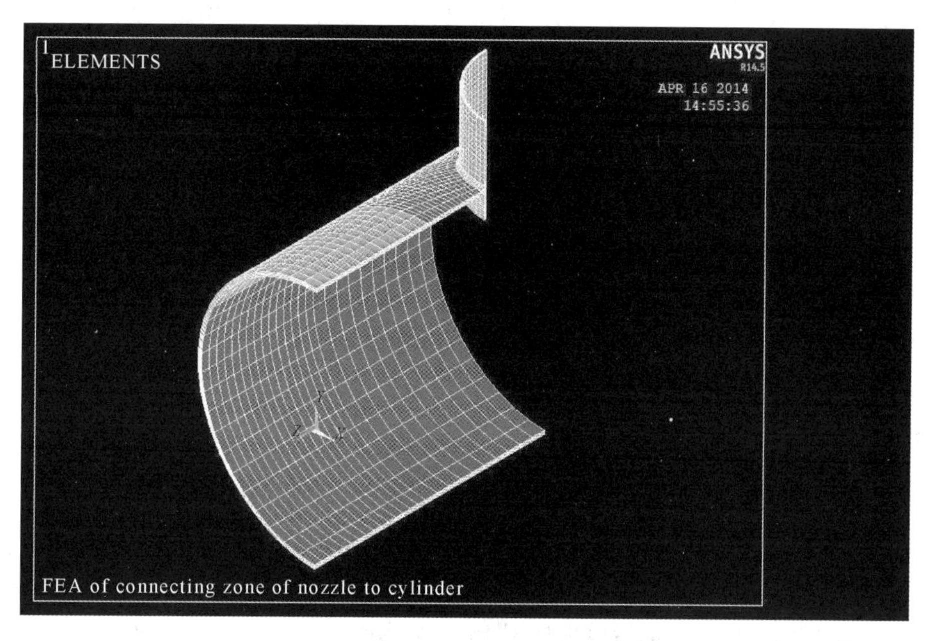

图 15-26　网格划分

全选择：执行 Utility Menu>Select>Everything 命令。

对模型信息进行合并：执行 Menu>Preprocrssor>Numbering Ctrls>Merge Items 命令，弹出 Merge Coincident…对话框，在 Lab1 下拉框中选择 All，单击 OK 按钮退出，如图 15-27 所示。

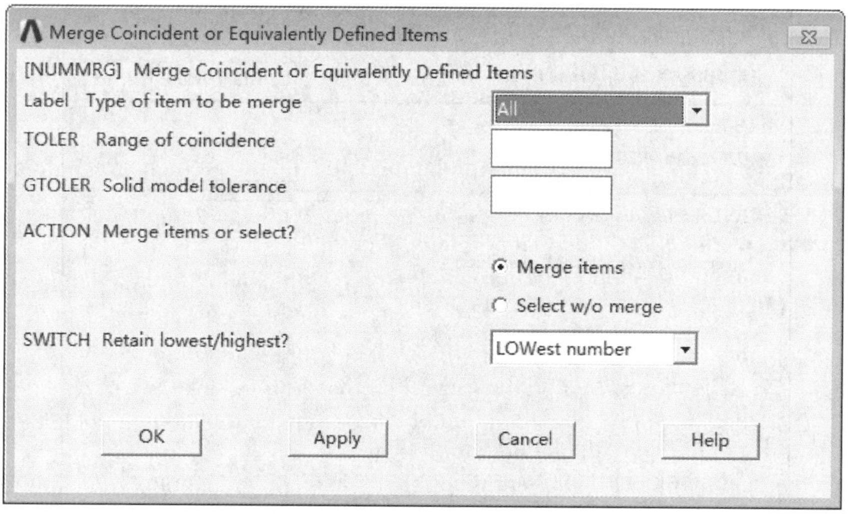

Merge Coincident or Equivalently Defined Items

[NUMMRG] Merge Coincident or Equivalently Defined Items

Label Type of item to be merge　All

TOLER Range of coincidence

GTOLER Solid model tolerance

ACTION Merge items or select?

Merge items

Select w/o merge

SWITCH Retain lowest/highest?　LOWest number

OK　Apply　Cancel　Help

图 15-27　合并模型信息

对模型信息进行压缩：执行 Menu>Preprocrssor>Numbering Ctrls>Compress Numbers 命令，弹出 Compress Numbers 对话框，在 Lab1 下拉框中选择 All，单击 OK 按钮退出，如图 15-28 所示。

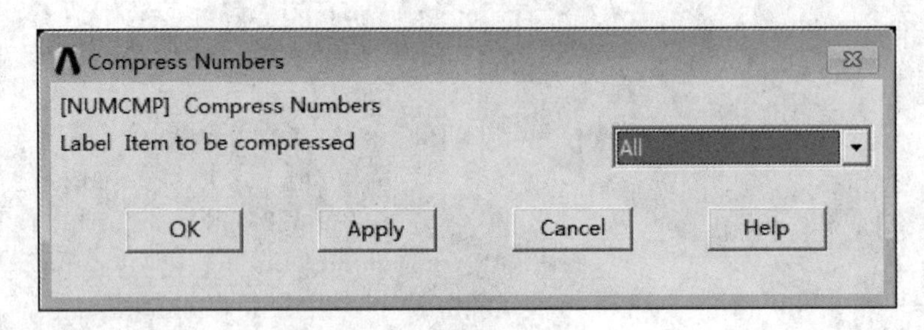

图 15-28 压缩模型信息

15.1.4 施加约束与载荷

本步骤的作用是对筒体端面施加端面平衡面载荷。执行 Main Menu>Solution>Define Loads>Apply>Structural>Pressure>On Areas 命令，弹出拾取框，选中筒体端部编号为 3、9 的两个面(对应 Z=0)，单击 OK 按钮，弹出如图 15-29 所示对话框，在 VALUE 一栏输入 -pc，单击 OK 按钮退出。施加后效果如图 15-30 所示。

在对称面施加对称约束：首先选中 X=0 处对称面，执行 Main Menu>Solution>Entities 命令，弹出拾取框，下拉框中选择 Areas，By Location，X coordinates，在 Min，Max，一栏填入 0，如图 15-31 所示，单击 OK 按钮完成操作。再执行 Main Menu>Solution>Define Loads>Apply>Structural>Displacement>Symmetry B. C>On Areas 命令，弹出拾取框，单击 Pick All 按钮退出。

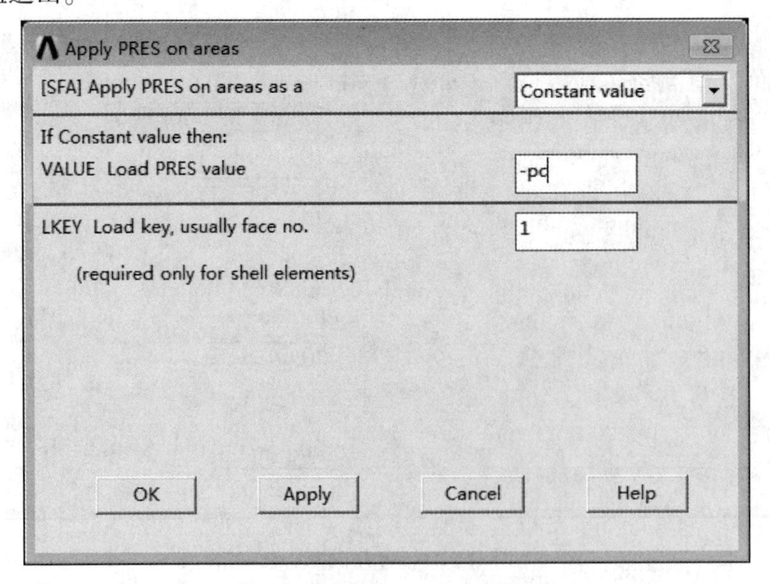

图 15-29 面载荷施加对话框

在 Z=-Lc/2 对称面上施加对称面约束：为此，设定 Areas，By Location，Z coodinates，Min，Max 一栏填入-Lc/2，选中 Z=-Lc/2 对称面，施加对称约束。

约束接管端面轴向位移：先选中接管端面，执行 Utility Menu>Select>Entities 命令，弹出拾取框，下拉框中选择 Areas、By Location、Y coordinates，在 Min，Max 一栏填入“Ln+Rci+tc”，单击 OK 按钮。再执行 Main Menu>Solution>Define Loads>Apply>Structural>Displacement>On Areas 命令，弹出拾取框，单击 Pick All 按钮，在弹出的对话框中，设定 Dofs to be constrained 为 UY，如图 15-32 所示，单击 OK 按钮结束。

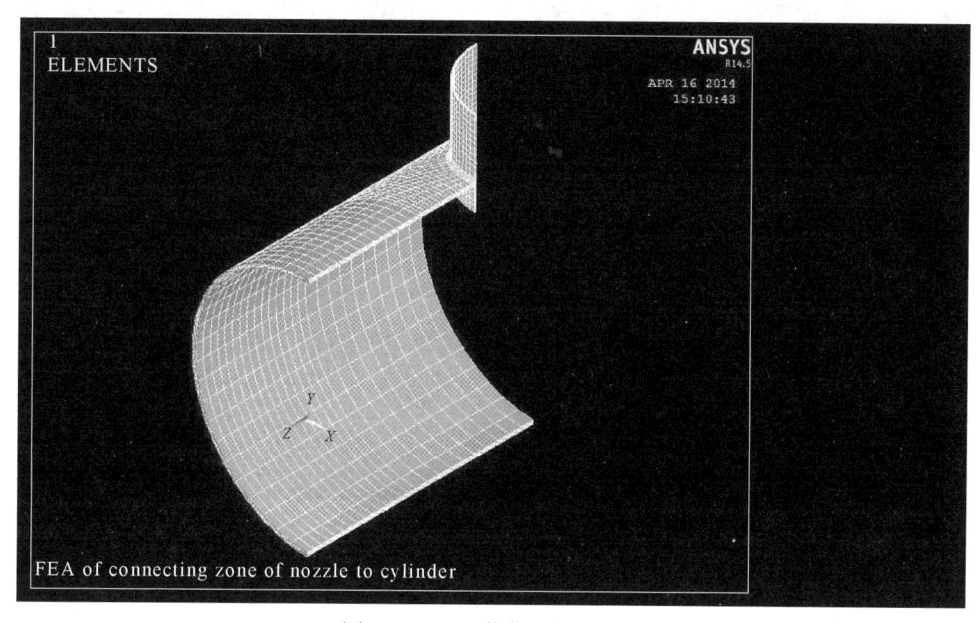

图 15-30　面载荷施加效果图

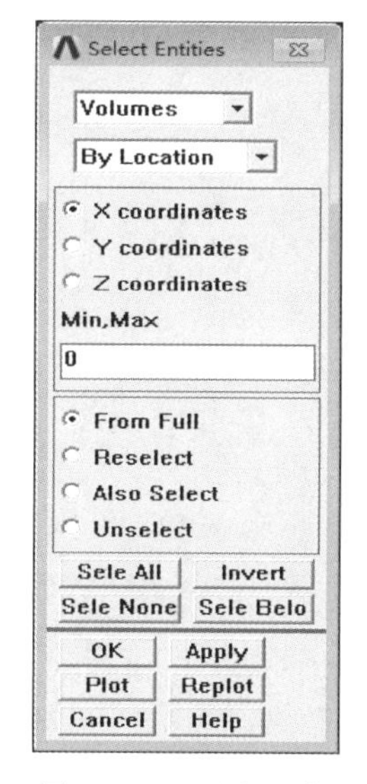

图 15-31　选择对象

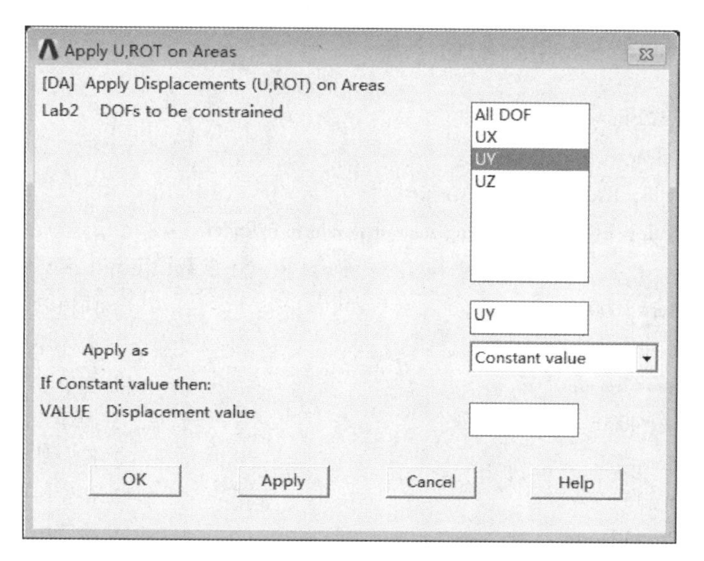

图 15-32　轴向位移约束选择

对内表面施加内压：选中内表面编号为 6、7、15、17、19、23、29、42、47、50 的所有面，VALUE 设定为 pi。效果如图 15-33 所示。

注意：若 GUI 命令无法完成，可借助命令流解决。

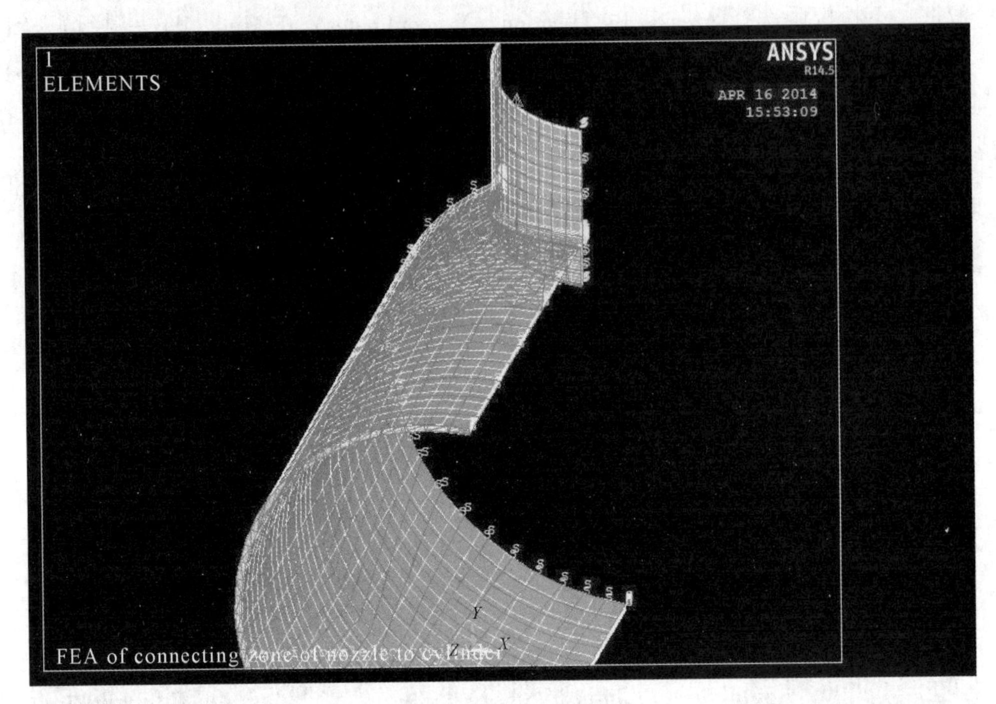

图 15-33　约束和加载

全选择：执行 Utility Menu>Select>Everything 命令。

求解：执行 Main Menu>Solution>Solve>Current LS 命令，进行求解。

15.1.5　用到的命令流

```
E322 finish
/clear
/filn, E322
/title, FEA of connecting zone of nozzle to cylinder
!                ＊＊＊＊＊＊＊＊＊＊＊＊＊参数设定＊＊＊＊＊＊＊＊＊＊＊＊＊
Rci = 1000                                  ! 筒体内半径
tc = 30                                     ! 筒体厚度
Rco = Rci+tc                                ! 筒体外半径
Lc = 4000                                   ! 筒体长度
Rno = 530                                   ! 接管外半径
tn = 15                                     ! 接管厚度
Rni = Rno-tn                                ! 接管内半径
Hmin = sqrt(Rci＊＊2-Rni＊＊2)              ! 接管最小内伸长度
Lni = 50                                    ! 接管内伸长度
```

```
Ln=500                                                  ! 接管外伸长度
rr1=30                                                  ! 焊缝外侧过渡圆角半径
rr2=15                                                  ! 焊缝内侧过渡圆角半径
pi=1.2                                                  ! 内压
pc=pi*Rci**2/(Rco**2-Rci**2)                            ! 筒体端部轴向平衡面载荷
pn=pi*Rni**2/(Rno**2-Rni**2)                            ! 接管端部纵向平衡面载荷
!              **************前处理**************
/prep7
et, 1, 45                                               ! 定义单元类型
mp, ex, 1, 2e5                                          ! 定义材料的弹性模量
mp, nuxy, 1, 0.3                                        ! 定义材料的泊松比
!              **************建立模型**************
cylind, Rco, Rci, 0, -Lc/2, 90, 270,                    ! 生成筒体
wpoff, 0, 0, -Lc/2                                      ! 将工作面沿-Z向移动Lc/2
wprot, 0, 90,                                           ! 将工作面沿yz旋转90o
cylind, Rno, Rni, -Ln-Rci-tc, -Hmin+Lni, 90, 180,           ! 生成接管
vovlap, all                                             ! Overlap布尔运算
vdel, 3,,, 1                                            ! 删除筒体上开孔失去的部分
vsel, s,,, 7                                            ! 选择筒体
*afun, deg                                              ! 设定角度函数中单位为角度
ang1=2*nint(asin(Rno/Rci))                              ! 计算接管区切割角度
wprot, 0, 0, -90+ang1                                   ! 旋转坐标系
vsbw, all                                               ! 切割筒体
afillt, 21, 12, rr1                                     ! 筒体与接管外表面圆角
al, 33, 60, 5                                           ! 生成圆角区域所需的面
al, 37, 61, 7                                           ! 生成圆角区域所需的面
va, 12, 14, 16, 34, 35                                  ! 生成圆角区域体
afillt, 23, 13, rr2                                     ! 筒体内表面与接管外表面圆角
al, 24, 40, 68                                          ! 生成圆角区域所需的面
al, 25, 41, 69                                          ! 生成圆角区域所需的面
va, 13, 23, 31, 39, 40                                  ! 生成圆角区域体
alls, all                                               ! 全选
askin, 62, 70                                           ! 根据内外圆角边界蒙皮生成切割面
vsba, 2, 36                                             ! 切割筒体
wprot, 0,, 90-ang1                                      ! 旋转坐标系
wprot, 0, 90, 0                                         ! 旋转坐标系
wpoff, 0, 0, -2*Rni                                     ! 移动坐标系至接管区轴向切割位置
vsbw, 9                                                 ! 切割筒体
vsbw, 1                                                 ! 切割筒体
!              **************划分网格**************
lsel, s, loc, y, Ln+rci+tc                              ! 选择接管端部各线段
lsel, u, length,, 0, tc                                 ! 去掉长度为0~tc的线段
```

```
lesize, all,,, 20,, 1                                ! 设定所选线段的剖分数
alls, all
lesize, 60,,, 4,, 1                                  ! 设定外圆角某一线段的剖分数
lesize, 45,,, 12,, 1                                 ! 设定内接管分段数
lesize, 57,,, 12,, 1
asel, s,,, 45, 46, 1, 1                              ! 选择筒体上接管连接影响区外侧两截面
accat, all                                           ! 连接相邻面域
alls, all                                            ! 全选
vsweep, all                                          ! 映射划分
alls
nummrg, all                                          ! 合并所有相同项
numcmp, all                                          ! 压缩
fini
!              * * * * * * * * * * * * * *求解* * * * * * * * * * * * * *
/solu
asel, s, loc, z, 0                                   ! 选择筒体端面
SFA, all, 1, PRES, -pc                               ! 施加端面平衡面载荷
asel, s, loc, x, 0                                   ! 选择对称面
asel, a, loc, z, -Lc/2                               ! 选择对称面
DA, all, SYMM                                        ! 施加对称约束
asel, s, loc, y, Ln+Rci+Tc                           ! 选择接管端面
DA, all, UY,                                         ! 约束轴向位移
asel, s,,, 6                                         ! 选择所有内表面
asel, a,,, 7
asel, a,,, 15
asel, a,,, 17
asel, a,,, 19
asel, a,,, 23
asel, a,,, 29
asel, a,,, 42
asel, a,,, 47
asel, a,,, 50
SFA, all, 1, PRES, pi                                ! 施加内压
alls
solve                                                ! 求解
fini
!              * * * * * * * * * * * * * *后处理* * * * * * * * * * * * * *
/post1
PLNSOL, S, INT, 0, 1                                 ! 显示应力云图
fini
```

15.2 分析结果的查看过程

本步骤的作用是查看变形和应力强度。

15.2.1 查看变形结果

执行 Main Menu>General Postproc>Plot Results>Deformed Shape，弹出拾取框，如图 15-34 所示。单击选择 Def+undef edge，变形结果如图 15-35 所示。

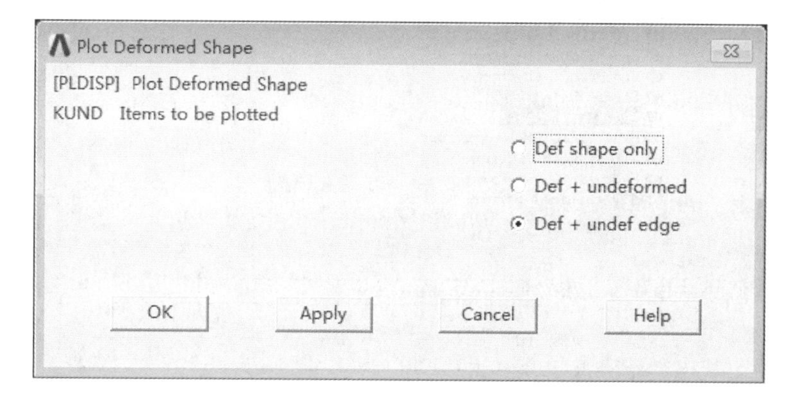

图 15-34 显示选项

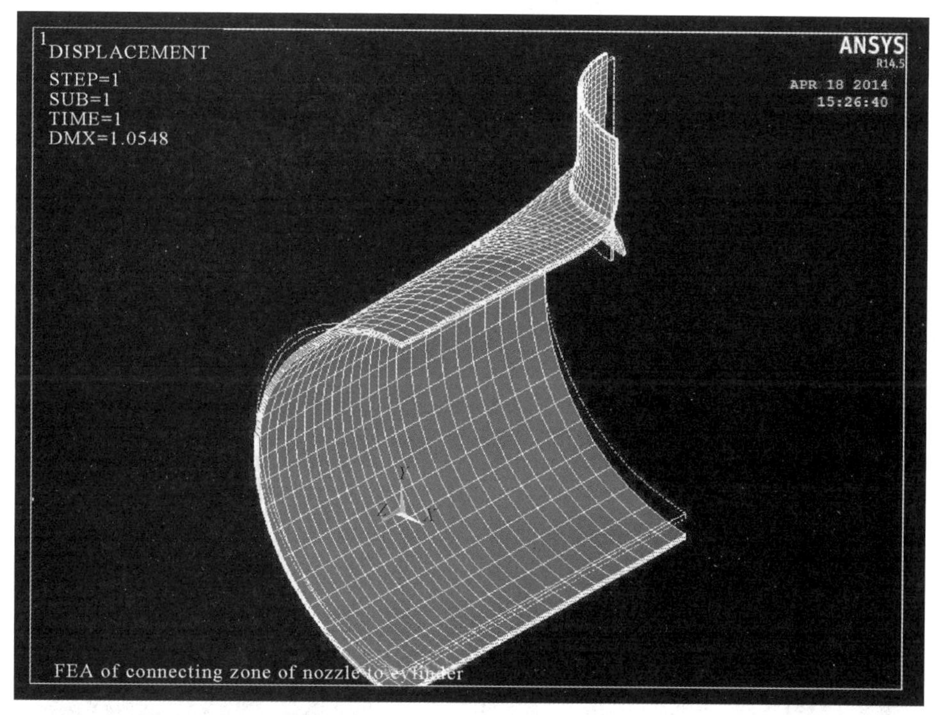

图 15-35 变形结果显示

15.2.2　查看节点应力强度图

执行 Main Menu>General Postproc>Plot Results>Contour Plot>Nodal Solu，弹出 Contour Nodal Solution Data 对话框，单击 Stress，在其下拉列表中选择 Von Mises Stress，如图 15-36 所示。显示应力强度如图 15-37 所示。

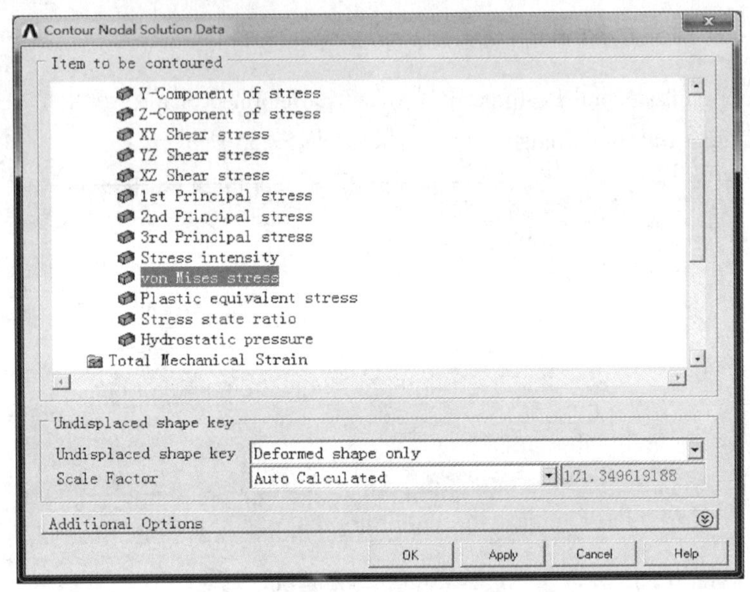

图 15-36　查看节点应力

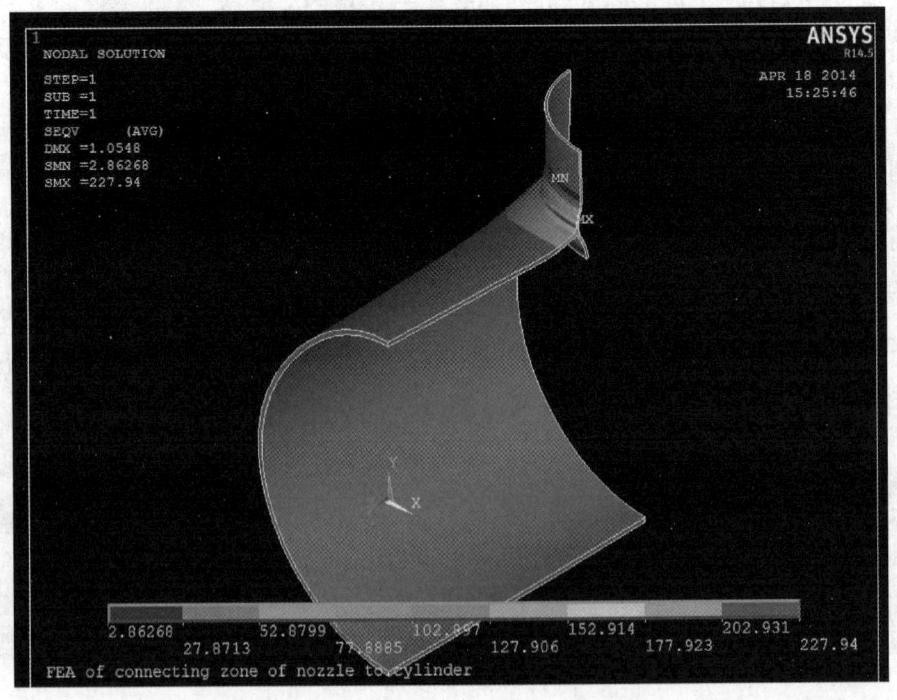

（a）

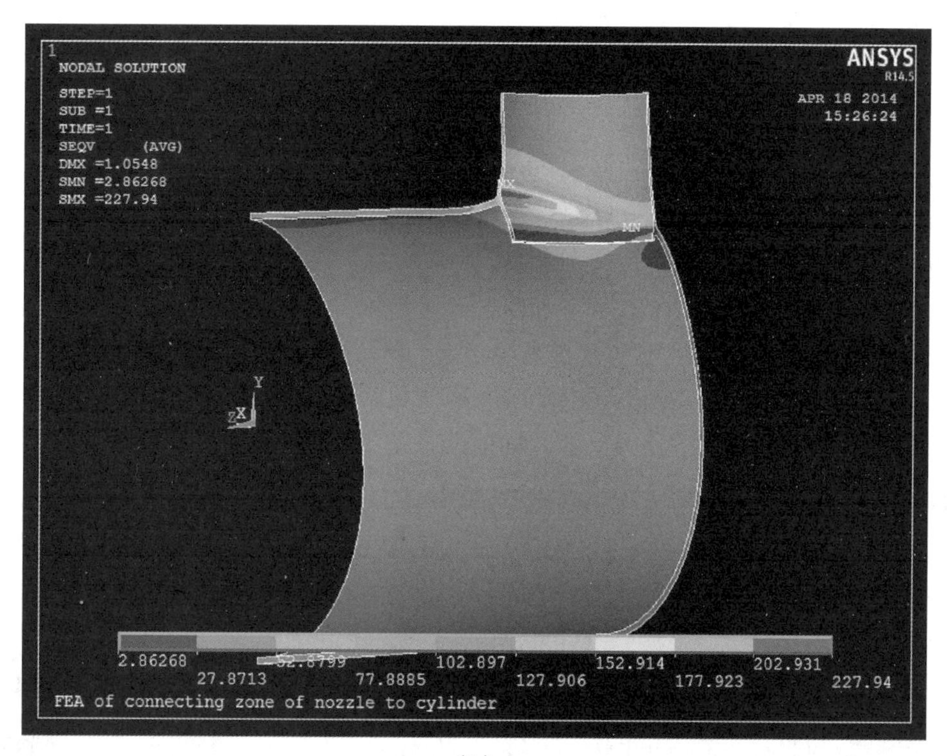

(b)

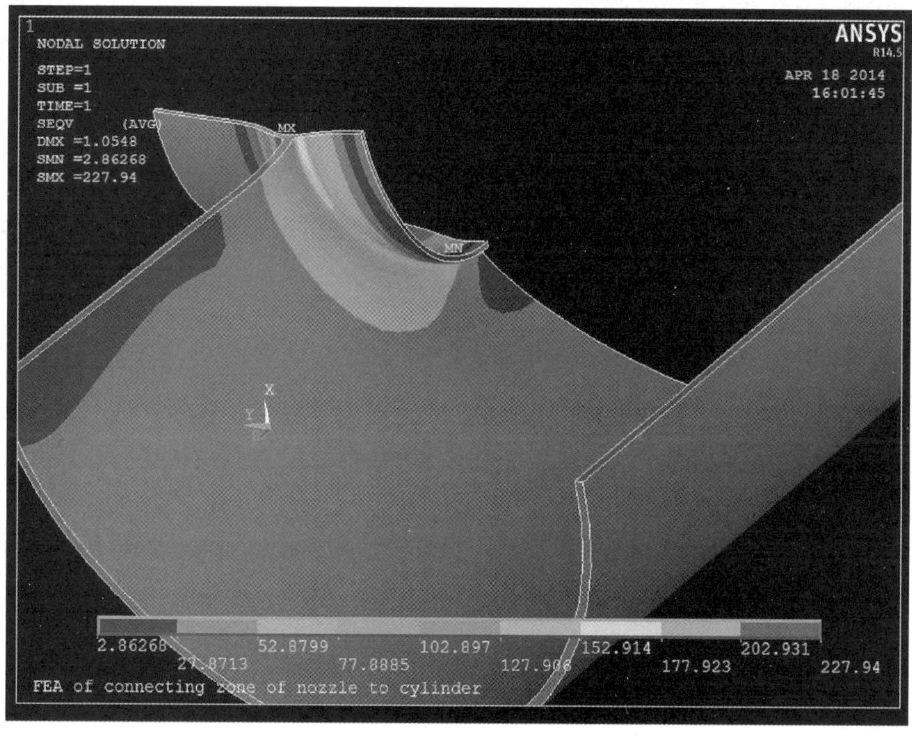

(c)

图 15-37 应力强度云图

在图 15-37 上可看到 3 个高应力强度区，分别位于：筒体最高位置与接管连接部位外表面；筒体最高位置与接管连接部位内表面；筒体最高位置内表面与接管连接部位外表面。

筒体最高位置与接管连接部位外表面，红色标识，节点编号为 1504、1503、1401、444、456、457，如图 15-38 所示。

筒体最高位置与接管连接部位内表面，红色标识，节点编号为 1802、1803、1804、1805、1806、1807、1842、518、516，如图 15-39 所示。

筒体最高位置内表面与接管连接部位外表面，明黄色标识，节点编号为 3053、2765、3050、3049、3048、2764、3045、3044、3043、2763、4433、3046、4432、3052、4431，如图 15-40 所示。

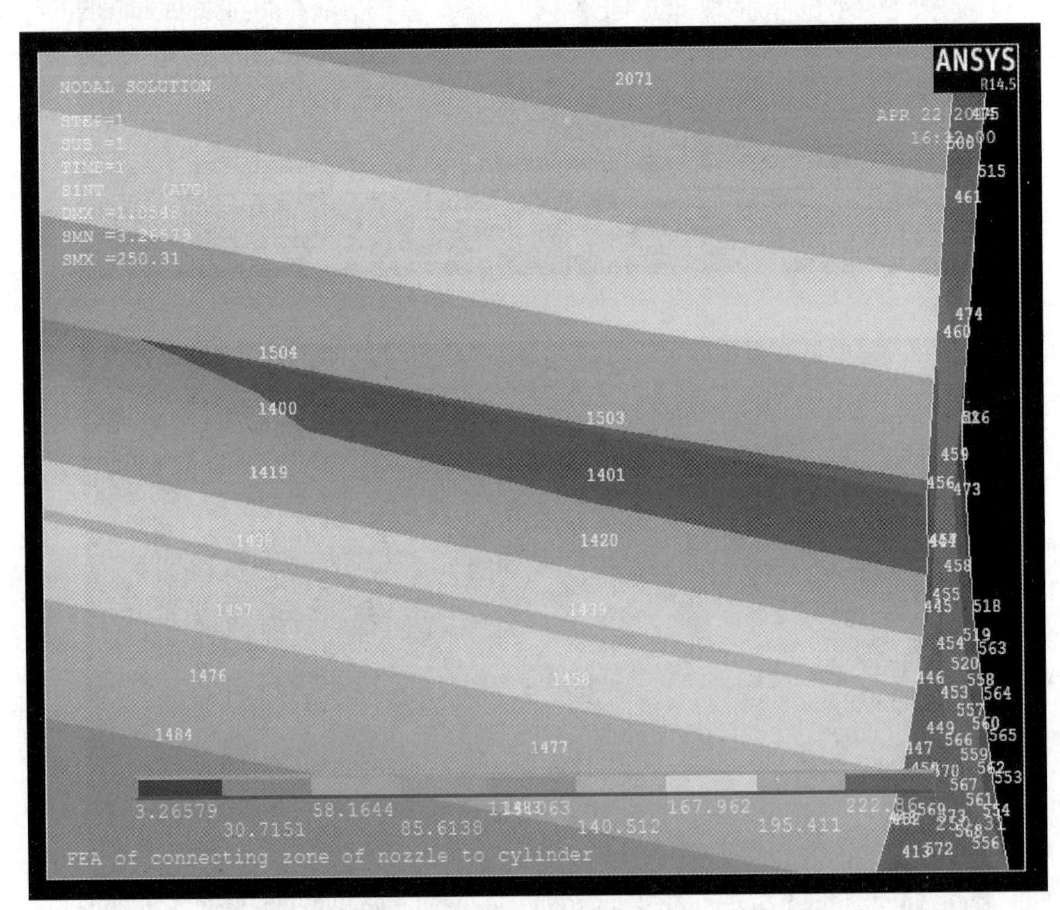

图 15-38　筒体最高位置与接管连接部位外表面节点编号（部分）

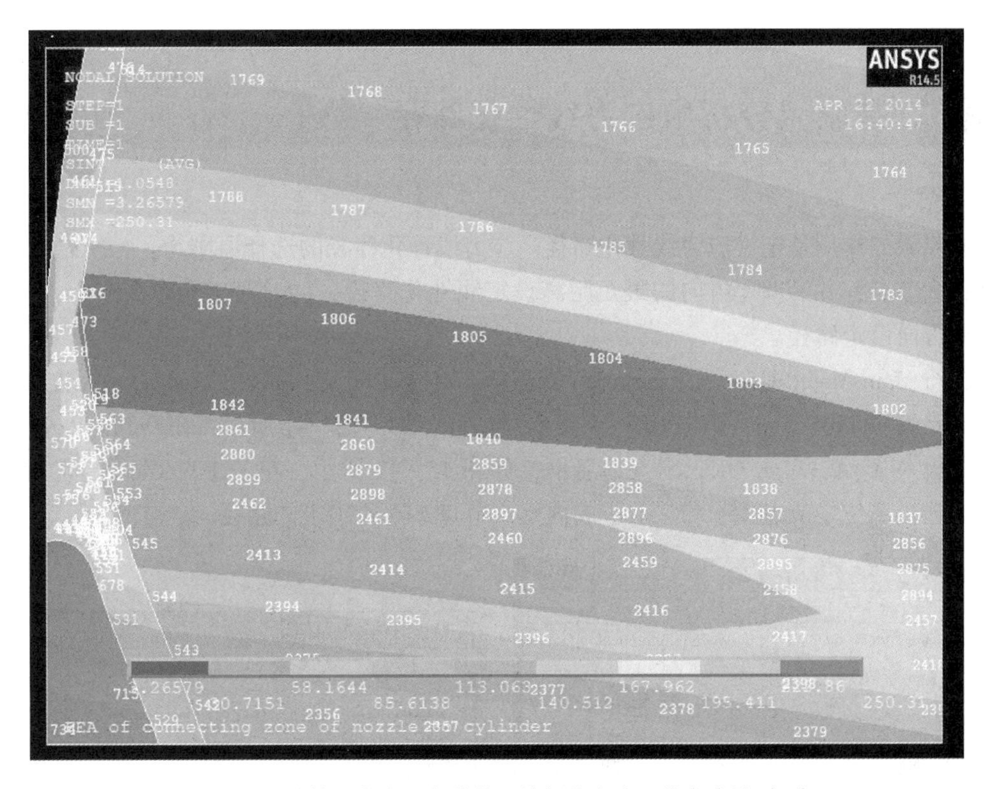

图 15-39　筒体最高位置与接管连接部位内表面节点编号(部分)

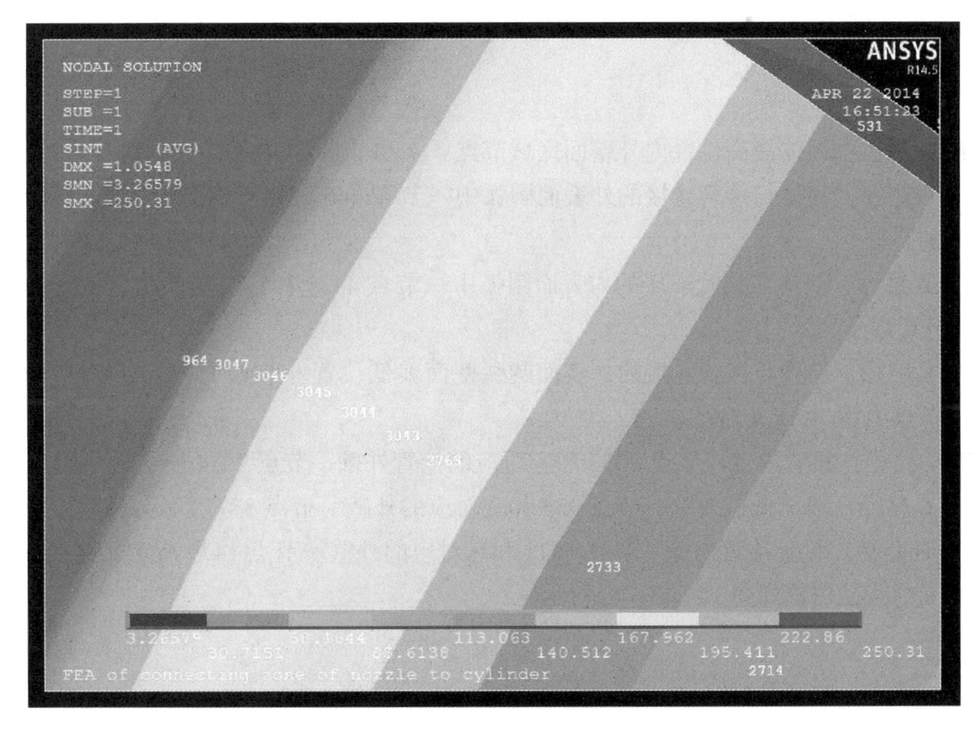

图 15-40　筒体最高位置内表面与接管连接部位外表面节点编号(部分)

15.3 有限元分析中应力线性化路径

本步骤的作用是定义应力线性化路径。应力线性化路径的选择原则为：(1) 通过应力强度最大节点，并沿壁厚方向的最短距离设定线性化路径；(2) 对于相对高应力强度区，沿壁厚方向设定路径。

执行 Main Menu>General Postproc>Path Operations>Define Path>By Nodes，弹出拾取框，输入节点编号 456、516，单击 OK，又弹出对话框，如图 15-41 所示，在 Define Path Name 右栏内输入 A_A，单击 OK，出现信息框，如图 15-42 所示，单击 File/Close。完成筒体与接管连接部位中节点 456 和它对应的内壁一节点 516 所确定的路径。

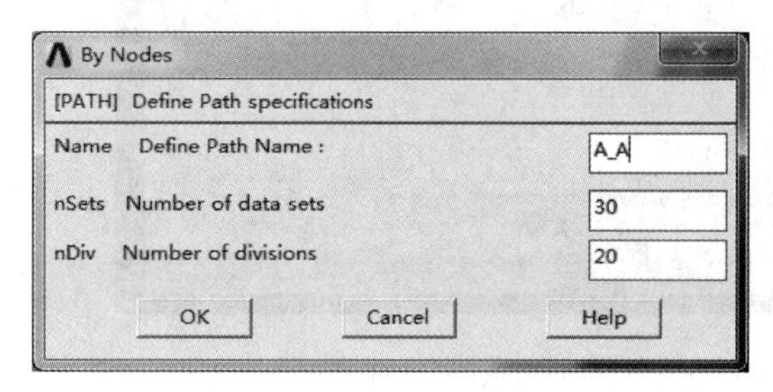

图 15-41 定义路径

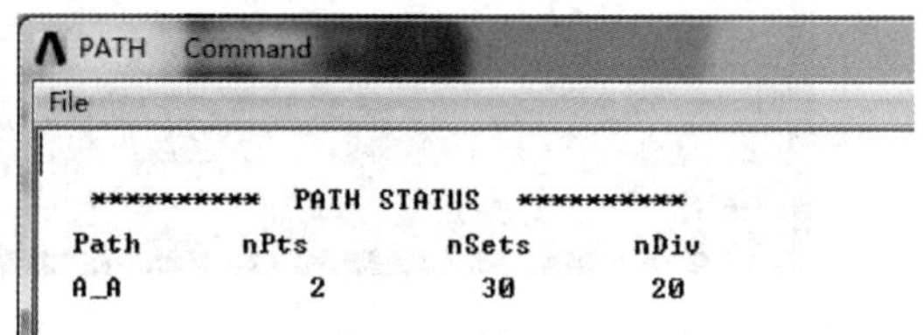

图 15-42 路径信息

B_B 路径：筒体最高位置内外壁面区域节点 447 和节点 4438 所定义的路径。

C_C 路径：筒体与接管连接的外表面圆弧中一节点 446 和接管内壁面中部一节点 565 所定义的路径。

D_D 路径：筒体与接管连接的内表面圆弧中一节点 4433 和它对应的接管内壁一节点 553 所定义路径。

E_E 路径：筒体与接管连接的外表面圆弧壁面偏低位置一节点 1504 和它对应的接管内壁一节点 1806 所定义路径。

F_F 路径：接管内壁一节点 2333 和它对应的接管外壁一节点 2614 所定义路径。

G_G 路径：筒体低位内壁一节点 953 和它对应的外壁一节点 3777 所定义路径。

H_H 路径：接管接管内壁一节点 1823 和它对应的外壁一节点 1479 所定义路径。

定义的路径位置如图 15-43~48 所示。

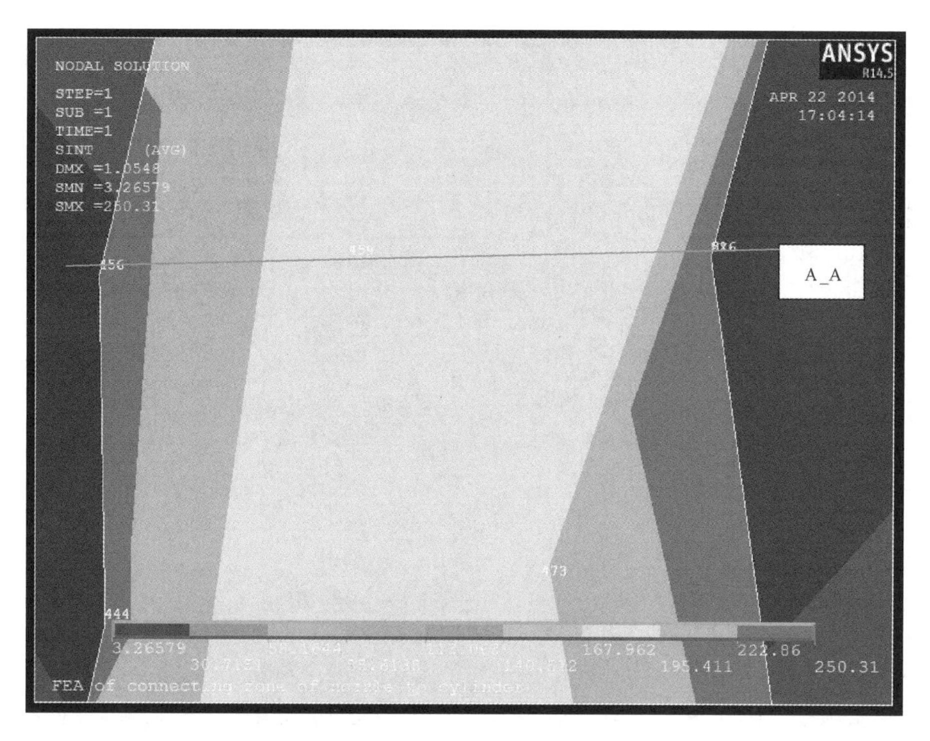

图 15-43　路径 A_A

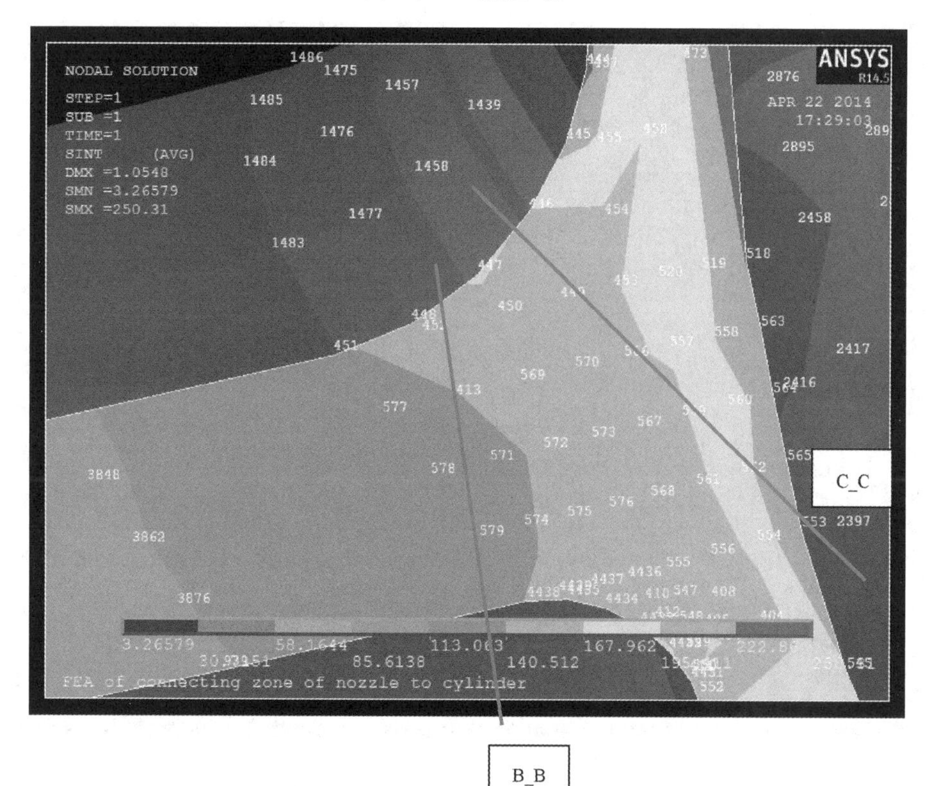

图 15-44　路径 B_B 和路径 C_C

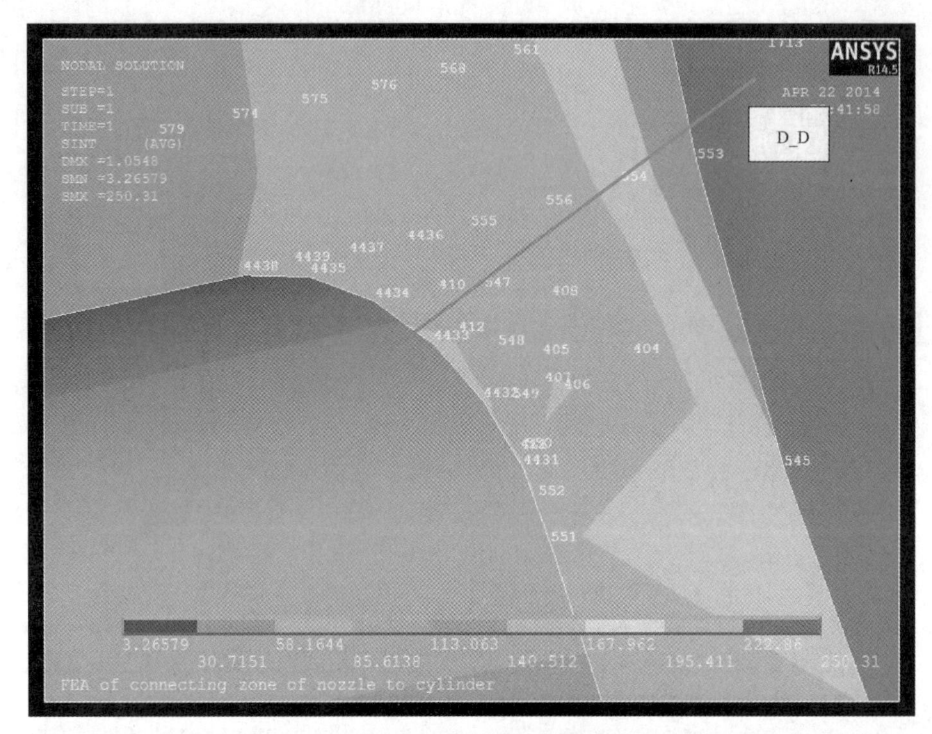

图 15-45 路径 D_D

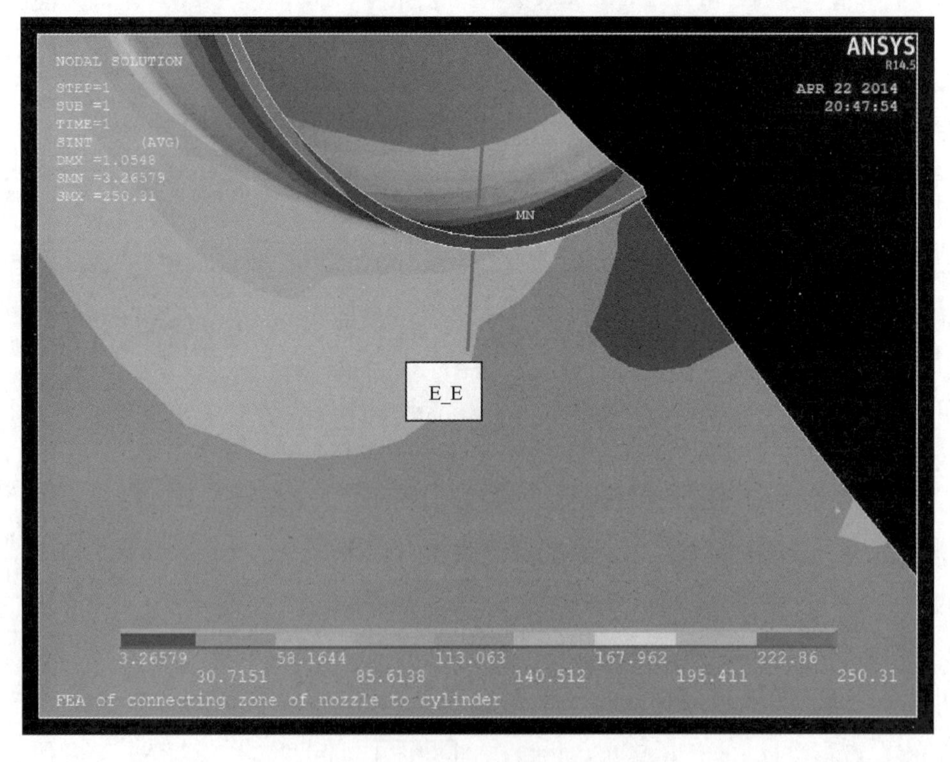

图 15-46 路径 E_E

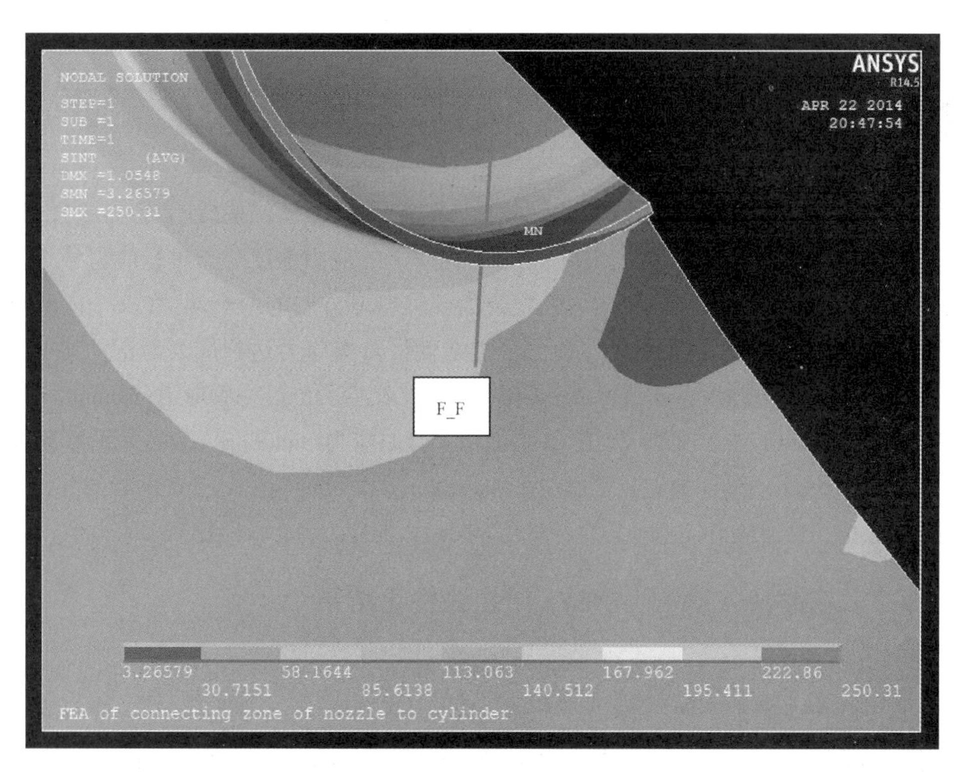

图 15-47 路径 F_F

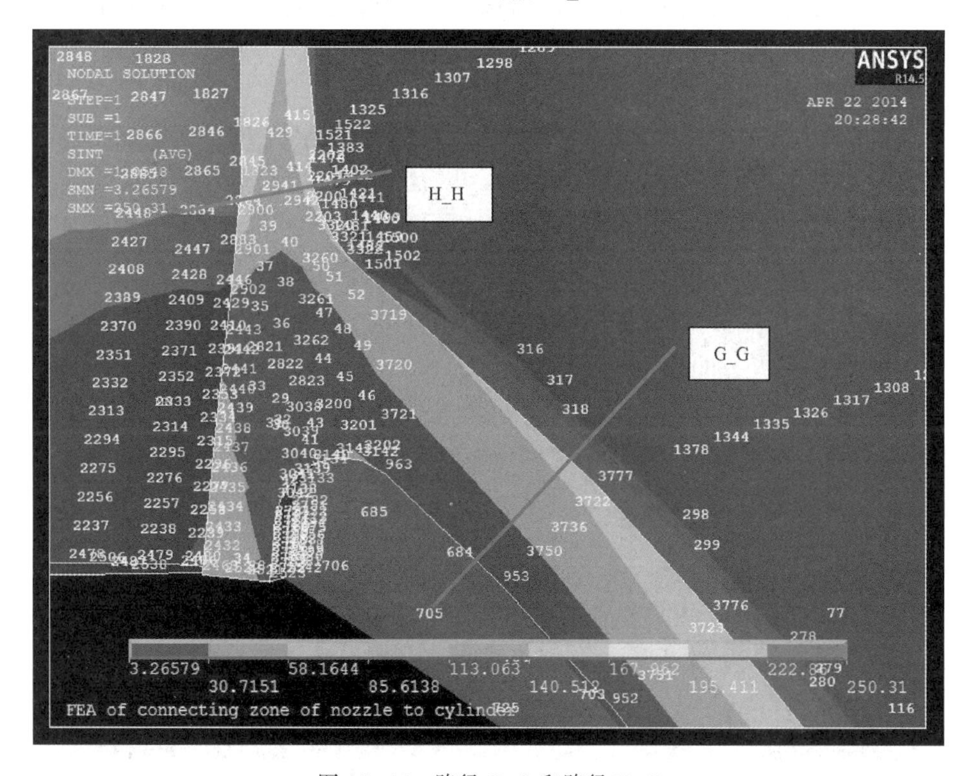

图 15-48 路径 G_G 和路径 H_H

15.4 有限元分析中路径应力线性化的结果

对压力容器进行分析设计校核时，需要通过应力线性化了解结构(或者容器壁)沿某个方向的应力即"一次+二次应力强度"，即对应力分类线上的应力强度分布进行应力分类。应力分类线的两个端点，通常选择位于应力强度最大部位壁厚方向的两个端部(一个内壁点，一个外壁点)，确定位置后，进行微调，直到分类线使得分类应力达到最大为止。其中，线性成分叫做局部薄膜应力强度，非线性成分叫做一次+二次应力强度。膜应力(membrane stress)是沿着路径指定方向的法向所受应力的值的总和；弯曲应力(bending stress)是沿着路径指定方向结构(或容器壁)内外应力差；二次应力(membrane+bending stress)是前两者的和，一般此项可得到最大值；峰值应力(Peak)是沿着路径方向最大的应力值，一定比二次应力小。

15.4.1 在路径 A_A 上 ANSYS 给出线性化结果

首先将 A_A 设置为当前路径。执行 Main Menu>General Postproc>Path Operations>Recall Path，弹出对话框，选择 A_A，单击 OK。

接着，向路径 A_A 上映射数据。执行 Main Menu>General Postproc>Path Operations>Map path，弹出对话框，在 User Label for Items 右框内输入 stress，在 Item to be Mapped 的右面选 stress，在最右面的框内选 Intensity，单击 OK。

路径 A_A 上应力线性化结果如图 15-49 所示。

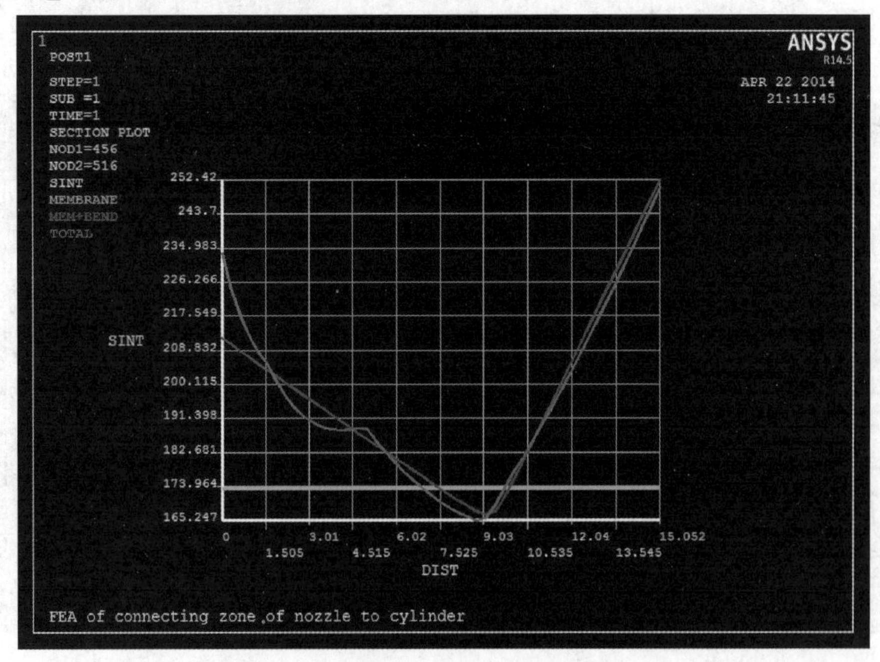

图 15-49　路径 A_A 上应力线性化结果

路径 A_A 上应力线性化结果如下：

PRINT LINEARIZED STRESS THROUGH A SECTION DEFINED BY PATH= A_A DSYS=0

***** POST1 LINEARIZED STRESS LISTING *****

INSIDE NODE=456 OUTSIDE NODE=516

LOAD STEP 1 SUBSTEP=1

TIME=1.0000 LOAD CASE=0

THE FOLLOWING X，Y，Z STRESSES ARE IN THE GLOBAL COORDINATE SYSTEM.

** MEMBRANE **

SX	SY	SZ	SXY	SYZ	SXZ
173.7	36.51	2.686	3.308	-8.027	5.890

S1	S2	S3	SINT	SEQV
174.0	38.29	0.6348	173.4	158.0

** BENDING ** I=INSIDE C=CENTER O=OUTSIDE

	SX	SY	SZ	SXY	SYZ	SXZ
I	38.82	152.4	4.855	0.4714	-21.15	9.103
C	0.000	0.000	0.000	0.000	0.000	0.000
O	-38.82	-152.4	-4.855	-0.4714	21.15	-9.103

	S1	S2	S3	SINT	SEQV
I	155.3	40.92	-0.2298	155.6	139.6
C	0.000	0.000	0.000	0.000	0.000
O	0.2298	-40.92	-155.3	155.6	139.6

** MEMBRANE PLUS BENDING ** I=INSIDE C=CENTER O=OUTSIDE

	SX	SY	SZ	SXY	SYZ	SXZ
I	212.6	188.9	7.540	3.779	-29.18	14.99
C	173.7	36.51	2.686	3.308	-8.027	5.890
O	134.9	-115.9	-2.169	2.836	13.12	-3.212

	S1	S2	S3	SINT	SEQV
I	213.8	193.3	1.836	211.9	202.5
C	174.0	38.29	0.6348	173.4	158.0
O	135.0	-0.7346	-117.4	252.4	218.8

** PEAK ** I=INSIDE C=CENTER O=OUTSIDE

	SX	SY	SZ	SXY	SYZ	SXZ
I	7.413	21.50	-14.74	1.026	12.87	7.552
C	-2.780	-6.620	0.4924	0.2627E-01	0.7198	-0.9498
O	7.118	8.710	5.485	-0.2846	-2.574	0.1984

	S1	S2	S3	SINT	SEQV
I	26.21	8.518	-20.55	46.76	40.90

C	0. 8119	-3. 024	-6. 696	7. 508	6. 503	
O	10. 17	7. 079	4. 060	6. 113	5. 295	

* * TOTAL * * I=INSIDE C=CENTER O=OUTSIDE

	SX	SY	SZ	SXY	SYZ	SXZ
I	220. 0	210. 4	-7. 195	4. 805	-16. 31	22. 55
C	171. 0	29. 89	3. 178	3. 334	-7. 307	4. 941
O	142. 0	-107. 1	3. 316	2. 551	10. 55	-3. 014
	S1	S2	S3	SINT	SEQV	TEMP
I	223. 1	210. 7	-10. 67	233. 7	227. 8	0. 000
C	171. 2	31. 73	1. 124	170. 1	157. 0	
O	142. 1	4. 259	-108. 2	250. 3	217. 1	0. 000

15. 4. 2　在路径 B_ B 上 ANSYS 给出线性化结果

将 B_ B 设置为当前路径，然后向路径 B_ B 上映射数据。

路径 B_ B 上应力线性化结果如图 15-50 所示。

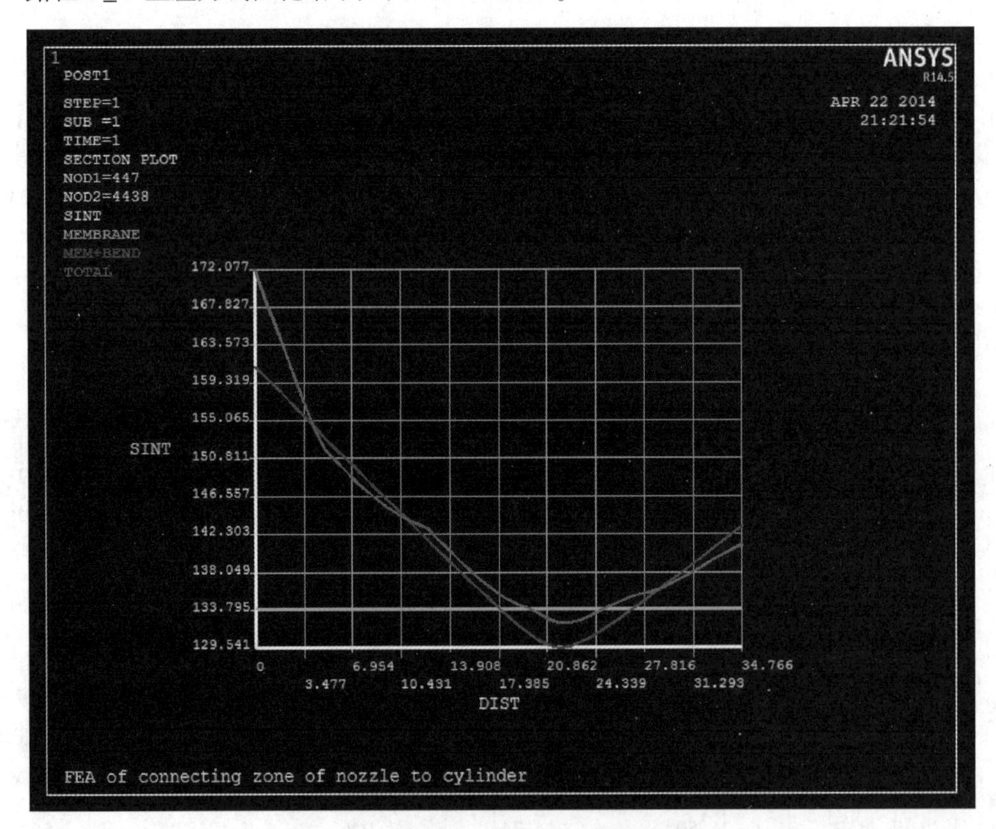

图 15-50　路径 B_ B 上应力线性化结果

路径 B_ B 上应力强度的分析结果如下：

PRINT LINEARIZED STRESS THROUGH A SECTION DEFINED BY PATH= B_ B　　DSYS=0

```
***** POST1 LINEARIZED STRESS LISTING *****
INSIDE NODE=447   OUTSIDE NODE =4438

LOAD STEP 1   SUBSTEP=1
TIME=1.0000   LOAD CASE=0

THE FOLLOWING X, Y, Z STRESSES ARE IN THE GLOBAL COORDINATE SYSTEM.
                         ** MEMBRANE **
        SX          SY          SZ          SXY         SYZ         SXZ
        148.8       19.54       23.74       3.426       -6.088      3.809
        S1          S2          S3          SINT        SEQV
        149.0       28.07       15.01       134.0       127.9
             ** BENDING **   I=INSIDE C=CENTER O=OUTSIDE
        SX          SY          SZ          SXY         SYZ         SXZ
 I      13.42       13.53       7.128       1.465       -24.27      0.2167
 C      0.000       0.000       0.000       0.000       0.000       0.000
 O      -13.42      -13.53      -7.128      -1.465      24.27       -0.2167
        S1          S2          S3          SINT        SEQV
 I      34.85       13.43       -14.20      49.04       42.59
 C      0.000       0.000       0.000       0.000       0.000
 O      14.20       -13.43      -34.85      49.04       42.59
     ** MEMBRANE PLUS BENDING **   I=INSIDE C=CENTER O=OUTSIDE
        SX          SY          SZ          SXY         SYZ         SXZ
 I      162.2       33.06       30.87       4.891       -30.35      4.026
 C      148.8       19.54       23.74       3.426       -6.088      3.809
 O      135.4       6.013       16.61       1.961       18.18       3.593
        S1          S2          S3          SINT        SEQV
 I      162.5       62.34       1.347       161.1       140.9
 C      149.0       28.07       15.01       134.0       127.9
 O      135.5       30.09       -7.625      143.2       128.5
             ** PEAK **   I=INSIDE C=CENTER O=OUTSIDE
        SX          SY          SZ          SXY         SYZ         SXZ
 I      9.119       -2.563      36.62       1.230       -15.25      -1.305
 C      -2.155      2.951       -11.44      -0.4081     3.101       0.5382
 O      3.730       -5.990      19.87       1.431       -9.809      -2.068
        S1          S2          S3          SINT        SEQV
 I      41.94       9.070       -7.832      49.77       43.84
```

C	3.606	-2.132	-12.11	15.72	13.78
O	23.47	3.471	-9.327	32.80	28.63

* * TOTAL * *　　I=INSIDE C=CENTER O=OUTSIDE

	SX	SY	SZ	SXY	SYZ	SXZ
I	171.3	30.50	67.50	6.122	-45.61	2.721
C	146.6	22.49	12.31	3.018	-2.987	4.348
O	139.1	0.2298E-01	36.49	3.392	8.370	1.525
	S1	S2	S3	SINT	SEQV	TEMP
I	171.6	98.19	-0.4705	172.1	149.6	0.000
C	146.8	23.28	11.31	135.5	130.0	
O	139.2	38.27	-1.870	141.1	125.9	0.000

15.4.3　在路径 C_C 上 ANSYS 给出线性化结果

将 C_C 设置为当前路径，然后向路径 C_C 上映射数据。
路径 C_C 上应力线性化结果如图 15-51 所示。

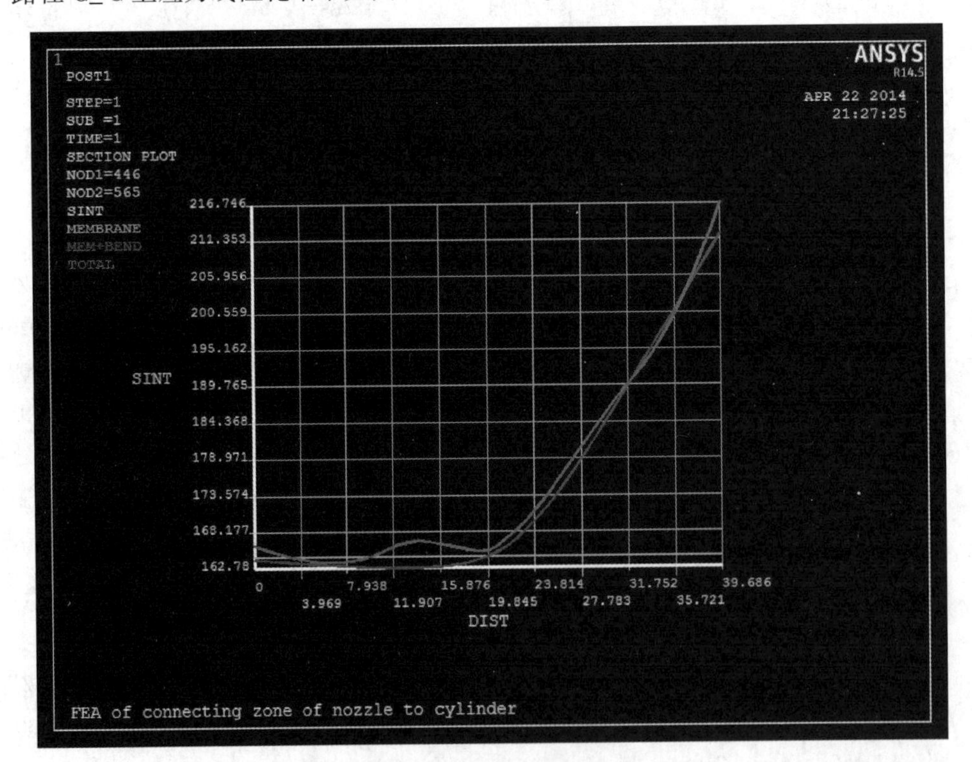

图 15-51　路径 C_C 上应力线性化结果

路径 C_C 上应力强度的分析结果如下：

PRINT LINEARIZED STRESS THROUGH A SECTION DEFINED BY PATH= C_C　　　DSYS=0

* * * * * POST1 LINEARIZED STRESS LISTING * * * * *
INSIDE NODE = 446 OUTSIDE NODE = 565

LOAD STEP 1 SUBSTEP = 1
TIME = 1. 0000 LOAD CASE = 0

THE FOLLOWING X, Y, Z STRESSES ARE IN THE GLOBAL COORDINATE SYSTEM.

* * MEMBRANE * *

SX	SY	SZ	SXY	SYZ	SXZ
162. 5	5. 792	7. 379	3. 507	-7. 953	5. 719
S1	S2	S3	SINT	SEQV	
162. 8	14. 55	-1. 659	164. 5	157. 0	

* * BENDING * * I = INSIDE C = CENTER O = OUTSIDE

	SX	SY	SZ	SXY	SYZ	SXZ
I	18. 64	72. 80	19. 05	0. 5711	-15. 32	-1. 018
C	0. 000	0. 000	0. 000	0. 000	0. 000	0. 000
O	-18. 64	-72. 80	-19. 05	-0. 5711	15. 32	1. 018
	S1	S2	S3	SINT	SEQV	
I	76. 87	18. 81	14. 81	62. 07	60. 17	
C	0. 000	0. 000	0. 000	0. 000	0. 000	
O	-14. 81	-18. 81	-76. 87	62. 07	60. 17	

* * MEMBRANE PLUS BENDING * * I = INSIDE C = CENTER O = OUTSIDE

	SX	SY	SZ	SXY	SYZ	SXZ
I	181. 2	78. 60	26. 43	4. 078	-23. 27	4. 701
C	162. 5	5. 792	7. 379	3. 507	-7. 953	5. 719
O	143. 9	-67. 01	-11. 67	2. 936	7. 366	6. 736
	S1	S2	S3	SINT	SEQV	
I	181. 4	87. 42	17. 35	164. 1	142. 6	
C	162. 8	14. 55	-1. 659	164. 5	157. 0	
O	144. 2	-11. 03	-68. 00	212. 2	190. 3	

* * PEAK * * I = INSIDE C = CENTER O = OUTSIDE

	SX	SY	SZ	SXY	SYZ	SXZ
I	5. 074	-2. 958	21. 81	0. 8754	-15. 87	-2. 203
C	-4. 997	-4. 727	-13. 33	-0. 5669	11. 39	0. 2826
O	5. 181	0. 1056	19. 11	0. 6932	-12. 67	-0. 7180
	S1	S2	S3	SINT	SEQV	
I	29. 79	4. 850	-10. 71	40. 50	35. 38	
C	3. 153	-4. 990	-21. 22	24. 37	21. 49	
O	25. 50	5. 145	-6. 239	31. 74	27. 85	

* * TOTAL * * I=INSIDE C=CENTER O=OUTSIDE

	SX	SY	SZ	SXY	SYZ	SXZ
I	186.2	75.64	48.24	4.953	-39.14	2.498
C	157.5	1.065	-5.955	2.940	3.433	6.001
O	149.1	-66.91	7.446	3.629	-5.307	6.018
	S1	S2	S3	SINT	SEQV	TEMP
I	186.5	103.3	20.32	166.2	143.9	0.000
C	157.8	2.307	-7.476	165.3	160.6	
O	149.4	7.590	-67.36	216.7	190.7	0.000

15.4.4 在路径 D_D 上 ANSYS 给出线性化结果

将 D_D 设置为当前路径，然后向路径 D_D 上映射数据。

路径 D_D 上应力线性化结果如图 15-52 所示。

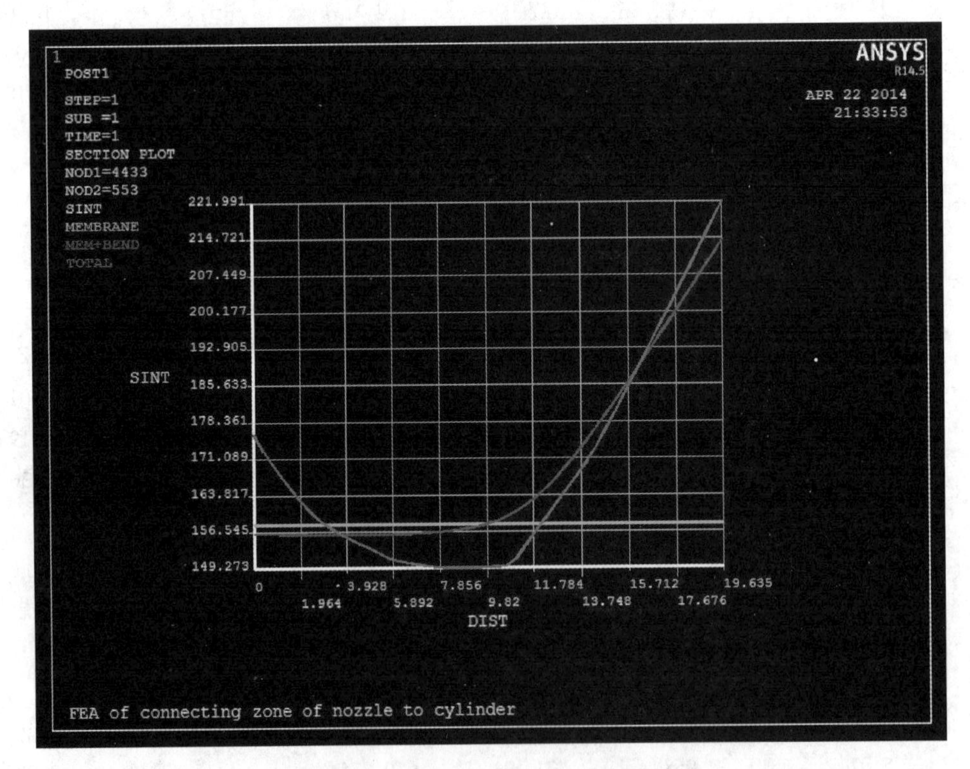

图 15-52 路径 D_D 上应力线性化结果

路径 D_D 上应力强度的分析结果如下：

PRINT LINEARIZED STRESS THROUGH A SECTION DEFINED BY PATH= D_D   DSYS=0

* * * * * POST1 LINEARIZED STRESS LISTING * * * * *

INSIDE NODE=4433 OUTSIDE NODE=553

LOAD STEP 1 SUBSTEP = 1
TIME = 1.0000 LOAD CASE = 0

THE FOLLOWING X, Y, Z STRESSES ARE IN THE GLOBAL COORDINATE SYSTEM.

* * MEMBRANE * *

SX	SY	SZ	SXY	SYZ	SXZ
153.2	4.107	9.185	2.431	10.96	4.629
S1	S2	S3	SINT	SEQV	
153.4	17.70	-4.610	158.0	148.1	

* * BENDING * * I = INSIDE C = CENTER O = OUTSIDE

	SX	SY	SZ	SXY	SYZ	SXZ
I	18.50	78.02	29.95	-1.655	28.66	-1.482
C	0.000	0.000	0.000	0.000	0.000	0.000
O	-18.50	-78.02	-29.95	1.655	-28.66	1.482
	S1	S2	S3	SINT	SEQV	
I	91.45	18.64	16.38	75.06	73.96	
C	0.000	0.000	0.000	0.000	0.000	
O	-16.38	-18.64	-91.45	75.06	73.96	

* * MEMBRANE PLUS BENDING * * I = INSIDE C = CENTER O = OUTSIDE

	SX	SY	SZ	SXY	SYZ	SXZ
I	171.7	82.13	39.14	0.7757	39.61	3.147
C	153.2	4.107	9.185	2.431	10.96	4.629
O	134.7	-73.91	-20.77	4.086	-17.70	6.111
	S1	S2	S3	SINT	SEQV	
I	171.8	105.6	15.53	156.2	135.8	
C	153.4	17.70	-4.610	158.0	148.1	
O	134.9	-15.56	-79.41	214.4	190.6	

* * PEAK * * I = INSIDE C = CENTER O = OUTSIDE

	SX	SY	SZ	SXY	SYZ	SXZ
I	2.225	-6.045	10.73	1.487	23.94	-3.491
C	0.3343	6.095	-4.204	0.2457	-9.091	0.3230
O	-1.858	-14.84	6.981	0.1659	14.54	-1.440
	S1	S2	S3	SINT	SEQV	
I	27.86	2.478	-23.43	51.29	44.42	
C	11.39	0.3505	-9.519	20.91	18.12	
O	14.34	-1.918	-22.13	36.47	31.65	

* * TOTAL * * I = INSIDE C = CENTER O = OUTSIDE

	SX	SY	SZ	SXY	SYZ	SXZ
I	173.9	76.08	49.87	2.262	63.55	-0.3435
C	153.5	10.20	4.981	2.676	1.869	4.952

O	132.8	-88.75	-13.79	4.252	-3.159	4.671
	S1	S2	S3	SINT	SEQV	TEMP
I	174.0	127.8	-1.931	175.9	158.0	0.000
C	153.7	10.69	4.277	149.4	146.3	
O	133.0	-13.79	-88.97	222.0	195.6	0.000

15.4.5 在路径 E_E 上 ANSYS 给出线性化结果

将 E_E 设置为当前路径，然后向路径 E_E 上映射数据。

路径 E_E 上应力线性化结果如图 15-53 所示。

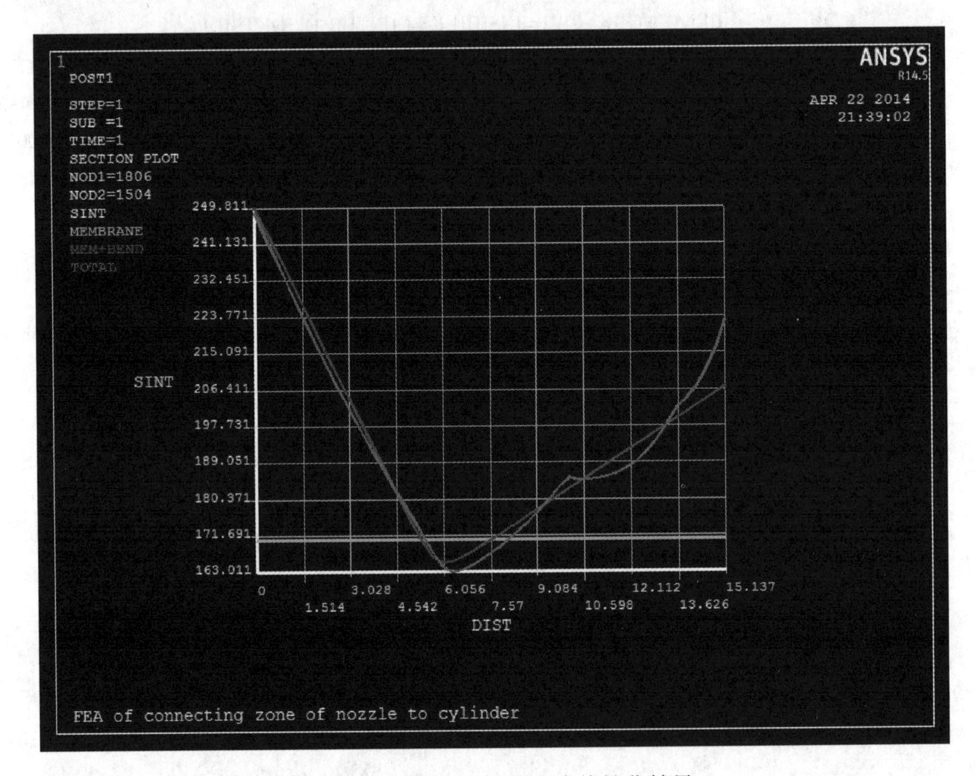

图 15-53 路径 E_E 上应力线性化结果

路径 E_E 上应力强度的分析结果如下：

PRINT LINEARIZED STRESS THROUGH A SECTION DEFINED BY PATH= E_E DSYS=0

* * * * * POST1 LINEARIZED STRESS LISTING * * * * *

INSIDE NODE=1806 OUTSIDE NODE=1504

LOAD STEP 1 SUBSTEP=1

TIME=1.0000 LOAD CASE=0

THE FOLLOWING X, Y, Z STRESSES ARE IN THE GLOBAL COORDINATE SYSTEM.

＊＊ MEMBRANE ＊＊

SX	SY	SZ	SXY	SYZ	SXZ
167.3	36.50	8.649	12.31	-6.596	26.96
S1	S2	S3	SINT	SEQV	
172.6	37.75	2.045	170.6	155.8	

＊＊ BENDING ＊＊ I=INSIDE C=CENTER O=OUTSIDE

	SX	SY	SZ	SXY	SYZ	SXZ
I	-37.43	-149.6	-5.797	4.020	20.67	-7.070
C	0.000	0.000	0.000	0.000	0.000	0.000
O	37.43	149.6	5.797	-4.020	-20.67	7.070
	S1	S2	S3	SINT	SEQV	
I	-1.719	-38.38	-152.7	151.0	136.4	
C	0.000	0.000	0.000	0.000	0.000	
O	152.7	38.38	1.719	151.0	136.4	

＊＊ MEMBRANE PLUS BENDING ＊＊ I=INSIDE C=CENTER O=OUTSIDE

	SX	SY	SZ	SXY	SYZ	SXZ
I	129.9	-113.1	2.852	16.33	14.07	19.89
C	167.3	36.50	8.649	12.31	-6.596	26.96
O	204.7	186.1	14.45	8.293	-27.26	34.03
	S1	S2	S3	SINT	SEQV	
I	134.3	0.9338	-115.6	249.8	216.5	
C	172.6	37.75	2.045	170.6	155.8	
O	211.2	189.9	4.148	207.0	197.3	

＊＊ PEAK ＊＊ I=INSIDE C=CENTER O=OUTSIDE

	SX	SY	SZ	SXY	SYZ	SXZ
I	5.970	6.870	2.476	0.1414	-2.427	0.6033
C	-2.471	-5.938	0.6790	0.2638	0.6132	-0.6663
O	8.469	22.84	-9.747	-3.280	12.74	2.645
	S1	S2	S3	SINT	SEQV	
I	7.953	6.043	1.320	6.634	5.915	
C	0.8587	-2.565	-6.025	6.883	5.961	
O	27.49	8.755	-14.69	42.19	36.61	

＊＊ TOTAL ＊＊ I=INSIDE C=CENTER O=OUTSIDE

	SX	SY	SZ	SXY	SYZ	SXZ
I	135.8	-106.2	5.328	16.47	11.64	20.49
C	164.8	30.56	9.328	12.58	-5.982	26.29
O	213.2	208.9	4.699	5.013	-14.52	36.67
	S1	S2	S3	SINT	SEQV	TEMP
I	140.3	2.915	-108.3	248.6	215.7	0.000
C	170.1	31.95	2.675	167.4	154.9	
O	220.1	209.4	-2.649	222.7	217.6	0.000

15.4.6 在路径 F_F 上 ANSYS 给出线性化结果

将 F_F 设置为当前路径，然后向路径 F_F 上映射数据。

路径 F_F 上应力线性化结果如图 15-54 所示。

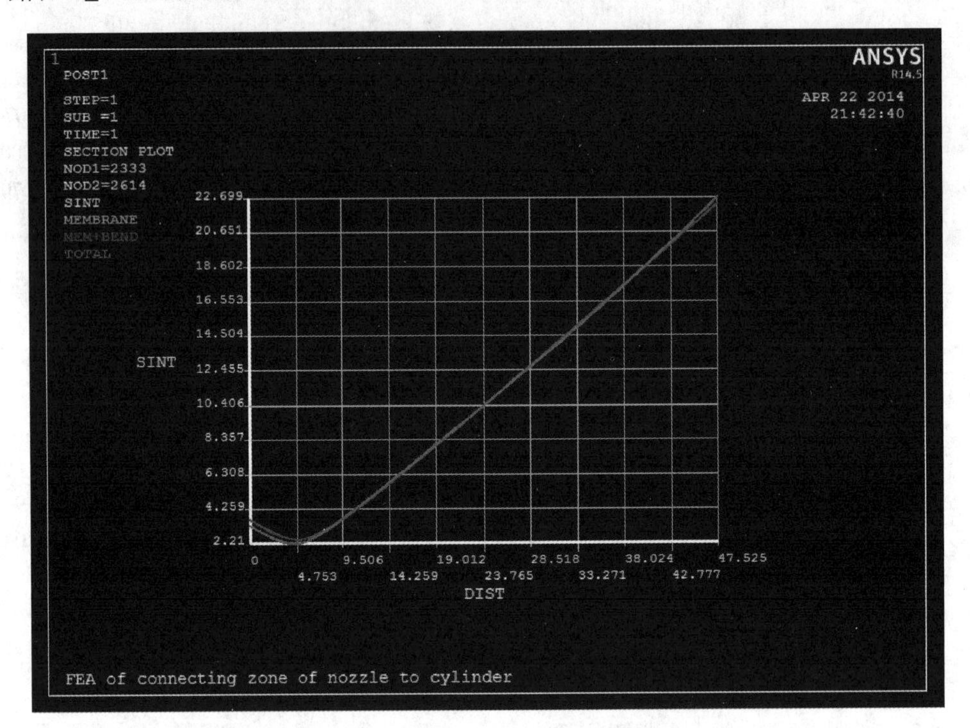

图 15-54　路径 F_F 上应力线性化结果

路径 F_F 上应力强度的分析结果如下：

PRINT LINEARIZED STRESS THROUGH A SECTION DEFINED BY PATH= F_F　　DSYS=0

* * * * * POST1 LINEARIZED STRESS LISTING * * * * *

INSIDE NODE=2333　OUTSIDE NODE=2614

LOAD STEP 1　SUBSTEP=1

TIME=1.0000　LOAD CASE=0

THE FOLLOWING X, Y, Z STRESSES ARE IN THE GLOBAL COORDINATE SYSTEM.

* * MEMBRANE * *

SX	SY	SZ	SXY	SYZ	SXZ
0.4254E-01	-1.897	4.618	-1.308	-3.053	2.916
S1	S2	S3	SINT	SEQV	
7.242	-1.364	-3.114	10.36	9.601	

＊＊ BENDING ＊＊ I=INSIDE C=CENTER O=OUTSIDE

	SX	SY	SZ	SXY	SYZ	SXZ
I	-1.072	-1.406	-7.294	1.797	4.404	-3.433
C	0.000	0.000	0.000	0.000	0.000	0.000
O	1.072	1.406	7.294	-1.797	-4.404	3.433
	S1	S2	S3	SINT	SEQV	
I	0.9497	0.4174	-11.14	12.09	11.83	
C	0.000	0.000	0.000	0.000	0.000	
O	11.14	-0.4174	-0.9497	12.09	11.83	

＊＊ MEMBRANE PLUS BENDING ＊＊ I=INSIDE C=CENTER O=OUTSIDE

	SX	SY	SZ	SXY	SYZ	SXZ
I	-1.030	-3.302	-2.676	0.4888	1.351	-0.5165
C	0.4254E-01	-1.897	4.618	-1.308	-3.053	2.916
O	1.115	-0.4911	11.91	-3.105	-7.457	6.349
	S1	S2	S3	SINT	SEQV	
I	-0.8743	-1.615	-4.519	3.644	3.336	
C	7.242	-1.364	-3.114	10.36	9.601	
O	18.31	-1.784	-3.994	22.31	21.29	

＊＊ PEAK ＊＊ I=INSIDE C=CENTER O=OUTSIDE

	SX	SY	SZ	SXY	SYZ	SXZ
I	0.1353	0.4840	-0.3239	-0.2869	-0.3447	-0.4572E-01
C	-0.6713E-01	-0.1761	0.1646	0.1351	0.1717	0.1423E-01
O	0.1361	0.1577	-0.3192	-0.2580	-0.3767	-0.8206E-03

	S1	S2	S3	SINT	SEQV
I	0.7235	0.5867E-01	-0.4868	1.210	1.050
C	0.2507	-0.2092E	-01 -0.3085	0.5592	0.4843
O	0.5079	0.1809E-01	-0.5514	1.059	0.9182

＊＊ TOTAL ＊＊ I=INSIDE C=CENTER O=OUTSIDE

	SX	SY	SZ	SXY	SYZ	SXZ
I	-0.8944	-2.818	-3.000	0.2019	1.007	-0.5623
C	-0.2459E-01	-2.073	4.783	-1.173	-2.881	2.931
O	1.251	-0.3334	11.59	-3.363	-7.834	6.348
	S1	S2	S3	SINT	SEQV	TEMP
I	-0.7522	-1.942	-4.018	3.266	2.863	0.000
C	7.209	-1.396	-3.128	10.34	9.589	
O	18.47	-1.731	-4.229	22.70	21.56	0.000

15.4.7 在路径 G_G 上 ANSYS 给出线性化结果

将 G_G 设置为当前路径，然后向路径 G_G 上映射数据。

路径 G_G 上应力线性化结果如图 15-55 所示。

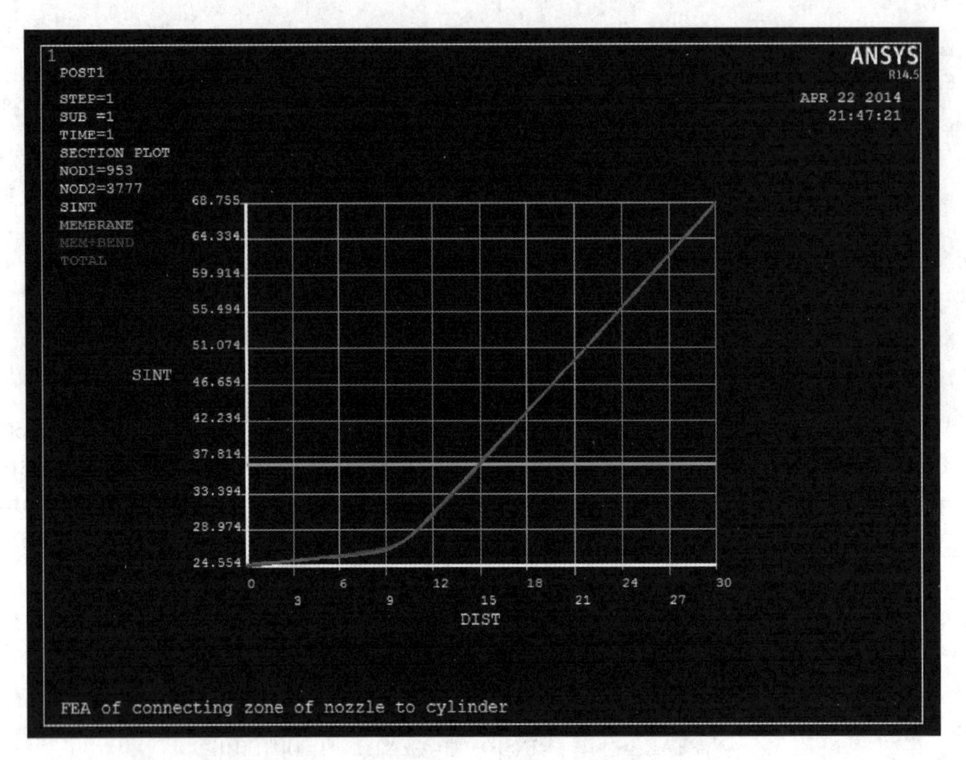

图 15-55 路径 G_G 上应力线性化结果

路径 G_G 上应力强度的分析结果如下：

PRINT LINEARIZED STRESS THROUGH A SECTION DEFINED BY PATH= G_G DSYS=0

* * * * * POST1 LINEARIZED STRESS LISTING * * * * *

INSIDE NODE=953 OUTSIDE NODE=3777

LOAD STEP 1 SUBSTEP=1

TIME=1.0000 LOAD CASE=0

THE FOLLOWING X，Y，Z STRESSES ARE IN THE GLOBAL COORDINATE SYSTEM.

* * MEMBRANE * *

SX	SY	SZ	SXY	SYZ	SXZ
12.20	6.802	40.19	4.400	1.964	4.923
S1	S2	S3	SINT	SEQV	
41.24	13.63	4.326	36.92	33.26	

* * BENDING * * I=INSIDE C=CENTER O=OUTSIDE

	SX	SY	SZ	SXY	SYZ	SXZ
I	-20.54	-11.90	-34.40	-13.32	1.258	-0.8337E-01

C	0.000	0.000	0.000	0.000	0.000	0.000
O	20.54	11.90	34.40	13.32	-1.258	0.8337E-01
	S1	S2	S3	SINT	SEQV	
I	-2.179	-30.12	-34.54	32.36	30.39	
C	0.000	0.000	0.000	0.000	0.000	
O	34.54	30.12	2.179	32.36	30.39	

* * MEMBRANE PLUS BENDING * * I=INSIDE C=CENTER O=OUTSIDE

	SX	SY	SZ	SXY	SYZ	SXZ
I	-8.338	-5.098	5.790	-8.923	3.223	4.840
C	12.20	6.802	40.19	4.400	1.964	4.923
O	32.74	18.70	74.60	17.72	0.7063	5.006
	S1	S2	S3	SINT	SEQV	
I	7.316	2.277	-17.24	24.55	22.46	
C	41.24	13.63	4.326	36.92	33.26	
O	75.34	44.11	6.587	68.76	59.63	

* * PEAK * * I=INSIDE C=CENTER O=OUTSIDE

	SX	SY	SZ	SXY	SYZ	SXZ
I	-0.6111	-0.2420	-0.4929	-0.3492	0.3001	-0.2274
C	0.8467	-0.5115E-01	0.4111	-0.6754E-01	-0.4072E-01	0.6641E-01
O	-1.233	0.2592	-0.5718	0.2893	-0.2805	0.1576E-01
	S1	S2	S3	SINT	SEQV	
I	0.1779	-0.6927	-0.8313	1.009	0.9475	
C	0.8624	0.4032	-0.5894E-01	0.9214	0.7979	
O	0.3909	-0.6427	-1.293	1.684	1.471	

* * TOTAL * * I=INSIDE C=CENTER O=OUTSIDE

	SX	SY	SZ	SXY	SYZ	SXZ
I	-8.949	-5.340	5.297	-9.272	3.523	4.612
C	13.05	6.751	40.60	4.332	1.924	4.990
O	31.51	18.96	74.02	18.01	0.4258	5.022
	S1	S2	S3	SINT	SEQV	TEMP
I	6.749	2.292	-18.03	24.78	22.88	0.000
C	41.68	14.19	4.535	37.15	33.38	
O	74.74	43.69	6.066	68.67	59.56	0.000

15.4.8 在路径 H_H 上 ANSYS 给出线性化结果

将 H_H 设置为当前路径，然后向路径 H_H 上映射数据。

路径 H_H 上应力线性化结果如图 15-56 所示。

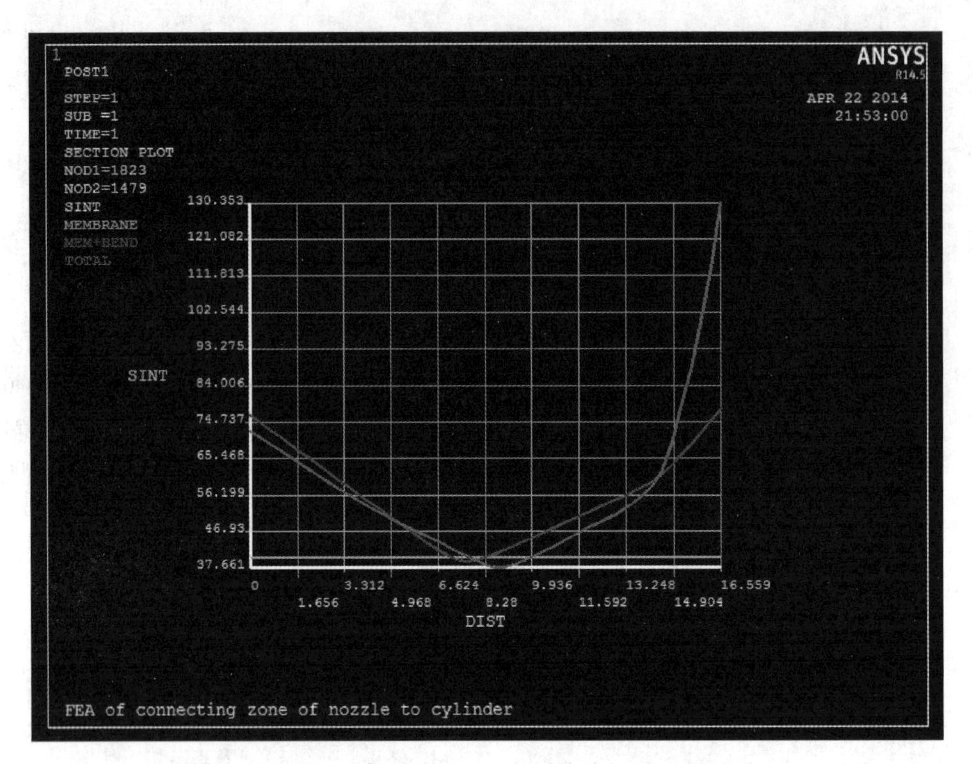

图 15-56　路径 H_H 上应力线性化结果

路径 H_H 上应力强度的分析结果如下：

PRINT LINEARIZED STRESS THROUGH A SECTION DEFINED BY PATH= H_H　　DSYS=0

* * * * POST1 LINEARIZED STRESS LISTING * * * * *

INSIDE NODE=1823　OUTSIDE NODE=1479

LOAD STEP 1　SUBSTEP=1

TIME=1.0000　LOAD CASE=0

THE FOLLOWING X，Y，Z STRESSES ARE IN THE GLOBAL COORDINATE SYSTEM.

* * MEMBRANE * *

SX	SY	SZ	SXY	SYZ	SXZ
-4.738	-2.626	32.23	4.079	1.941	0.8206
S1	S2	S3	SINT	SEQV	
32.36	0.4011	-7.904	40.27	36.83	

* * BENDING * *　I=INSIDE C=CENTER O=OUTSIDE

	SX	SY	SZ	SXY	SYZ	SXZ
I	-17.81	-71.48	-36.52	-23.11	1.447	-0.2905E-01
C	0.000	0.000	0.000	0.000	0.000	0.000

O	17.81	71.48	36.52	23.11	-1.447	0.2905E-01
	S1	S2	S3	SINT	SEQV	
I	-9.219	-36.48	-80.11	70.89	61.93	
C	0.000	0.000	0.000	0.000	0.000	
O	80.11	36.48	9.219	70.89	61.93	

* * MEMBRANE PLUS BENDING * * I=INSIDE C=CENTER O=OUTSIDE

	SX	SY	SZ	SXY	SYZ	SXZ
I	-22.55	-74.11	-4.288	-19.04	3.388	0.7916
C	-4.738	-2.626	32.23	4.079	1.941	0.8206
O	13.07	68.86	68.74	27.19	0.4946	0.8497
	S1	S2	S3	SINT	SEQV	
I	-4.123	-16.29	-80.53	76.41	71.11	
C	32.36	0.4011	-7.904	40.27	36.83	
O	79.97	68.69	2.005	77.97	72.99	

* * PEAK * * I=INSIDE C=CENTER O=OUTSIDE

	SX	SY	SZ	SXY	SYZ	SXZ
I	-4.061	2.382	0.6453	5.082	-0.8964	1.302
C	2.595	-3.860	-0.9112	-2.879	0.3863E-01	0.1657
O	7.229	16.76	10.06	29.20	-1.615	-0.4899E-01
	S1	S2	S3	SINT	SEQV	
I	5.183	0.9561	-7.173	12.36	10.88	
C	3.697	-0.9133	-4.959	8.656	7.502	
O	41.63	10.05	-17.63	59.25	51.35	

* * TOTAL * * I=INSIDE C=CENTER O=OUTSIDE

	SX	SY	SZ	SXY	SYZ	SXZ
I	-26.61	-71.73	-3.643	-13.95	2.492	2.094
C	-2.144	-6.486	31.32	1.200	1.980	0.9863
O	20.30	85.61	78.80	56.39	-1.120	0.8007
	S1	S2	S3	SINT	SEQV	TEMP
I	-3.429	-22.74	-75.82	72.39	64.92	0.000
C	31.45	-1.896	-6.870	38.32	36.09	
O	118.1	78.81	-12.22	130.4	115.8	0.000

15.5 本章小结

本章基于 ANSYS 通过交互界面操作和命令流相结合的方式对压力容器开孔部位进行了三维应力分析，给出了完整的操作步骤。在分析过程中，一些技巧和经验，可以推广到类似的应用。

参考文献

[1]钱颂文．换热器设计手册．北京：化学工业出版社，2002.
[2]唐宏青．化工模拟计算设计手册．陕西：陕西人民出版社，2007.
[3]中国石化集团上海工程有限公司．化工工艺设计手册　第5篇　相关专业设计和设备选型．第3版．北京：化学工业出版社，2003.
[4]叶文邦，张建荣，曹文辉．压力容器设计指导手册．昆明：云南科学技术出版社，2006.
[5]丁伯民，曹文辉．承压容器．北京：化学工业出版社，2008.
[6]王学生．化工设备设计．上海：华东理工大学出版社，2011.
[7]潘红良，郝俊文．过程设备机械设计．上海：华东理工大学出版社，2006.
[8]熊杰明，李江保．化工流程模拟 Aspen Plus 实例教程．北京：化学工业出版社，2016.
[9]孙兰义．化工流程模拟实训 Aspen Plus 教程．北京：化学工业出版社，2012.
[10]田文德，汪海，王英龙．化工过程计算机辅助设计基础．北京：化学工业出版社，2012.
[11]屈一新．化工过程数值模拟及软件．北京：化学工业出版社，2011.
[12]栾春远．压力容器 ANSYS 分析与强度计算．北京：中国水利水电出版社，2013.
[13]余伟炜，高炳军．ANSYS 在机械与化工装备中的应用．北京：中国水利水电出版社，2006.
[14]丁天才，费名俭，高步新．转化炉对流室中间管板的 CFD 模拟[J]．大氮肥，2012，03：171-174.
[15]赵首永．油浆拔头塔模拟优化及油浆拔头装置扩能改造[D]．天津大学，2012.
[16]程微．管式加热炉遮蔽管的模拟计算和优化设计[J]．化工与医药工程，2015，03：1-5.
[17]刘雁，石俊峰，梁兆惠．加热炉炉管中两相流水动力特性分析研究[J]．有色设备，2015，04：27-31.
[18]唐宏青．国外工程设计软件简介[J]．化工设计，2000，02：45-47.
[19]陈孙艺，陈斯红，王玉．加热炉换热工艺设计技术软件[J]．现代化工，2014，01：141-144.
[20]谢长芳．管式加热炉辐射室管内介质流动与传热特性[D]．大连理工大学，2012.
[21]刘辉．减压深拔技术在1#常减压装置中的应用及效益分析[D]．华东理工大学，2014.
[22]刘健．立式热虹吸再沸器 HTRI 优化设计[J]．化工设计，2008，02：32-36.
[23]王立新，荣丁石，张志荣，等．湿式空冷器 HTRI 选型方法探讨[J]．石油化工设备，2010，06：36-38.
[24]王新成，栗秀萍，刘有智，等．管壳式换热器的简捷设计与 HTRI 设计对比及分析[J]．计算机与应用化学，2014，03：303-306.
[25]郑志刚．基于 HTRI 的立式热虹吸再沸器设计优化[J]．山东化工，2014，03：137-139.
[26]王立新．HTRI 软件二次开发探讨[J]．石油化工设备，2012，01：70-72.
[27]林玉娟，刘丹，杨晓波，等．基于 HTRI 的螺旋折流板换热器最佳螺旋角研究[J]．科学技术与工程，2012，05：1181-1184.
[28]田朝阳，刘丰，刘世平．如何用 HTRI 进行特型管换热器传热计算[J]．化学工程与装备，2012，03：87-89.

[29]司磊．HTRI 在管壳式换热器选型中的应用[J]．中国石油和化工标准与质量，2012，07：60.
[30]谢萍．换热计算软件 HTRI 在 PTA 生产工艺中的应用[J]．聚酯工业，2015，04：1-6.
[31]费孟浩．HTRI 设计立式热虹吸再沸器[J]．上海化工，2015，08：9-13.
[32]张梅，肖剑，李连春．HTRI 在管式加热炉燃烧计算中的应用[J]．工业炉，2015，04：51-54.
[33]罗文素．金属扎片管式空气冷却器 HTRI 选型方法探讨[J]．石化技术，2015，09：32-34.
[34]王立新，荣丁石，张志荣．湿式空冷器的 HTRI 选型方法探讨．//中国机械工程学会压力容器分会换热器委员会、合肥通用机械研究院．全国第四届换热器学术会议论文集[C]．中国机械工程学会压力容器分会换热器委员会、合肥通用机械研究院，2011：5.
[35]黄蕾，王立新，荣丁石．用 HTRI 进行湿式空冷器设计选型的探讨[J]．石油和化工设备，2011，04：20-22.
[36]许光第．高性能换热装置的设计及优化[D]．华东理工大学，2013.
[37]刘延斌．聚乙烯套管换热器腐蚀机理及延寿技术研究[D]．华东理工大学，2013.
[38]张猛．沸腾传热高效管壳式换热器设计研究[D]．华东理工大学，2013.
[39]姜超越．管壳式换热器流体诱发振动设计研究[D]．华东理工大学，2013.
[40]曲观书．管壳式换热器校核计算与数值模拟研究[D]．哈尔滨工程大学，2013.
[41]郑善合，徐鸿，胡三高，等．火力发电机组汽缸温度场的二维模型[J]．现代电力，2007，04：48-51.
[42]邵拥军，逯凯霄，张文林．化工设备设计计算过程中应注意的问题[J]．化工设计，2012，05：10-12.
[43]郭展玲．换热器设计中平盖厚度的合理计算[J]．石油和化工设备，2013，03：11-13.
[44]巢丽清．PTA 主装置余热回收换热器关键设计技术问题研究[D]．华东理工大学，2011.
[45]曹晶．加氢空冷系统硫氢化铵流动沉积机理及多场耦合数值分析[D]．浙江理工大学，2011.
[46]文宏刚．管壳式换热器设计方法与数值模拟研究[D]．华东理工大学，2012.
[47]雷俊杰．高效管壳式换热器温度分布计算模型及设计方法研究[D]．华东理工大学，2012.
[48]谢浩平．加氢空冷器系统氯化铵流动沉积的预测研究[D]．浙江理工大学，2012.
[49]雷俊杰，周帼彦，朱冬生．预测管壳式换热器温度分布的模型[J]．化学工程，2011，11：30-35.
[50]邹静．管壳式冷凝器的高效设计计算研究[D]．华东理工大学，2011.
[51]石莉，黄维秋，李峰．含苯废气冷凝回收系统中板式蒸发器的开发[J]．环境科学与技术，2013，08：156-159.
[52]杨鹏飞．SW6 计算软件包中钢管壁厚负偏差的取值问题[J]．石油和化工设备，2010，07：12-13.
[53]杨玉强，贺小华，杨建永．基于 ANSYS 软件的双管板换热器管板厚度设计探讨[J]．压力容器，2010，10：30-35.
[54]董宝春．管壳式换热器的工艺设计[J]．甘肃石油和化工，2009，03：34-38.
[55]郑丽娜，王家帮，贺小华．双管板换热器管板设计厚度探讨[J]．炼油技术与工程，2009，04：39-43.
[56]侯国峰．生物柴油生产工艺中主要设备的设计与分析[D]．新疆大学，2009.
[57]SW6—1998《过程设备强度计算软件包》换版通知[J]．化工设备与管道，2003，01：30.
[58]李炜，俞坚冬，欧永永，黄旺华．HTRI 在汽轮机冷油器设计选型和换热计算中的应用[J]．工业汽轮机，2013，(2)：20-26.
[59]宋健斐，胡雪飞．SW6 软件在过程装备与控制工程专业设备设计中的应用[J]．化工高等教育，2015，02：73-76.
[60]黄维秋，石莉，李峰．油气冷凝回收系统中板式蒸发器的优化[J]．热科学与技术，2013，04：324-329.

[61]李首霖，姜晓川，郭淑英．往复压缩机冷却器的工艺计算[J]．压缩技术，2015，03：42-44.
[62]巩志海，贾爱君．煤制乙二醇精馏工段脱醇塔再沸器设计探讨[J]．能源化工，2015，05：19-23.
[63]马喜凤．脱硫脱水生产系统运行现状分析与方案优化[D]．西安石油大学，2014.
[64]唐延泽．基于Aspen HYSYS软件的熔盐堆实验装置热工瞬态仿真[D]．中国科学院研究生院(上海应用物理研究所)，2015.
[65]张芳霞．BDO项目精馏车间节能改造研究[D]．西北大学，2015.
[66]张伟娜．中小型LNG工厂分子筛脱水再生气系统工艺改进研究[D]．西南石油大学，2012.
[67]王丽辰．印染布料烘干过程节能系统的设计与仿真[D]．中国计量学院，2014.
[68]叶文亮．稀乙烯制乙苯过程模拟、优化及改造[D]．华南理工大学，2014.
[69]魏伟勇．丙酮—水蒸汽混合气余热回收换热器提效降阻研究[D]．华南理工大学，2014.
[70]王丁丁．延迟焦化装置的模拟与能量优化[D]．中国石油大学(华东)，2013.
[71]陈亮．管壳式换热器热工选型计算[J]．化学工程与装备，2014，01：101-104.
[72]刘朋标，朱为明．螺旋折流板换热器工艺计算优化[J]．炼油技术与工程，2014，05：7-10.
[73]朱辉，许光第，周帼彦，等．管壳式冷凝器温度分布计算[J]．热力发电，2014，06：77-80.
[74]孙雅娣，由迪．对SW6软件计算夹套容器水压试验压力的探讨[J]．化学工程与装备，2014，07：117-119.
[75]朱辉，周帼彦，朱冬生，等．基于Matlab的管壳式换热器分段计算研究[J]．制冷与空调(四川)，2014，03：270-275.
[76]杜本军．管壳式换热器在工艺螺杆压缩机中的应用[J]．压缩机技术，2014，05：33-35.
[77]刘慧慧．常顶系统流动腐蚀失效分析及工程优化[D]．浙江理工大学，2014.
[78]詹剑良．基于流动腐蚀分析的加氢空冷系统优化研究[D]．浙江理工大学，2013.
[79]刘玉成．换热器工艺设计[J]．广州化工，2013，01：134-135.
[80]刘天琪．浅谈由SCAD软件和SW6软件计算塔基础时风荷载结果的偏差及其调整[J]．甘肃科技，2013，03：117-119.
[81]张敏华，百璐，耿中峰，等．列管式固定床反应器管束间单相流动与传热的CFD研究[J]．高校化学工程学报，2013，02：222-227.
[82]陈清琦，周全，李经怀，等．一种核一级换热器的设计[J]．化工装备技术，2013，03：53-55.
[83]常佳，马新灵．螺旋折流板换热器对流传热特点分析[J]．炼油技术与工程，2013，10：14-17.
[84]矫明．管壳式换热器管束流致振动实例分析[J]．化工设计通讯，2014，06：80-83.
[85]张冬旭．渣油加氢脱硫反应进料加热炉炉型优化[J]．炼油技术与工程，2015，08：29-32.
[86]李绍明．大型重整加热炉的设计与优化[J]．炼油技术与工程，2012，06：37-41.
[87]张晓亮．苯乙烯工艺优化方案研究[D]．北京化工大学，2015.